Progress in Mathematics
Vol. 58

Edited by
J. Coates and
S. Helgason

Birkhäuser
Boston · Basel · Stuttgart

Bernard Helffer
Jean Nourrigat

Hypoellipticité Maximale pour des Opérateurs Polynomes de Champs de Vecteurs

1985

Birkhäuser
Boston · Basel · Stuttgart

Authors

Bernard Helffer
Institut de Mathématiques et d'Informatique
2 rue de la Houssinière
44072 Nantes Cedex
FRANCE
France

Jean Nourrigat
Departement de Mathématiques
Université de Rennes
Campus de Beaulieu
35042 Rennes Cedex
FRANCE
France

Library of Congress Cataloging in Publication Data

Helffer, Bernard.
Hypoellipticité maximale pour des opérateurs polynomes de champs de vecteurs.
(Progress in mathematics ; vol. 58)
Bibliography: p.
1. Hypoelliptic operators. 2. Polynomial operators. 3. Vector fields. I. Nourrigat, Jean. II. Title. III. Series: Progress in mathematics (Boston, Mass.) ; vol. 58.
QA329.42.H45 1985 515.7'2 85-9007
ISBN 0-8176-3310-3

CIP-Kurztitelaufnahme der Deutschen Bibliothek

Helffer, Bernard:
Hypoellipticité maximale pour des opérateurs polynomes de champs de vecteurs / Bernard Helffer ; Jean Nourrigat. – Basel ; Boston ; Stuttgart : Birkhäuser, 1985.
(Progress in mathematics ; Vol. 58)
ISBN 3-7643-3310-3 (Basel . . .)
ISBN 0-8176-3310-3 (Boston)
NE: Nourrigat, Jean ; GT

Printed in Germany
ISBN 0-8176-3310-3
ISBN 3-7643-3310-3

9 8 7 6 5 4 3 2 1

PLAN DE L'OUVRAGE

REMERCIEMENTS

Ce travail a beaucoup bénéficié de discussions avec de nombreux collègues. Nous tenons tout particulièrement à remercier :
M.S. Baouendi, N. Berline, J. Camus, M. Duflo, A. Grigis, Y. Guivarc'h, H.M. Maire, A. Melin, G. Métivier, R. Rentschler, L.P. Rothschild et J.M. Trepreau.

Nous remercions également les Universités d'Aarhus, Maryland, Récife, Bielefeld qui nous ont invité à donner des séries de conférences sur les thèmes de ce livre.

Enfin, ce texte serait peu lisible si Mmes Boschet et Thaler et Melle Cormerais n'en avaient pas assuré la frappe. Qu'elles soient remerciées ici pour leur travail soigné.

CHAPITRE I

HYPOELLIPTICITE MAXIMALE

§ 0. INTRODUCTION.

On se propose dans cet ouvrage de présenter les résultats obtenus par les deux auteurs (le plus souvent en collaboration $[\text{HE-NO}]_{1\,à\,8}$, mais parfois séparément $[\text{HE}]_3$, $[\text{NO}]_{1,2}$) concernant l'hypoellipticité maximale pour des opérateurs polynômes de champs de vecteurs. La plupart des résultats présentés ici ont été annoncés ou sortis sous forme de preprint mais aucune démonstration détaillée n'a été publiée. Il nous a semblé donc utile de présenter ici de manière relativement self-contained (en s'appuyant toutefois sur les techniques utilisées dans notre démonstration de la conjecture de Rockland [ROC], $[\text{HE-NO}]_{1,2}$) l'ensemble de ces travaux dont l'objectif est de présenter une approche commune contenant comme cas particuliers : les travaux de L. Hörmander $[\text{HO}]_2$ sur ΣX_i^2, de V.V. Grušin [GRU] sur les opérateurs à coefficients polynomiaux, Egorov [EG] et Hörmander $[\text{HO}]_5$ sur les opérateurs de type principal sous-elliptiques, de Boutet - Grigis - Helffer [B.G.H] sur les opérateurs pseudo-différentiels à caractéristiques multiples et de nos travaux sur les groupes nilpotents...

Cet objectif n'est pas encore atteint, mais il nous semble que les résultats obtenus sont déjà suffisamment convaincants et montrent qu'un tel objectif est naturel même s'il ne simplifie pas toujours la démonstration de certains résultats (difficiles) antérieurement connus.

§ 1. HYPOELLIPTICITE MAXIMALE.

Soit Ω un ouvert de $\mathbb{R}^n$. On considère dans Ω un système de p champs $(X_1,\ldots,X_p)$ réels.

Si $x_o \in \Omega$ et $r \in \mathbb{N}$, on dira que les champs X_i vérifient la condition $(C.H)_{r,x_o}$, c'est-à-dire la condition de Hörmander au cran r en x_o si la condition suivante est vérifiée :

(1.1) $(C.H)_{r,x_o}$ $\left\{\right.$ Les champs X_i ainsi que leurs crochets d'ordre inférieur ou égal à r engendrent par leur restriction en x_o : $T_{x_o}\Omega$.

Si $I = (i_1,\ldots,i_k)$ $(|I| = k)$ et si on note :

(1.2) $$X_I = [X_{i_k}[X_{i_{k-1}},\ldots,[X_{i_2}, X_{i_1}]\ldots]$$

et si on désigne par $X_I(x,\xi)$ le symbole de X_I en (x,ξ), on peut réécrire $(C.H)_{r,x_o}$ sous la forme :

(1.3) $\left\{\right.$ Le système des X_I avec $|I| \leqslant r$ est elliptique en x_o c'est-à-dire que :

$$\sum_{|I|\leqslant r} |X_I(x_o,\xi)| \neq 0 , \qquad \forall \xi \in \mathbb{R}^n \backslash 0$$

(1.3) conduit naturellement à la définition de la condition de Hörmander microlocale au cran r en (x_o,ξ_o) que nous noterons $(C.H)_{r,x_o,\xi_o}$.

Si (x_o,ξ_o) est un point de $T^*\Omega \backslash 0$ et $r \in \mathbb{N}$, on dira que les champs X_i vérifient $(C.H)_{r,x_o,\xi_o}$ si :

(1.4) $$\sum_{|I|\leqslant r} |X_I(x_o,\xi_o)| \neq 0$$

c'est-à-dire si le système des X_I avec $|I|\leqslant r$ est microlocalement elliptique en (x_o,ξ_o) .

Les opérateurs différentiels qui nous intéressent ici sont de la forme suivante :

(1.5) $$P = \sum_{|\alpha| \leqslant m} a_\alpha(x)\, X^\alpha$$

où, pour toute suite finie $\alpha = (\alpha_1,\ldots,\alpha_k)$ d'entiers compris entre 1 et p , on pose :

(1.6) $$X^\alpha = X_{\alpha_1} \ldots X_{\alpha_k} \qquad \text{et} \quad |\alpha| = k$$

et où les coefficients a_α sont des fonctions C^∞ dans Ω à valeurs complexes.

On introduit la définition suivante :

<u>Définition</u> 1.1. Soit $\delta \in]0,1]$; on dira que P est δ-hypoelliptique maximal en x_o , s'il existe un voisinage V de x_o et une constante $C>0$ telle que l'on ait :

(1.7) $$\sum_{|\alpha|\leqslant m} \|X^\alpha u\|^2_{\delta(m-|\alpha|)} \leqslant C(\|Pu\|^2_{L^2} + \|u\|^2_{L^2})$$
$$\forall u \in C_o^\infty(V)$$

(où $\| \ \|_s$ désigne la norme usuelle sur les espaces de Sobolev H^s) .

Il résulte classiquement de (1.7) (cf. $[\mathrm{TRE}]_1$, $[\mathrm{NO}]_5$), que P est alors hypoelliptique en x_o .

Rappelons qu'on dit que P est hypoelliptique en x_o s'il existe un voisinage ouvert V de x_o tel que, pour toute distribution $u \in \mathcal{D}'(V)$, tout ouvert $W \subset V$, on a :

$$P u \in C^\infty(W) \Rightarrow u \in C^\infty(W) .$$

Si les champs X_i vérifient $(C.H)_{r,x_o}$, alors il suffit de montrer :

$$(1.8) \qquad \sum_{|\alpha| \leq m} \| X^\alpha u \|_o^2 \leq C (\| Pu \|_o^2 + \| u \|_o^2 \qquad \forall u \in C_o^\infty (V)$$

En effet, on déduit de (1.8) et $(C.H)_{r,x_o}$ que P est $\frac{1}{r}$ - hypoelliptique maximal en x_o . Dans ce cas, on parlera plus simplement d'hypoellipticité maximale en x_o .

Cette dernière remarque résulte de l'inégalité de Rothschild-Stein [R.S] dont nous parlerons au chapitre V .

<u>Proposition</u> 1.2. [R.S]

Si $(X_1,\ldots,X_p)$ vérifient la condition $(C.H)_{r,x_o}$ alors il existe un voisinage V de x_o et une constante $C>0$ telle que l'on ait :

$$(1.9) \qquad \| u \|_{1/r}^2 \leq C(\sum_i \| X_i u \|_o^2 + \| u \|_j^2) , \forall u \in C_o^\infty (V)$$

On déduit facilement de (1.9) :

$$(1.10) \qquad \| u \|_{k/r}^2 \leq C_k \sum_{|\alpha| \leq k} \| X_\alpha u \|_o^2 \qquad , \qquad \forall k \in \mathbb{N}$$

Pour plus de finesse, et comme dans la théorie classique des opérateurs pseudo-différentiels, il peut être utile de microlocaliser en un point (x_o,ξ_o) de $T^*\Omega\setminus 0$:

Définition 1.3.

Soit $\delta\in]0,1]$, $(x_o,\xi_o)\in T^*\Omega\setminus 0$. On dira que P est δ-hypoelliptique maximal en (x_o,ξ_o) , s'il existe un opérateur pseudo-différentiel classique $\psi(x,D)$ elliptique en (x_o,ξ_o) , un voisinage V de x_o et $C>0$ tels que :

$$\sum_{|\alpha|\leqslant m}\|\psi(x,D)\,X^\alpha u\|^2_{\delta(m-|\alpha|)}\leqslant C(\|Pu\|_o^2+\|u\|_o^2 \quad \forall u\in C_o^\infty(V) \tag{1.11}$$

On peut montrer (cf. par exemple [NO]$_5$) que P est alors microlocalement hypoelliptique en (x_o,ξ_o) en un sens que nous allons préciser maintenant.

Si $u\in\mathcal{D}'(\Omega)$, on dit que $(x_o,\xi_o)\in T^*\Omega\setminus 0$ n'appartient pas au front d'onde de u et on écrit :

$$(x_o,\xi_o)\notin WF\,u$$

si et seulement si il existe $\varphi\in C_o^\infty(\Omega)$ avec $\varphi(x_o)\neq 0$ et un cône ouvert Γ de $T^*\Omega$ contenant ξ_o tel que :

$$|\widehat{\varphi u}(\xi)|\leqslant C_N\,(1+|\xi|)^{-N} \quad , \quad \forall\,\xi\in\Gamma \tag{1.12}$$

Cette propriété définit un fermé conique de $T^*\Omega\setminus 0$ associé à u.

On dira alors que P est microlocalement hypoelliptique en (x_o,ξ_o) s'il existe un voisinage V de x_o et un voisinage conique Γ de ξ_o tel que pour tout $u\in\mathcal{D}'(\Omega)$, on ait :

$$(1.3)\qquad WF\,u\cap(V\times\Gamma) = WF(Pu)\cap(V\times\Gamma)\ .$$

De nouveau, en utilisant une version microlocale de l'inégalité de Rothschild - Stein :

<u>Proposition</u> 1.4. (Bolley - Camus - Nourrigat [B.C.N], Feffermann - Phong [F.P]).

Si $(X_i,\ldots,X_p)$ vérifient la condition $(C.H)_{r,(x_o,\xi_o)}$, alors il existe un opérateur pseudo-différentiel classique $\psi(x,D)$, elliptique en (x_o,ξ_o), un voisinage V de x_o et $C>0$ tels que :

$$(1.14)\qquad \|\psi u\|^2_{1/r} \leqslant C\,[\,\sum_{i=1}\|X_i u\|^2_o + \|u\|^2_o\,]$$
$$\forall u\in C^\infty_o(V)$$

on peut montrer que, dans le cas où les champs X_i vérifient $(C.H)_{r,(x_o,\xi_o)}$, la $1/r$ - hypoellipticité maximale en (x_o,ξ_o) résulte de la 0 - hypoellipticité maximale. Bien entendu, pour l'étude microlocale, il n'est plus légitime de ne considérer que des polynômes de champs de vecteurs et il faut considérer des polynômes à coefficients opérateurs pseudo-différentiels classiques d'opérateurs pseudo-différentiels auto-adjoints classiques de degré 1 (non elliptiques) (cf. chapitre X).

Il se trouve que, pour beaucoup de classes (cf. [B.G.H]), on peut réécrire un opérateur pseudo-différentiel sous cette forme.

Mais l'essentiel du travail présenté dans ce livre sera "local" et nous n'avons introduit les notions microlocales que pour présenter le "futur" de ce travail.

L'objet de cet ouvrage est donc l'étude de l'hypoellipticité maximale des polynômes de champs de vecteurs introduits en (1.5).

Une des caractéristiques essentielles de cette classe est sa <u>stabilité</u> par des perturbations d'ordre $(m-1)$ ou des petites perturbations sur les termes d'ordre m mais qui <u>respectent la structure</u> de polynôme des champs de vecteurs $X_1,\ldots,X_p$. Ceci est immédiat d'après la définition.

Par exemple, l'étude de l'hypoellipticité maximale de P en x_o est équivalente à l'étude de :

$$P_{x_o} = \sum_{|\alpha|=m} a_\alpha(x_o)\, X^\alpha \ .$$

Dans le cas où $r=1$ et où les X_i sont les champs ∂_{x_i} $(i=1,\ldots,n)$, on reconnait le procédé classique du figeage qui permet d'approcher en (x_o) un opérateur différentiel d'ordre m par un opérateur différentiel homogène à coefficients constants (procédure valable dans le cas elliptique !). Le cas $r>1$ est bien entendu beaucoup plus délicat. Les travaux antérieurs [R.S], [GRU] suggèrent d'approcher P en x_o par un opérateur invariant à gauche sur un groupe nilpotent, ou plus généralement par une famille d'opérateurs différentiels à coefficients polynomiaux. La définition de cette famille utilisera certaines notions sur les représentations de groupes nilpotents qui seront rappelées au chapitre II.

§ 2. PRESENTATION DE LA CONJECTURE GENERALE.

On suppose que les champs X_i vérifient $(C.H)_r$. A l'opérateur défini en (1.5), on va d'abord associer en x_o , un élément de l'algèbre enveloppante $\mathcal{U}(\mathcal{G}^{(r,p)})$ où $\mathcal{G}^{(r,p)}$ désigne l'algèbre de Lie nilpotente libre à p générateurs $(Y_1,\ldots,Y_p)$ et de rang de nilpotence r . On suit ici la démarche de L.P. Rothschild et E.M. Stein [R.S].

$\mathcal{G}$ (on omet (r,p) quand il n'y a pas d'ambiguité) admet une décomposition de la forme :

(2.1) $$\mathcal{G} = \mathcal{G}_1 \oplus \ldots \oplus \mathcal{G}_r$$

et on a :

(2.2) $$[\mathcal{G}_i , \mathcal{G}_j] \subset \mathcal{G}_{i+j} \qquad \text{si } i+j \leqslant r$$
$$= 0 \qquad \text{si } i+j > r$$

$\mathcal{G}$ est naturellement munie d'une famille de dilatations δ_t telle que :

(2.3) $$\delta_t(a) = t^i\, a \qquad \text{si } a \in \mathcal{G}_i$$
$$t > 0$$

On associe à P un élément $\mathcal{P}_{x_o}$ de $\mathcal{U}(\mathcal{G})$ défini par :

(2.4) $$\mathcal{P}_{x_o} = \sum_{|\alpha|=m} a_\alpha(x_o)\, Y^\alpha$$

$\mathcal{P}_{x_o}$ est un élément de $\mathcal{U}_m(\mathcal{G})$, i.e. homogène de degré m :

(2.5) $$\mathcal{P}_{x_o} \in \mathcal{U}_m(\mathcal{G}) \Longleftrightarrow \delta_t(\mathcal{P}_{x_o}) = \sum_{|\alpha|=m} a_\alpha(x_o)(\delta_t Y)^\alpha = t^m \mathcal{P}_{x_o} \quad \forall t > 0$$

Si $\hat{G}$ désigne l'ensemble des (classes d'équivalence) de représentation irréductibles du groupe, simplement connexe G associé à $\mathcal{G}$, on sait de par la théorie de Kirillov [KI] que $\hat{G}$ est en bijection avec ${}_G\backslash\mathcal{G}^*$ où $\mathcal{G}^*$ désigne le dual algébrique de $\mathcal{G}$ et G désigne l'action coadjointe de G dans $\mathcal{G}^*$ (voir chapitre II).

Rappelons d'abord notre théorème ($[HE-NO]_{1,2}$) qui est avec [R.S] le point de départ de l'étude et dont une autre démonstration a été obtenue depuis par A. Melin $[Mel]_{1,2}$.

Théorème 2.1. (Helffer - Nourrigat) (conjecturé par C. Rockland).

Soit $\mathcal{G} = \mathcal{G}_1 \oplus \ldots \oplus \mathcal{G}_r$ une algèbre de Lie $\mathcal{G}$ graduée, stratifiée (i.e. $\mathcal{G}_1$ engendre par ses crochets tout $\mathcal{G}$) et soit $P \in \mathcal{U}_m(\mathcal{G})$; alors les 3 conditions suivantes sont équivalentes :

(2.6) i) P est hypoelliptique en tout point G (dans l'identification de $\mathcal{U}(\mathcal{G})$ et des opérateurs invariants à gauche sur G).

(2.7) ii) Pour tout Π dans $\hat{G}$ non triviale, $\Pi(P)$ est injectif dans $\mathcal{S}_\pi$ l'espace des vecteurs C^∞ de la représentation).

(2.8) iii) Pour tout Q dans $\mathcal{U}_m(\mathcal{G})$, il existe une constante C_Q

telle que, pour toute Π dans $\hat{G}$, tout $u \in \mathcal{S}_\Pi$, on ait :

$$\|\Pi(Q)u\|^2 \leqslant C_Q \|\Pi(P)u\|^2$$

Remarque 2.2.

L'hypothèse stratifiée n'est utilisée que dans l'implication : iii) $\Rightarrow$ i).

Le théorème ci-dessus avait été démontré dans des cas particuliers par [ROC], $[\text{HE}]_2$, $[\text{BE}]_2$, [LI] ...

Le théorème (2.1) nous dit en particulier que, pour P dans $\mathcal{U}_m(\mathcal{G})$, P est hypoelliptique si et seulement si P est hypoelliptique maximal.

Revenons à l'étude du cas général ; des travaux antérieurs s'appuyant sur l'article de Rothschild - Stein ($[\text{HE - NO}]_4$, $[\text{ROT}]_1$, $[\text{MEL}]_3$) ont montré que l'hypoellipticité de $\mathcal{P}_{x_o}$ impliquait l'hypoellipticité maximale de P dans un voisinage de x_o mais des exemples simples comme :

$$\partial_t + i\, t^2 \partial_x \qquad (\text{dans } \mathbb{R}^2)$$

montrent que l'on ne peut pas espérer la réciproque, même en cherchant à approcher P en x_o par un élément de $\mathcal{U}_m(\tilde{\mathcal{G}})$ où $\tilde{\mathcal{G}}$ est une algèbre de Lie nilpotente plus petite que $\mathcal{G}^{(r,p)}$.

Ceci suggère que dans (2.7) ou (2.8), on ne doit pas faire l'hypothèse sur $\mathcal{P}_{x_o}$ pour toutes les représentations Π dans $\hat{G}$ mais seulement dans une partie de $\hat{G}$.

Nous sommes ainsi conduits à formuler la conjecture suivante (cf. $[\text{HE - NO}]_7$).

Conjecture 2.3.

On suppose que les champs X_i vérifient $(C.H)_{r,x_o}$ (resp. $(C.H)_{r,x_o,\xi_o}$) ; il existe un ensemble $\hat{\Gamma}_{x_o}$ de $\hat{G}$ (resp. $\hat{\Gamma}_{x_o,\xi_o}$ de $\hat{G}$) tel que les conditions suivantes soient équivalentes.

i) P est hypoelliptique maximal en x_o (resp. en (x_o,ξ_o)).

(2.9) ii) Pour toute représentation Π dans $\hat{\Gamma}_{x_o}$ (resp. $\hat{\Gamma}_{x_o,\xi_o}$) non triviale, $\Pi(\mathcal{P}_{x_o})$ est injectif dans $\mathcal{S}_\Pi$.

Pour le lecteur non encore habitué avec la théorie des représentations sur les groupes nilpotents, on pourrait traduire ii) sous la forme suivante :

Il existe une famille d'opérateurs différentiels à coefficients polynomiaux $\mathcal{P}_\Pi$ $(\Pi \in \hat{\Gamma}_{x_o})$ dans $\mathcal{S}(\mathbb{R}^{k(\Pi)})$ (canoniquement associés à P) telle que la condition ii) s'écrive :

(2.10) ii)_{bis} $\forall \Pi \in \hat{\Gamma}_{x_o}$, $\mathcal{P}_\Pi$ est injectif dans $\mathcal{S}(\mathbb{R}^{k(\Pi)})$.

Sous cette forme, on reconnait des énoncés du type des résultats de Grušin [GRU].

Précisons maintenant quels sont les candidats $\hat{\Gamma}_{x_o}$ et $\hat{\Gamma}_{(x_o,\xi_o)}$.

Il est plus simple de décrire dans $\mathcal{G}^*$ des ensembles Γ_{x_o} et $\Gamma_{(x_o,\xi_o)}$ G-stables dont l'image par l'application de Kirillov de $\mathcal{G}^*$ sur $\hat{G}$ donnera les ensembles $\hat{\Gamma}_{x_o}$ et $\hat{\Gamma}_{(x_o,\xi_o)}$.

Comme dans Rothschild - Stein [R.S] (cf. également [GO]), on désigne par λ l'unique application linéaire de $\mathcal{G}$ dans l'algèbre des champs de vecteurs définis sur Ω telle que :

$$\lambda(Y_i) = X_i$$

et qui soit un homomorphisme partiel de rang r .

On note λ_x l'application de $\mathcal{G}$ dans $T_x\Omega$ définie par :

$$(2.11) \qquad \forall a \in \mathcal{G} \quad , \quad \lambda_x(a) = (\lambda(a))(x) \quad .$$

On désigne par λ_x^* l'application transposée qui va de $T_x^*\Omega$ dans $\mathcal{G}^*$ et par δ_t^* la transposée de δ_t qui opère de $\mathcal{G}^*$ dans $\mathcal{G}^*$.

Définition 2.4.

On suppose que les champs X_i vérifient $(C.H)_{r,x_o}$. On désigne par Γ_{x_o} , l'ensemble des éléments ℓ de $\mathcal{G}^*$ tels qu'il existe une suite $(t_n, x_n, \xi_n)(n \in \mathbb{N})$ de $\mathbb{R}^+ \times T^*\Omega$ avec les propriétés suivantes :

$$(2.12) \qquad \begin{cases} t_n \to 0 \\ x_n \to x_o \end{cases} \qquad |\xi_n| \to \infty \qquad \text{quand } n \to \infty$$

$$(2.13) \qquad \ell = \lim_{n \to \infty} \delta_{t_n}^* \lambda_{x_n}^* \xi_n$$

Si $(C.H)_{r,x_o,\xi_o}$ est vérifiée, on peut définir Γ_{x_o,ξ_o} comme l'ensemble des ℓ de $\mathcal{G}^*$ tels que (2.12), (2.13) soient satisfaites

et :

$$\lim_{n\to\infty} \frac{\xi_n}{|\xi_n|} = \frac{\xi_o}{|\xi_o|} \tag{2.14}$$

§ 3. PRESENTATIONS DES RESULTATS ET LIENS AVEC LES RESULTATS CONNUS.

3.1. Conditions nécessaires. (i.e. implication i) ⇒ ii) dans la conjecture (2.3)).

Dans le cas des groupes nilpotents, la condition nécessaire est démontrée dans Rotschild - Stein [R.S], Beals $[BE]_2$, Rockland [ROC]. Des extensions ont été obtenues dans $[HE-NO]_3$ et $[HE-NO]_4$ (cf. chapitre II). Le résultat le plus général dans le cadre local a été obtenu par le second auteur $[NO]_1$ et fera l'objet de notre chapitre III. Le résultat microlocal correspondant est un travail à paraître du second auteur ($[NO]_6$).
Dans le cas $r = 2$, la condition nécessaire était démontrée (version locale ou microlocale) dans tous les cas ($[HE-NO]_7$, [AS]) ; les techniques utilisées sont des adaptations de celles de L. Hörmander $[HO]_3$ (cf. également $[HO]_4$ et [B.G.H]) et de nature pseudodifférentielle. Nous développerons ce point au chapitre X.

3.2. Conditions suffisantes.

3.2.1. Le premier cas étudié est celui des opérateurs de Hörmander ($[HO]_2$) : ΣX_i^2. L'hypoellipticité maximale (locale) n'a été démontrée que plus récemment par L.P. Rotschild et E.M. Stein [R.S]. Le passage au microlocal ne pose pas de problèmes particuliers.

3.2.2. Le deuxième cas que nous mentionnerons est le cas des opérateurs de Grušin [GRU] que nous rencontrerons au chapitre II (ex. 2.1.3) et au chapitre VII. Le travail de Grušin a été le point de départ de nombreux travaux sur les opérateurs pseudo-différentiels à caractéristiques multiples ([SJ], [BO], [BO-TR], [B.G.H], etc...). Beaucoup de ces opérateurs rentrent dans le cadre présenté ici, convenablement microlocalisé (cf. $[HE-NO]_8$). Le traitement du cas $r=2$ (provenant des résultats de $[HE-NO]_{4,8}$ et [AS]) sera développé au chapitre X.

3.2.3. Comme nous l'avons déjà indiqué, l'origine de la conjecture a été notre démonstration de la conjecture de Rockland qui rentre bien sur dans le cadre présenté ici avec :

$$\Gamma_x = \mathcal{G}^* \quad , \quad \forall x \in G$$

3.2.4. L'étape suivante a été l'étude des opérateurs à coefficients polynomiaux homogènes. Il résulte d'un travail de Folland $[FO]_3$ qu'on peut dans de nombreux cas les considérer comme des éléments de $\mathcal{U}_m(\mathcal{G})$ mais agissant sur des distributions invariantes par un sous-groupe de G H associé via l'application exponentielle à une sous-algèbre $\mathcal{H}$ de $\mathcal{G}$. Dans ce cadre, la conjecture a été démontrée pour $r=2$ ($[HE-NO]_3$) et $r=3$ $[HE-NO]_6$. On donnera au chapitre $(VII)_1$ un traitement "algébrique" de ce problème inspiré de $[HE]_3$ permettant dans certains cas de se ramener à l'application des théorèmes de 3.2.3 pour les systèmes.

Pour l'étude du cas général, nous avons été conduits à formuler la :

Conjecture 3.1.

Soit $\mathfrak{g} = \mathfrak{g}_1 \oplus \ldots \oplus \mathfrak{g}_r$ une algèbre de Lie stratifiée et soit Γ un fermé de $\mathfrak{g}^*$ (stable par δ_t^* et l'action coadjointe de G dans $\mathfrak{g}^*$). Soit P dans $\mathcal{U}_m(\mathfrak{g})$ et soit $\hat{\Gamma}$ l'ensemble associé à Γ dans $\hat{G}$. Alors les conditions suivantes sont équivalentes :

(3.2.1) i) $\forall\, \Pi \in \hat{\Gamma} \setminus 0$, $\Pi(P)$ est injectif dans $\mathcal{S}_\Pi$

(3.2.2) ii) $\forall\, Q \in \mathcal{U}_m(\mathfrak{g})$, $\exists C_Q$ tels que $\forall\, \Pi \in \hat{\Gamma}$, $\forall\, u \in \mathcal{S}_\Pi$

$$\|\Pi(Q)u\|^2 \leqslant C_Q \|\Pi(P)u\|^2$$

Nous démontrerons au chapitre VIII cette conjecture dans le cas où le cône Γ vérifie la propriété suivante :

(3.2.3) $\forall\, \ell \in \Gamma$, $\ell([\mathfrak{g}^2,\mathfrak{g}^2]) = 0$

Cette condition, qui peut paraître restrictive, permet d'absorber beaucoup d'exemples, en particulier tirés de la variable complexe (cf. les chapitres V, VI).

3.2.5. Dans le cas où la structure des champs de vecteurs est suffisamment uniforme au voisinage d'un point x_o (hypothèse d'uniformité de Métivier $[MET]_1$), la conjecture est démontrée par L.P. Rothschild [ROT] (cf. aussi une démonstration récente de A. Melin $[MEL]_3$). Nous présenterons au chapitre $(VII)_2$ une variante de cette démonstration ($[HE-NO]_5$). La nature du cône Γ_x dans ce cas est explicitée au chapitre IV.

3.2.6. On démontrera au chapitre IX la conjecture (2.3) locale dans le cas où les X_j sont définis dans $\mathbb{R}^{p+1}_{x,y}$ par :

$$X_j = \frac{\partial}{\partial x_j} + f_j(x,y) \frac{\partial}{\partial y} \qquad j=1,\dots,p \; .$$

Dans le cas du $\bar{\partial}_b$ on peut toujours trouver des coordonnées convenables pour lesquelles les champs X_j apparaissant dans le problème ont la forme ci-dessus.
Au chapitre XI, on traitera un cas tubulaire où plusieurs variables y peuvent apparaître (mais à coefficients constants par rapport à x) .

3.3. Explicitation des conditions.

Un dernier objectif de cet ouvrage est d'expliciter les conditions d'hypoellipticité obtenues antérieurement. On s'est surtout attaché à expliciter ces conditions dans des cas tirés de la variable complexe.

Cas du $\Box_b$ (chapitre V_2) où l'on retrouve et généralise des résultats de A. Grigis et L.P. Rothschild [G.R]

Cas du $\bar{\partial}_b$ où l'on obtient de nouvelles conditions (exprimées sous une forme différente par le 2ème auteur dans $[NO]_{2,3}$) à comparer avec des résultats antérieurs de Maire $[MA]_1$, Trèves $[TREV]_3$ Baouendi-Trèves [B.T], Trépreau [TREP]).

CHAPITRE II

QUELQUES RAPPELS SUR LA THEORIE DES REPRESENTATIONS ET PROPRIETES DU SPECTRE D'UNE REPRESENTATION

§ 1 - Rappels sur les représentations de groupes de Lie nilpotents

§ 1.1 - Algèbres de Lie nilpotentes graduées

On dira, suivant la terminologie de [R-S], $[FO]_1$, qu'une algèbre de Lie nilpotente est graduée si elle admet une décomposition en somme directe de sous-espaces $\mathcal{G}_i (1 \leqslant i \leqslant r)$ telles que l'on ait :

(1.1.1) $$[\mathcal{G}_i, \mathcal{G}_i] \subset \mathcal{G}_{i+j} \qquad \text{si} \quad i+j \leqslant r$$

$$\text{et} \quad [\mathcal{G}_i, \mathcal{G}_j] = 0 \qquad \text{si} \quad i+j > r.$$

On dira que $\mathcal{G}$ est "stratifiée" si en outre elle est engendrée (en tant qu'algèbre de Lie) par les éléments de $\mathcal{G}_1$.

L'exemple fondamental de telles algèbres, que nous utiliserons dans la suite et qui jouait un rôle important dans [R-S] est l'algèbre de Lie nilpotente libre à p générateurs et de rang de nilpotence r notée $\mathcal{G}^{r,p}$ qui est celle (parmi les algèbres de Lie stratifiées de ce type) qui est de dimension maximale.

On désigne par $Y_1,\ldots,Y_p$ un système de générateurs de cette algèbre et par $\mathcal{G}_j (j \leqslant r)$ le sous-espace de $\mathcal{G}^{(r,p)}$ engendré par les crochets de longueur égale à j des éléments Y_k ; alors $\mathcal{G}^{(r,p)}$ est bien somme directe des sous-espaces $\mathcal{G}_j$ et (1.1.1) est vérifiée.

Pour tout $t > 0$, on définit un automorphisme δ_t de $\mathcal{G}$ en posant :

(1.1.2) $$\delta_t\Big(\sum_{j=1}^{r} a_j\Big) = \sum_{j=1}^{r} t^j a_j \qquad \text{si} \quad a_j \in \mathcal{G}_j$$

Par dualité, on obtient aussi une dilatation δ_t^* sur $\mathcal{G}^*$. On munira $\mathcal{G}$ d'une structure euclidienne pour laquelle les sous-espaces $\mathcal{G}_j$ sont orthogonaux, et l'on notera $a \to ||a||$ la norme correspondante.

On peut alors définir sur $\mathcal{G}$ une fonction :

$$a \to |||a|||$$

appelée "norme homogène", en posant :

(1.1.3) $$|||a||| = \sum_{j=1}^{r} ||a_j||^{1/j} \qquad \text{si} \quad a = \sum_{j=1}^{r} a_j \quad \text{et} \quad a_j \in \mathcal{G}_j.$$

La terminologie est justifiée par :

$$|||\delta_t a|| = t\ |||a||| \qquad \text{pour} \quad a \in \mathcal{G}.$$

On appellera "dimension homogène" de l'algèbre de Lie $\mathcal{G}$ l'entier :

(1.1.4) $$Q = \sum_{j=1}^{r} j \dim \mathcal{G}_j$$

On désigne , pour tout a dans $\mathcal{G}$, par (ada) l'application linéaire de $\mathcal{G}$ dans $\mathcal{G}$:

(1.1.5) $$\mathcal{G} \ni b \to (\mathrm{ad}a)b = [a,b]$$

On notera :

$$(a,b) \to (a \circ b)$$

la loi de composition définie sur $\mathfrak{g}$ par la formule de Campbell-Hausdorff :

(1.1.6) $$a \circ b = \sum_n \sum_{\substack{\alpha=(\alpha_1,\dots,\alpha_n)\\ \beta=(\beta_1,\dots,\beta_n)}} \frac{(-1)^{n+1}\,|\alpha+\beta|}{n\ \alpha!\ \beta!} (ada)^{\alpha_1}(adb)^{\beta_1}\dots(ada)^{\alpha_n}(adb)^{\beta_n-1}\, b$$

en convenant que si $\beta_n = 0$, le dernier facteur est $(ada)^{\alpha_n-1}\, a$. Nous n'utiliserons jamais que l'écriture explicite des premiers termes :

$$a \circ b = a + b + \frac{1}{2}[a,b] + \dots$$

La variété sous-jacente à $\mathfrak{g}$, munie de cette loi, est un groupe de Lie, noté encore G , ou encore exp $\mathfrak{g}$.

Si on ne veut pas identifier G et $\mathfrak{g}$, on pourra introduire explicitement l'application exponentielle de $\mathfrak{g}$ sur G, et pour $g_1 = \exp a_1$, $g_2 = \exp a_2$ ($a_1, a_2 \in \mathfrak{g}$), on aura pour le composé dans G de g_1 et g_2 : $g_1 \cdot g_2 = \exp(a_1 \circ a_2)$.

On désignera par $\mathcal{U}(\mathfrak{g},\mathbb{C})$ (ou plus simplement par $\mathcal{U}(\mathfrak{g})$) l'algèbre non commutative des expressions polynômiales de la forme suivante :

(1.1.7) $$P = \Sigma\, a_\alpha \cdot Y^\alpha$$

où $Y_{i,j}$ ($i = 1,\dots,p_j$) désigne une base de $\mathfrak{g}_j$, $\alpha = (\alpha_1,\dots,\alpha_k)$ est un k-uplet de couples (j,i) avec $i \in [1,\dots,p_j]$, et où l'on pose :

$$Y^\alpha = Y_{\alpha_1} \circ \dots \circ Y_{\alpha_k} \qquad \text{avec} \qquad ||\alpha|| = \sum_{\ell=1}^{k} j(\alpha_\ell)$$

Les coefficients a_α sont complexes et la somme est finie. $\mathcal{U}(\mathfrak{g})$ est classiquement appelée l'algèbre enveloppante. Lorsque dans (1.1.7), on ne considère que des termes avec $||\alpha|| = m$, l'ensemble des expressions polynômiales de cette forme est désigné par $\mathcal{U}_m(\mathfrak{g})$.

On peut naturellement faire agir δ_t sur $\mathcal{U}(\mathfrak{g})$, en posant :

(1.1.8) $$\delta_t(P) = \Sigma\, a_\alpha\, (\delta_t\, Y)^{\alpha^t} = \Sigma\, a_\alpha \cdot t^{||\alpha||}\, Y^\alpha$$

$\mathcal{U}_m(\mathfrak{g})$ est alors défini par :

(1.1.9) $$P \in \mathcal{U}_m(\mathfrak{g}) \iff \begin{cases} P \in \mathcal{U}(\mathfrak{g}) \\ \delta_t\, P = t^m\, P \quad \forall\, t > 0 \end{cases}$$

Lorsque $\mathfrak{g}$ est stratifiée, les éléments de $\mathcal{U}(\mathfrak{g})$ peuvent s'écrire plus simplement sous la forme :

(1.1.7)bis $$P = \Sigma\, a_\alpha\, Y^\alpha$$

$$\text{avec} \quad Y^\alpha = Y_{\alpha_1} \circ \dots \circ Y_{\alpha_k}$$

où $\alpha = (\alpha_1,\dots,\alpha_k)$ est un k-uplet d'entiers compris entre 1 et p et $(Y_1,\dots,Y_p)$ est une base de $\mathfrak{g}_1$.

Enfin, on posera :

(1.1.10) $$\mathcal{U}^m(\mathfrak{g}) = \sum_{j=0}^{m} \mathcal{U}_j(\mathfrak{g})$$

§ 1.2 - Représentations induites : définition

Nous allons maintenant rappeler la définition des représentations induites de G = exp $\mathcal{G}$. Cette notion est due à Mackey [MA].

Une telle représentation est définie par la donnée de :

- une sous-algèbre de Lie $\mathcal{H} \subset \mathcal{G}$
- un homomorphisme ℓ de $\mathcal{H}$ dans $\mathbb{R}$, c'est à dire une forme linéaire $\ell \in \mathcal{H}^*$ telle que:

(1.2.1) $\quad <\ell,[a,b]> = 0 \qquad \forall\, a \in \mathcal{H}\;, \quad \forall\, b \in \mathcal{H}.$

On fait correspondre à ces deux éléments une représentation unitaire notée $\Pi_{(\ell,\mathcal{H})}$, du groupe G = exp $\mathcal{G}$ dans $L^2(\mathbb{R}^k)$, où k est la codimension de $\mathcal{H}$.

Il existe plusieurs définitions équivalentes de cette notion (nous renvoyons à $[\text{HE-NO}]_{1,2}$ pour une discussion sur cette question). Nous allons seulement décrire de manière plus explicite une définition que nous utiliserons dans la suite.

On commence par montrer qu'il existe une sous-suite $\mathcal{A}_o,\ldots,\mathcal{A}_k$ de sous-algèbres de $\mathcal{G}$, telles que :

(1.2.2) $\quad \mathcal{H} = \mathcal{A}_o \subset \mathcal{A}_1 \subset \ldots \subset \mathcal{A}_k = \mathcal{G}$

et telles que :

(1.2.3) $\quad \mathcal{A}_j$ est un idéal de codimension 1 dans $\mathcal{A}_{j+1}$.

Ce résultat est classique (cf. [PU]).

Exemple de construction 1.2.1 Pour construire de telles sous-algèbres on considére , pour tout $j \leqslant r$, le sous-espace $\mathcal{H}_j$ suivant de $\mathcal{G}_j$.

(1.2.4) $\quad \mathcal{H}_j = \{u \in \mathcal{G}_j,\ u = u' + u'',\ u' \in \mathcal{H},\ u'' \in \mathcal{G}^{j+1}\}$

où on a posé :

(1.2.5) $\quad \mathcal{G}^j = \sum_{\ell=j}^{r} \mathcal{G}_\ell$

Choisissons une base $e_{j,1},\ldots,e_{j,k_j}$ (où $k_j = \dim \mathcal{G}_j - \dim \mathcal{H}_j$) d'un supplémentaire de $\mathcal{H}_j$ dans $\mathcal{G}_j$.

On voit facilement que : $k = k_1 + \ldots + k_r$. On réindice l'ensemble des vecteurs $e_{j,\ell}$ ($1 \leqslant j \leqslant r,\ 1 \leqslant \ell \leqslant k_j$) en convenant que les k_1 premiers vecteurs sont dans $\mathcal{G}_1$, les k_2 suivants sont dans $\mathcal{G}_2,\ldots$

Posons alors pour $j = 1,\ldots,k$

$$\mathcal{A}_j = \mathcal{H} \oplus \mathbb{R}\, e_k \oplus \ldots \oplus \mathrm{R}\, e_{k-j+1}$$

Alors la suite de sous-algèbres $\mathcal{A}_j$ a les propriétés annoncées. (On remarque que tout élément de $\mathcal{G}_j$ s'écrit modulo $\mathcal{G}^{j+1}$ comme la somme d'un élément de $\mathcal{H}$ et d'un élément du supplémentaire de $\mathcal{H}_j$).

La définition qui va suivre de la représentation $\Pi_{(\ell,\mathcal{H})}$ semble dépendre du choix de la suite de sous-algèbres $\mathcal{A}_j$ ci-dessus. Cependant, il est classique (cf [KI]) que deux choix différents (pour un même couple $(\ell,\mathcal{H})$) conduisent à deux définitions équivalentes.

Une fois choisie la suite de sous-algèbres $\mathcal{A}_j$ vérifiant (1.2.2) et (1.2.3), on choisit un élément $e_{k-j+1} \in \mathcal{A}_j$, base d'un supplémentaire de $\mathcal{A}_{j-1}$ dans $\mathcal{A}_j$. La définition de $\Pi_{(\ell,V)}$ sera encore, à une équivalence près, indépendante de ce choix.

Remarque 1.2.2

Si on a mis sur $\mathcal{G}$ une structure euclidienne, un choix possible des e_ℓ est de prendre e_{k-j+1} de norme 1 dans $\mathcal{A}_j \cap \mathcal{A}_{j-1}^{\perp}$. Ce n'est pas le choix fait dans la construction (1.2.1).

D'après la formule de Campbell-Hausdorff, pour tout $a_j \in \mathcal{A}_j$, il existe $a_{j-1} \in \mathcal{A}_{j-1}$ et $v^{k-j+1} \in \mathbb{R}$ tels que l'on ait :

$$a_j = a_{j-1} \circ (v^{k-j+1} \,.\, e^{k-j+1})$$

(ou $\qquad \exp a_j = \exp a_{j-1} \,.\, \exp (v^{k-j+1} \,.\, e^{k-j+1})$).

Par conséquent, pour tout $a \in \mathcal{G}$, il existe $h \in \mathcal{H}$ et $t = (t_1,\dots,t_k) \in \mathbb{R}^k$ uniques

(1.2.6) $\qquad a = h \circ (t_k\, e_k) \circ \dots \circ (t_1\, e_1)$

ou bien, de manière équivalente : $\exp a = \exp h \,.\, \exp t_k\, e_k \dots \exp t_1\, e_1$.

D'après la formule de Campbell-Hausdorff, l'application :

$$\mathcal{G} \ni a \to (h,t) \in \mathcal{H} \times \mathbb{R}^k$$

est un difféomorphisme global de $\mathcal{G}$ sur $\mathcal{H} \times \mathbb{R}^k$, et l'image de la mesure de Lebesque de $\mathcal{G}$ est une mesure de Lebesque de $\mathcal{H} \times \mathbb{R}^k$.

Pour simplifier l'écriture, nous désignerons par $\gamma : \mathbb{R}^k \to \mathcal{G}$ l'application définie par :

(1.2.7) $\qquad \gamma(t) = (t_k\, e_k) \circ \dots \circ (t_1\, e_1)$

En particulier, pour tout $t \in \mathbb{R}^k$ et $a \in \mathcal{G}$, il existe $h(t,a) \in \mathcal{H}$ et $\sigma(t,a) \in \mathbb{R}^k$ uniques tels que :

(1.2.8) $\qquad \gamma(t) \circ a = h(t,a) \circ \gamma(\sigma(t,a))$

et l'application : $(\exp a,t) \to \sigma(t,a)$ définit une action à droite de G sur $\mathbb{R}^k$, laissant invariante la mesure de Lebesque choisie sur $\mathbb{R}^k$ (en termes invariants, c'est l'action à droite de G sur $H\backslash G$, où $H = \exp \mathcal{H}$).

On prend dans la suite la convention que :

(1.2.9) $\qquad L^2(\mathbb{R}^o) = \mathbb{C}$.

Nous pouvons maintenant définir la représentation unitaire $\Pi_{(\ell,\mathcal{H})}$ de G dans $L^2(\mathbb{R}^k)$. Pour tout $f \in L^2(\mathbb{R}^k)$ et tout g (= exp a) de G ($a \in \mathcal{G}$), on pose :

(1.2.10) $\qquad (\Pi_{(\ell,\mathcal{H})}(\exp a)f)(t) = e^{i<\ell,h(t,a)>}\, f(\sigma(t,a)) \;,\; \forall\, t \in \mathbb{R}^k$

On vérifie qu'il s'agit bien d'une représentation unitaire (le crochet $<,>$ désigne la dualité entre $\mathcal{H}^*$ et $\mathcal{H}$).

Indiquons comment on peut calculer explicitement les expressions $h(t,a)$ et $\sigma(t,a)$ introduites dans (1.2.8). Considérons l'élément $(t\, e_1) \circ a$ de $\mathcal{G}$.

Puisque $\mathcal{A}_{k-1}$ est un idéal dans $\mathcal{A}_k = \mathcal{G}$, on voit qu'il existe $v_{k-1}(t_1,a) \in \mathcal{A}_{k-1}$ et $\sigma_1(t_1,a) \in \mathbb{R}$ tels que :

(1.2.10)' $\qquad (t_1\, e_1) \circ a = v_{k-1} \circ (\sigma_1 \,.\, e_1)$

et $\sigma_1\, e_1$ est la projection de $(t_1\, e_1 + a)$ sur $\mathbb{R}e_1$ associée à la décomposition :

$$\mathcal{A}_k = \mathcal{A}_{k-1} \oplus \mathbb{R}e_1$$

Supposons maintenant qu'on ait montré pour un $j < k$ l'existence de v_{k-j} dans $\mathcal{A}_{k-j}$ et de $(\sigma_j,\dots,\sigma_1)$ dans $\mathbb{R}^j$ tels que :

(1.2.11)$_j$ $\quad (t_j\, e_j) \circ \ldots \circ (t_1\, e_1) \circ a = v_{k-j} \circ \sigma_j(t_j,\ldots,t_1,a)e_j \circ \ldots \circ \sigma_1(t_1,a)e_1$

Considérons alors l'élément $(t_{j+1}\, e_{j+1}) \circ v_{k-j}$ de $\mathfrak{g}$. Si $\sigma_{j+1}(t_{j+1},\ldots,t_1,a)$ désigne la projection de $(t_{j+1}\, e_{j+1} + v_{k-j})$ sur $\mathbb{R}\, e_{j+1}$ relativement à la décomposition $\mathcal{A}_{k-j} = \mathcal{A}_{k-j-1} \oplus \mathbb{R}\, e_{j+1}$, on a :

(1.2.12) $\quad (t_{j+1}\, e_{j+1}) \circ v_{k-j} = v_{k-j-1} \circ \sigma_{j+1}(t_{j+1},\ldots,t_1,a)e_{j+1}$

Notons que :

(1.2.13) $\quad \sigma_{j+1}(t_{j+1},\ldots,t_1,a) = t_{j+1} + \Psi_{j+1}(t_j,\ldots,t_1,a)$

On déduit de (1.2.11)$_j$ et (1.2.12), la propriété (1.2.11)$_{j+1}$. (1.2.11)$_k$ correspond à l'affirmation (1.2.8). La propriété indiquée après (1.2.8) résulte de (1.2.13).

Remarque 1.2.3

Lorsque k = 0, c'est à dire $\mathcal{H} = \mathcal{G}$, $\Pi_{(\ell,\mathcal{H})}$ est réalisée dans $\mathbb{C}$ et l'opérateur $\Pi_{(\ell,\mathcal{H})}$ (exp a) n'est autre que la multiplication par exp i $<\ell,a>$.

§ 1.3 Représentations correspondantes de l'algèbre de Lie .

On notera $a \to \Pi_{(\ell,\mathcal{H})}(a)$ la représentation de $\mathcal{G}$, différentielle de la représentation unitaire de G définie ci-dessus.

Pour tout f dans $\mathcal{S}(\mathbb{R}^k)$ (si $k \geqslant 1$), ou dans $\mathbb{C}$ (si k = 0), on a :

(1.3.1) $\quad \Pi_{(\ell,\mathcal{H})}(a)\, f = \frac{d}{ds}\, \Pi_{(\ell,\mathcal{H})}(\exp s\, a)f/s = 0$

(Plus généralement, $\Pi_{(\ell,\mathcal{H})}(a)$ peut être défini dans l'espace des vecteurs C^∞ de la représentation $\Pi_{(\ell,\mathcal{H})}$).

Par conséquent, si k = 0, l'opérateur $\Pi_{(\ell,\mathcal{H})}(a)$ n'est autre que la multiplication par i $<\ell,a>$ et, si $k \geqslant 1$, c'est l'opérateur suivant :

(1.3.2) $\quad \Pi_{(\ell,\mathcal{H})}(a) = i <\ell,h'(t,a)> + \sum_{j=1}^{k} \sigma_j'(t,a) \cdot \frac{\partial}{\partial t_j}$

où on a posé :

(1.3.3) $\quad h'(t,a) = \frac{d}{ds}\,(h(t,s\, a))/s = 0$

$\forall (t,a) \in \mathbb{R}^k \times \mathcal{G}$.

(1.3.4) $\quad \sigma'(t,a) = \frac{d}{ds}(\sigma(t,s\, a))/s = 0$

La représentation $\Pi_{(\ell,\mathcal{H})}$ de $\mathcal{G}$ se prolonge naturellement aux éléments de $\mathcal{U}(\mathcal{G})$ (cf. (1.1.7) en posant :

(1.3.5) $\quad \Pi_{(\ell,\mathcal{H})}\, (P) = \Sigma\, a_\alpha(\Pi_{\ell,\mathcal{H}}(Y))^\alpha$

Il sera utile dans les chapitres ultérieurs de calculer plus explicitement les coefficients h'(t,a) et σ'(t,a) introduits dans (1.3.3) et (1.3.4). On prend cette fois-ci la construction réalisée dans l'exemple (1.2.1). Nous aurons tout d'abord besoin des propriétés suivantes de l'application $\gamma : \mathbb{R}^k \to \mathcal{G}$ introduite en (1.2.7) :

Lemme 1.3.1

i) La différentielle à l'origine de l'application γ est l'application :

(1.3.6) $\quad \mathbb{R}^k \ni t \to \gamma'(o)(t) = \sum_{j=1}^{k} t_j\, e_j$

ii) Pour tout $j \leqslant k$, il existe un polynôme f_j sur $\mathbb{R}^k \times \mathbb{R}^k$ t.q.

(1.3.7) Pour tous u et v dans $\mathbb{R}^k$, la composante de $(\gamma u \circ \gamma v)$ sur e_j (relative à la décomposition $\mathcal{G} = \mathcal{H} \oplus \Sigma\, \mathbb{R}\, e_j$) soit :

$$p_j(\gamma u \circ \gamma v) = u_j + v_j + f_j(u_1,\dots,u_{j-1},v_1,\dots,v_{j-1})$$

le polynôme f_j ne dépendant que des variables indiquées.

Démonstration :

Point i) :

D'après la formule de Campbell-Hausdorff, on a :

$$\gamma u = \sum_{j=1}^{k} u_j\, e_j + g(u_1,\dots,u_k)$$

où g est un polynôme de u à valeurs dans $\mathcal{G}$ ne contenant des termes que d'ordre $\geqslant 2$. Le point i) s'en déduit immédiatement.

Point ii):

Si $j = 1,\dots,k$, on désigne par n_j l'indice t.q : $e_j \in \mathcal{G}_{n_j}$. D'après la formule de Campbell-Hausdorff, il existe, pour tout $j \leqslant k$, une application h_j de $\mathbb{R}^k \times \mathbb{R}^k$ dans $\mathcal{G}_{n_j}$, telle que, pour tous u et v dans $\mathbb{R}^k$, on ait :

(1.3.8) $$(\gamma u) \circ (\gamma v) = \sum_{j=1}^{k} [(u_j + v_j)\, e_j + h_j\,(u,v)]$$

Compte-tenu de notre construction des $\mathcal{K}_j$, le polynôme h_j ne dépend que des composantes u_ℓ et v_ℓ des vecteurs u et v correspondant aux indices α tels que $n_\ell < n_j$.

Compte-tenu du choix des e_j, on a la propriété suivante :

(1.3.9) $$a \in \mathcal{G}_\ell \text{ et } \ell > n_j \Rightarrow p_j(a) = 0$$

Appliquant l'opérateur p_j aux deux membres de (1.3.8), on en déduit, compte-tenu de (1.3.9) la propriété (1.3.7).

Pour tout $u \in \mathbb{R}^k$, soit A(u) l'application linéaire de $\mathbb{R}^k$ dans $\mathcal{G}$ définie par :

(1.3.10) $$A(u).v = \frac{d}{ds}\,[\gamma(u + s\, v) \circ (-\gamma(u))]/s = 0 \quad ; \forall\, v \in \mathbb{R}^k$$

Soit B(u) l'application linéaire de $\mathcal{G}$ dans $\mathcal{G}$ définie par :

(1.3.11) $$B(u).a = \frac{d}{ds}\,[\gamma(u) \circ (s\; a) \circ (-\gamma(u))]/s = 0$$

On va maintenant démontrer le lemme suivant :

Lemme 1.3.2

On désigne par p l'application de $\mathcal{G}$ dans $\mathbb{R}^k$ définie par : $p = (p_1,\dots,p_j)$ (cf 1.3.7). Alors :

i) Pour tout $u \in \mathbb{R}^k$, l'application $v \to p[A(u)v]$ est un isomorphisme de $\mathbb{R}^k$ sur lui-même, dont le déterminant est égal à 1.

ii) Pour tout $u \in \mathbb{R}^k$ et $a \in \mathcal{G}$, le vecteur $\sigma'(u,a)$ est l'unique solution dans $\mathbb{R}^k$ de l'équation :

$$(1.3.12)\qquad p[A(u).\sigma'(u,a)] = p[B(u)a]$$

Si on pose $q = 1-p$, on a de plus :

$$(1.3.13)\qquad h'(u,a) = q[B(u)a] - q[A(u).\sigma'(u,a)]$$

Démonstration du point i)

D'après (1.3.7), on voit que, pour tout $j \leqslant r$, il existe un polynôme f_j sur $\mathbb{R}^k \times \mathbb{R}^k$ tel que l'on ait, pour tout u, v dans $\mathbb{R}^k$

$$(1.3.14)\qquad p_j(A(u)v) = v_j + f_j(u_1,\dots,u_{j-1},v_1,\dots,v_{j-1})$$

ou plus précisément :

$$(1.3.15)\qquad p_j(A(u)v) = v_j + \sum_{\ell=1}^{j-1} f_j^{\ell}(u_1,\dots,u_{j-1})v_\ell$$

On en déduit aussitôt (i).

Démonstration de ii)

D'après la définition (1.2.8) de $\sigma(u,a)$, on a, pour tout s réel :

$$(\gamma(u)) \circ (s\ a) = h(u,s\ a) \circ \gamma(\sigma(u,s\ a))$$

Composons à droite par $(-\gamma(u))$

$$(1.3.16)\qquad \gamma(u) \circ (s\ a) \circ (-\gamma(u)) = h(u,s\ a) \circ \gamma(\sigma(u,s\ a)) \circ (-\gamma(u))$$

En dérivant cette égalité par rapport à s pour $s = 0$, on obtient :

$$(1.3.17)\qquad B(u)a = h'(u,a) + \frac{d}{ds}[\gamma(\sigma(u,s\ a)) \circ (-\gamma(u))]_{/s=0}$$

Puisque $\sigma(u,s\ a) = u + s.\sigma'(u,a) + O(s^2)$, on peut écrire, compte-tenu de la définition de $A(u)$, cette égalité sous la forme :

$$(1.3.18)\qquad B(u)a = h'(u,a) + A(u)\ \sigma'(u,a)$$

Remarquons maintenant que :

$$p(h(u,a)) \equiv 0$$

et que, par conséquent :

$$(1.3.19)\qquad p(h'(u,a)) \equiv 0.$$

On déduit alors aisément (1.3.12) et (1.3.13) de (1.3.18) et (1.3.19) en appliquant les projecteurs p et q.

Le lemme (1.3.2) fournit donc un moyen de calculer, pour tout couple $(\ell,\mathcal{H})$ et tout a dans $\mathcal{G}$, les coefficients de l'opérateur différentiel $\Pi_{(\ell,\mathcal{H})}(a)$.

Variante de la construction lorsque $\mathcal{H} \supset \mathcal{G}^2$

Lorsque $\mathcal{H} \supset \mathcal{G}^2$, on va présenter une expression différente de $\Pi_{(\ell,\mathcal{H})}$ pouvant conduire à des calculs plus agréables (cf. Chapitre VIII). Les vecteurs $(e_1,\dots,e_k)$ peuvent alors être choisis comme une base d'un supplémentaire S de $\mathcal{H}$ contenu dans $\mathcal{G}_1$: $S \subset \mathcal{G}_1$, $S \oplus \mathcal{H} = \mathcal{G}$. On introduit alors l'application $\tilde{\gamma}$ de $\mathbb{R}^k$ ($k = \operatorname{codim} \mathcal{H}$) dans S :

(1.3.20) $\mathbb{R}^k \ni t \to \tilde{\gamma}(t) = \sum_i t_i e_i$

Pour construire $\tilde{\Pi}_{\ell,\mathcal{H}}$ (équivalent à $\Pi_{\ell,\mathcal{H}}$), on peut procéder ainsi : on définit pour tous $t \in \mathbb{R}^k$ et $a \in \mathfrak{g}$, des éléments $\tilde{h}(t,a) \in \mathcal{H}$ et $\tilde{\sigma}(t,a) \in \mathbb{R}^k$ par :

(1.3.21) $\tilde{\gamma}(t) \circ a = \tilde{h}(t,a) \circ \tilde{\gamma}(\tilde{\sigma}(t,a))$

On a clairement $\sigma(t,a) = \tilde{\sigma}(t,a)$, et on introduit $\tilde{\Pi}_{\ell,\mathcal{H}}$ en posant (cf 1.2.10):

(1.3.22) $(\tilde{\Pi}_{(\ell,\mathcal{H})}(\exp a)f)(t) = e^{i<\ell,\tilde{h}(t,a)>} f(\tilde{\sigma}(t,a))$

La représentation associée de l'algèbre de Lie est donnée par :

(1.3.23) $\tilde{\Pi}_{(\ell,\mathcal{H})}(a) = i<\ell,\tilde{h}(t,a)> + \sum_{j=1}^{k} \tilde{\sigma}_j'(t,a) \frac{\partial}{\partial t_j}$

Notons qu'ici on a :

(1.3.24) $\tilde{\sigma}_j(t,a) = t_j + a_j$ avec $a_j = p_j(a)$

et, par conséquent :

(1.3.25) $\tilde{\Pi}_{(\ell,\mathcal{H})}(a) = i<\ell,\tilde{h}'(t,a)> + \sum_{j=1}^{k} a_j \cdot \frac{\partial}{\partial t_j}$

On se propose de calculer $\tilde{h}'(t,a)$ explicitement. Remplaçant γ par $\tilde{\gamma}$, on définit de manière analogue $\tilde{A}$ et $\tilde{B}$:

(1.3.26)
$$\begin{cases} \tilde{A}(u).v = \frac{d}{ds} [\tilde{\gamma}(u+sv) \circ (-\tilde{\gamma}(u))]_{/s=o} \\ \tilde{B}(u).a = \frac{d}{ds} [\tilde{\gamma}(u) \circ (s\ a) \circ (-\tilde{\gamma}(u))]_{/s=o} \end{cases}$$

Comme précédemment, on obtient :

(1.3.27) $\tilde{B}(u)a = \tilde{h}'(u,a) + \tilde{A}(u)\ [p(a)]$

avec $p(a) = (a_1,\ldots,a_k)$.

L'expression de $\tilde{B}(u)a$ est connue ; on a :

(1.3.28) $\tilde{B}(u)a = \sum_k \frac{(\mathrm{ad}\ \tilde{\gamma}(u))^k}{k\ !}\ a$

(On a utilisé la formule $\exp X.\exp Y \cdot \exp -X = \exp [\exp \mathrm{ad}\ X\ .\ Y]$).

Par ailleurs, il résulte d'une formule classique (cf. [GO] p. 40) que :

(1.3.29) $\tilde{A}(u)b = \sum_{k \geqslant o} \frac{(\mathrm{ad}\tilde{\gamma}(u))^k}{(k+1)!}\ b$

Il résulte de (1.3.27) à (1.3.29) que :

(1.3.30)
$$\begin{cases} \tilde{h}'(u,a) = \sum_{k=1}^{r-1} \frac{k}{(k+1)!} (\mathrm{ad}\ \tilde{\gamma}(u))^k a & \text{si } a \in S \\ \tilde{h}'(u,a) = \sum_{k=o}^{r-1} \frac{(\mathrm{ad}\tilde{\gamma}(u))^k a}{k!} & \text{si } a \in \mathcal{H} \end{cases}$$

Si on définit $\Psi(t)$ dans $\mathcal{H}$ par :

(1.3.31) $\gamma(t) = \Psi(t)\ .\ \tilde{\gamma}(t)$

On remarque que l'opérateur unitaire qui réalise l'équivalence entre $\Pi_{\ell,\mathfrak{g}^2}$ et $\tilde{\Pi}_{\ell,\mathfrak{g}^2}$

est l'opérateur :

(1.3.32) $\quad f \to e^{i\ell[\Psi(.)]}f$

§ 1.4 Représentations induites - L'exemple de Folland ([FO]$_3$)

Soit V un espace vectoriel réel de dimension finie, muni d'une décomposition en somme directe de sous-espaces V_i ($1 \leqslant i \leqslant r$). Pour tout $t > 0$, on définit une dilatation h_t de V par :

(1.4.1) $$h_t\left(\sum_{j=1}^{r} x_j\right) = \sum_{j=1}^{r} t^j . x_j \qquad \text{si } x_j \in V_j$$

On dit qu'un opérateur différentiel P sur V est homogène de degré m si :

(1.4.2) $$P(f \circ h_t) = t^m (P\, f) \circ h_t \ , \ \forall f \in C^\infty(V).$$

Soit $X_1,\ldots,X_p$ un système de champs de vecteurs sur V, réels, C^∞, homogènes de degré 1, et vérifiant la condition de Hörmander au rang r ($r \geqslant 1$), c'est à dire que:

(1.4.3) L'espace vectoriel engendré par la restriction en 0 des champs $((\text{ad}\, X_{i_1})\ldots(\text{ad}\, X_{i_{k-1}})X_{i_k})$ (avec $I = (i_1,\ldots,i_k) \in [1,p]^k$, $k \leqslant r$), est égal à V.

Soit $\mathcal{G}$ l'algèbre de Lie nilpotente libre à p générateurs, de rang de nilpotence r, pour laquelle on reprend les notations du § 1.1.

Soit L(V), l'algèbre de Lie des champs de vecteurs réels, C^∞, sur l'espace vectoriel V. Soit λ l'unique application linéaire de $\mathcal{G}$ dans L(V) telle que :

(1.4.4) $$\lambda(Y_j) = X_j \quad (j = 1,\ldots,p)$$

(1.4.5) $$\lambda([a_j,a_k]) = [\lambda(a_j),\lambda(a_k)] \quad \text{pour } a_j \in \mathcal{G}_j \ ; \ a_k \in \mathcal{G}_k \ ; \ j+k \leqslant r$$

Il est clair que, si les champs X_j sont homogènes de degré 1, leurs crochets de longueur (r+1) sont nuls (car tout champ de vecteurs C^∞ sur V, homogène de degré > r est nécessairement nul). On voit alors que dans ce cas λ est un homomorphisme de $\mathcal{G}$ dans L(V).

Soit maintenant $\mathcal{H}$ le sous-espace de $\mathcal{G}$ formé des éléments a de $\mathcal{G}$ tels que $\lambda(a)$ s'annule à l'origine. On voit facilement que $\mathcal{H}$ est une sous-algèbre de $\mathcal{G}$, stable par les distributions de $\mathcal{G}$.

Remarquons que :

(1.4.6) $$\lambda \circ \delta_t = h_t \circ \lambda$$

Si la condition de Hörmander est vérifiée, la codimension de $\mathcal{H}$ est égale à la dimension de V.

Soit $a \to \Pi_{(0,\mathcal{H})}(a)$ la représentation définie au §-1.3, correspondant à la sous-algèbre $\mathcal{H}$ et à la forme linéaire $\ell = 0$. On a vu que $\Pi_{(0,\mathcal{H})}(a)$ est un champ de vecteurs sur $\mathbb{R}^{\dim V}$. Le résultat suivant a été démontré par Folland [FO]$_3$:

Proposition 1.4.1

Sous les hypothèses ci-dessus, il existe un difféomorphisme global $\theta : V \to \mathbb{R}^{\dim V}$, dont le jacobien est égal à 1, tel que pour tout $a \in \mathcal{G}$ et $f \in \mathcal{S}(\mathbb{R}^{\dim V})$ on ait :

(1.4.7) $\quad \Pi_{(0,\mathcal{H})}(a)[f] = (\lambda(a)[f \circ \theta]) \circ \theta^{-1}$

De plus, $f \in \mathcal{S}(\mathbb{R}^{\dim V})$ si et seulement si $f \circ \theta \in \mathcal{S}(V)$.

Remarque 1.4.2

L'égalité (1.4.7) permet de ramener des problèmes d'hpoellipticité locale ou globale, ou d'existence d'inégalités L^2 (globales ou locales), pour des opérateurs polynômes des X_j, au même problème pour des éléments $\Pi_{(0,\mathcal{H})}(P)$ avec P dans $\mathcal{U}(\mathcal{G})$.

Exemple 1.4.3

$$V = \mathbb{R}^2_{t,x} \ , \ X_1 = \partial_t \ , \ X_2 = t\,\partial_x$$

Dans ce cas $\mathcal{G}$ est l'algèbre de Heisenberg de dimension 3, et $\mathcal{H}$ est la sous-algèbre de dimension 1, $\mathcal{H} = \mathbb{R}\, X_2$, où X_1 et X_2 sont des générateurs de $\mathcal{G}$.

§ 1.5 Représentations unitaires irréductibles (Kirillov [KI])

Pour tout $\ell \in \mathcal{G}^*$, on désigne par B_ℓ la forme bilinéaire antisymétrique définie sur $\mathcal{G} \times \mathcal{G}$ par :

(1.5.1) $\quad B_\ell(x,y) = \langle \ell, [x,y] \rangle$

Soit $\mathcal{H}$ une sous-algèbre de $\mathcal{G}$. Dire que ℓ est un homomorphisme de $\mathcal{H}$ dans $\mathbb{R}$ équivaut à dire que $\mathcal{H}$ est un sous-espace isotrope pour la forme bilinéaire B_ℓ.

La codimension de $\mathcal{H}$ est alors au moins égale à la moitié du rang de B_ℓ. On démontre (Kirillov [KI]) que la représentation $G \ni g \to \Pi_{(\ell,\mathcal{H})}(g)$ du groupe $G = \exp \mathcal{G}$ est irréductible si, et seulement si, on a :

(1.5.2) $\quad \text{Codim}\, \mathcal{H} = \frac{1}{2} \text{rang}\, B_\ell = k(\ell)$

On démontre aussi (cf [KI] ou $[\text{HE-NO}]_{1,2}$ pour une construction explicite) que, pour tout $\ell \in \mathcal{G}^*$, il existe au moins une sous-algèbre $\mathcal{H}$ qui est un sous-espace isotrope pour B_ℓ et qui vérifie (1.5.2).

La représentation irréductible $\Pi_{(\ell,\mathcal{H})}$ sera alors notée simplement Π_ℓ. On démontre en effet que deux choix différents de sous-algèbres isotropes vérifiant (1.5.2), pour une même forme linéaire ℓ, conduisent à des représentations unitairement équivalentes.

On démontre ainsi que l'on obtient par ce procédé <u>toutes</u> les classes d'équivalence de représentations unitaires irréductibles de G.

L'ensemble de ces classes d'équivalence est noté $\hat{G}$.

Pour tout $\ell \in \mathcal{G}^*$, on notera H_{Π_ℓ} l'espace de la représentation Π_ℓ. On peut choisir comme H_{Π_ℓ} l'espace $L^2(\mathbb{R}^{k(\ell)})$ avec la convention que $L^2(\mathbb{R}^0) = \mathbb{C}$.

On notera $\mathcal{S}_{\Pi_\ell}$ l'espace des vecteurs C^∞ de la représentation Π_ℓ et, compte-tenu de notre choix de H_{Π_ℓ}, et de l'irréductibilité de Π_ℓ (cf [KI], [HE-NO]), on a :

(1.5.3) $\mathcal{S}_{\Pi_\ell} = \mathcal{S}(\mathbb{R}^{k(\ell)})$

(avec la convention que $\mathcal{S}(\mathbb{R}^{k(\ell)}) = \mathbb{C}$ si $k(\ell) = 0$).

On utilisera la remarque suivante :

Remarque 1.5.1

Si $\ell \in \mathfrak{g}^*$ est non nulle, il existe $j \leqslant r$ et un élément a de $\mathfrak{g}_j$ tel que l'opérateur $\Pi_\ell(a)$ soit la multiplication par une constante non-nulle.

Si ℓ et γ sont deux éléments de $\mathfrak{g}^*$, nous allons rappeler à quelle condition les représentations irréductibles Π_ℓ et Π_γ sont équivalentes.

Pour tout $a \in \mathfrak{g}$, on désigne par (ad)(a) l'application $\mathfrak{g} \ni b \to (ada)(b) = [a,b]$ et par $(ada)^* : \mathfrak{g}^* \to \mathfrak{g}^*$ sa transposée :

(1.5.4) $[(ada)^*\ell](b) = \ell([a,b])$

On démontre (cf [KI]) que les représentations Π_ℓ et Π_γ sont équivalentes si et seulement s'il existe un élément $a \in \mathfrak{g}$ t.q.

(1.5.5) $\gamma = \exp(ad - a)^*\ell = \sum_{k=0}^{r} \frac{(ad-a)^{*k}\ell}{k\,!}$

L'action de G dans $\mathfrak{g}^*$:

(1.5.6) $g \to g \cdot \ell = \sum_{k=0}^{r} \frac{(ad-a)^{*k}}{k\,!}\,\ell$

(avec $g = \exp a$), est appelée l'action coadjointe de G dans $\mathfrak{g}^*$.

L'ensemble décrit dans $\mathfrak{g}^*$ par le point γ vérifiant (1.5.5) quand a décrit $\mathfrak{g}$, (ou de manière équivalente, l'ensemble $g \cdot \ell$ $(g \in G)$), est appelé l'orbite de ℓ dans la représentation coadjointe de G.

Kirillov a donc montré qu'il existait une bijection β entre l'espace des orbites $_G\backslash G^*$ et $\hat{G}$.

Dans cette correspondance la forme linéaire 0 est envoyée sur la représentation triviale de G.

Si $\mathcal{H}$ et $\tilde{\mathcal{H}}$ sont deux sous-algèbres isotropes de même dimension pour une même forme bilinéaire, mais ne vérifient pas (1.5.2), les représentations $\Pi_{(\ell,\mathcal{H})}$ et $\Pi_{(\ell,\tilde{\mathcal{H}})}$ ne sont pas en général équivalentes. On peut toutefois montrer l'équivalence dans certains cas, comme le montre la :

Remarque 1.5.2 (cf [KI] lemme 1.1)

Soient $\mathcal{H}$ et $\tilde{\mathcal{H}}$ deux sous-algèbres isotropes pour une même forme bilinéaire B_ℓ $(\ell \in \mathfrak{g}^*)$ On suppose qu'il existe une sous-algèbre $\mathcal{A} \subset \mathfrak{g}$ telle que $\mathcal{H} \subset \mathcal{A}$, $\tilde{\mathcal{H}} \subset \mathcal{A}$ et que:

$$\dim \mathcal{A} - \dim \mathcal{H} = \dim \mathcal{A} - \dim \tilde{\mathcal{H}} = \frac{1}{2} \operatorname{rang} B_\ell^{\mathcal{A}}$$

où $B_\ell^{\mathcal{A}}$ est la restriction de B_ℓ à $\mathcal{A} \times \mathcal{A}$. Alors les représentations $\Pi_{(\ell,\mathcal{H})}$ et

$\Pi_{(\ell,\widetilde{\mathcal{H}})}$ sont équivalentes.

Remarque 1.5.3

Dans certains cas, il sera utile d'expliciter l'équivalence unitaire pour contrôler les supports dans cette équivalence, rappelons la :

Proposition 1.5.4 (cf Prop. 2.3.1 de $[\text{HE-NO}]_1$

Soit $\mathcal{H}$ un idéal dans $\mathcal{G}$ de codimension k et ℓ dans $\mathcal{G}^*$ tels que : $\ell([\mathcal{H},\mathcal{H}]) = 0$. Alors, pour tout $x \in \mathbb{R}^k$, il existe un opérateur unitaire U_x défini pour $f \in L^2(\mathbb{R}^k)$, par :

$$(U_x f)(t) = e^{i\langle \ell, h(x,\gamma(t))\rangle} f(\sigma(x,\gamma(t)))$$

et tel que, pour tout $a \in \mathcal{G}$, on ait :

$$U_x \circ \Pi_{(\ell,\mathcal{H})}(e^a) = \Pi_{(\gamma,\mathcal{H})}(e^a) \circ U_x$$

et $$U_x \circ \Pi_{(\ell,\mathcal{H})}(a) = \Pi_{(\gamma,\mathcal{H})}(a) \circ U_x$$

avec $\gamma = (-\gamma(x)) \circ \ell$

§ 1.6 Comment reconaître une représentation induite ?

Soit Π une représentation de $\mathcal{G}$ dans $\mathcal{S}(\mathbb{R}^k)$ $(k \geq 1)$. On suppose que, pour tout $X \in \mathcal{G}$, $\Pi(X)$ est un opérateur différentiel de la forme suivante :

$$(1.6.1) \qquad \Pi(X) = P_1(X)\frac{\partial}{\partial y_1} + P_2(y_1,X)\frac{\partial}{\partial y_2} + \ldots + P_k(y_1,\ldots,y_{k-1},X)\frac{\partial}{\partial y_k} + iQ(y_1,\ldots,y_k,X)$$

où les $P_j(y,X)$ et $Q(y,X)$ sont des polynômes sur $\mathbb{R}^k$, ne dépendant que des variables indiquées, à coefficients réels, dépendant linéairement de $X \in \mathcal{G}$. On suppose que les formes linéaires $X \to P_j(0,X)$ $(1 \leq j \leq k)$ sont linéairement indépendantes dans $\mathcal{G}^*$. On pose, pour tout $X \in \mathcal{G}$

$$(1.6.2) \qquad \langle \ell, X\rangle = Q(0,X)$$

et on désigne par V le sous-espace des $X \in \mathcal{G}$ tels que $P_j(0,X) = 0$ $(j = 1,\ldots,k)$.

Proposition 1.6.1

Sous les hypothèses ci-dessus :

i) Le sous-espace V est une sous-algèbre de $\mathcal{G}$, et l'on a

$$(1.6.3) \qquad \langle \ell,[X,Y]\rangle = 0 \qquad \forall X \in V \qquad \forall\, Y \in V$$

ii) La représentation Π est unitairement équivalente à $\Pi_{(\ell,V)}$. La transformation qui réalise l'équivalence est un isomorphisme de $\mathcal{S}(\mathbb{R}^k)$.

Démonstration. Le point i) est évident.

D'après (1.6.1), la représentation Π est la différentielle d'une représentation unitaire du groupe exp $\mathcal{G}$, désignée par $(\exp X) \to \Pi(\exp X)$. De plus, on peut écrire l'opérateur $\Pi(\exp X)$ sous la forme suivante :

(1.6.4) $\qquad \Pi(\exp X)\, f(y) = e^{i\varphi(y,X)}\, f(\tau(y,X))$

où $\varphi(y,X)$ est une fonction C^{∞} réelle, et $y \to \tau(y,X)$ est un difféomorphisme global de R^k, dont le jacobien vaut 1. Ce difféomorphisme s'interprète comme l'exponentielle du champ de vecteur qui intervient dans (1.6.1). Plus précisément, si l'on pose :

(1.6.5) $\qquad \Pi_o(X) = \sum_{j=1}^{k} P_j(y,X) \frac{\partial}{\partial y_j}$

on a :

(1.6.6) $\qquad f(\tau(y,X)) = (\exp \Pi_o(X) f)(y) \qquad \forall y \in R^k$

Puisque les formes linéaires $X \to P_j(0,X)$ sont linéairement indépendantes, il existe des éléments $X_1,\dots,X_k$ de $\mathcal{G}$ tels que :

$$P_1(0,X_1) = 1$$

(1.6.7) $\qquad P_1(0,X_j) = \dots = P_{j-1}(0,X_j) = 0 \qquad P_j(0,X_j) = 1 \qquad j \leqslant k$

On définit alors une application $\Theta : R^k \to R^k$ en posant :

(1.6.8) $\qquad \Theta(t_1,\dots,t_k) = (\exp t_1\, \Pi_o(X_1)) \dots (\exp t_k\, \Pi_o(X_k))(0).$

Si on pose $\Theta(t) = (\Theta_1(t),\dots,\Theta_k(t))$, on vérifie facilement que :

$$\Theta_1(t) = t_1$$

(1.6.9) $\qquad \Theta_j(t) = t_j + H_j(t_1,\dots,t_{j-1})$

où les H_j sont des polynômes. Par conséquent, Θ est un difféomorphisme global de R^k, dont le jacobien vaut 1.

Pour tout $t \in R^k$, on désigne par $\gamma(t)$ l'élément de $\mathcal{G}$ tel que :

(1.6.10) $\qquad \exp \gamma(t) = (\exp t_k\, X_k) \dots (\exp t_1\, X_1)$

On peut maintenant définir la transformation T qui va réaliser l'équivalence. On pose, pour tout $f \in \mathcal{S}(R^k)$

(1.6.11) $\qquad Tf(t) = \Pi(\exp \gamma(t)) f\Big|_{y=o} = e^{i\varphi(o,\gamma(t))}\, f(\Theta(t))$

Il est clair que T est unitaire et est un isomorphisme de $\mathcal{S}(R^k)$.

On considère la suite décroissante de sous-algèbres de V définies par :

$$V_1 = \{X \in g,\ P_1(0,X) = 0\}$$

(1.6.12) $\qquad V_j = \{X \in g,\ P_1(0,X) = \dots = P_j(0,X) = 0\}.$

On a $V = V_k \subset V_{k-1} \subset \dots \subset V_1 \subset V_o = \mathcal{G}$, et chaque V_j est un idéal de codimension 1 dans V_{j-1} $(j \geqslant 1)$. De plus, on a $V_{j-1} = V_j \oplus R\, X_j$. On a vu au §-1.2 qu'il existe des applications $\sigma : R^k \times \mathcal{G} \to R^k$ et $v : R^k \times \mathcal{G} \to V$ telles que l'on ait :

(1.6.13) $\qquad \exp \gamma(t) \exp X = \exp v(t,X) \exp \gamma(\sigma(t,X))$

pour tous $t \in R^k$ et $X \in \mathcal{G}$. La représentation $\Pi_{(\ell,V)}$ est définie comme en (1.2.10) par :

(1.6.14) $$(\Pi_{(\ell,V)}(\exp X)f)(t) = e^{i<\ell,v(t,X)>} f(\sigma(t,X))$$

pour tous $X \in \mathcal{G}$, $f \in L^2(R^k)$ et $t \in R^k$. On remarque que, pour tout $v \in V$ et pour tout $f \in \mathcal{S}(R^k)$, on a :

(1.6.15) $$\Pi(\exp v)f|_{y=o} = e^{i<\ell,v>} f(o)$$

On déduit facilement de (1.6.11) ... (1.6.15) l'égalité suivante :

$$\Pi_{(\ell,V)}(\exp X)\, Tf = T\, \Pi(\exp X)f$$

pour tous $X \in \mathcal{G}$ et $f \in \mathcal{S}(R^k)$. La proposition est donc démontrée.

§ 2 - Spectre d'une représentation induite

§ 2.1 - Définition et exemples

Pour tout couple $(\ell,\mathcal{H})$ formé d'une forme linéaire $\ell \in \mathcal{G}^*$ et d'une sous-algèbre $\mathcal{H}$ vérifiant :

(2.1.1) $$\ell([\mathcal{H},\mathcal{H}]) = o$$

on introduit l'ensemble :

(2.1.2) $$\Omega_{(\ell,\mathcal{H})} = G\,.\,[\mathcal{H}^{\perp} + \ell]$$

qui est l'ensemble des points $\gamma \in \mathcal{G}^*$ dont l'orbite rencontre un point ℓ' dont la restriction à $\mathcal{H}$ soit égale à celle de ℓ.

On pose la :

Définition 2.1.1

On appelle spectre la représentation $\Pi_{(\ell,\mathcal{H})}$ et on notera $Sp(\Pi_{(\ell,\mathcal{H})})$ l'ensemble des représentations dans G de la forme Π_γ avec γ dans $\bar{\Omega}_{\ell,\mathcal{H}}$

(autrement dit : $Sp(\Pi_{(\ell,\mathcal{H})}) = \beta(\bar{\Omega}_{\ell,\mathcal{H}})$)

Cette notion coïncide, dans le cas des groupes nilpotents, avec la notion de "support" de $\Pi_{(\ell,\mathcal{H})}$ qui est l'ensemble des Π de G faiblement contenues dans $\Pi_{(\ell,\mathcal{H})}$ (cf Dixmier $[DI]_2$, Guivarc'h [GU]).

Remarque 2.1.2

Pour une topologie naturelle de $\hat{G}$ (cf [BR], [CO]), β est un homéomorphisme de $G\backslash\mathcal{G}^*$ sur $\hat{G}$ et le spectre est un fermé de $\hat{G}$ pour cette topologie.

Exemple 2.1.3 : Calcul du spectre $\Pi_{(o,\mathcal{H})}$ dans le cas des opérateurs de Grushin [GRU]

Plaçons-nous dans le cadre du § 1.4. Soit $V = \mathbb{R}_t \times \mathbb{R}^n_x$ et considérons les (n+1) champs de vecteurs :

$$X_o = \partial_t \quad , \quad X_i = \frac{t^{(r-1)}}{(r-1)!}\,\partial_{x_i} \qquad (i = 1,\dots,n)$$

où $r \in \mathbb{N}$, $r > 1$.

Suivant la construction de Folland $[FO]_3$, ces champs engendrent une algèbre de Lie nilpotente $\mathcal{G}$ de dimension r n+1, stratifiée et de rang de nilpotence r.

Soient $(Y_o, Y_1, \ldots, Y_n)$ la base de $\mathcal{G}_1$ telle que :

$$\lambda(Y_i) = X_i \quad , \quad i = 0, \ldots, n$$

et soit Y_i^k $(i = 1, \ldots, n \ , \ k = 2, \ldots, r)$ l'élément :

$$Y_i^k = (\mathrm{ad}\ Y_o)^{k-1} \cdot Y_i .$$

$\mathcal{H}$ est ici engendré par les Y_i^k $(i = 1, \ldots, n \ , \ k = 1, \ldots, r-1)$ avec la convention que $Y_i^1 = Y_i$ $(i = 1, \ldots, n)$.

On écrit un élément ℓ de $\mathcal{G}^*$ sous la forme :

$$\ell = (\eta_o, \eta_i^k{}_{\substack{i=1,\ldots,n \\ k=1,\ldots,r-1}} \ , \ \eta_i^r{}_{i=1,\ldots,n})$$

$$\Omega_{(o,\mathcal{H})} = \{\ell \in \mathcal{G}^* \ , \ \exists t \in \mathbb{R} \ , \ \eta_i^k = \frac{t^{r-k}}{(r-k)!} \cdot \eta_i^r\} \quad , \quad i = 1, \ldots, n \ , \quad k = 1, \ldots, r-1$$

Un calcul élémentaire montre alors que $\bar{\Omega}_{(o,\mathcal{H})}$ peut être donné par les équations :

$$\bar{\Omega}_{(o,\mathcal{H})} = \Big\{ \ell \in \mathcal{G}^*, \ \eta_i^k \cdot \eta_j^{k'} - \eta_j^k \cdot \eta_i^{k'} = 0 \qquad \forall\, k = 1, \ldots, r \quad \forall\, i = 1, \ldots, n \quad \forall\, k' = 1, \ldots, r \quad \forall\, j = 1, \ldots, n$$

$$k \cdot \eta_j^{r-k} \cdot \eta_j^{r-k'+1} - k' \cdot \eta_j^{r-k+1}\ \eta_j^{r-k'} = 0 \Big\} \qquad \forall\, j = 1, \ldots, n \quad \forall\, k = 1, \ldots, r-1 \quad \forall\, k' = 1, \ldots, r-1$$

On constate sur cet exemple, que $\bar{\Omega}_{(o,\mathcal{H})}$ est algébrique ; ce n'est pas toujours le cas, comme nous le verrons à l'exemple suivant, mais, comme nous le verrons au chapitre VII, cette remarque peut être utile. Remarquons que si $n = 1$, $r = 2$, alors $\bar{\Omega}_{(o,\mathcal{H})} = \mathcal{G}^*$. Les calculs présentés ici ont été développés dans [AM].

<u>Exemple 2.1.4</u> (communiqué par N. Conze-Berline).

On considère dans $V = R^3$ les champs de vecteurs suivants :

$$X_1 = \partial_{y_1} \qquad X_2 = \frac{1}{2} y_1^2 \frac{\partial}{\partial t} + y_1 \frac{\partial}{\partial z}$$

X_1 et X_2 engendrent l'algèbre de Lie de dimension 4 $\mathcal{G}_{(4)}$. Soit (Y_1, Y_2) la base de $\mathcal{G}_1$ telle que $\lambda(Y_i) = X_i$ $(i = 1,2)$ et soient $Z = [X_1, X_2]$, $T = [X_1[X_1, X_2]]$. On écrit un élément ℓ de $\mathcal{G}^*$ sous la forme :

$$\ell = (\eta_1 \ , \ \eta_2 \ , \ \xi \ , \ \tau)$$

$\mathcal{H}$ est ici engendré par X_2. Un calcul élémentaire montre que :

$$\bar{\Omega}_{(o,\mathcal{H})} = \{\ell \in \mathfrak{g}^* \ , \ 2\,\tau\,\eta_2 - \xi^2 \leqslant 0\}$$

Cet exemple montre que $\bar{\Omega}_{(o,\mathcal{H})}$ n'est pas en général un ensemble algébrique.

Donnons maintenant deux exemples tirés du $\bar{\partial}_b$ (cf [ROT]).

<u>Exemple 2.1.5</u> ([ROT]$_2$,[MA]$_2$,[GRE])

On considère dans $V = R^5$ les champs de vecteurs suivants :

$$X_i' = \frac{\partial}{\partial x_i} - 4(x_i^2 + y_i^2)y_i \frac{\partial}{\partial t} \qquad\qquad i = 1,2$$

$$X_i'' = \frac{\partial}{\partial y_i} + 4\,(x_i^2 + y_i^2)x_i \frac{\partial}{\partial t}$$

Le système d'opérateurs $L_j = X_j' + i\, X_j''$ $(j = 1,2)$ s'identifie au système de Cauchy-Riemann induit sur l'hypersurface M de C^3 définie, avec d'autres notations, par :

$$M = \{z \in C^3 \ , \ \mathrm{Re}\, z_o = |z_1|^2 + |z_2|^2\}.$$

L'algèbre de Lie $\mathfrak{g}$ engendrée par X_i', X_i'' $(i=1,2)$ est de dimension 11 et de rang $r = 4$.

Soit $(Y_i' \ , \ Y_i'')$ $(i = 1,2)$ une base de $\mathfrak{g}_1$ t.q.

$$\lambda(Y_i') = X_i' \ (i = 1,2) \ , \ \lambda(Y_j'') = X_j'' \ (j = 1,2)$$

Soit $\quad U_i = [Y_i' \ , \ Y_i''] \qquad i = 1,2$

$\quad V_i' = [Y_i' \ , \ U_i] \qquad i = 1,2$

$\quad V_i'' = [Y_i'' \ , \ U_i]$

$\quad T = [Y_1' \ , \ V_1']$

$$\mathfrak{g} = \mathfrak{g}_1 \oplus \mathfrak{g}_2 \oplus \mathfrak{g}_3 \oplus \mathfrak{g}_4$$

avec $\quad \mathfrak{g}_2$ engendré par $U_1 \ , \ U_2$

$\quad \mathfrak{g}_3$ engendré par $V_i' \ , \ V_i''$ $(i = 1,2)$

$\quad \mathfrak{g}_4$ engendré par T

$\mathcal{H}$ est engendré par $\mathfrak{g}_2 \oplus \mathfrak{g}_3$.

On écrit un élément de $\mathfrak{g}^*$ sous la forme :

$$\ell = (\eta' \ , \ \eta'' \ , \ u^* \ , \ v'^* \ , \ v''^* \ , \ \tau^*)$$

$\overline{G.\mathcal{H}^{\perp}}$ est déterminé par les relations :

$$(v_1'^*)^2 + (v_1''^*)^2 = 2\, u_1^*\, \tau^*$$

$$(v_2'^*)^2 + (v_2''^*)^2 = 2\, u_2^*\, \tau^*$$

$$u_1^* \cdot u_2^* \geqslant 0$$

On constate de nouveau que le spectre est semi-algébrique.

Exemple 2.1.6 (cf [DE])

On reprend l'exemple du $\overline{\partial}_b$ en regardant cette fois-ci les champs obtenus à partir du $\overline{\partial}$ induit sur l'hypersurface suivante de C^3 :

$$M = \{(z_o, z_1, z_2) \ , \ (x_1^2+y_1^2+x_2^2+y_2^2)^2 = x_o\}$$

Ces champs de vecteurs peuvent s'écrire :

$$X_i' = \frac{\partial}{\partial x_i} - 4\, y_i\, r^2 \frac{\partial}{\partial t} \qquad \text{où} \quad r^2 = x^2+y^2 = x_1^2+y_1^2+x_2^2+y_2^2$$

$$X_i'' = \frac{\partial}{\partial y_i} + 4\, x_i\, r^2 \frac{\partial}{\partial t} \qquad (i = 1,2)$$

L'algèbre de Lie $\mathcal{G}$ engendrée par X_i' , X_i'' est de dimension 13 et de rang 4. On peut écrire :

$$\mathcal{G} = \mathcal{G}_1 \oplus \mathcal{G}_2 \oplus \mathcal{G}_3 \oplus \mathcal{G}_4$$

avec $\mathcal{G}_1$ engendré par X_1' , X_2' , X_1'' , X_2''

avec $\mathcal{G}_2$ engendré par : U_1 , U_2 , U_3 , U_4 défini par :

$$\begin{cases} 8\ U_1 = [X_1' , X_2'] = + [X_1'' , X_2''] \\ 8\ U_2 = [X_1' , X_2''] = - [X_1'' , X_2'] \\ 24\ U_3 = 2[X_1' , X_1''] - [X_2' , X_2''] \\ 24\ U_4 = 2[X_2' , X_2''] - [X_1' , X_1''] \end{cases}$$

De sorte que l'on a :

$$U_1 = (x_2\, y_1 - x_1\, y_2) \frac{\partial}{\partial t}$$
$$U_2 = (x_1\, x_2 + y_1\, y_2) \frac{\partial}{\partial t}$$
$$U_3 = (x_1^2 + y_1^2) \frac{\partial}{\partial t}$$
$$U_4 = (x_2^2 + y_2^2) \frac{\partial}{\partial t}$$

$\mathcal{G}_3$ est engendré par les champs de vecteurs V_1, V_2, V_3, V_4 suivants :

$$V_1 = x_1 \frac{\partial}{\partial t}$$
$$V_2 = x_2 \frac{\partial}{\partial t}$$
$$V_3 = y_1 \frac{\partial}{\partial t}$$
$$V_4 = y_2 \frac{\partial}{\partial t}$$

et l'on a :

$$[Y_1' , U_1] = - V_4 \qquad [Y_2' , U_1] = V_3$$
$$[Y_1' , U_2] = V_2 \qquad [Y_2' , U_2] = V_1$$
$$[Y_1' , U_3] = 2\, V_1 \qquad [Y_2' , U_3] = 0$$
$$[Y_1' , U_4] = 0 \qquad [Y_2' , U_4] = 2\, V_2$$

$$[Y''_1 , U_1] = V_2 \qquad [Y''_2 , U_1] = V_1$$
$$[Y''_1 , U_2] = V_4 \qquad [Y''_2 , U_2] = V_3$$
$$[Y''_1 , U_3] = 2 V_3 \qquad [Y''_2 , U_3] = 0$$
$$[Y''_1 , U_4] = 0 \qquad [Y''_2 , U_4] = 2 V_4$$

$\mathcal{G}_4$ est engendré par $T = \frac{\partial}{\partial t}$ avec :

$$[Y'_1 , V_1] = [Y'_2 , V_2] = [Y''_1 , V_3] = [Y''_2 , V_4] = T$$

(les autres crochets $[Y_i^{(j)}, V_k]$ sont nuls). La sous-algèbre $\mathcal{H}$ est ici égale à $\mathcal{G}_2 \oplus \mathcal{G}_3$.

Les équations de l'orbite passant par le point $(\eta' , \eta'' , 0 , 0 , \tau)$ sont donnés sur la restriction à $\mathcal{G}_2 \oplus \mathcal{G}_3$ par :

$$u_1^* = [- x_1 y_2 + x_2 y_1]\tau$$
$$u_2^* = [x_1 x_2 + y_1 y_2]\tau$$
$$u_3^* = [x_1^2 + y_1^2].\tau$$
$$u_4^* = [x_2^2 + y_2^2].\tau$$

$$v_1^* = x_1 \tau \qquad \text{avec} \quad (x,y) \in R^4$$
$$v_2^* = x_2 \tau$$
$$v_3^* = y_1 \tau$$
$$v_4^* = y_2 \tau$$

On en déduit que le spectre est donné par les équations :

$$u_3^* . \tau = {v_1^*}^2 + {v_3^*}^2$$
$$u_4^* . \tau = {v_2^*}^2 + {v_4^*}^2$$
$$u_1^* . \tau = v_2^* v_3^* - v_1^* v_4^*$$
$$u_2^* . \tau = v_1^* v_2^* + v_3^* v_4^*$$

et $$u_3^* u_4^* = {u_1^*}^2 + {u_2^*}^2$$

<u>Remarque 2.1.7</u>

Dans les exemples (2.1.5) et (2.1.6), on remarque que $[\mathcal{H}, \mathcal{H}] = 0$. Ce point sera utilisé ultérieurement dans un cadre beaucoup plus général.

§ - 2.2 Spectre et inégalités

On se propose de démontrer dans ce paragraphe la proposition suivante.

<u>Proposition 2.2.1</u>

Soit $\mathcal{H}$ une sous-algèbre de $\mathcal{G}$, de codimension d et ℓ un homomorphisme de $\mathcal{H}$ dans $\mathbb{R}$. Soient $(A_j)_{j\in J}$ et $(B_k)_{k\in K}$ deux familles finies de $\mathcal{U}(\mathcal{G})$. Les deux propriétés suivantes sont équivalentes :

i) Pour tout f dans $\mathcal{S}(\mathbb{R}^d)$, on a :

(2.2.1) $$\sum_{j\in J} \|\Pi_{(\ell,\mathcal{H})}(A_j)f\|^2_{L^2(\mathbb{R}^d)} \leq \sum_{k\in K} \|\Pi_{(\ell,\mathcal{H})}(B_k)f\|^2_{L^2(\mathbb{R}^d)}$$

ii) Pour tout $\tilde{\Pi}$ dans le spectre de la représentation $\Pi_{(\ell,\mathcal{H})}$ et tout f dans $\mathcal{S}_{\tilde{\Pi}}$, on a :

(2.2.2) $$\sum_{j\in J} \|\tilde{\Pi}(A_j)f\|^2_{H_{\tilde{\Pi}}} \leq \sum_{k\in K} \|\tilde{\Pi}(B_k)f\|^2_{H_{\tilde{\Pi}}}$$

On désignera par E l'ensemble des représentations induites $\Pi_{(\tilde{\ell},\tilde{V})}$ telles qu'une inégalité analogue à (2.1.1) soit vérifiée pour tout $f \in \mathcal{S}(\mathbb{R}^{\tilde{d}})$ où $\tilde{d}$ = codim $\tilde{V}$.

La démonstration de la proposition (2.2.1) s'appuira sur 3 lemmes. Le premier est démontré dans [HE-NO]$_1$, (proposition 2.1).

Lemme 2.2.2

Soient V et $\tilde{V}$ deux sous-algèbres de $\mathcal{G}$, telles que :

(2.2.3) $\qquad [\tilde{V},\tilde{V}] \subset V \subset \tilde{V}$

Soit ℓ un homomorphisme de V dans $\mathbb{R}$. Il y a équivalence entre :

i) La représentation $\Pi_{(\ell,V)}$ est dans E

ii) Pour tout homomorphisme $\tilde{\ell}$ de $\tilde{V}$ dont la restriction à V est égale à ℓ, la représentation $\Pi_{(\tilde{\ell},\tilde{V})}$ est dans E.

Lemme 2.2.3

Avec les notations ci-dessus, les propriétés suivantes sont équivalentes pour un couple $(\ell,\mathcal{H})$ donné :

i) La représentation $\Pi_{(\ell,\mathcal{H})}$ est dans E

ii) Pour tout $\tilde{\ell} \in \mathcal{G}^*$, dont la restriction à $\mathcal{H}$ est égale à ℓ, la représentation irréductible $\Pi_{\tilde{\ell}}$ est dans E.

Démonstration du lemme 2.2.3

Démontrons d'abord que i) => ii). Pour cela, on commence pas construire une suite de sous-algèbres $\mathcal{A}_i$ (i = 0,..., d = codim $\mathcal{H}$), telles que :

(2.2.4) $$\mathcal{H} = \mathcal{A}_0 \subset \mathcal{A}_1 \subset \dots \subset \mathcal{A}_d = \mathcal{G}$$

et telles que $\mathcal{A}_j$ soit un idéal de codimension 1 dans $\mathcal{A}_{j+1}$ (cf (1.2.2), (1.2.3)).

On démontre ensuite par récurrence sur $j \leq d-1$ la propriété suivante:

$(2.2.5)_j$ Il existe une sous-algèbre $V_j \subset \mathcal{A}_j$ telle que V_j (resp $V_j \cap \mathcal{A}_{j-1}$) soit un sous-espace isotrope de dimension maximale de $\mathcal{A}_j$ (resp $\mathcal{A}_{j-1}$)

pour la restriction à $\mathcal{A}_j$ (resp $\mathcal{A}_{j-1}$) de la forme bilinéaire B_γ définie en (1.5.1).

La démonstration de $(2.2.5)_j$ est inspirée de celles des lemmes 6.2 et 6.3 de Kirillov [KI]. Pour j = 0, on choisit $V_o = \mathcal{H} = \mathcal{A}_o$. Supposons $(2.2.5)_j$ démontrée au rang j. On distingue deux cas :

a) Si V_j est un sous-espace isotrope maximal de $\mathcal{A}_{j+1}$ pour la restriction de B_γ à $\mathcal{A}_{j+1}$, on prend alors $V_{j+1} = V_j$ et $(2.2.5)_{j+1}$ est vérifiée.

b) Sinon, on choisit une sous-algèbre V_{j+1} de $\mathcal{A}_{j+1}$ qui soit un sous-espace isotrope maximal de $\mathcal{A}_{j+1}$ pour la restriction de B_γ (une telle sous algèbre existe, comme on l'a rappelé au §-1.5).On a dim $V_{j+1} \geqslant 1 + \dim V_j$ (sinon on serait dans le cas a)). Par conséquent, $V_{j+1} \cap \mathcal{A}_j$ est un sous-espace isotrope maximal de $\mathcal{A}_j$ pour la restriction de B_γ et $(2.2.5)_{j+1}$ est vérifiée.

D'après la remarque (1.5.2), les représentations $\Pi_{(\gamma, V_j)}$ et $\Pi_{(\gamma, V_{j+1} \cap \mathcal{A}_j)}$ sont équivalentes.

D'après le lemme 2.2.2, on a, pour tout $j \leqslant d$, l'implication suivante :

(2.2.6) $\qquad \Pi_{(\gamma, V_{j+1} \cap \mathcal{A}_j)} \in E \Rightarrow \Pi_{(\gamma, V_{j+1})} \in E$

On remarque en effet que si $\mathcal{A}_j$ est un idéal de codimension 1 dans $\mathcal{A}_{j+1}$, on a : $[\mathcal{A}_{j+1}, \mathcal{A}_{j+1}] \subset \mathcal{A}_j$.

On déduit alors facilement de i), (2.2.4) et (2.2.6), la conclusion ii). En effet V_d est une sous-algèbre isotrope maximale pour B_γ ; par conséquent Π_{γ, V_d} est irréductible et ne dépend pas du choix de $\tilde{V}$.

On démontre l'implication ii) => i) de manière analogue. On utilise le lemme (2.2.2) en l'appliquant aux sous-algèbres V_{j+1} et $V_{j+1} \cap \mathcal{A}_j$, qui vérifient (2.2.3). On remarque aussi que les sous-algèbres V_j dépendent de γ, mais qu'on peut les choisir telles que V_{j+1} ne dépendent que de la restriction de γ à $\mathcal{A}_j$. Cela termine la démonstration du lemme 2.2.3.

Le lemme 2.2.3 permet de démontrer immédiatement l'implication ii) => i) de la proposition 2.2.1.

Inversement, si $\Pi_{(\ell, \mathcal{H})}$ est dans E, le lemme 2.2.3 montre seulement que, pour tout γ dans l'ensemble $\Omega_{\ell, \mathcal{H}}$ (cf 2.1.2), la représentation irréductible $\Pi_{\tilde{\ell}}$ est dans E. Il reste à prouver que, pour tout ℓ dans l'adhérence $\bar{\Omega}_{(\ell, \mathcal{H})}$, la représentation $\Pi_{\tilde{\ell}}$ est encore dans E. On utilise pour cela le lemme suivant :

Lemme 2.2.4

Soit $(\ell_n)_{n \in \mathbb{N}}$ une suite de points dans $\mathfrak{g}^*$, convergeant vers $\ell \in \mathfrak{g}^*$. On suppose que, pour tout $n \in \mathbb{N}$, la représentation irréductible Π_{ℓ_n} est dans E. Alors, la représentation Π_ℓ est dans E.

Démonstration du lemme 2.2.4

On suit de très près la démonstration du théorème 8.2. de [KI]. On choisit, pour tout n, une sous-algèbre $V^{(n)}$ isotrope maximale pour B_{ℓ_n}. On peut, quitte à extraire une sous-suite, supposer que la codimension de $V^{(n)}$ est un entier constant k. On choisit alors, pour tout n, une suite $\mathcal{A}_j^{(n)}$ de sous-algèbres (j = 0,1,...,k) vérifiant (1.2.2) et (1.2.3). Ayant muni $\mathfrak{g}$ d'une structure euclidienne, on peut choisir pour tout n, une base orthonormée $e_s^{(n)}$ de $\mathfrak{g}$ (s = 1,...,q = dim $\mathfrak{g}$) telle que les $e_s^{(n)}$ (s = k-j+1,...,q) forment une base de $\mathcal{A}_j^{(n)}$ (j = 0,...,k). Quitte à extraire encore une sous-suite, on peut supposer que les $(e_s^{(n)})_{n \in \mathbb{N}}$ tendent respectivement vers des vecteurs e_s^∞, qui forment une base orthonormée de $\mathfrak{g}$. Désignons par $V^\infty = \mathcal{A}_0^\infty$ le sous-espace engendré par les e_s^∞ (s = k+1,...,q) et par $\mathcal{A}_j^\infty$ le sous-espace engendré par les e_s^∞ (s = k-j+1,...,q). Il est clair que les $\mathcal{A}_j^\infty$ sont des sous-algèbres de $\mathfrak{g}$, vérifiant (1.2.2) et (1.2.3) et que V^∞ est une sous-algèbre isotrope (mais pas forcément maximale !) pour B_ℓ, ce qui permet de définir $\Pi_{(\ell,V_\infty)}$ comme au §-1.2. Les représentations Π_{ℓ_n} seront construites selon le même procédé avec les vecteurs $e_s^{(n)}$.

On démontrera le lemme suivant :

Lemme 2.2.5

Pour tout $a \in \mathfrak{g}$, les coefficients de l'opérateur différentiel $\Pi_{\ell_n}(a)$ tendent, quand $n \to \infty$, vers ceux de l'opérateur différentiel $\Pi_{(\ell,V^\infty)}(a)$ pour la topologie de $C^\infty(\mathbb{R}^k)$.

Admettons un instant ce lemme. On en déduit immédiatement que, pour tout A dans $\mathcal{U}(\mathfrak{g})$, les coefficients de l'opérateur différentiel $\Pi_{\ell_n}(A)$ tendent quand $n \to \infty$ vers ceux de l'opérateur $\Pi_{(\ell,V^\infty)}(A)$ pour la topologie de $C^\infty(\mathbb{R}^k)$. Compte-tenu du fait que ces coefficients sont des polynômes d'un ordre borné uniformément par rapport à n, on a donc pour tout $f \in C_0^\infty(\mathbb{R}^k)$:

$$(2.2.7) \qquad ||\Pi_{(\ell,V^\infty)}(A)f||_{L^2(\mathbb{R}^k)} = \lim_{n\to\infty} ||\Pi_{\ell_n}(A)f||_{L^2(\mathbb{R}^k)}$$

Par conséquent, si toutes les représentations Π_{ℓ_n} sont dans E, c'est à dire vérifient l'inégalité (2.2.1), il en est de même de la représentation $\Pi_{(\ell,V^\infty)}$. Le lemme (2.2.4) appliqué aux représentations $\Pi_{(\ell,V^\infty)}$ et Π_ℓ, montre que Π_ℓ est aussi dans E.

Démonstration du lemme 2.2.5

Notons que les précisions données au §-1.3 ne peuvent pas être utilisées en général car notre choix des $e_s^{(n)}$ n'est pas celui de l'exemple (1.2.1).

D'après $(1.2.11)_j$, on a pour tout $n \in \mathbb{N}$, tout j = 1,...,k, tout $t \in \mathbb{R}^k$, tout $s \in \mathbb{R}$, tout $a \in \mathcal{G}$:

$$(t_j\, e_j^{(n)}) o \ldots o (t_1\, e_1^{(n)}) o (s\, a) = v_{k-j}^{(n)}\; o\; \sigma_j^{(n)}(t,sa) e_j^{(n)} o \ldots o \sigma_1^{(n)}(t,sa) e_1^{(n)}$$

$$(t_j\, e_j^{\infty}) o \ldots o (t_1 e_1^{\infty}) o (sa) = v_{k-j}^{\infty}\; o\; \sigma_j^{\infty}(t,sa) e_j^{\infty} o \ldots o\; \sigma_1^{\infty}(t,sa) e_1^{(\infty)}$$

Montrons par récurrence sur j, que les $\sigma_j^{(n)}(t,sa)$ (resp. les cordonnées de $v_{k-j}^{(n)}(t,sa)$ sur une base fixe) sont des polynômes en (t,s) dont les coefficients tendent vers ceux de $\sigma_j^{\infty}(t,sa)$ (resp. les cordonnées de $v_{k-j}^{\infty}(t,sa)$ sur la même base). Le cas (j = 1) résulte pour σ_1^n de la formule donnée en (1.2.10)', on a :

$$\sigma_1^n = \langle t_1\, e_1^{(n)} + sa,\; e_1^{(n)}\rangle = t_1 + s \langle a, e_1^{(n)}\rangle$$

où $\langle\ ,\ \rangle$ est le produit scalaire donnant la structure euclidienne prise sur $\mathcal{G}$. On utilise alors la convergence de $\ell_1^{(n)}$ vers $\ell_1^{(\infty)}$ pour conclure. Pour $v_{k-1}^{(n)}$, on utilise la formule :

$$v_1^{(n)} = (t_1\, \ell_1^{(n)})\; o\; (sa)\; o\; (-\, \sigma_1^{(n)}(t,sa) \ell_1^{(n)})$$

et la continuité et le caractère polynomial de o dans l'algèbre de Lie $\mathcal{G}$.

Le cas général se montre par récurrence, en remarquant que :

$$\sigma_{j+1}^{(n)}(t,sa) = t_{j+1} + \langle v_{k-j}^{(n)}(t,sa), e_{j+1}^{(n)}\rangle$$

puis en utilisant $(1.2.11)_{j+1}$ pour obtenir les propriétés voulues pour $v_{k-j-1}^{(n)}$.

Dérivant par rapport à s et prenant s = 0, on en déduit la convergence de $\sigma_j'^{(n)}(t,a)$ vers $\sigma_j'^{(\infty)}(t,a)$ et de $v_{k-j}'^{(n)}(t,a)$ vers $v_{k-j}'^{\infty}(t,a)$. Remarquant que pour j = k, $v_{k-j}'^{(\infty)} = h'$, le lemme (2.2.5) est démontré en utilisant l'expression (1.3.2.) de Π_{ℓ^n} et de $\Pi_{\ell, v^{\infty}}$.

§ - 2.3 Spectre et dilatation

On se propose dans ce paragraphe de démontrer le théorème suivant qui sera utilisé au chapitre III.

Théorème 2.3.1

Soit $\mathcal{H}$ une sous-algèbre de $\mathcal{G}$, stable par les dilatations $\delta_t (t>o)$ (cf 1.1.2). Soit P dans $\mathcal{U}_m(\mathcal{G})$ $(m \geqslant 1)$. On suppose qu'il existe une constante C > O telle que, pour tout u dans $\mathcal{S}_{\Pi_{(o,\mathcal{H})}}$, on ait :

$$(2.3.1) \qquad ||u||^2_{H^m_{(o,\mathcal{H})}} \leqslant C\, [\, ||\Pi_{(o,\mathcal{H})}(P)u||^2_{H^o_{(o,\mathcal{H})}} + ||u||^2_{H^o_{(o,\mathcal{H})}} \,]$$

On suppose que l'on est dans l'un des cas suivants :

a) m est divisible par r!

b) $\mathcal{G}$ est engendré par $\mathcal{G}_1$.

Alors, pour toute représentation non triviale Π dans $Sp(\Pi_{(o,\mathcal{H})})$, $\Pi(P)$ est injectif dans $\mathcal{S}_{\Pi}$.

Si $\Pi_{(\ell,V)}$ est une représentation, $H^m_{(\ell,V)}$ est défini comme l'ensemble des u dans $H^o_{(\ell,V)}$ tel que :

$$\Pi_{(\ell,V)}(A)u \text{ est dans } H^o_{(\ell,V)} \text{ pour tout A dans } \mathcal{U}^m(\mathcal{G}).$$

On a vu que $H^o_{(\ell,V)}$ est toujours choisi comme un espace $L^2(\mathbb{R}^k)$ où k est la codimension de V. On a montré dans [HE-NO] (§-5.5) que :

Lemme 2.3.2

$$C^\infty_o(\mathbb{R}^k) \text{ est dense dans } H^m_{(\ell,V)}$$

Le lemme (3.2) permet d'utiliser en permanence des fonctions tests dans les inégalités.

Avant de démontrer le théorème (2.3.1), on va reprendre l'étude de $\Pi_{(\ell,\mathcal{H})}$ lorsque $\mathcal{H}$ est une sous-algèbre graduée de codimension k. Si e_i est la base construite dans l'exemple 1.2.1, la construction faite avec $\mathcal{H}$ et les e_i relative à ℓ est encore valable pour $\delta^*_s\ell$ pour tout s > 0. On a alors, en notant $\Pi_{(\ell,\mathcal{H},\,e_i)}$, la représentation construite ainsi, le :

Lemme 2.3.3.

Pour tout $u \in C^\infty_o(\mathbb{R}^k)$, on a :

(2.3.2) $$\Pi_{(\ell,V,e_i)}(a)[u\,o\delta_s] = (\Pi_{(\delta^*_{s-1}\ell,V,e_i)}(\delta_s a)u)o\delta_s$$

L'action de δ_s sur $\mathbb{R}^k$ est définie par :

(2.3.3) $$\delta_s[\sum_1^k t_i\, e_i] = \sum_{i=1}^k (\delta_s(t))_i\, e_i$$

La démonstration de (2.3.2) est élémentaire quand on revient aux définitions. En particulier, si $a \in \mathcal{G}_j$, on obtient :

(2.3.4) $$\Pi_{(\ell,V,e_i)}(a)[u\,o\,\delta_s] = s^j\,(\Pi_{(\delta^*_{s^{-1}}\ell,V,e_i)}(a)u)o\delta_s.$$

On déduit de (2.3.4), le corollaire suivant :

Propositiion 2.3.4

Soit $\mathcal{H}$ une sous-algèbre de $\mathcal{G}$ graduée de codimension k et ℓ un homomorphisme de $\mathcal{H}$ dans $\mathbb{R}$.

Soient $(A_j)_{j\in J}$ une famille telle que $A_j \in \mathcal{U}_{m_j}$

$(B_k)_{k\in K}$ une famille telle que $B_k \in \mathcal{U}_{\tilde{m}_k}$

alors pour tout s > 0, les inégalités suivantes sont équivalentes :

i) $\forall\, f \in \mathcal{S}(\mathbb{R}^k)$, on a :

$$(2.3.5)\qquad \sum_j ||\Pi_{\ell,\mathcal{H}}(A_j)f||^2_{L^2(\mathbb{R}^k)} \leq \sum_{k\in K} ||\Pi_{(\ell,\mathcal{H})}(B_k)f||^2_{L^2(\mathbb{R}^k)}$$

ii) $\forall\, f \in \mathcal{S}(R^k)$, on a :

$$(2.3.6)\qquad \sum_j s^{2m_j}||\Pi_{\delta^*_{s^{-1}}\ell,\mathcal{H}}(A_j)f||^2_{L^2(\mathbb{R}^k)} \leq \sum_k s^{2\tilde{m}_k}||\Pi_{\delta^*_{s^{-1}}\ell,\mathcal{H}}(B_k)f||^2_{L^2(\mathbb{R}^k)}$$

Remarque 2.3.5

Lorsque $m_j = \tilde{m}_k = m$, c'est à dire dans le cas d'une inégalité "homogène", on peut préciser en disant : l'inégalité (2.3.5) est vérifiée pour le couple $(\ell, f \circ \delta_s)$ si et seulement si elle est vérifiée pour le couple $(\delta^*_{s^{-1}}\ell, f)$.

Application (démonstration du théorème 2.3.1)

Il résulte de (2.3.1) et de la proposition (2.3.4) que, pour tout $A \in \mathcal{U}_m(\mathcal{G})$, il existe $C_A > 0$ tel que, pour tout $s > 0$, tout $u \in C_o^\infty(\mathbb{R}^k)$, on ait :

$$(2.3.7)\qquad s^{2m}\,||\Pi_{(o,\mathcal{H})}(A)u||^2_{L^2(\mathbb{R}^k)} \leq C[s^{2m}\,||\Pi_{(o,\mathcal{H})}(P)u||^2_{L^2(\mathbb{R}^k)} + ||u||^2_{L^2(\mathbb{R}^k)}$$

Divisant par s^{2m} et faisant tendre s vers l' infini, on obtient :

(2.3.8) Pour tout $A \in \mathcal{U}_m(\mathcal{G})$, il existe $C_A > 0$ tel que, pour tout $u \in C_o^\infty(\mathbb{R}^k)$, on ait :

$$||\Pi_{(o,\mathcal{H})}(A)u||^2_{L^2(\mathbb{R}^k)} \leq C_A\,||\Pi_{(o,\mathcal{H})}(P)u||^2_{L^2(\mathbb{R}^k)}$$

Appliquant la proposition 2.2.1, on en déduit la même propriété pour les représentations Π de $Sp(\Pi_{(o,\mathcal{H})})$:

$\forall\, \Pi \in Sp(\Pi_{(o,\mathcal{H})})$, $\forall\, A \in \mathcal{U}_m(\mathcal{G})$, $\exists\, C_A$ telle que, $\forall\, u \in \mathcal{S}_\Pi$, on ait :

$$(2.3.9)\qquad ||\Pi(A)u||_{H^o_\Pi} \leq C_A\,||\Pi(P)u||^2_{H^o_\Pi}$$

Le théorème (2.3.1) s'en déduit aisément en remarquant que d'après (2.3.9),

$$\{u \in \mathcal{S}_\Pi\,, \Pi(P)u = 0\} \Rightarrow \Pi(A)u = 0 \quad \forall\, A \in \mathcal{U}_m(\mathcal{G})$$

Dans les cas a) et b), on en déduit que :

$$\Pi(a)u = 0 \quad , \quad \forall\, a \in \mathcal{G}$$

et l'irréductibilité de Π implique alors : $u = 0$.

Remarque 2.3.6

On peut raffiner a) en $m \geq r$

et b) en $\mathcal{G}$ est engendré par $\mathcal{G}_1 \oplus \ldots \oplus \mathcal{G}_m$.

Remarque 2.3.7

Si $\mathcal{H}$ est une sous-algèbre graduée de $\mathcal{G}$ (c'est à dire stable par les dilatations), on a la propriété suivante pour tout $t > 0$:

(2.3.10) $\quad \Pi \in \mathrm{Sp}\, \Pi_{(o,\mathcal{H})} \iff \Pi \circ \delta_t \in \mathrm{Sp}\, \Pi_{(o,\mathcal{H})}$

En effet si ℓ est un élément de $\mathcal{G}^*$ tel que $\beta(\ell) = \Pi$, on a $\beta(\delta_t^* \ell) = \Pi \circ \delta_t$. Il suffit donc de vérifier que : $\ell \in \overline{G.\mathcal{H}^{\perp}} \Rightarrow \delta_t^* \ell \in \overline{G\, \mathcal{H}^{\perp}}$. Plus généralement, on aura, si $\mathcal{H}$ est une sous-algèbre de $\mathcal{G}$ et ℓ un homomorphisme de $\mathcal{H}$ dans $\mathbb{R}$:

(2.3.11) $\quad \Pi \in \mathrm{Sp}\, \Pi_{(\ell,\mathcal{H})} \iff \Pi \circ \delta_t \in \mathrm{Sp}\, \Pi_{(\delta_t^*\ell,\delta_{t^{-1}}\mathcal{H})}$

La remarque 2.3.7 conduit à l'introduction de nouvelles notions qui joueront un rôle important dans la suite.

Définition 2.3.8.

On dira qu'un ensemble Λ de $\hat{G}$ est un cône fermé si l'ensemble correspondant dans $\mathcal{G}^*$ $\beta^{-1}(\Lambda)$ (où β est l'application de Kirillov) est fermé, réunion d'orbites et stable par les applications $\delta_t^*(t > 0)$.

Compte-tenu de cette définition, la remarque (2.3.7) dit que lorsque $\mathcal{H}$ est une sous-algèbre graduée de $\mathcal{G}$, le spectre de $\Pi_{(o,\mathcal{H})}$ est un cône fermé de $\hat{G}$.

Remarque 2.3.9

Le théorème (2.3.1) nous dit qu'une certaine inégalité maximale pour l'opérateur $\Pi_{(o,\mathcal{H})}(P)$ implique l'injectivité de $\Pi(P)$ dans $\mathcal{S}_\Pi$ pour $\Pi \in \mathrm{Sp}(\Pi_{(o,\mathcal{H})})$. L'existence d'une réciproque sera le but principal du chapitre (VIII). Notons que dans le cas $\mathcal{H} = \{0\}$, ce résultat est celui démontré dans $[\text{HE-NO}]_{1,2}$!

§ 3 - Espaces de Sobolev associés à une représentation induite (d'après N. Moukaddem)

On trouvera plus de détails sur les démonstrations de ce paragraphe dans la thèse de N. Moukaddem [MO]. Une autre approche est sans doute possible à partir des travaux de A. Melin [MEL].

§ 3.1 - Notations et énoncé

Soit m un entier $\geqslant 0$. On désignera par $(A_j)_{j \leqslant N}$ une base de $\mathcal{U}^m(\mathfrak{g})$. Si $\mathfrak{g}$ est stratifiée, le système des $Y^\alpha(|\alpha| \leqslant m)$ donne un exemple d'une telle base.

Soient $\mathcal{H}$ une sous-algèbre de $\mathfrak{g}$, et ℓ une forme linéaire sur $\mathcal{H}$, nulle sur $[\mathcal{H},\mathcal{H}]$. On désignera simplement par Π la représentation $\Pi_{(\ell,\mathcal{H})}$, qui est réalisée, comme au §-1, dans $L^2(R^k)$, où k est la codimension de $\mathcal{H}$. Nous allons étudier l'espace de distributions suivant dans R^k

(3.1.1) $\quad H_\Pi^m = \{u \in L^2(R^k) \;,\; \Pi(A_j)u \in L^2(R^k) \;,\; j \leqslant N\}$

On le munit de sa norme canonique

(3.1.2) $$||u||^2_{H^m_\Pi} = \sum_j ||\Pi(A_j)u||^2_{L^2(R^k)}$$

Si X et Y sont deux espaces de Hilbert, tels que Y soit contenu dans X, l'injection étant continue, et tel que Y soit dense dans X, on note, pour tout $\theta \in]0,1[$, par $[X,Y]_\theta$ l'interpolé holomorphe de X et Y, qui est défini dans Lions-Magenes [LI-MA] ainsi que sa norme canonique.

Le résultat principal de ce paragraphe est le

Théorème 3.1.1 (Moukaddem [MO])

On suppose $\mathfrak{g}$ stratifiée. Alors, pour tout entier $m \geqslant 0$ et pour tout $\theta \in]0,1[$ tels que θm soit un entier, on a l'égalité :

(3.1.3) $$[H^m_\Pi , L^2(R^k)]_\theta = H^{(1-\theta)m}_\Pi$$

De plus, les normes de ces espaces sont équivalentes, et les constantes dans les inégalités traduisant l'équivalence des normes sont indépendantes de la représentation Π.

§ 3.2 - Image d'un opérateur de convolution

Si $\Pi = \Pi_{(\ell,\mathcal{H})}$ est la représentation ci-dessus, réalisée dans $L^2(R^k)$, on associe classiquement, à toute fonction $\varphi \in L^1(G)$ un opérateur $\Pi(\varphi)$ dans $L^2(R^k)$ défini par :

(3.2.1) $$\Pi(\varphi)f = \int_G \varphi(u)\ \Pi(u)f\ du \qquad \forall\ f \in L^2(R^k)$$

A tout élément Y de $\mathfrak{g}$, on associe un champ de vecteur $\lambda(Y)$ sur G, invariant à droite, et un champ $\rho(Y)$ invariant à gauche, définis par :

(3.2.2) $$\lambda(Y)\ f(u) = \frac{d}{dt} f(\exp(-tY).u)\Big|_{t=o}$$

(3.2.3) $$\rho(Y)\ f(u) = \frac{d}{dt} f(u.\exp(tY))\Big|_{t=o}$$

pour tout $f \in C^\infty(G)$. Si φ est dans $C^\infty_o(G)$, on montre facilement que

(3.2.4) $$\Pi(Y)\ \Pi(\varphi) = \Pi(\lambda(Y)\varphi)$$

(3.2.5) $$\Pi(\varphi)\ \Pi(Y) = \Pi(\rho(-Y)\varphi)$$

Ces égalités s'étendent par densité au cas où $\varphi \in L^1(G)$ et où $\lambda(Y)\varphi \in L^1(G)$ (pour 3.2.4) ou bien $\rho(-Y)\varphi \in L^1(G)$, (pour 3.2.5).

On va étendre la définition (3.2.1) à des fonctions φ qui ne sont pas dans $L^1(G)$.

Rappelons qu'on appelle dimension homogène de $\mathfrak{g}$ l'entier Q défini en (1.1.4). Dans toute la suite, cet entier sera supposé $\geqslant 2$ (les autres cas étant évidents). Pour tout $\alpha \geqslant 0$, on appelle noyau de type α sur G une fonction K, C^∞ sur $G\backslash\{e\}$, (c'est à dire sur $\mathfrak{g}\backslash\{0\}$ dans la carte exponentielle), vérifiant les deux propriétés suivantes

1) K est positivement homogène de degré $-Q + \alpha$. Autrement dit :

(3.2.6) $K(\delta_t u) = t^{-Q+\alpha} K(u) \quad \forall u \in \mathfrak{g}\backslash\{0\} \quad \forall t > 0$

2) Si $\alpha = 0$, on suppose que, pour tous réels a et b tels que $0 < a < b$, on a :

(3.2.7) $$\int_{a<|||u|||<b} K(u)du = 0$$

On peut définir (cf Goodman [GO]) un opérateur $\Pi(K)$ lorsque K est un noyau de type 0. Plus précisément, si $0 < \lambda < \mu$, posons :

(3.2.8) $$K_{\lambda,\mu}(u) = \begin{cases} K(u) & \text{si} \quad \lambda < |||u||| < \mu \\ 0 & \text{sinon} \end{cases}$$

On démontre que, pour tout $f \in L^2(R^k)$, la fonction $\Pi(K_{\lambda,\mu})f$ (qui est bien définie puisque $K_{\lambda,\mu}$ est dans $L^1(G)$), tend vers une limite (pour la norme de $L^2(R^k)$), quand $\lambda \to 0$ et $\mu \to +\infty$. Cette limite est notée $\Pi(K)f$, ce qui définit un opérateur borné $\Pi(K)$ dans $L^2(R^k)$, dont la norme est indépendante de Π.

Pour démontrer certaines égalités, on a besoin de tronquer le noyau K à l'aide de fonctions régulières, et non pas comme dans (3.2.8). Soit θ une fonction C^∞ sur $\overline{\mathbb{R}^+}$, telle que $\theta(t) = 1$ si $t \leqslant 1$ et $\theta(t) = 0$ si $t \geqslant 2$. Si λ et μ sont des réels tels que $0 < \lambda < \mu$, posons :

(3.2.9) $$\varphi_{\lambda,\mu}(u) = \theta\left(\frac{|||u|||}{\mu}\right) \left[1-\theta\left(\frac{|||u|||}{\lambda}\right)\right] \qquad \forall u \in \mathfrak{g}$$

On définit ainsi une fonction C^∞ sur $\mathfrak{g}$, ou sur G. On montre que, pour tout $f \in L^2(R^k)$, on a, si K est un noyau de type 0 :

(3.2.10) $$\Pi(\varphi_{\lambda,\mu} K)f \to \Pi(K)f \quad \text{dans } \mathcal{D}'(R^k)$$

quand $\lambda \to 0$ et $\mu \to +\infty$.

Si K est un noyau de type $\alpha > 0$, il ne semble pas possible en général de définir un opérateur $\Pi(K)$. On utilisera cependant certaines propriétés. Pour tout $\mu > 0$, posons avec les notations ci-dessus :

(3.2.11) $$\varphi_\mu(u) = \theta\left(\frac{|||u|||}{\mu}\right)$$

On peut définir l'opérateur $\Pi(\varphi_\mu K)$, puisque $\varphi_\mu K$ est dans $L^1(G)$. Si K est un noyau de type 1, et Y un élément de $\mathfrak{g}_1$, on peut aussi définir $\Pi(\lambda(Y)K)$, puisque $\lambda(Y)K$ est un noyau de type 0. On montre que, pour tout $f \in L^2(R^1)$ on a :

(3.2.12) $$\Pi(Y)\ \Pi(\varphi_\mu K)f \to \Pi(\lambda(Y)K)f \quad \text{dans } \mathcal{D}'(R^k)$$

quand $\mu \to +\infty$. En fait, cette propriété n'utilise pas l'homogénéité de K, mais seulement les majorations suivantes : pour tout opérateur différentiel P homogène de degré m, il existe $C > 0$ tel que :

(3.2.13) $$|P\,K(u)| \leqslant C|u|^{-Q+1-m} \quad \forall u \in \mathfrak{g}, \quad \text{si } |u| \geqslant 1.$$

Si une famille $(k^{(i)})_{i \in I}$ de fonctions vérifient les majorations (3.2.13) avec des constantes C indépendantes de $i \in I$, alors, pour tout $f \in L^2(R^k)$, la limite dans (3.2.12) est uniforme par rapport à $i \in I$.

Si, maintenant, K est un noyau de type α, où α est un entier positif, et si P est un opérateur différentiel homogène de degré α, alors il existe une constante T telle que, pour tout $f \in L^2(R^k)$:

(3.2.14) $\quad \Pi(P\,\varphi_{\lambda,\mu}\,K)f \to \Pi(P\,K)f + T\,f \quad$ dans $\mathcal{D}'(R^k)$

quand $\lambda \to 0$ et $\mu \to +\infty$.

§ 3.3 - Une autre famille d'espaces de distributions

On suppose dans toute la suite que $\mathfrak{g}$ est stratifiée, et on désigne par $Y_1,\dots,Y_p$ une base de $\mathfrak{g}_1$. L'opérateur différentiel :

(3.3.1) $$\mathcal{A} = -\sum_{j=1}^{p} \Pi(Y_j^2)$$

agit dans $C_o^\infty(R^k)$. On désigne par A sa fermeture dans $L^2(R^k)$. Nous allons esquisser la preuve du théorème suivant.

Théorème 3.3.1

L'opérateur A est autoadjoint, et son domaine coïncide avec l'espace des fonctions $u \in L^2(R^k)$ telles que $\mathcal{A}u \in L^2(R^k)$, au sens des distributions.

Pour prouver ce théorème, on montre que A est le générateur infinitésimal d'un semi-groupe. D'après Folland $[FO]_2$, on sait qu'il existe une fonction $h(u,t)$, C^∞ sur $G \times]0,\infty[$, qui possède les propriétés suivantes :

1) La fonction h est de la forme suivante :

(3.3.2) $$h(u,t) = t^{-Q/2}\, h_1(\delta_{(t^{-1/2})}u)$$

où h_1 est une fonction réelle dans $\mathcal{S}(\mathfrak{g})$, telle que $h_1(u^{-1}) = h_1(u)$ pour tout $u \in G$.

2) La famille de fonctions $(h_t)_{t>0}$ définies par $h_t(u) = h(u,t)$ est un semi groupe de probabilités sur G.

3) La fonction h vérifie :

(3.3.3) $$\frac{\partial h}{\partial t} = \sum_{j=1}^{p} \rho(Y_j)^2 h \qquad \text{dans} \quad G \times]0,\infty[.$$

Pour tout $t > 0$, on peut associer à la fonction $h_t \in L^1(G)$ l'opérateur $\Pi(h_t)$ défini en (3.2.1), que l'on notera p_t.

(3.3.4) $$p_t f = \int_G h(u,t)\,\Pi(u)f\,du \qquad \forall f \in L^2(R^k)$$

D'après ce qui précède, (p_t) est un semi-groupe fortement continu de contractions dans $L^2(R^k)$. Pour tout $t > o$, l'opérateur p_t est autoadjoint. Par conséquent, le générateur infinitésimal du semi-groupe, noté provisoirement B, est autoadjoint lui aussi.

Soit W l'espace des fonctions $u \in L^2(R^k)$ telles que, pour tout multi-indice α, et pour tout entier $M > 0$, la distribution $(1+|x|)^M \Pi(Y^\alpha)u$ soit dans $L^2(R^k)$. D'après les propriétés de la fonction h ci-dessus, l'opérateur p_t envoie W dans lui-même, pour tout $t > 0$.

D'après les propriétés générales des représentations induites, les champs de vecteurs associés aux opérateurs $\Pi(Y_j)$ $(1 \leqslant j \leqslant p)$ vérifient la condition de Hörmander en tout point de R^k, de sorte que W est inclus dans $C^\infty(R^k)$. On en déduit, avec des fonctions de troncature convenables, que $C_o^\infty(R^k)$ est dense dans W (muni de sa topologie naturelle d'espace de Fréchet), puisque W est inclus dans le domaine D(B) du générateur infinitésimal B, et que $Bf = \mathcal{A}f$ pour tout $f \in W$.

On sait que si W est un sous-espace dense dans $L^2(R^k)$, tel que $p_t W \subset W$ pour tout $t > 0$, et si W est inclus dans D(B), alors W est dense dans D(B) pour la norme du graphe. On déduit de ces remarques que W, et par conséquent $C_o^\infty(R^k)$, sont denses dans D(B), autrement dit, que B = A. Par conséquent, A est autoadjoint. La dernière affirmation du théorème 3.1.1 est classique.

Puisque A est autoadjoint positif, ce théorème nous permet de définir ses puissances fractionnaires A^α, pour tout réel α. Soit $\alpha \geqslant 0$, on désigne par S^α le domaine de $A^{\alpha/2}$, muni de la norme du graphe. Il est classique que ces espaces de Hilbert vérifient :

(3.3.5) $$[S^\alpha, S^\beta]_\theta = S^{\alpha-\theta(\alpha-\beta)}$$

si $\alpha > \beta \geqslant 0$ et $0 < \theta < 1$.

Le théorème 3.1.1 s'en déduira bien si on montre que :

(3.3.6) $$H_\Pi^m = S^m$$

pour tout entier $m \geqslant 0$, et si on montre l'équivalence des normes, avec des constantes indépendantes de la représentation Π.

Les remarques générales qui précèdent montrent que $C_o^\infty(R^k)$ est dense dans H_Π^m et dans S^m.

§ 3.4 - Egalité de ces espaces de distributions

Pour démontrer (3.3.6), on va étudier plus précisément l'opérateur $A^{-\alpha/2}$ lorsque $0 < \alpha < Q$, et en particulier lorsque $\alpha = 1$. Lorsque Π est la représentation régulière de $\mathcal{G}$, c'est à dire si $\ell = 0$ et $\mathcal{H} = 0$, cet opérateur $A^{-\alpha/2}$ s'interprète comme la convolution par la fonction suivante :

(3.4.1) $$R_\alpha(u) = \frac{1}{\Gamma(\frac{\alpha}{2})} \int_0^\infty t^{\frac{\alpha}{2}-1} h(u,t)dt$$

qui est un noyau de type 1 (cf Folland $[FO]_2$).Puisqu'on ne peut pas définir l'image

$\Pi(R_\alpha)$, on va approcher R_α par la fonction suivante :

(3.4.2) $$R_\alpha^\eta(u) = \frac{1}{\Gamma(\frac{\alpha}{2})} \int_o^\eta t^{\frac{\alpha}{2}-1} h(u,t)dt$$

où $\eta > 0$. Cette fonction est dans $L^1(G)$, et C^∞ en dehors de l'origine, ce qui nous permet de définir l'opérateur $\Pi(R_\alpha^\eta)$, que l'on peut écrire aussi :

(3.4.3) $$\Pi(R_\alpha^\eta)f = \frac{1}{\Gamma(\frac{\alpha}{2})} \int_o^\eta t^{\frac{\alpha}{2}-1} p_t f\, dt$$

D'après les propriétés générales des semi-groupes, on a, pour tout f dans $D(A^{-\alpha/2})$ $(0 < \alpha < Q)$:

(3.4.4) $$\Pi(R_\alpha^\eta)f \to A^{-\alpha/2}f \qquad \text{quand} \quad \eta \to \infty$$

(pour la norme dans $L^2(R^k)$).

La fonction R_1^η vérifie des inégalités analogues à celles d'un noyau de type 1 : pour tout opérateur différentiel P, homogène de degré m, il existe $C > 0$ tel que :

(3.4.5) $$|P\, R_1^\eta(u)| \leqslant C\, |u|^{-Q+1-m}$$

pour tout $u \in G$ tel que $|u| \geqslant 1$, et pour tout $\eta > 0$.

La preuve de l'égalité (3.3.6) repose sur la proposition suivante :

<u>Proposition 3.4.1</u>

1) Pour tout $Y \in \mathcal{G}_1$ et pour tout $f \in C_o^\infty(R^k)$, on a :

(3.4.6) $$\Pi(Y)f = \Pi(\lambda(Y)R_1)\, A^{1/2}f$$

2) Pour tout $f \in C_o^\infty(R^k)$, on a

(3.4.7) $$A^{1/2}f = \sum_{j=1}^{p} \Pi[\rho(-Y_j)R_1]\Pi(Y_j)f$$

3) Si $Y \in \mathcal{G}_1$, et si K est un noyau de type 0, alors il existe des constantes T_j et des noyaux K_j de type 0 tels qu'on ait, pour tout $f \in C_o^\infty(R^k)$:

(3.4.8) $$\Pi(Y)\, \Pi(K)f = \sum_{j=1}^{p} (\Pi(K_j) + T_j)\, \Pi(Y_j)f$$

Indiquons les principales étapes des preuves des points 1 et 3. Pour le point 1, il suffit de montrer que, pour tout f dans le domaine de $A^{-1/2}$, on a :

(3.4.9) $$\Pi(Y)\, A^{-1/2}f = \Pi(\lambda(Y)R_1)f$$

D'après le §- 3.2, on a les limites suivantes, au sens de $\mathcal{D}'(R^k)$:

(3.4.10) $$\Pi(\lambda(Y)R_1)f = \lim_{\mu\to\infty} \Pi(Y)\, \Pi(\varphi_\mu\, R_1)f$$

On a aussi :

$$(3.4.11)\qquad \Pi(Y)A^{-1/2}f = \lim_{\eta\to\infty} \Pi(Y)\ \Pi(R_1^\eta)f$$

D'après (3.4.5) et la remarque qui suit (3.2.12) on a aussi la limite suivante dans $\mathcal{D}'(R^k)$, uniforme par rapport à $\eta > 0$.

$$(3.4.12)\qquad \Pi(Y)\ \Pi(R_1^\eta)f = \lim_{\mu\to\infty} \Pi(Y)\ \Pi(\varphi_\mu\ R_1^\eta)f$$

Enfin, pour tout $\mu > 0$ fixé on a :

$$(3.4.13)\qquad \lim_{\eta\to\infty} \Pi(\varphi_\mu\ R_1^\eta)f = \Pi(\varphi_\mu\ R_1)f$$

Ce dernier point provient des majorations de la fonction $h(u,t)$, qui montrent que $\varphi_\mu\ R_1^\eta \to \varphi_\mu\ R_1$ dans $L^1(G)$ quand $\eta \to +\infty$, $\mu > 0$ étant fixé. Les relations (3.4.10) à (3.4.13) entraînent bien (3.4.9).

La preuve du point 2 est très voisine. Pour le point 3, on part d'une remarque de Rothschild-Stein [R.S] : il existe des fonctions $\mathcal{G}_{j,\alpha}$ $(1 \leqslant j \leqslant p,\ |\alpha| \leqslant r-1)$, homogènes de degré $|\alpha|$, telles que, pour tout $\varphi \in C_o^\infty(G)$ on ait :

$$(3.4.14)\qquad \lambda(Y)\varphi = \sum_{j=1}^{p} \sum_{|\alpha|\leqslant r-1} \rho(Y_j)\ \rho(Y^\alpha)\ [\mathcal{G}_{j\alpha}(u)\ \varphi(u)]$$

Soit $f \in L^2(R^k)$ et soit K un noyau de type 0. D'après le §-3.2, on a la limite suivante dans $\mathcal{D}'(R^k)$ quand $\lambda \to 0$ et $\mu \to \infty$.

$$(3.4.15)\qquad \Pi[\rho(Y^\alpha)\varphi_{\lambda,\mu}\ \mathcal{G}_{j\alpha}\ K]f \to \Pi[\rho(Y^\alpha)\ \mathcal{G}_{j\alpha}\ K]f + T_{j\alpha}f$$

où $T_{j\alpha}$ est une constante. On a aussi :

$$(3.4.16)\qquad \Pi(Y)\ \Pi(\varphi_{\lambda,\mu}\ K)f \to \Pi(Y)\ \Pi(K)f$$

En combinant ces relations avec (3.4.14), (3.2.4) et (3.2.5), on en déduit bien (3.4.8).

Démonstration de l'égalité (3.3.6)

On va démontrer, par récurrence sur $\alpha \in N$, la

Proposition 3.4.2

1) Pour tout $f \in S^\alpha (\alpha \in N)$, il y a équivalence entre :

i) $f \in S^{\alpha+1}$

ii) Pour tout $j \leqslant p$, $\Pi(Y_j)f \in S^\alpha$.

De plus la norme de $S^{\alpha+1}$ et la norme

$$f \to ||f||_{S^\alpha} + \sum_{j=1}^{p} ||\Pi(Y_j)f||_{S^\alpha}$$

sont équivalentes.

2) Si K est un noyau de type 0, l'opérateur $\Pi(K)$ est linéaire continue de $S^{\alpha+1}$ dans lui-même.

On suppose les points 1) et 2) vérifiés si l'on remplace α par $\alpha-1$. Commençons par en déduire le point 1. Soit C_1 le maximum des normes des opérateurs $\Pi(\lambda(Y_j)R_1)$ dans S^α $(j \leqslant p)$.

Alors, pour tout $f \in C_o^\infty(R^k)$ on a, d'après la proposition 3.4.1 (point 3.4.6),

$$||\Pi(Y_j)f||_{S^\alpha} = ||\Pi[(\lambda(Y_j))R_1]A^{1/2}f||_{S^\alpha}$$

$$\leqslant C_1||A^{1/2}f||_{S^\alpha} \leqslant C_1||f||_{S^{\alpha+1}}$$

Soit maintenant C_2 le maximum des normes des opérateurs $\Pi[\rho(-Y_j)R_1]$ dans S^α $(j \leqslant p)$. Alors, pour tout $f \in C_o^\infty(R^k)$, on a (point 3.4.7) :

$$||f||_{S^{\alpha+1}} = ||f||_{L^2} + ||A^{\alpha/2} \sum \Pi[\rho(-Y_j)R_1)d\Pi(Y_j)f||_{L^2}$$

$$\leqslant ||f||_{L^2} + \sum_{j=1}^{p} ||\Pi[\rho(-Y_j)R_1]\Pi(Y_j)f||_{S^\alpha}$$

$$\leqslant C_2 \;(||f||_o + \sum_j ||\Pi(Y_j)f||_{S^\alpha})$$

On en déduit bien le point 1.

Vérifions maintenant le point 2. Soit K un noyau de type 0, et soit $f \in C_o^\infty(R^k)$. On a: $\Pi(K)\, f \in S^\alpha$ d'après l'hypothèse de récurrence. On a aussi, d'après (3.4.8) :

$$\Pi(Y_j)\;\Pi(K)f = \sum_\ell (\Pi(K_{j\ell}) + T_{j\ell})\;\Pi(Y_\ell)f$$

où les $K_{j\ell}$ sont des noyaux de type 0 et les $T_{j\ell}$ des constantes. D'après l'hypothèse de récurrence, $\Pi(Y_j)\;\Pi(K)f$ est dans S^α, et l'on a :

$$||\Pi(Y_j)\;\Pi(K)f||_{S^\alpha} \leqslant C \sum_\ell ||\Pi(Y_\ell)f||_{S^\alpha} \leqslant C'||f||_{S^{\alpha+1}}$$

où $C > 0$ est indépendant de f. D'après le point 1, que l'on vient de démontrer, on en déduit bien que

$$||\Pi(K)f||_{S^{\alpha+1}} \leqslant C||f||_{S^{\alpha+1}}$$

Le théorème 3.1.1 est donc démontré.

§ 4 - Spectre d'une représentation non induite

Nous allons étendre les résultats du §-2.2 à des représentations qui ne sont pas nécessairement induites. Soit Π une représentation de $\mathfrak{g}$ dans $\mathcal{S}(R^k)$ telle que, pour tout $X \in \mathfrak{g}$, l'opérateur $\Pi(X)$ soit de la forme (1.6.1), où les $P_j(.,X)$ et $Q(.,X)$ sont des polynômes sur R^k, ne dépendant que des variables indiquées en

(1.6.1), à coefficients réels, dépendant linéairement de $X \in \mathfrak{g}$. On ne fait plus l'hypothèse d'indépendance linéaire du §-1.6, qui permettrait d'interprèter Π comme une représentation induite.

Définition 4.1

On désigne par $S(\Pi)$ l'ensemble des formes linéaires $\ell \in \mathfrak{g}^*$ telles qu'il existe $(x,\xi) \in R^{2k}$ tel que :

(4.1) $$\ell(X) = \frac{1}{i}\,\Pi(X)(x,\xi) \qquad \forall\, X \in \mathfrak{g}$$

Il est probable que la notion classique de spectre de la représentation Π coïncide avec l'adhérence dans $\mathfrak{g}^*$ de la réunion des orbites des éléments de $S(\Pi)$.

Théorème 4.2

Soient P et Q deux éléments de $\mathcal{U}(\mathfrak{g})$, (ou bien deux systèmes), et C une constante positive. Les deux propriétés suivantes sont équivalentes :

i) On a, pour tout $f \in \mathcal{S}(R^k)$:

(4.2) $$||\Pi(Q)f||^2 \leqslant C\,||\Pi(P)f||^2$$

ii) On a, pour tout $\ell \in S(\Pi)$ et pour tout $f \in \mathcal{S}(R^{k(\ell)})$:

(4.3) $$||\Pi_\ell(Q)f||^2 \leqslant C\,||\Pi_\ell(P)f||^2$$

Démonstration

Nous allons seulement démontrer l'implication ii) $\Longrightarrow$ i par récurrence sur l'entier k. Si k = 1, le résultat est trivial (par transformation de Fourier). Supposons le résultat démontré pour toute représentation analogue à (1.6.1) réalisée dans $\mathcal{S}(R^{k-1})$. Soit Π de la forme (1.6.1) réalisée dans $\mathcal{S}(R^k)$. Distinguons deux cas :

1) Si les formes linéaires $X \to P_j(0,X)$ $(1 \leqslant j \leqslant k)$ sont linéairement indépendantes dans $\mathfrak{g}^*$, alors Π est une représentation induite d'après le §-1.6, et le résultat est démontré au §-2.2.

2) Sinon, soit $m \leqslant k-1$, le plus grand entier tel que les formes linéaires $X \to P_j(0,X)$ soient linéairement indépendantes. Admettons un instant le lemme suivant :

Lemme 4.3

Dans le deuxième cas, Π est unitairement équivalente à une représentation $\tilde{\Pi}$ analogue à (1.6.1), où le coefficient de $\frac{\partial}{\partial x_{m+1}}$ dans l'opérateur $\tilde{\Pi}(X)$ est identiquement nul pour tout $X \in \mathfrak{g}$. De plus, l'opérateur unitaire qui réalise l'équivalence est un isomorphisme de $\mathcal{S}(R^k)$, et les ensembles $S(\Pi)$ et $S(\tilde{\Pi})$ sont égaux.

Pour tout $y_{m+1} \in R$, soit $\tilde{\Pi}_{y_{m+1}}(X)$ l'opérateur différentiel dans R^{m-1} défini par l'égalité analogue à (1.6.1), où Π est remplacé par $\tilde{\Pi}$ et où la variable de R^{k-1} est notée $(y_1,\ldots,y_m,y_{m+2},\ldots,y_k)$. La représentation $\tilde{\Pi}_{y_{m+1}}$ est d'une forme analogue à (1.6.1), avec k remplacé par k-1, et l'ensemble $S(\tilde{\Pi}_{y_{m+1}})$ est évidemment inclus dans $S(\tilde{\Pi}) = S(\Pi)$. D'après l'hypothèse de récurrence, la propriété ii) entraîne

$$||\tilde{\Pi}_{y_{m+1}}(Q)f||^2 \leqslant C\,||\tilde{\Pi}_{y_{m+1}}(P)||^2 \qquad \forall f \in \mathcal{S}(R^{n-1}) \quad \forall y_{m+1} \in \mathbb{R}$$

En intégrant par rapport à y_{m+1}, on obtient :

$$||\tilde{\Pi}(Q)f||^2 \leqslant C\,||\tilde{\Pi}(P)f\,||^2 \qquad \forall f \in \mathcal{S}(R^n)$$

Puisque Π et $\tilde{\Pi}$ sont équivalentes, la propriété i) s'en déduit.

Preuve du lemme 4.3

Dans le deuxième cas étudié, les formes linéaires $X \to P_j(0,X)$ $(j \leqslant m)$ sont linéairement indépendantes, et la forme $X \to P_{m+1}(0,X)$ est une combinaison linéaire des précédentes. On peut donc écrire :

$$P_{m+1}(0,X) = \sum_{j=1}^{m} \lambda_j\, P_j(0,X) \qquad \forall\, X \in \mathfrak{g}$$

Le changement de variable $x \to \tilde{x}$ suivant :

$$\begin{cases} \tilde{x}_j = x_j \quad \text{si} \quad j \neq m+1 \\ \tilde{x}_{m+1} = x_{m+1} - \sum_{j=1}^{m} \lambda_j\, x_j \end{cases}$$

permet de se ramener au cas où $P_{m+1}(0,X) = 0$ pour tout $X \in \mathfrak{g}$. Pour tout réel λ, on définit une représentation Π_λ de $\mathfrak{g}$ dans $\mathcal{S}(R^m)$ en posant :

(4.4) $$\Pi_\lambda(X) = P_1(X)\frac{\partial}{\partial y_1} + P_1(y_1,X)\frac{\partial}{\partial y_2} + \ldots + P_m(y_1,\ldots,y_{m-1},X)\frac{\partial}{\partial y_m} + $$
$$+ \frac{1}{i}\, P_{m+1}(y_1,\ldots,y_m,X)\lambda$$

Puisque les formes $X \to P_j(0,X)$ $(j \leqslant m)$ sont linéairement indépendantes, d'après le §-1.6, Π_λ est une représentation induite $\Pi_\lambda = \Pi_{(\ell,\mathcal{H})}$, où $\mathcal{H}$ est une sous-algèbre de $\mathfrak{g}$ et où ℓ est la forme linéaire $\ell(X) = P_{m+1}(0,X) = 0$.

D'après le §-1.6, il existe un opérateur unitaire T_λ dans $L^2(R^n)$, de la forme suivante :

(4.5) $$T_\lambda f(y) = e^{i\lambda\varphi(y)} f(\theta(y))$$

(où φ est un polynôme réel, et θ un difféomorphisme de la forme (1.6.9), ne dépendant que de $y_1,\ldots,y_m$), tel que les opérateur $T_\lambda^{-1}\,\Pi_\lambda(X)T_\lambda$ soient de la forme suivante :

(4.6) $$T_\lambda^{-1}\,\Pi_\lambda(X)T_\lambda = A_1(X)\frac{\partial}{\partial y_1} + \ldots + A_m(y_1,\ldots,y_{m-1},X)\frac{\partial}{\partial y_m}$$

Cette transformation fait disparaître le dernier terme dans (4.4). On définit un opérateur T dans $L^2(R^n)$ par

$$Tf(y) = f(\theta_1(y),\ldots,\theta_m(y),y_{m+1} + \varphi(y),y_{m+1},\ldots,y_k)$$

où l'on a posé $\theta(y) = (\theta_1(y),\ldots,\theta_m(y))$.

D'après (4.5), on peut écrire :

$$T^{-1}\Pi(X)T = A_1(X)\frac{\partial}{\partial y_1} + \ldots + A_k(y_1,\ldots,y_{k-1},X)\frac{\partial}{\partial y_k} + i\,B(y,X)$$

avec $A_{m+1}(y,X) = 0$. D'après la forme des opérateurs T_λ et T, il existe une application symplectique φ dans R^{2k} telle que :

$$(T^{-1}\Pi(X)T)(y,\eta) = \Pi(X)(\varphi(y,\eta)) \qquad \forall (y,\eta) \in R^{2k} ,$$

de sorte que les ensembles $S(\Pi)$ et $S(\tilde{\Pi})$ sont bien égaux.

CHAPITRE III

CONDITIONS NECESSAIRES D'HYPOELLIPTICITE MAXIMALE

1 - Introduction

Dans ce chapitre, on considère un système de champs de vecteurs $X_1,\dots,X_p$ réels, C^∞, dans un ouvert Ω de R^d, vérifiant la condition des crochets $(C.H.)_r$ définie au chapitre I. Soit P un opérateur différentiel d'ordre m dans Ω, de la forme suivante :

$$(1.1) \qquad P = \sum_{|\alpha|\leqslant m} a_\alpha(x) X^\alpha$$

où, pour toute suite finie $\alpha = (\alpha_1,\dots,\alpha_k)$ d'entiers compris entre 1 et p, on pose:

$$(1.2) \qquad X^\alpha = X_{\alpha_1} \dots X_{\alpha_k} \qquad \text{et} \quad |\alpha| = k.$$

Les coefficients a_α sont des fonctions C^∞ dans Ω, à valeurs complexes. Comme au chapitre I, on dit que P est hypoelliptique maximal en x_o s'il existe un voisinage V de x_o et une constante $C > 0$ tels qu'on ait :

$$(1.3) \qquad \sum_{|\alpha|\leqslant m} ||X^\alpha u||^2_{L^2(\Omega)} \leqslant C(||Pu||^2_{L^2(\Omega)} + ||u||^2_{L^2(\Omega)}) \qquad \forall\, u \in C_o^\infty(V)$$

Le but de ce chapitre est d'établir une condition nécessaire d'hypoellipticité maximale dont le caractère suffisant est démontré dans de nombreux cas (voir les chapitres IX à XI), notamment lorsque l'entier r de la condition de Hörmander est égal à 2 ou bien quand l'opérateur P est construit à partir de champs de vecteurs antiholomorphes tangents à une hypersurface de C^n (cas du $\bar\partial_b$ ou du $\square_b$). En fait, dans le cas où r = 2, une condition nécessaire s'obtient facilement avec les techniques de L. Hörmander [HO,3] (voir [HE-NO,6], [ASS] et le chapitre X). Le résultat présenté ici était conjecturé dans [HE-NO,7]. Une version plus faible avait été démontrée dans [HE-NO4] et la démonstration présentée ici est due au second auteur [NO,1].

Avant d'énoncer cette condition nécessaire, remarquons qu'on aurait pu remplacer dans (1.3) l'opérateur P par un système $(P_1,\dots,P_\ell)$ $(\ell \geqslant 1)$ d'opérateurs de la forme (1.1), l'inégalité (1.3) devenant :

$$(1.3)' \qquad \sum_{|\alpha|\leqslant m} ||X^\alpha u||^2_{L^2(\Omega)} \leqslant C(\sum_{j=1}^{\ell} ||P_j u||^2_{L^2(\Omega)} + ||u||^2_{L^2(\Omega)})$$

Cette généralisation nous sera utile au chapitre VI pour l'étude du système de Cauchy-Riemann induit sur une hypersurface de C^n. Cependant, la démonstration du résultat principal sera rédigée dans le cas d'un seul opérateur P, les modifications qui permettent de passer de (1.3) à (1.3)' étant évidentes.

2 - Enoncé de la condition nécessaire

Comme dans les travaux de Grushin [GR] et dans de nombreux travaux ultérieurs (Bolley-Camus-Helffer [B-C-H] et Boutet de Monvel-Grigis-Helffer [B-G-H] , on va définir une famille d'opérateurs différentiels à coefficients polynômiaux dans R^k (où k sera un entier variable, compris entre 1 et d), dont l'injectivité dans $\mathcal{S}(R^k)$ sera entraînée par l'inégalité (1.3).

C. Rockland ([ROC]) a remarqué que, dans la situation étudiée par V.V. Grushin, les opérateurs à coefficients polynômiaux introduits par cet auteur peuvent s'interpréter à l'aide de la théorie des représentations de groupes de Lie nilpotents. C'est ce point de vue que nous allons généraliser ici. L'énoncé général sera donc nécessairement abstrait, mais on l'écrira de manière plus explicite au chapitre VI dans le cas particulier du système de Cauchy-Riemann induit, et au chapitre V dans le cas du $\square_b$.

On désignera dans ce chapitre par $\mathfrak{g}$ l'algèbre de Lie nilpotente libre à p générateurs $Y_1,\dots,Y_p$, de rang de nilpotence r, et par $\mathfrak{g}_k (1 \leqslant k \leqslant r)$ le sous-espace de $\mathfrak{g}$ engendré par les crochets de longueur égale à k des éléments Y_j. On a évidemment :

(2.1) $$\mathfrak{g} = \mathfrak{g}_1 \oplus \dots \oplus \mathfrak{g}_r$$

(2.2) $$[\mathfrak{g}_j, \mathfrak{g}_k] \subset \mathfrak{g}_{j+k} \quad \text{si } j+k \leqslant r, \quad \text{et} \quad [\mathfrak{g}_j, \mathfrak{g}_k] = 0 \quad \text{si } j+k > r.$$

Comme dans Rothschild-Stein [R-S], on désignera par λ l'unique application linéaire de $\mathfrak{g}$ dans l'algèbre de Lie $L(\Omega)$ des champs de vecteurs réels, C^∞ sur Ω, telle que :

(2.3) $$\lambda(Y_j) = X_j \qquad j = 1,\dots,p$$

(2.4) $$\lambda([X,Y]) = [\lambda(X),\lambda(Y)] \quad \text{si } X \in \mathfrak{g}_j \quad Y \in \mathfrak{g}_k \ , \ j+k \leqslant r.$$

On désignera par G, ou bien exp $\mathfrak{g}$, le groupe de Lie (connexe et simplement connexe) dont l'algèbre de Lie est $\mathfrak{g}$. On conviendra de désigner par la même lettre une représentation du groupe G et la représentation correspondante de l'algèbre de Lie . Pour toute représentation Π de $\mathfrak{g}$, et pour toute suite $\alpha = (\alpha_1,\dots,\alpha_k)$ d'entiers compris entre 1 et p, on posera évidemment :

$$\Pi(Y^\alpha) = \Pi(Y_{\alpha_1}) \dots \Pi(Y_{\alpha_k})$$

En combinant le théorème de relèvement de Rothschild-Stein [R-S] et les résultats de [HE-NO,2], on obtient facilement la proposition suivante :

Proposition 2.1

Soient P l'opérateur défini en (1.1), et x_o un point de Ω. On suppose que, pour toute représentation Π, unitaire, irréductible, non triviale, du groupe exp $\mathfrak{g}$, l'opérateur

$$\sum_{|\alpha|=m} a_\alpha(x_o)\, \Pi(Y^\alpha)$$

est injectif dans $\mathcal{S}_\Pi$ (l'espace des vecteurs C^∞ de la représentation Π). Alors l'opérateur P est hypoelliptique maximal en x_o.

La condition de la proposition 2.1 n'est pas nécessaire, ce qui suggère que la condition d'injectivité ne doit porter que sur certaines représentations unitaires irréductibles de G.

On a rappelé au chapitre II comment la théorie de Kirillov (voir [KI]) permet d'associer à toute forme linéaire $\ell \in \mathfrak{g}^*$ une représentation unitaire irréductible Π_ℓ du groupe G. Rappelons seulement que Π_ℓ est réalisée dans $L^2(R^{k(\ell)})$, où $k(\ell)$ est la moitié du rang de la forme bilinéaire antisymétrique B_ℓ définie sur $\mathfrak{g} \times \mathfrak{g}$ par :

(2.5) $\qquad B_\ell(X,Y) = \ell([X,Y]) \qquad \forall\, X \in \mathfrak{g}, \quad \forall\, Y \in \mathfrak{g}$

Rappelons aussi que $\Pi_\ell(Y_j)$ est un opérateur différentiel d'ordre 1, à coefficients polynômiaux, dans $R^{k(\ell)}$ et que l'espace $\mathcal{S}_{\Pi_\ell}$ coïncide avec $\mathcal{S}(R^{k(\ell)})$. Si $k(\ell) = 0$, la représentation Π_ℓ est scalaire.

Pour définir l'ensemble des représentations qui vont intervenir dans la condition d'hypoellipticité maximale, il nous suffit donc de définir l'ensemble des formes linéaires $\ell \in \mathfrak{g}^*$ qui leur correspondent. C'est l'objet de la définition suivante :

Définition 2.2 (cf. définition 2.4 du chapitre I)

Pour tout $x_o \in \Omega$, désignons par Γ_{x_o} l'ensemble des formes linéaires $\ell \in \mathfrak{g}^*$ telles qu'il existe une suite (x_n,ξ_n) dans $\Omega \times R^d\setminus\{0\}$ et une suite (t_n) de réels positifs telles que, quand n tend vers $+\infty$:

(2.6) $\qquad x_n \to x_o \qquad |\xi_n| \to \infty \qquad t_n \to 0$

et, pour tout $X \in \mathfrak{g}_j$ $(1 \leqslant j \leqslant r)$

(2.7) $\qquad t_n^j\, \lambda(X)(x_n,\xi_n) \to i\, \ell(X)$

On a désigné par $\lambda(X)\,(x,\xi)$ le symbole de l'opérateur différentiel $\lambda(X)$.

Les propriétés de cet ensemble Γ_x seront étudiées au chapitre IV. Nous pouvons maintenant énoncer le résultat principal de ce chapitre.

Théorème 2.3

Si l'opérateur P défini en (1.1) est hypoelliptique maximal en un point x_o de Ω, alors, pour tout $\ell \in \Gamma_{x_o}\setminus\{0\}$, l'opérateur différentiel :

(2.8) $\qquad \sum_{|\alpha|=m} a_\alpha(x_o)\; \Pi_\ell(Y)^\alpha$

est injectif dans $\mathcal{S}(R^{k(\ell)})$.

Extensions possibles

On constate que l'énoncé ci-dessus aurait un sens si l'on remplaçait les champs de vecteurs X_j par des opérateurs pseudo-différentiels classiques d'ordre 1, à symboles principaux imaginaires purs. La condition de Hörmander devrait être prise alors au sens de [B-C-N]. La démonstration de ce chapitre ne s'étend pas dans cette situation, mais les techniques de Hörmander [HO,3] montrent que le théorème 2.3 s'étend aux systèmes d'opérateurs pseudo-différentiels (X_j) vérifiant la condition des crochets au cran 2, (chapitre X).

De même, on pourrait introduire, pour tout $\xi_o \in R^n\setminus\{0\}$, un sous-ensemble Γ_{x_o,ξ_o} de Γ_{x_o} en ajoutant à (2.6) la condition suivante : $\frac{\xi_n}{|\xi_n|} \to \frac{\xi_o}{|\xi_o|}$. On peut se demander si l'injectivité de l'opérateur (2.8) pour tout $\ell \in \Gamma_{x_o,\xi_o}\setminus\{0\}$ n'est pas liée à un version microlocale de l'hypoellipticité maximale.

On pourrait aussi attribuer aux champs X_j $(1 \leqslant j \leqslant p)$ des poids différents $m_1,\ldots,m_p$ (où les m_j sont des entiers $\geqslant 1$) et considérer un opérateur P de la forme (1.1), mais on l'on pose, cette fois

$$|\alpha| = \sum_{j=1}^{k} m_{\alpha_j} \quad \text{si } \alpha = (\alpha_1,\ldots,\alpha_k)$$

Il faudrait alors modifier de manière analogue l'inégalité (1.3) et la définition des sous-espaces $\mathfrak{g}_k$ de l'algèbre de Lie $\mathfrak{g}$. L'analogue du théorème 2.3 semble encore vrai dans ce cas, et l'on retrouve en particulier les conditions, dites "d'ellipticité générale", que Bolley-Camus-Helffer [B-C-H] avaient introduites pour des opérateurs analogues à

$$P = D^2_{x_1} + x_1^{2k} D^2_{x_2} + \lambda\, x_1^{\ell} D_{x_2} \qquad (k \geqslant 1,\ \ell \geqslant 0,\ \lambda \in C).$$

<u>Plan de la démonstration du théorème 2.3</u>

Soit $\ell \in \Gamma_{x_o}\setminus\{0\}$, et soient (x_n,ξ_n) et (t_n) des suites vérifiant (2.6) et (2.7).

Pour toute boule ouverte $U \subset R^d$, centrée à l'origine, on définit une suite d'applications $\theta_n \in C^\infty(U,\Omega)$, dépendant de la suite (x_n,t_n), et qui possède les propriétés suivantes, quand n est assez grand :

1) θ_n est un difféomorphisme de U sur son image

2) On a, pour tout $u \in U$

$$\lim_{n\to\infty} \frac{\det \theta_n'(u)}{\det \theta_n'(o)} = 1 \tag{2.9}$$

et la limite est uniforme sur tout compact de U.

3) Pour tout voisinage V de x_o, on a, quand n est assez grand :

$$\theta_n(U) \subset V \tag{2.10}$$

4) Désignons par $\tilde{X}_{j,n}$ le champ de vecteurs sur U_i image de X_j par le difféomorphisme θ_n, et posons

$$\tilde{X}_{j,n} = \sum_{k=1}^{d} a_{jk}^{(n)}(u) \frac{\partial}{\partial u_k} \qquad (1 \leqslant j \leqslant p) \tag{2.11}$$

Alors les suites $t_n\, a_{jk}^{(n)}$ tendent, pour la topologie de $C^\infty(U)$, vers des limites b_{jk}, quand n tend vers $+\infty$. On verra que ces limites sont indépendantes de l'ouvert U.

5) Si l'on pose :

$$\Pi_o(Y_j) = \sum_{k=1}^{d} b_{jk}(u) \frac{\partial}{\partial u_k} \qquad (1 \leqslant j \leqslant p)$$

On définit ainsi une représentation Π_o de l'algèbre de Lie $\mathfrak{g}$. De plus, en reprenant les notations du chapitre II, il existe une sous-algèbre H_∞ de $\mathfrak{g}$ telle que $\Pi_o = \Pi_{(o,H^\infty)}$ et telle que $\ell \in G \cdot H_\infty^\perp$.

On déduit immédiatement de ces 5 propriétés que, si l'inégalité (1.3) est vérifiée, on a, avec la même constante $C > 0$, pour tout U et pour tout $\Psi \in C_o^\infty(U)$:

$$(2.12) \qquad \sum_{|\alpha|=m} ||\Pi_{(o,H_\infty)}(Y^\alpha)\Psi||^2_{L^2(R^d)} \leqslant C\, ||\sum_{|\alpha|=m} a_\alpha(x_o)\Pi_{(o,H_\infty)}(Y^\alpha)\Psi||^2$$

Puisque U est arbitraire, l'inégalité (2.12) est valable pour tout $\Psi \in C_o^\infty(R^d)$ et, par densité, pour tout $u \in \mathcal{S}(R^d)$. En utilisant ensuite la proposition 2.3.1 du chapitre I, on déduit de (2.12) que l'opérateur (2.8) est bien injectif dans $\mathcal{S}(R^{k(\ell)})$.

3 - Une conséquence du théorème de relèvement de Rothschild-Stein

3.1 - Notations et énoncé

On considère l'algèbre de Lie $\mathfrak{g} = \mathfrak{g}_1 \oplus \ldots \oplus \mathfrak{g}_r$ et l'application linéaire $\lambda : \mathfrak{g} \to L(\Omega)$ définis dans le §-2. Pour tout $t > 0$, on désigne par δ_t l'application linéaire de $\mathfrak{g}$ dans $\mathfrak{g}$ telle que :

$$(3.1.1) \qquad \delta_t(X) = t^j X \qquad \text{si } X \in \mathfrak{g}_j \quad (1 \leqslant j \leqslant r)$$

On notera $(u,v) \to uov$ la loi de composition définie dans $\mathfrak{g}$ par la formule de Campbell-Hausdorff, c'est à dire par l'égalité :

$$(3.1.2) \qquad \exp(XoY) = (\exp X)\,(\exp Y) \qquad \forall X \in \mathfrak{g} \qquad \forall Y \in \mathfrak{g}$$

En désignant toujours par $Y_1,\ldots,Y_p$ un système de générateurs de $\mathfrak{g}$, formant une base de $\mathfrak{g}_1$, on suppose que les champs de vecteurs $\lambda(Y_j)$ vérifient la condition de Hörmander $(C\text{-}H\text{-})_r$ dans Ω. Pour tout $u \in \mathfrak{g}$, posons :

$$(3.1.3) \qquad \lambda(u) = \sum_{j=1}^{d} a_j(u,x) \frac{\partial}{\partial x_j}$$

Soit x_o un point de Ω. On sait qu'il existe un voisinage Ω_o de x_o dans Ω et un voisinage V_o de O dans $\mathfrak{g}$ tels que, pour tout $(x,u) \in \Omega_o \times V_o$, le système différentiel :

$$(3.1.4) \qquad \frac{dy_j}{dt} = a_j(u,y(t)) \qquad j = 1,\ldots,d$$

$$y_j(o) = x_j$$

admette une solution unique $t \to y(t)$, définie et C^∞ sur $[0,1]$. On posera

$$(3.1.5) \qquad y(1) = \Psi(x,u)$$

On définit ainsi une application $\Psi \in C^\infty(\Omega_o \times V_o, \Omega)$. On en déduit qu'il existe un voisinage $\Omega_o' \subset \Omega_o$ de x_o et un voisinage $V_o' \subset V_o$ de 0 dans $\mathfrak{g}$, tels que l'application

$$(3.1.6) \qquad (x,u,v) \to \Psi(\Psi(x,u),v)$$

soit bien définie, et C^∞, sur $\Omega_o' \times V_o' \times V_o'$, à valeurs dans Ω.

Nous utiliserons dans la preuve du théorème 2.3 la proposition suivante, qui est une conséquence du théorème de relèvement de Rothschild-Stein [R.S.] (voir aussi Goodman [GO] et Hörmander-Melin [H.M.].

Proposition 3.1.1

Sous les hypothèses ci-dessus, il existe un voisinage $\Omega_1 \subset \Omega_o'$ de x_o, un voisinage $V_1 \subset V_o'$ de 0 dans $\mathfrak{g}$, (V_1 étant stable par les dilatations δ_t, $0 < t < 1$), et une application $F \in C^\infty(\Omega_1 \times V_1 \times V_1 \times V_o)$ tels que :

i) On a :

$$(3.1.8) \qquad \Psi(\Psi(x,u),v) = \Psi(x,F(x,u,v)) \qquad \forall (x,u,v) \in \Omega_1 \times V_1 \times V_1$$

ii) Si l'on pose, pour tout $t \in]0,1]$ et pour tout $(x,u,v) \in \Omega_1 \times V_1 \times V_1$

$$(3.1.9) \qquad F_t(x,u,v) = \delta_t^{-1} F(x,\delta_t u,\delta_t v)$$

et

$$(3.1.10) \qquad g_t(x,u,v) = \frac{1}{t} [F_t(x,u,v) - u \circ v]$$

alors la famille de fonctions $g_t (o < t < 1)$ est bornée dans $C^\infty(\Omega_1 \times V_1 \times V_1 \times V_o)$.

On trouve dans Goodman [GO] (pages 50 à 53) un énoncé voisin de celui de cette proposition, dans le cas où dim $\mathfrak{g}$ = dim Ω.

Remarque 3.1.2

On déduit facilement de la proposition 3.1.1 la conséquence suivante. Soit V un ouvert borné quèlconque dans $\mathfrak{g}$. Soit $t_o \in]0,1]$ tel que $\delta_t V \subset V_1$ si $0 < t \leqslant t_o$. La fonction F_t de (3.1.9) est définie sur $\Omega_1 \times V \times V$ quand $0 < t \leqslant t_o$. Alors la famille de fonctions g_t $(0 < t \leqslant t_o)$ définie en (3.1.10) est bornée dans $C^\infty(\Omega_1 \times V \times V)$.

Remarque 3.1.3

On peut, de la même manière, composer les exponentielles de trois champs de vecteurs. Il existe un voisinage $\Omega_2 \subset \Omega_1$ de x_o, un voisinage $V_2 \subset V_1$ de 0 dans $\mathfrak{g}$, V_2 étant stable par les dilatations δ_t $(0 < t \leqslant 1)$ et une application $F \in C^\infty(\Omega_2 \times (V_2)^3; V_o)$ tels que :

i) L'application $(x,u,v,w) \to \Psi(\Psi(\Psi(x,u),v),w)$ est définie dans $\Omega_2 \times (V_2)^3$.

ii) On a, pour tout (x,u,v,w) dans $\Omega_2 \times (V_2)^3$:

$$(3.1.11) \qquad \Psi(\Psi(\Psi(x,u),v),w) = \Psi(x,F(x,u,v,w))$$

iii) La famille de fonctions g_t $(0 < t < 1)$, définie à partir de la fonction F de manière analogue à (3.1.9) et (3.1.10), est bornée dans $C^\infty(\Omega_2 \times (V_2)^3; \mathfrak{g})$.

Dans la suite du §-3, nous allons montrer comment la proposition 3.1.1 se déduit du théorème de relèvement de Rothschild-Stein, dont nous allons rappeler l'énoncé au §-3.2, avec des notations différentes de celles de [R.S.]. Quant à la remarque 3.1.3, c'est une conséquence facile de la proposition 3.1.1.

3.2 - Le théorème de relèvement de Rothschild-Stein

Pour tout $v \in \mathfrak{g}$, désignons par $\rho(v)$ le champ de vecteur défini sur $\mathfrak{g}$ par :

(3.2.1) $\quad (\rho(v)f)(u) = \frac{d}{ds} f(u o (sv))\big|_{s=o} \qquad \forall f \in C^\infty(\mathfrak{g}) \qquad \forall\, u \in \mathfrak{g}$

Si X est un champ de vecteurs dans un ouvert V de $\mathfrak{g}$, et t un réel > 0, on définit un champ de vecteurs, noté $\delta_t X$, dans l'ouvert $\delta_t V$, en posant :

(3.2.2) $\quad (\delta_t X)f = (X(f \circ \delta_t)) \circ \delta_t^{-1} \qquad \forall\, f \in C^\infty(\delta_t V)$

Si X est un champ de vecteurs homogène de degré j sur $\mathfrak{g}$, on a :

(3.2.3) $\quad \delta_t X = t^j X \qquad \forall t > 0$

On a, pour tout $v \in \mathfrak{g}$ et pour tout $t > 0$

(3.2.4) $\quad \delta_t \rho(v) = \rho(\delta_t v)$

A partir de l'application Ψ du §-3.1, on définit, pour tout $x \in \Omega_o$, une application $W_x = C^\infty(\Omega) \to C^\infty(V_o)$ par :

(3.2.5) $\quad (W_x f)(u) = f(\Psi(x,u)) \qquad \forall f \in C^\infty(\Omega) \qquad \forall x \in \Omega_o \qquad \forall u \in V_o$

Enfin, on désignera par q la dimension de $\mathfrak{g}$, et par $(u_1,\dots,u_q)$ un système de coordonnées dans $\mathfrak{g}$.

Nous pouvons maintenant rappeler le théorème de relèvement de Rothschild-Stein [R-S-] dans la forme énoncée par Goodman [GO].

Théorème 3.2.1

Sous les hypothèses de la proposition 3.1.1, il existe un voisinage Ω_3 de x_o dans Ω_o, un voisinage $V_3 \subset V_o$ de 0 dans $\mathfrak{g}$, et, pour tout $x \in \Omega_3$, il existe une application linéaire Λ_x de $\mathfrak{g}$ dans l'algèbre de Lie $L(V_3)$ des champs de vecteurs réels sur V_3, tels que :

1) Pour tout $v \in \mathfrak{g}$, les coefficients du champ de vecteurs $\Lambda_x(v)$ dépendent de manière C^∞ du paramètre $x \in \Omega_3$. De plus, l'application Λ_x vérifie des égalités analogues à (2.3) et (2.4).

2) On a, pour tout $f \in C^\infty(\Omega)$, pour tout $x \in \Omega_3$ et pour tout $v \in \mathfrak{g}$

(3.2.6) $\quad W_x \lambda(v) f = \Lambda_x(v) W_x f$

3) La différence $\Lambda_x(v) - \rho(v)$ est un champ de vecteurs négligeable au sens suivant, si l'on pose, pour tous $v \in \mathfrak{g}$ et $t \in]0,1]$

$$(3.2.7) \qquad \delta_t^{-1} \Lambda_x(\delta_t v) - \rho(v) = \sum_{j=1}^{q} c_{j,t}(x,u,v) \frac{\partial}{\partial u_j}$$

alors la famille de fonctions $t^{-1} c_{j,t}$ $(0 < t < 1)$ est bornée dans $C^\infty(\Omega_3 \times V_3 \times \mathfrak{g})$.

3.3 - Démonstration de la proposition 3.1.1

On va commencer par définir l'application $u \to F(x,u,v)$ comme l'exponentielle du champ de vecteurs $\Lambda_x(v)$. Ecrivons ce champ sous la forme :

$$(3.3.1) \qquad \Lambda_x(v) = \sum_{j=1}^{q} a_j(x,u,v) \frac{\partial}{\partial u_j}$$

où les coefficients a_j sont C^∞ dans $\Omega_3 \times V_3 \times \mathfrak{g}$ et dépendent linéairement de $v \in \mathfrak{g}$.

On sait qu'il existe un voisinage $\Omega_4 \subset \Omega_3$ de x_o et un voisinage $V_4 \subset V_3$ de 0 dans $\mathfrak{g}$ tels que, pour tout (x,u,v) dans $\Omega_4 \times V_4 \times V_3$, le système différentiel

$$(3.3.32) \qquad \begin{cases} \dfrac{d\varphi_j}{ds} = a_j(x,\varphi(s),v) \\ \varphi(o) = u \end{cases}$$

admette une solution unique, définie et C^∞ sur $[0,1]$. Posons :

$$(3.3.3) \qquad F(x,u,v) = \varphi(1)$$

On définit ainsi une application $F \in C^\infty(\Omega_4 \times V_4 \times V_4 ; \mathfrak{g})$.

On peut supposer, quitte à réduire V_4, que ce voisinage de 0 est stable par les dilatations δ_t $(0 < t < 1)$. Conformément à (3.1.9), posons, pour tout $(x,u,v) \in \Omega_4 \times V_4 \times V_4$ et pour tout $t \in]0,1]$:

$$(3.3.4) \qquad F_t(x,u,v) = \delta_t^{-1} F(x,\delta_t u,\delta_t v)$$

Commençons par démontrer que la famille de fonctions F_t $(0 < t \leqslant 1)$ est bornée dans $C^\infty(\Omega_4 \times V_4 \times V_4)$ (après avoir éventuellement réduit V_4). Si l'on pose, pour tout $t \in]0,1]$:

$$(3.3.5) \qquad \delta_t^{-1} \Lambda_x(\delta_t v) = \sum_{j=1}^{q} a_j^{(t)}(x,u,v) \frac{\partial}{\partial u_j}$$

Le théorème de relèvement 3.2.1 (point 3) nous dit que les familles de fonctions $a_j^{(t)}$ $(0 < t \leqslant 1,\ 1 \leqslant j \leqslant p)$ sont bornées dans $C^\infty(\Omega_4 \times V_4 \times V_4)$. On en déduit, après avoir éventuellement réduit V_4, que, pour tout $t \in]0,1]$ et pour tout (x,u,v) dans $\Omega_4 \times V_4 \times V_4$, le système différentiel

$$(3.3.6) \qquad \begin{cases} \dfrac{d\varphi_j^{(t)}}{ds} = a_j^{(t)}(x,\varphi^{(t)}(s,x,u,v),v) \\ \varphi^{(t)}(o) = u \end{cases}$$

admette une solution unique $s \to \varphi^{(t)}(s,x,u,v)$, définie et C^∞ sur $[0,1]$ et que les familles de fonctions $\varphi_j^{(t)}$ $(0 < t < 1,\ 1 \leqslant j \leqslant p)$ sont bornées dans $C^\infty([0,1] \times \Omega_4 \times V_4 \times V_4)$. L'unicité de la solution du système (3.3.6) montre que l'on a :

$$F_t(x,u,v) = \varphi^{(t)}(1,x,u,v) \tag{3.3.7}$$

La famille de fonctions $F_t (0 < t \leqslant 1)$ est donc bornée dans $C^\infty(\Omega_4 \times V_4 \times V_4)$.

On va maintenant montrer que la famille de fonctions $g_t (0 < t \leqslant 1)$ définie par :

$$g_t(x,u,v) = \frac{1}{t}\,[F_t(x,u,v) - u \circ v] \tag{3.3.8}$$

est bornée dans $C^\infty(\Omega_4 \times V_4 \times V_4)$. Posons, pour tout $v \in \mathfrak{g}$:

$$\rho(v) = \sum_{j=1}^{q} b_j(u,v)\,\frac{\partial}{\partial u_j} \tag{3.3.9}$$

Les coefficients b_j sont C^∞ sur $\mathfrak{g} \times \mathfrak{g}$, et, d'après le théorème 3.2.1 (point 3), la famille de fonctions

$$(x,u,v) \to \frac{1}{t}\,[a_j^{(t)}(x,u,v) - b_j(u,v)] \tag{3.3.10}$$

est bornée dans $C^\infty(\Omega_4 \times V_4 \times V_4)$, indépendemment de $t \in]0,1]$. Si l'on pose $u \circ (sv) = \Psi(s,u,v)$ pour tout $s \in [0,1]$, la fonction $s \to \Psi(s,u,v)$ est la solution unique du système différentiel

$$\begin{cases} \dfrac{d\Psi_j}{ds} = b_j(\Psi(s,u,v),v) \\ \Psi(0) = u \end{cases} \tag{3.3.11}$$

On déduit facilement de ce qui précède que la famille de fonctions suivantes, dépendant du paramètre $t \in]0,1]$:

$$(s,x,u,v) \to \frac{1}{t}\,[\varphi_j^{(t)}(s,x,u,v) - \Psi_j(s,u,v)] \tag{3.3.12}$$

est bornée dans $C^\infty([0,1] \times \Omega_4 \times V_4 \times V_4)$, indépendemment de $t \in]0,1]$. En particulier pour $s = 1$, d'après (3.3.7), la famille de fonctions

$$(x,u,v) \to \frac{1}{t}\,[F_t(x,u,v) - u \circ v]$$

est bien bornée dans $C^\infty(\Omega_4 \times V_4 \times V_4, \mathfrak{g})$, indépendemment de $t \in]0,1]$.

Démontrons maintenant l'égalité (3.1.8). Tout d'abord, quitte à réduire les ouverts Ω_4 et V_4, on peut supposer que les applications

$$(x,u,v) \to \Psi(\Psi(x,u),v)$$

$$(x,u,v) \to \Psi(x,F(x,u,v))$$

sont bien définies sur $\Omega_4 \times V_4 \times V_4$, à valeurs dans Ω. On peut aussi supposer que V_4 est stable par les dilatations $\delta_t (0 < t < 1)$ et par les homothéties usuelles de rapport compris entre 0 et 1.

Il nous suffit de démontrer qu'il existe un voisinage $\Omega_1 \subset \Omega_4$ de x_0 et un voisinage $V_1 \subset V_4$ de 0 dans $\mathfrak{g}$ tels qu'on ait, pour tout $f \in C^\infty(\Omega)$ et pour tout $s \in [0,1]$

(3.1.13) $f(\Psi(x,F(x,u,sv))) = f(\Psi(\Psi(x,u),sv))$

Si $f \in C^\infty(\Omega)$, $v \in V_4$ et $x \in \Omega_4$, la fonction $(s,u) \to g(s,u) = f(\Psi(x,F(x,u,sv)))$ est solution du problème de Cauchy

$$(3.3.14) \qquad \begin{cases} \dfrac{\partial g(s,u)}{\partial s} = \Lambda_x(v)\ (u,\dfrac{\partial}{\partial u})\ g(s,u) \\ \\ g(o,u) = f(\Psi(x,u)) = (W_x f)(u) \end{cases}$$

Cela résulte de la définition de la fonction F. Montrons maintenant que la fonction $(s,u) \to h(s,u) = f(\Psi(\Psi(x,u),sv))$ est solution du même problème de Cauchy. Posons, pour tous $y \in \Omega_4, v \in V_4$

$$(T_v f)(y) = f(\Psi(y,v))$$

On peut écrire :

$$h(s,u) = (W_x\ T_{sv} f)(u)$$

D'après la continuité de l'application $W_x : C^\infty(\Omega_4) \to C^\infty(V_4)$ et d'après (3.1.5) et (3.2.6), on en déduit :

$$\frac{\partial h}{\partial s}(s,u) = (W_x \frac{\partial}{\partial s} T_{sv} f)(u) = (W_x \lambda)(v) T_{sv} f)(u)$$

$$= (\Lambda_x(v) W_x T_{sv} f)(u) = \Lambda_x(v) h(s,u)$$

Comme on a évidemment $h(o,u) = f(\Psi(x,u))$, les fonctions g et h sont toutes deux solutions du système (3.3.14). Or il existe un réel $\varepsilon > 0$ et un voisinage $V_5 \subset V_4$ de 0 dans $\mathfrak{g}$, (indépendants de $f \in C^\infty(\Omega)$, $v \in V_4$ et $x \in \Omega_4$) tels que la solution du système (3.3.14) soit unique dans $[0,\varepsilon] \times V_5$. Autrement dit :

$$g(s,u) = h(s,u) \qquad \forall s \in [0,\varepsilon] \qquad \forall u \in V_5$$

Si l'on pose $V_1 = V_5 \cap (\varepsilon\ V_4)$, on en déduit bien l'égalité (3.3.13) pour tous $f \in C^\infty(\Omega)$, $x \in \Omega_4$, $u \in V_1$, $v \in V_1$. L'égalité (3.1.8) est bien démontrée, ce qui achève la preuve de la proposition 3.1.1.

4 - Définition d'une représentation de $\mathfrak{g}$

On considère un système de champs de vecteurs $X_1,\ldots,X_p$ dans Ω, vérifiant $(C.H)_r$ en un point x_o de Ω, et un élément $\ell \in \Gamma_{x_o} \setminus \{0\}$. On suit le schéma de démonstration résumé à la fin du §-2, en commençant par définir la représentation de l'algèbre de Lie $\mathfrak{g}$ dans $\mathcal{A}(R^n)$ que l'on avait notée Π_o ou $\Pi_{(o,H^\infty)}$. Au § suivant, on montrera le lien qui existe entre les opérateurs $\Pi_{(o,H^\infty)}(Y_j)$ et les X_j.

4.1 - Définition d'une sous-algèbre de $\mathfrak{g}$

Puisque ℓ est dans Γ_{x_o} il existe une suite $(x_n,\xi_n)_{n\in N}$ dans $\Omega \times R^d \setminus \{0\}$ et une suite $(t_n)_{n\in N}$ de réels > 0 telles que, quand $n \to \infty$

(4.1.1) $\quad t_n \to 0 \qquad x_n \to x_o \qquad |\xi_n| \to \infty$

et telles que, pour tout $Y \in \mathfrak{g}_j$ $(1 \leqslant j \leqslant r)$

(4.1.2) $\quad t_n^j \, \lambda(Y)(x_n,\xi_n) \to i\, \ell\,(Y)$

Pour tout $n \geqslant 1$, on définit un sous-espace H_n de $\mathfrak{g}$, comme dans [HE-NO,4], par

(4.1.3) $\quad H_n = \{Y \in \mathfrak{g}\ ,\ \lambda(Y_n)_{|x_n} = 0\}$

Cet espace est de codimension d d'après la condition de Hörmander. Posons $k = \dim \mathfrak{g} - d$ et munissons $\mathfrak{g}$ d'une structure euclidienne. Choisissons une base orthonormée $f_1^{(n)},\ldots,f_k^{(n)}$ du sous-espace $\delta_{t_n}^{-1} H_n$ de $\mathfrak{g}$. Quitte à remplacer les suites (x_n) et (t_n) par des sous-suites, encore notées (x_n) et (t_n), on peut supposer que les suites $(f_j^{(n)})_{n\in\mathbb{N}}$ admettent des limites $f_j \in \mathfrak{g}$ $(1 \leqslant j \leqslant k)$. Soit H_∞ le sous-espace de $\mathfrak{g}$ engendré par les vecteurs $f_1,\ldots,f_k$. On va démontrer la

Proposition 4.1.1

Le sous-espace H_∞ est une sous-algèbre de $\mathfrak{g}$.

Démonstration

Soient u et v dans H_∞. Il existe des suites (u_n) et (v_n) telles que :

(4.1.4) $\quad u_n \in H_n \qquad v_n \in H_n \qquad \delta_{t_n}^{-1} u_n \to u \qquad \delta_{t_n}^{-1} v_n \to v$

Les champs de vecteurs $\lambda(u_n)$ et $\lambda(v_n)$ s'annulent au point x_n et, par conséquent, leur commutateur $[\lambda(u_n),\lambda(v_n)]$ s'y annule aussi. Si l'on pose :

(4.1.5) $\quad u_n = \sum_{j\leqslant r} u_{j,n} \qquad v_n = \sum_{j\leqslant r} v_{j,n} \qquad u_{j,n} \in \mathfrak{g}_j \qquad v_{j,n} \in \mathfrak{g}_j$

on en déduit, puisque λ vérifie (2.4), que le champ de vecteurs

(4.1.6) $\quad \lambda([u_n,v_n]) + \sum_{j+k\geqslant r+1} [\lambda(u_{j,n}),\lambda(v_{k,n})]$

s'annule au point x_n. On va utiliser le lemme suivant, que nous démontrerons plus loin.

Lemme 4.1.2

Si les champs $\lambda(Y_j)$ vérifient la condition de Hörmander $(C.H)_r$ dans Ω, il existe, pour tout $x \in \Omega$, une application $\varphi_x = \mathfrak{g} \times \mathfrak{g} \to \mathfrak{g}$ telle que le champ de vecteurs $[\lambda(u),\lambda(v)] - \lambda(\varphi_x(u,v))$ s'annule au point x, pour tous u et v dans $\mathfrak{g}$. De plus, pour tout compact $K \subset \Omega$, il existe $C > 0$ tel que :

(4.1.7) $\quad ||\varphi_x(u,v)|| \leqslant C\ ||u||\ ||v|| \qquad \forall x \in K \qquad \forall (u,v) \in \mathfrak{g} \times \mathfrak{g}$

Suite de la preuve de la proposition 4.1.1

D'après ce qui précède, l'élément suivant de $\mathfrak{g}$

(4.1.8) $\qquad w_n = [u_n, v_n] + \sum_{j+k \geqslant r+1} \varphi_{x_n}(u_{j,n}, v_{k,n})$

est dans H_n. On va démontrer maintenant que :

(4.1.19) $\qquad \delta_{t_n}^{-1} w_n \to [u,v] \qquad$ quand $n \to +\infty$,

ce qui prouvera bien que $[u,v]$ est dans H_∞, et démontrera la proposition 4.1.1. On a évidemment, d'après (4.1.4)

(4.1.10) $\qquad \delta_{t_n}^{-1}[u_n, v_n] \to [u,v]$

D'après le lemme 4.1.2, il existe $C > 0$ tel que

(4.1.11) $\qquad ||\varphi_{x_n}(u_{j,n}, v_{k,n})|| \leqslant C\, ||u_{j,n}||\; ||v_{k,n}||$

D'autre part, il existe $C_1 > 0$ tel que l'on ait, pour tout $u \in \mathfrak{g}$ et pour tout $t \in]0,1]$:

(4.1.12) $\qquad ||\delta_t^{-1} u|| \leqslant C_1\, t^{-r}\, ||u||$

On déduit de (4.1.7) et (4.1.12) que

(4.1.13) $\qquad ||\delta_{t_n}^{-1}\, \varphi_{x_n}(u_{j,n}, v_{k,n})|| \leqslant C\, C_1\, t_n^{-r} ||u_{j,n}||\; ||v_{k,n}||$

D'après (4.1.4), il existe $C_2 > 0$ tel que

(4.1.14) $\qquad ||u_{j,n}|| \leqslant C_2\, t_n^j \;;\; ||v_{k,n}|| \leqslant C_2\, t_n^k$

On en déduit que , si $j+k \geqslant r+1$

(4.1.15) $\qquad \delta_{t_n}^{-1}\, \varphi_{x_n}(u_{j,n}, v_{k,n}) \to 0 \qquad$ quand $n \to \infty$

On déduit (4.1.9) de (4.1.10) et (4.1.15); la proposition 4.1.1 est donc démontrée.

Démonstration du lemme 4.1.2

Soient $Y_1, \dots, Y_q$ une base de $\mathfrak{g}$, et $(x_1, \dots, x_d)$ un système de coordonnées dans Ω. Puisque la condition de Hörmander est vérifiée dans Ω, il existe des fonctions $\Psi_{j,k} \in C^\infty(\Omega)$ $(j \leqslant d,\ k \leqslant q)$ telles que l'on ait :

$$\frac{\partial}{\partial x_j} = \sum_{k=1}^{q} \Psi_{j,k}\, \lambda(Y_k)$$

On peut écrire, pour tous u et v dans $\mathfrak{g}$

$$[\lambda(u), \lambda(v)] = \sum_{j=1}^{d} \theta_j(u,v,x) \frac{\partial}{\partial x_j}$$

où les fonctions θ_j sont C^∞ dans $\mathfrak{g} \times \mathfrak{g} \times \Omega$. On définit la fonction φ_x du lemme par

$$\varphi_x(u,v) = \sum_{j \leqslant d} \sum_{k \leqslant q} \theta_j(u,v,x)\; \Psi_{j,k}(x) Y_k$$

Les propriétés énoncées dans le lemme se vérifient immédiatement.

4.2 - Quelques remarques sur la construction de $\Pi_{(o,H_\infty)}$

La proposition 4.1.1 permet de définir la représentation induite $\Pi_{(o,H_\infty)}$ en utilisant la construction 1.2.1 du chapitre II. Notons que $\mathcal{H}$ devient ici H_∞, que k devient d, et dim $\mathcal{H}$ devient k. Nous utiliserons la définition 1.2.10 du chapitre II, ainsi que les résultats des §-1.2 et 1.3 du chapitre II.

Indiquons d'abord quel supplémentaire de H_∞ nous utiliserons pour définir explicitement $\Pi_{(o,H_\infty)}$. Pour tout $j \leqslant r$, on considère le sous-espace suivant E_j de $\mathfrak{g}_j$

$$E_j = \{u \in \mathfrak{g}_j,\ u = u' + u'',\ u' \in H_\infty,\ u'' \in \mathfrak{g}_{j+1} \oplus \dots \oplus \mathfrak{g}_r\}$$

Posons $p_j = \dim \mathfrak{g}_j - \dim E_j$, et choisissons un système d'éléments e_i de $\mathfrak{g}$ $(1 \leqslant i \leqslant d)$, tels que les p_1 premiers d'entre eux forment une base d'un supplémentaire de E_1 dans $\mathfrak{g}$, les p_2 suivants une base d'un supplémentaire de $\mathcal{H}_2$ dans $\mathfrak{g}_2$, etc ... On note p_∞ la projection sur le sous-espace engendré par les e_i $(1 \leqslant i \leqslant d)$, qui est un supplémentaire de H_∞, et p_∞^j la projection sur $\mathbb{R}e_j$ $(1 \leqslant j \leqslant d)$. On définit une application $\gamma : R^d \to \mathfrak{g}$ par l'égalité

(4.2.1) $\qquad \gamma(t) = (t_d\, e_d) \circ \dots \circ (t_1\, e_1) \qquad \forall t = (t_1, \dots, t_d) \in R^d.$

On va réécrire une variante du lemme 1.3.1 du chapitre II sous la forme suivante :

Lemme 4.2.1

Pour tout $j \leqslant d$, il existe un polynôme f_j sur R^{2d} tel que :

(4.2.2) $\qquad p_\infty^j[\gamma u \circ (-\gamma v)] = u_j - v_j + f_j(u_1, \dots, u_{j-1}, v_1, \dots, v_{j-1})$

De plus, on a :

(4.2.3) $\qquad f_j(u_1, \dots, u_{j-1}, u_1, \dots, u_{j-1}) = 0$

Si n est assez grand, le sous-espace engendré par les éléments e_j $(1 \leqslant j \leqslant d)$ est encore un supplémentaire de $\delta_{t_n}^{-1} H_n$. Par conséquent, pour tout $a \in \mathfrak{g}$, on peut écrire, de manière unique :

$$a = h_n + \sum_{j=1}^{d} u_j^{(n)} e_j \quad \text{où} \quad h_n \in \delta_{t_n}^{-1} H_n \quad \text{et} \quad u_j^{(n)} \in R$$

On posera $p_n a = \sum_{j=1}^{d} u_j^{(n)} e_j$. D'après la construction de H_∞, on vérifie facilement que:

(4.2.4) $\qquad \|p_n - p_\infty\| \to 0 \qquad$ quand $n \to \infty$

On utilisera à plusieurs reprises la remarque (vraie si n est assez grand) :

(4.2.5) $\qquad a \in \mathfrak{g},\ \lambda(\delta_{t_n} a)|_{x_n} = 0 \Rightarrow p_n a = 0$

5 - Une suite de difféomorphismes locaux

On considère toujours une suite de points (x_n, ξ_n) dans $\Omega \times R^d \setminus \{0\}$ et une suite (t_n) de réels > 0, vérifiant (4.1.1) et (4.1.2), ainsi que l'application $\gamma : R^d \to \mathfrak{g}$ définie en (4.2.1).

Soit U un ouvert borné de R^d, de la forme suivante :

(5.1) $U = \{x \in R^d,\ x = (x_1,\dots,x_d),\ |x_j| < R,\ j = 1,\dots,d\}$

où $R > 0$. On va maintenant définir une suite d'applications $\theta_n \in C^\infty(U,\Omega)$ ayant les 4 propriétés énoncées au §-2.

Soit $\Omega_o \times V_o$ un voisinage de (x_o,o) dans $\Omega \times \mathfrak{g}$, dans lequel l'application $(x,u) \to \Psi(x,u)$ du §-3.1 est définie. Il existe un entier $N_o(U)$ tel que :

(5.2) $n \geqslant N_o(U) \Rightarrow \delta_{t_n}\gamma(U) \subset V_o$ et $x_n \in \Omega_o$

Pour tout $n \geqslant N_o(U)$, on définit donc une application $\theta_n \in C^\infty(U,\Omega)$ en posant :

(5.3) $\theta_n(u) = \Psi(x_n,\ \delta_{t_n}\gamma u) \qquad \forall u \in U$

On va démontrer dans ce § la proposition suivante :

Proposition 5.1

Avec les notations ci-dessus, on a les 5 propriétés suivantes :

i) $\theta_n'(o)$ est un isomorphisme de R^d, si n est assez grand.

ii) La suite de fonctions $u \to \dfrac{\det \theta_n'(u)}{\det \theta_n'(o)}$ tend vers 1, uniformément sur tout compact de U.

iii) Il existe un entier $N_1(U)$ tel que, pour tout $n \geqslant N_1(U)$, θ_n soit un difféomorphisme de U sur son image.

iv) Pour tout $\varepsilon > 0$, il existe un entier $N_2(U,\varepsilon)$ tel que l'on ait, pour tout $n \geqslant N_2(U,\varepsilon)$

(5.4) $\theta_n(U) \subset B(x_o,\varepsilon)$

où $B(x_o,\varepsilon)$ est la boule de centre x_o et de rayon ε.

v) Pour tout $X \in \mathfrak{g}_j$ $(1 \leqslant j \leqslant r)$, si l'on désigne par $X^{(n)}$ le champ de vecteurs sur U, image de $t_n^j\lambda(X)$ par le difféomorphisme θ_n, alors, quand $n \to \infty$, les coefficients du champ de vecteurs $X^{(n)}$ tendent, pour la topologie de $C^\infty(U)$, vers les coefficients correspondants de l'opérateur $\Pi_{(o,H_\infty)}(X)$.

Démonstration du point i)

Pour tout $x \in \Omega$, soit $\lambda_x : \mathfrak{g} \to T_x\Omega$ l'application qui, à tout $Y \in \mathfrak{g}$, fait correspondre la valeur en x du champ de vecteurs $\lambda(Y)$. On a évidemment :

(5.5) $\theta_n'(o) = \lambda_{x_n}\ \delta_{t_n}\ \gamma'(o)$

Montrons que $\theta_n'(o) : R^d \to R^d$ est injective. Si v est un élément de R^d tel que $\theta_n'(o)v = 0$, on en déduit que $\delta_{t_n}\gamma'(o)v$ est dans H_n, donc

(5.6) $\gamma'(o)v \in \delta_{t_n}^{-1} H_n$.

D'après le lemme 1.3.1 du chapitre II (point i), on voit que $\gamma'(o)v$ est dans le sous-espace de $\mathfrak{g}$ engendré par les e_j ($1 \leq j \leq d$). Comme on a vu que, si n est assez grand, le sous-espace engendré par ces vecteurs est un supplémentaire de $\delta_{t_n}^{-1} H_n$, on déduit de (5.6) que $\gamma'(o)v = 0$, ce qui, d'après le lemme 1.3.1 du chapitre II, entraîne bien $v = 0$.

Démonstration du point ii)

Commençons par établir une égalité reliant les différentielles $\theta_n'(o)$ et $\theta_n'(u)$ ($u \in U$). Si Ω_1 et V_1 sont les voisinages de x_1 dans Ω et de 0 dans $\mathfrak{g}$ considérés dans la proposition 3.1.1, il existe un entier $N_1(U) \geq N_o(U)$ tel que, pour tout $n \geq N_1(U)$, on ait :

(5.7) $$\delta_{t_n} \gamma(U) \subset V_1 \quad \text{et} \quad x_n \in \Omega_1$$

Pour tout $n \geq N_1(U)$ et pour tout $u \in U$, on peut donc définir des applications linéaires $S_n(u) : R^d \to R^d$ et $T_n(u) : R^d \to R^d$ en posant, pour tout $v \in R^d$

(5.8) $$S_n(u)v = \Psi'_x(x_n, \delta_{t_n} \gamma u)v$$

(5.9) $$T_n(u)v = \frac{d}{ds} p_n F_{t_n}(x_n, \gamma(u+sv), -\gamma(u))|_{s=o}$$

On désigne évidemment par $\Psi'_x(x_n,u)$ la différentielle de l'application $x \to \Psi(x,u)$, prise au point x_n. Nous allons maintenant démontrer l'égalité :

(5.10) $$\theta'_n(u) = S_n(u)\, \theta'_n(o)\, T_n(u)$$

pour tous $u \in U$ et $n \geq N_1(U)$. On a, pour tous $u \in U$ et $v \in R^d$

(5.11) $$\theta'_n(u)v = \frac{d}{ds} \Psi(x_n, \delta_{t_n} \gamma(u+sv))|_{s=o}$$

Si s est assez petit, et si $n \geq N_1(U)$, on a, d'après la définition (3.1.8) de la fonction F :

(5.12) $$\Psi(\Psi(x_n, \delta_{t_n} \gamma(u+sv)), -\delta_{t_n} \gamma u) = \Psi(x_n, F(x_n, \delta_{t_n} \gamma(u+sv), -\delta_{t_n} \gamma u))$$

On en déduit, d'après la définition (3.1.9) de la fonction F_t

(5.13) $$\Psi(x_n, \delta_{t_n} \gamma(u+sv)) = \Psi(\Psi(x_n, \delta_{t_n} F_{t_n}(x_n, \gamma(u+sv), -\gamma u)), \delta_{t_n} \gamma u)$$

En dérivant cette égalité par rapport à s, on en déduit que :

(5.14) $$\theta'_n(u)v = \Psi'_x(x_n, \delta_{t_n} \gamma u). \frac{d}{ds} \Psi(x_n, \delta_{t_n} F_{t_n}(x_n, \gamma(u+sv), -\gamma u))|_{s=o}$$

En utilisant l'application $\lambda_x = \mathfrak{G} \to R^d$ définie ci-dessus, on voit que, pour toute fonction $s \to g(s)$, C^∞ sur un voisinage de 0 dans R, à valeurs dans $\mathfrak{g}$, telle que $g(o) = 0$, on a :

(5.15) $$\frac{d}{ds} \Psi(x_n, g(s))|_{s=o} = \lambda_{x_n} \frac{dg}{ds}(o)$$

On déduit de (5.14) et (5.15) que

(5.16) $$\theta'_n(u)v = \Psi'_x(x_n,\delta_{t_n}\gamma u)\lambda_{x_n}\delta_{t_n}\frac{d}{ds}F_{t_n}(x_n,\gamma(u+sv),-\gamma u)|_{s=o}$$

On remarque que, pour tout $a \in \mathfrak{g}$, on a

(5.17) $$\lambda_{x_n}\delta_{t_n} a = \lambda_{x_n}\delta_{t_n}\gamma'(o)p_n a = \theta'_n(o)p_n a$$

On déduit bien de (5.16), (5.17), (5.8) et (5.9) que

$$\theta'_n(u)v = S_n(u)\theta'_n(o)T_n(u)v$$

L'égalité (5.10) est donc démontrée. On en déduit que, si $n \geqslant N_1(U)$

(5.18) $$\frac{\det \theta'_n(u)}{\det \theta'_n(o)} = (\det S_n(u))\ (\det T_n(u)).$$

Pour finir de démontrer le point ii), il nous suffit de prouver que :

(5.19) $$\det S_n(u) \to 1 \text{ et } \det T_n(u) \to 1$$

uniformément sur tout compact de U.

D'après la définition (5.8) de $S_n(u)$, et la régularité de la fonction Ψ, le déterminant de $S_n(u)$ tend vers celui de $\Psi'_x(x_o,u)$, uniformément sur tout compact de U. Comme $\Psi(x,o) = x$ pour tout $x \in \Omega_o$, on en déduit bien la première affirmation de (5.19).

D'après la proposition 3.1.1, la suite d'applications $(u,v) \to F_{t_n}(x_n,u,v)$ tend, pour la topologie de $C^\infty(\gamma(U) \times \gamma(U); \mathfrak{g})$, vers l'application $(u,v) \to u o v$. Par conséquent, le déterminant de $T_n(u)$ tend vers celui de l'application suivante :

(5.20) $$v \to p_\infty \frac{d}{ds}\gamma(u\ o\ (sv))\ o\ (-\gamma u)|_{s=o} = p_\infty A(u)v$$

L'affirmation (5.19) et, par conséquent le point ii) se déduisent alors du lemme 1.3.2 du chapitre II (point i).

Démonstration du point iii)

Pour montrer que θ_n est un difféomorphisme de U sur son image, il nous suffit de montrer que, si n est assez grand :

1) θ_n est injectif dans U.

2) $\det \theta'_n(u) \neq 0$ pour tout $u \in U$.

La seconde affirmation résulte immédiatement des points i) et ii). (On peut définir l'application θ_n dans un ouvert $\tilde{U}$ contenant $\bar{U}$).

Soient deux éléments u et v de U tels que $\theta_n(u) = \theta_n(v)$, c'est à dire tels que :

(5.21) $$\Psi(x_n,\delta_{t_n}\gamma u) = \Psi(x_n,\delta_{t_n}\gamma v)$$

Si n est assez grand pour que le point $(x_n,\delta_{t_n}\gamma u,-\delta_{t_n}\gamma v)$ soit dans le domaine de définition de la fonction F du §-3.1, on en déduit que :

(5.22) $\Psi(x_n, F(x_n, \delta_{t_n}\gamma u, -\delta_{t_n}\gamma v) = x_n$.

Nous utiliserons à deux reprises la propriété classique suivante :

Remarque 5.2

Il existe un voisinage $\Omega' \times V'$ de $(x_o, 0)$ dans $\Omega \times \mathcal{g}$ tel que, pour tout (x,u) dans $\Omega' \times V'$, on ait l'implication :

$$\Psi(x,u) = x \Rightarrow \lambda_x(u) = 0$$

Si n est assez grand pour que le point $(x_n, F(\delta_{t_n}\gamma u, -\delta_{t_n}\gamma v))$ soit dans ce voisinage, (la valeur minimale de n ne dépendant que de l'ouvert U), on déduit de (5.22) que :

$$\lambda_{x_n} F(x_n, \delta_{t_n}\gamma u, -\delta_{t_n}\gamma v) = 0$$

c'est à dire

$$\lambda_{x_n} \delta_{t_n} F_{t_n}(x_n, \gamma u, -\gamma v) = 0$$

ce qui implique, comme on l'a vu en (4.2.5) que

(5.23) $p_n F_{t_n}(x_n, \gamma u, -\gamma v) = 0$

On va démontrer maintenant qu'il existe une constante $C(U) > 0$ et un entier $N(U) > 0$ tels que, pour tous u et v dans U, on ait :

(5.24) $||u-v|| \leqslant C(U)\, ||p_n\, T_{t_n}(x_n, \gamma u, -\gamma v)||$

De (5.23) et (5.24) on déduira facilement que $u = v$, ce qui prouvera donc le point iii).

Pour démontrer (5.24), on commence par démontrer qu'il existe $C(U) > 0$ tel que, pour tous u et v dans U, on ait :

(5.25) $||u-v|| \leqslant C(U)||\, p_\infty((\gamma u) \circ (-\gamma v))||$

C'est une conséquence immédiate du lemme 4.2.1 et du fait que U est borné. On déduit de (5.25), si n est assez grand pour que le point $(x_n, \gamma u, -\gamma v)$ soit dans le domaine de définition de la fonction F_{t_n}, que l'on a, pour tous u et v dans U, avec une autre constante $C(U)$:

(5.26) $||u-v|| \leqslant C(U)[\,||p_n - p_\infty||\ ||(\gamma u) \circ (-\gamma v)|| +$

$$+ ||p_n[(\gamma u)\circ(-\gamma v) - F_{t_n}(x_n, \gamma u, -\gamma v)]|| + ||p_n F_{t_n}(x_n, \gamma u, -\gamma v)||\,]$$

Puisque la fonction $(u,v) \to (\gamma u)\circ(-\gamma v)$ est C^∞ sur $R^d \times R^d$, à valeurs dans $\mathcal{g}$, et s'annule quand $u = v$, il existe $C(U) > 0$ tel que :

(5.27) $||(\gamma u)\circ(-\gamma v)|| \leqslant C(U)\ ||u-v||$

pour tous u et v dans U. D'après la proposition 3.1.1, la suite de fonctions g_n définies par :

$$(5.28)\qquad g_n(u,v) = t_n^{-1}\, p_n[(\gamma u)\circ(-\gamma v) - F_{t_n}(x_n,\gamma u,-\gamma v)]$$

est bornée dans $C^\infty(\bar{U}\times\bar{U}\ ;\ R^d)$. De plus, on a $g_n(u,u) = 0$ pour tout $u \in U$. Il existe donc $C(U) > 0$ tel qu'on ait :

$$(5.29)\qquad ||\, g_n(u,v)\,|| \leqslant C\ ||u-v||$$

pour tous u et v dans U. On déduit des inégalités (5.26) à (5.29) que l'on a, pour tous u et v dans U

$$(5.30)\qquad ||u-v|| \leqslant C(U)[\,||p_n F_{t_n}(x_n,\gamma u,-\gamma v)|| + t_n||u-v|| + ||p_n - p_\infty||\ ||u-v||\,]$$

Quand n est assez grand, on en déduit bien (5.24), ce qui achève la démonstration du point iii).

Démonstration du point iv)

Pour démontrer ce point, il nous suffit de montrer que les différentielles $\theta'_n(u)$ tendent vers 0 dans $\mathcal{L}(R^d,R^d)$, uniformément sur tout compact de U. (On peut toujours définir les θ_n dans un ouvert $\tilde{U}$ contenant $\bar{U}$). Cette propriété résulte de l'égalité (5.10) si l'on remarque que

1) La suite d'applications linéaires $S_n(u)$ tend vers l'application identique de R^d, uniformément sur tout compact de U.

2) La suite $\theta'_n(o)$ tend vers 0 dans $\mathcal{L}(R^d)$, d'après (5.5).

3) La suite $T_n(u)$ tend, dans $\mathcal{L}(R^d)$, vers l'application linéaire définie en (5.20).

Démonstration du point v)

Pour tout a dans $\mathfrak{g}$, et pour tout n assez grand, désignons par $X^{(n)}$ le champ de vecteurs sur U, image du champ de vecteurs $\lambda(\delta_{t_n} a)$ par le difféomorphisme θ_n, et posons:

$$(5.31)\qquad X^{(n)} = \sum_{j=1}^{d} \sigma'_{j,n}(u,a)\,\frac{\partial}{\partial u_j}$$

On veut démontrer que, quand n tend vers $+\infty$, les coefficients $u \to \sigma'_{j,n}(u,a)$ tendent, pour la topologie de $C^\infty(U)$, vers les coefficients $\sigma'_j(u,a)$ de l'opérateur

$$\Pi_{(o,H^\infty)}(a) = \sum_{j=1}^{d} \sigma'_j(u,a)\,\frac{\partial}{\partial u_j}$$

Pour cela, on va démontrer que le vecteur $\sigma_n(u,a)$ de composantes $\sigma_{j,n}(u,a)$ $(1 \leqslant j \leqslant d)$ est solution d'une équation linéaire analogue à l'égalité (1.3.12) du chapitre II.

On définit, pour tout n assez grand et pour tout $u \in U$, deux applications linéaires $A_n(u) = R^d \to \mathfrak{g}$ et $B_n(u)\ :\ \mathfrak{g} \to \mathfrak{g}$ en posant

$$(5.32)\qquad A_n(u).v = -\frac{d}{ds}\, F_{t_n}(x_n,\gamma u,-\gamma(u+sv))\Big|_{s=o} \qquad \forall\ v \in R^d$$

$$(5.33)\qquad B_n(u)v = \frac{d}{ds}\, F_{t_n}(x_n,\gamma u, sv,-\gamma u)\Big|_{s=o} \qquad \forall\ v \in \mathfrak{g}$$

On va maintenant démontrer le

Lemme 5.3

Pour tout n assez grand, (la valeur minimale ne dépendant que de l'ouvert U), pour tout $u \in U$ et pour tout $a \in \mathcal{G}$, le vecteur $\sigma_n(u,a)$ de R^d est solution de :

(5.34) $$p_n A_n(u)\, \sigma'_n(u,a) = p_n B_n(u)a$$

Démonstration du lemme

Soit $a \in \mathcal{G}$, fixé. Soit $\tilde{U}$ un ouvert borné de R^d, contenant $\bar{U}$. Si n est assez grand (la valeur minimale N(U) ne dépendant que de U et $\tilde{U}$), il existe $s_n > 0$ tel que l'application $x \to \Psi(x, s\,\delta_{t_n} a)$ soit définie de $\theta_n(U)$ dans $\theta_n(\tilde{U})$, si $s \in [0,s_n]$. En transportant cette application par θ_n, on obtient une application de U dans $\tilde{U}$, que nous noterons $u \to \sigma_n(u,sa)$, $(u \in U,\ s \in [0,s_n])$. Le vecteur $\sigma'_n(u,a)$ défini précédemment vérifie :

(5.35) $$\sigma'_n(u,a) = \frac{d}{ds}\sigma_n(u,sa)_{|s=o}$$

D'après les définitions des applications σ_n, on a :

(5.36) $$\Psi(\theta_n(u), \delta_{t_n} sa) = \theta_n(\sigma_n(u,sa))$$

ou encore, d'après la définition de θ_n

(5.37) $$\Psi(\Psi(x_n, \delta_{t_n}\gamma u), \delta_{t_n} sa) = \Psi(x_n, \delta_{t_n}\gamma\sigma_n(u,sa))$$

Si n est assez grand, on peut employer la fonction F du §-3.1 (quitte à réduire éventuellement s_n), et déduire de (3.1.11) que :

(5.38) $$\Psi(x_n, F(x_n, \delta_{t_n}\gamma u, \delta_{t_n} sa, -\delta_{t_n}\gamma\sigma_n(u,sa)) = x_n$$

ou encore, en utilisant la fonction F_{t_n} définie de manière analogue à (3.3.4)

(5.39) $$\Psi(x_n, \delta_{t_n} F_{t_n}(x_n, \gamma u, sa, -\gamma\sigma_n(u,sa)) = x_n$$

$(n \geqslant N(U),\ u \in U,\ s \in [0,s_n])$.

Il existe N'(U), et, pour tout $n \geqslant N'(U)$, il existe $s'_n \in\,]0,s_n]$ tel que, si $s \in [0,s'_n]$ et $u \in U$, on ait :

(5.40) $$\delta_{t_n} F_{t_n}(x_n, \gamma u, sa, -\gamma\sigma_n(u,sa)) \in V' \qquad \text{et } x_n \in \Omega'$$

où $\Omega' \times V'$ est le voisinage de $(x_o, 0)$ dans $\Omega \times \mathcal{G}$ défini dans la remarque 5.2. On a utilisé le fait que la suite de fonctions F_{t_n} est bornée, uniformément sur tout compact dans son domaine de définition. Quand (5.40) est vérifié, on déduit de (5.39) et de la remarque 5.2 que :

(5.41) $$\lambda_{x_n} \delta_{t_n} F_{t_n}(x_n, \gamma u, sa, -\gamma\sigma_n(u,sa)) = 0$$

En utilisant le projecteur $p_n = \mathcal{G} \to R^d$ défini au §-4.1 et le fait que, si n est assez grand, on a l'implication (4.2.5), on en déduit :

$$(5.42) \qquad p_n \, F_{t_n}(x_n, \gamma u, sa, -\gamma\sigma_n(u,sa)) = 0$$

En dérivant cette égalité par rapport à s = 0, on obtient aussitôt (5.34), ce qui démontre le lemme 5.3.

Fin de la démonstration du point v)

Le point v) va résulter facilement des lemmes 1.3.2 et 1.3.3 du chapitre II. En effet, d'après la proposition 3.1.1, la suite $A_n(u)$ tend, dans $C^\infty(\bar{U}, \mathcal{L}(R^d, \mathcal{G}))$ vers l'application A(u) définie au chapitre II, en (1.3.10). En effet, on a aussi

$$A(u)v = -\frac{d}{ds}(\gamma(u) \circ (-\gamma(u+sv)))\big|_{s=o}$$

De même, d'après la remarque 3.1.3, la suite $B_n(u)$ tend dans $C^\infty(\bar{U}, \mathcal{L}(\mathcal{G}, \mathcal{G}))$ vers l'application B(u) définie au chapitre II, en (1.3.11). Comme on peut appliquer ces résultats à un ouvert $\tilde{U}$ contenant $\bar{U}$, le déterminant de $p_n \, A_n(u)$ tend vers 1, uniformément sur U. Il existe donc N(U) > 0 tel que

$$n \geqslant N(U) \; ; \; u \in U \Rightarrow |\det p_n \, A_n(u)| \geqslant \frac{1}{2}$$

On a alors

$$\sigma'_n(u,a) = -(p_n \, A_n(u))^{-1}(p_n \, B_n(u))(a)$$

On en déduit que, quand $n \to \infty$

$$(5.43) \qquad \sigma'_n(u,a) \to -(p_\infty \, A(u))^{-1}(p_\infty \, B(u))(a)$$

dans $C^\infty(U, \mathcal{L}(\mathcal{G}, R^d))$. D'après le lemme 1.3.2 du chapitre II, le membre de droite de (5.43) est égal à $\sigma'(u,a)$. La proposition 5.1 est donc démontrée.

6 - Fin de la démonstration du théorème 2.3

On considère deux opérateurs différentiels P et Q analogues à (1.1)

$$(6.1) \qquad P = \sum_{|\alpha| \leqslant m} a_\alpha(x) X^\alpha \qquad\qquad Q = \sum_{|\alpha| \leqslant m} b_\alpha(x) X^\alpha$$

Soit $x_o \in \Omega$. On suppose qu'il existe un voisinage V de x_o et une constante C > 0 tels que

$$(6.2) \qquad ||Qu||^2 \leqslant C(||Pu||^2 + ||u||^2) \qquad\qquad \forall u \in C_o^\infty(V)$$

où $|| \; ||$ désigne la norme de $L^2(R^d)$. Soit un élément ℓ de l'ensemble Γ_{x_o} de la définition 2.2. Soient $(x_n, \xi_n)_{n \in N}$ une suite dans $\Omega \times R^d \backslash \{0\}$ et $(t_n)_{n \in N}$ une suite de réels > 0 telles que (2.6) et (2.7) soient vérifiées. Soit H_∞ la sous-algèbre de associée à ces suites comme au §-4.1. La première étape de la démonstration du théorème est la

Proposition 6.1

Avec les notations ci-dessus, si (6.2) est vérifiée, on a

$$||\sum_{|\alpha|=m} b_\alpha(x_o)\Pi_{(o,H_\infty)}(Y^\alpha)\Psi||^2 \leq C\ ||\sum_{|\alpha|=m} a_\alpha(x_o)\Pi_{(o,H_\infty)}(Y^\alpha)\Psi||^2$$

pour tout $\Psi \in C_o^\infty(R^d)$.

Démonstration

Soit $\Psi \in C_o^\infty(R^d)$. Soit U un ouvert borné de R^d, de la forme (5.1), contenant le support de Ψ. D'après la proposition 5.1, il existe un entier N tel que, pour tout $n \geq N$, l'application θ_n définie en (5.3) soit un difféomorphisme de U sur son image et $\theta_n(U)$ soit contenu dans V.

Pour tout $n \geq N$, on définit une fonction $f_n \in C_o^\infty(V)$ en posant :

$$(6.4)\qquad \begin{cases} f_n(x) = |\det \theta'_n(o)|^{-1/2}\ \Psi(\theta_n^{-1}(x)) & \text{si } x \in \theta_n(U) \\ f_n(x) = 0 & \text{si } x \notin \theta_n(U) \end{cases}$$

On peut appliquer l'inégalité (6.2) à $u = f_n$. Multiplions les deux membres de cette inégalité par t_n^{2m}, et faisons tendre n vers $+\infty$. on va montrer que, quand $n \to +\infty$

$$(6.5)\qquad ||f_n|| \to ||\Psi||$$

$$(6.6)\qquad t_n^m\ ||P\ f_n|| \to ||\sum_{|\alpha|=m} a_\alpha(x_o)\Pi_{(o,H^\infty)}(Y^\alpha)\Psi||$$

et, bien sûr, le résultat analogue pour Q. L'inégalité (6.3) se déduira immédiatement de (6.5) et (6.6). On a évidemment :

$$(6.7)\qquad ||f_n||^2 = \int_U |\Psi(u)|^2 \left|\frac{\det \theta'_n(u)}{\det \theta'_n(o)}\right| du$$

L'affirmation (6.5) se déduit du point ii) de la proposition 5.1.

Démontrons maintenant (6.6)

Soit $Y_j^{(n)}$ le champ de vecteurs dans U, image par le difféomorphisme θ_n du champ de vecteurs $t_n X_j = t_n \lambda(Y_j)$. On a

$$t_n^{2m}||P\ f_n||^2 = \int_U |P^{(n)}\Psi(u)|^2\ \frac{\det \theta'_n(u)}{\det \theta'_n(o)}\quad du$$

où l'on a posé

$$P^{(n)}\Psi(u) = \sum_{|\alpha|\leq m} a_\alpha(\theta_n(u))t_n^{m-|\alpha|}(X^{(n)})^\alpha$$

On a vu (proposition 5.1, point v)) que, quand $n \to +\infty$, les coefficients $\sigma_j'^{(n)}(u,Y_k)$ $(1 \leq j \leq d,\ 1 \leq k \leq p)$ du champ de vecteurs $Y_k^{(n)}$ tendent, pour la topologie de $C^\infty(U)$, vers les coefficients $\sigma'_j(u,Y_k)$ du champ de vecteurs $\Pi_{(o,H_\infty)}(Y_k)$. Par conséquent :

$$(X^{(n)})^\alpha\Psi(u) \to \Pi_{(o,H_\infty)}(Y^\alpha)\Psi(u)$$

la convergence étant uniforme sur le support de ψ. D'après le point iv) de la proposition 5.1, la fonction $\theta_n : U \to \Omega$ tend, uniformément sur le support de ψ, vers l'application constante $u \to x_o$. Par conséquent, puisque $t_n \to 0$, on a, uniformément sur le support de Ψ

$$P^{(n)}\Psi(u) \to \sum_{|\alpha|=m} a_\alpha(x_o)\Pi_{(o,H_\infty)}(Y^\alpha)\Psi(u)$$

ce qui, joint au point ii) de la proposition 5.1, finit de prouver (6.6), et, par conséquent, la proposition 6.1.

En appliquant l'inégalité (6.1) aux opérateurs $Q = X^\alpha$, on voit que, si l'inégalité (1.3) est vérifiée, on a

$$(6.8) \qquad \sum_{|\alpha|=m} ||\Pi_{(o,H^\infty)}(Y^\alpha)\Psi||^2 \leqslant C\, ||\sum_{|\alpha|=m} a_\alpha(x_o)\Pi_{(o,H_\infty)}(Y^\alpha)\Psi||^2$$

pour tout $\Psi \in C_o^\infty(R^d)$, puis, par densité, pour tout $\Psi \in \mathcal{S}(R^d)$.

Montrons maintenant que la forme linéaire $\ell \in \Gamma_{x_o}$ que nous considérons est nulle sur H_∞. Pour tout $u \in H_\infty$, il existe une suite (u_n) dans $\mathfrak{g}$ telle que $u_n \in \delta_{t_n}^{-1} H_n$ et $\lim_{n\to\infty} u_n = u$. On a, d'après (2.7)

$$\sup_{\substack{u \in \mathfrak{g} \\ ||u||\leqslant 1}} |\ell(u) - \langle \xi_n, \lambda_{x_n} \delta_{t_n} u\rangle| \to 0$$

Puisque $\lambda_{x_n} \delta_{t_n} u_n = 0$ et puisque $u_n \to u$, on en déduit bien que $\ell(u) = 0$.

D'après le théorème 2.3.1 du chapitre II, l'inégalité (6.8) entraîne donc l'injectivité de l'opérateur (2.8) dans $\mathcal{S}(R^{k(\ell)})$, si $\ell \neq 0$. Le théorème 2.3 est donc démontré.

7 - Variations sur le thème de l'hypoellipticité maximale

S'il nous a paru plus naturel de nous intéresser à l'inégalité (1.3) dans le cas général, d'autres notions peuvent être envisagées et ont été considérées dans la littérature. Si P est d'ordre 2m, et d'une forme analogue à (1.1), on peut étudier, à la place de (1.3), une inégalité de la forme suivante :

$$(7.1) \qquad \sum_{|\alpha|\leqslant m} ||X^\alpha u||^2 \leqslant C\,(|(Pu,u)| + ||u||^2) \qquad \forall u \in C_o^\infty(V)$$

L'analogue du théorème 2.3 est encore vraie ; cette inégalité implique de nouveau l'injectivité de l'opérateur (2.8) dans $\mathcal{S}(R^{k(\ell)})$, pour tout $\ell \in \Gamma_{x_o} \setminus \{0\}$. La démonstration du théorème 2.3 s'adapte sans modification. Dans les cas où la réciproque 2.3 est démontrée (voir les chapitres suivants), on peut en déduire l'implication (7.1) => (1.3), ce qui ne semble pas trivial en général (voir Maire [MA,2] et l'exemple du chapitre IV). L'inégalité (7.1) apparaît naturellement dans le cadre du $\Box_b$.

La démonstration du théorème 2.3 permet d'obtenir aussi des conditions nécessaires d'hypoellipticité avec perte. Si P est d'ordre m, on peut étudier, par exemple, l'inégalité suivante.

(7.2) $$||u||^2_{m/r} \leqslant C\,(||Pu||^2_o + ||u||^2_o) \qquad \forall u \in C^\infty_o(V)$$

Une telle inégalité n'entraîne pas en général l'hypoellipticité. Nous allons montrer que, si $(C.H.)_r$ est satisfaite, l'inégalité (7.2) entraîne que, pour tout $\ell \in \Gamma_{x_o}$ tel que la restriction de ℓ à $\mathcal{G}_r$ n'est pas nulle, l'opérateur (2.8) est injectif dans $\mathcal{S}(R^{k(\ell)})$.

On se ramène d'abord au cas où m est multiple de r. L'inégalité (7.2) implique (en rétrécissant éventuellement le voisinage V où l'inégalité est vérifiée) :

(7.3) $$||u||^2_m \leqslant \tilde{C}\,(||P^r u||^2_o + \sum_{|\alpha| \leqslant mr-1} ||X^\alpha u||^2_o)$$

En particulier, pour tout $a \in \mathcal{G}_r$

(7.4) $$||\lambda(a)^m u||^2_o \leqslant \tilde{C}(a)\;(||P^r u||^2 + \sum_{|\alpha| \leqslant mr-1} ||X^\alpha u||^2_o)$$

On en déduit, en suivant la démonstration du théorème 2.3.

(7.5) $$|\ell(a)|^{2m}\;||u||^2 \leqslant \tilde{C}_{(a)}\;||\Pi_\ell(\sum_{|\alpha|=m} a_\alpha(x_o)Y^\alpha)u||^2$$

pour tout $\ell \in \Gamma_{x_o}$. Notre affirmation s'en déduit aussitôt. Cette remarque sera développée au chapitre V pour démontrer la réciproque d'une inégalité de Rothschild-Stein.

CHAPITRE IV

PROPRIETES DU CONE Γ_x

§ 1 Introduction

Rappelons brièvement quelques notations introduites précédemment et la définition du cône Γ_x.

Soit $\mathcal{G}$ une algèbre de Lie graduée de rang de nilpotence r à p générateurs :

(1.1) $\mathcal{G} = \mathcal{G}_1 \oplus \cdots \oplus \mathcal{G}_r$

où $\mathcal{G}_1$ admet une base $(Y_1,\ldots,Y_p)$

$\mathcal{G}$ est munie d'une famille de dilatation δ_t définie par :

(1.2) $\delta_t\,(a) = t^j.a \qquad \text{pour } a \in \mathcal{G}_j$

$\mathcal{G}^*$ est alors également muni d'une famille de dilatations δ_t^*.

Si $X_1,\ldots,X_p$ sont des champs de vecteurs, sur un ouvert Ω de R^d, on suppose (si $\mathcal{G} = \mathcal{N}_{p,r}$ l'algèbre de Lie nilpotente libre de cran r à p générateurs, λ existe toujours !) qu'il existe un homomorphisme partiel de cran r λ de $\mathcal{G}$ dans $L(\Omega)$ t.q

(1.3) $\lambda(Y_i) = X_i$

Par homomorphisme partiel de cran r, on entend une application linéaire t.q :

(1.4) $[\lambda(a_i),\lambda(a_j)] = \lambda([a_i,a_j]) \qquad \text{si } i + j \leqslant r$

On pose, pour tout a dans $\mathcal{G}$, tout x dans Ω

(1.5) $\lambda_x\,(a) = \lambda(a)/_x$

et on désigne par λ_x^* l'application adjointe qui opère de $T_x^*\Omega$ dans $\mathcal{G}^*$.

Remarque 1.1

Remarquons maintenant que la condition $(C.H)_{r,x}$ $(x \in \Omega)$ implique la surjectivité de λ_x et donc l'injectivité de λ_x^*.

Avec les notations ci-dessus, on réécrit la définition de Γ_x sous la forme suivant :

Définition 1.2 : Γ_x

On suppose que $(C.H)_{r,x}$ est satisfaite.

$\Gamma_x = \{\ell \in \mathcal{G}^* \; ; \; \ell = \lim_{n\to\infty} \delta_{t_n}^* \, \lambda_{x_n}^* \, \xi_n\}$

où (t_n,x_n,ξ_n) est une suite de $\mathbb{R}^+ \times T^*\Omega \setminus 0$ t.q

$$(1.6) \begin{cases} \mathbb{R}^+ \ni t_n \to 0 \\ \Omega \ni x_n \to x \\ T_{x_n}^*\,\Omega \ni \xi_n \to \infty \end{cases}$$

Cette définition se microlocalise assez naturellement.

Auparavant, on doit microlocaliser la condition $(C.H)_{r,x}$ en posant :

Définition 1.3

Soit $(x,\xi) \in T^*\Omega \setminus 0$ et $X_1,\dots,X_p \in L(\Omega)$. On dira que la condition $(C.H)_{r,x,\xi}$ est satisfaite si :

$$(1.7)\quad (C.H)_{r,(x,\xi)} \quad \begin{cases} \text{il existe } I = (i_1,\dots,i_k) \in [1,p]^k \ (k \leqslant r) \\ \text{tel que } [X_{i_1}[X_{i_2}[\dots[X_{i_{k-1}}, X_{i_k}]\dots](x,\xi) \neq 0. \end{cases}$$

Définition 1.4

Soit $(x,\xi) \in T^*\Omega \setminus 0$.

On suppose que $(C.H)_{r,(x,\xi)}$ est satisfaite. Alors, par définition :

$\Gamma_{(x,\xi)} = \{\ell \in \mathfrak{g}^* \,;\, \ell = \lim_{n\to\infty} \delta^*_{t_n} \lambda^*_{x_n} \xi_n\}$

où (t_n,x_n,ξ_n) est une suite de $\mathbb{R}^+ \times T^*\Omega\setminus 0$ t.q

$$(1.8)\begin{cases} R^+ \ni t_n \to 0 \\ \Omega \ni x_n \to x \\ T^*_{x_n}\Omega \ni \xi_n \to \infty \\ \dfrac{\xi_n}{|\xi_n|} \to \dfrac{\xi}{|\xi|} \end{cases}$$

Pour terminer ce paragraphe, remarquons la :

Proposition 1.5

Soit $x \in \Omega$. On suppose que $(C.H)_{r,x}$ est satisfaite.

Alors on a :

$$(1.9)\quad \Gamma_x = \bigcup_{\xi \in T^*_x\Omega\setminus 0} \Gamma_{x,\xi}$$

Démonstration

On a clairement d'après la définition :

$\Gamma_{x,\xi} \subset \Gamma_x \quad , \ \forall\, \xi \in T^*_x\Omega\setminus 0$

Le problème est donc de montrer la réciproque :

$\Gamma_x \subset \bigcup_{\xi} \Gamma_{x,\xi}$

Soit ℓ dans Γ_x. Soit (t_n,x_n,ξ_n) la suite apparaissant en (1.6). Quitte à extraire une sous-suite, on peut supposer que $\dfrac{\xi_n}{|\xi_n|} \to \omega$. On a donc : $\ell \in \Gamma_{x,\omega}$

c.q.f.d.

§ 2 Propriétés élémentaires des cônes Γ_x et $\Gamma_{x,\xi}$

Le résultat essentiel de ce paragraphe est le suivant :

Proposition 2.1

Pour tout x dans Ω, Γ_x est un cône fermé G - stable de $\mathfrak{g}^*$

Pour tout (x,ξ) dans $T^*\Omega\backslash 0$, $\Gamma_{x,\xi}$ est un cône fermé G - Stable de $\mathcal{G}^*$

La notion de cône fermé a été introduite au chapitre II. Déf (2.3.8). Rappelons que, par cône, on entend un sous-ensemble de $\mathcal{G}^*$ stable par δ_t^* et que, par G - Stabilité, on entend que Γ_x est une réunion d'orbites pour la représentation coadjointe (cf chapitre II § 1.5).

La démonstration de la proposition 2.1 sera scindée en plusieurs lemmes de difficulté inégale :

Lemme 2.2

Γ_x (resp. $\Gamma_{x,\xi}$) est un cône

En effet, si $\ell = \lim_{n\to\infty} \delta^*_{t_n} \lambda^*_{x_n} \xi_n$, on a :

$$\delta_t^* \ell = \lim_{n\to\infty} \delta^*_{t'_n} \lambda^*_{x_n} \xi_n \quad \text{avec } t'_n = tt_n$$

et la suite (t'_n, x_n, ξ_n) vérifie bien (1.6) (ou 1.8) •

Lemme 2.3

Soit x_m une suite de points de Ω tendant vers x (resp. (x_m,ξ_m) une suite de points de $T^*\Omega\backslash 0$ t.q $\left(x_m, \frac{\xi_m}{|\xi_m|}\right)$ tende vers (x,ω)) et ℓ_m une suite de $\mathcal{G}^*$ t.q :

(2.1) $\quad \ell_m \in \Gamma_{x_m} \quad$ (resp $\in \Gamma_{x_m,\xi_m}$)

(2.2) $\quad \ell_m \underset{m\to\infty}{\to} \ell \quad$ dans $\mathcal{G}^*$

Alors ℓ appartient à Γ_x (resp. $\Gamma_{x,\omega}$)

On démontre simplement la première assertion (la 2ème est laissée au lecteur en remarquant que :

(2.3) $\quad \Gamma_{x,t\xi} = \Gamma_{x,\xi} \quad , \quad t > 0$)

D'après la définition de Γ_x, on a :

$$\ell_m = \lim_{n\to\infty} \delta^*_{t_{m,n}} \lambda^*_{x_{m,n}} \xi_{m,n}$$

avec $\begin{cases} t_{m,n} \to 0 \\ x_{m,n} \to x_m \\ \xi_{m,n} \to \infty \end{cases}$ lorsque n tend vers l'infini.

Considérons la suite double $a_{m,n} = \delta^*_{t_{m,n}} \lambda^*_{x_{m,n}} \xi_{m,n}$

On construit alors aisément une application de N dans N^2 : $p \to r(p) = (m(p),n(p))$ telle que si l'on pose :

$$b_p = a_{r(p)}$$

on ait :

$$\ell = \lim_{p\to\infty} b_p \quad \text{avec} \quad \begin{cases} t_{m(p),n(p)} \to 0 \\ x_{r(p)} \to x \\ \xi_{r(p)} \to \infty \end{cases}$$

On tire immédiatement du lemme (2.3), le corollaire suivant

Corollaire 2.4

Γ_x (resp. $\Gamma_{x,\xi}$) est fermé dans $\mathcal{G}^*$

La démonstration de la G - stabilité de Γ_x (ou $\Gamma_{x,\xi}$) est plus difficile et requiert une étude plus précise liée aux propriétés de l'homomorphisme partiel.

Soit x_0 dans Ω . On a vu au chapitre III § 1.1 qu'il existait un voisinage Ω_0 de x_0 dans Ω et un voisinage V_0 de 0 dans $\mathcal{G}$ t.q., pour tout $(x,u) \in \Omega_0 \times V_0$, l'application :

(2.4) $\qquad (x,u) \to \Psi(x,u) = e^{\lambda(u)}.x$

soit bien définie et C^∞ de $\Omega_0 \times V_0$ dans un voisinage $\tilde{\Omega}_0$ de x_0.

Quitte à restreindre Ω_0 et V_0 , on peut supposer que, pour tout u dans V_0 , $x \to \Psi(x,u)$ est un difféomorphisme de Ω_0 sur son image que l'on notera Ψ_u et que son voisinage contient un voisinage fixe de x_0 dans Ω que l'on notera $\tilde{\tilde{\Omega}}_0$. On a ainsi :

(2.5) $\qquad \tilde{\tilde{\Omega}}_0 \subset \mathrm{Im}\,\Psi_u \subset \tilde{\Omega}_0 \quad , \qquad \forall\, u \in V_0.$

Pour tout u dans V_0 , tout a dans $\mathcal{G}$, on définit : T(u) a comme le champ de vecteurs sur $\tilde{\tilde{\Omega}}_0$, image du champ $\lambda(a)$ par Ψ_u :

(2.6) $\qquad \forall\ f \in C_0^\infty(\tilde{\tilde{\Omega}}_0)\ ,\ (T(u)a.f) = (\lambda(a)(f \circ \Psi_u)) \circ \Psi_u^{-1}$

Si λ est un homomorphisme exact de $\mathcal{G}$ dans $L(\Omega)$, il résulte d'un théorème classique de S. Lie ([LIE]) que :

(2.7) $\qquad T(u).a = \lambda(\mathrm{expad}(-u)a)$

Dans le cas où λ n'est qu'un homomorphisme partiel, on va montrer une version "approchée" de (2.7).

On introduit :

(2.8) $\qquad R(u)\ a = T(u)\ a - \lambda(\mathrm{expad}(-u)a)$

On a le :

Lemme 2.5

Si $a \in \mathcal{G}_j$ $(1 \leq j \leq r)$, il existe une constante C strictement positive telle que l'on ait :

$$\forall\, x \in \tilde{\tilde{\Omega}}_0 \quad , \quad \forall u \in V_0$$

(2.9) $\qquad |R_x(u)\ a| \leq C\ \|u\|^{r+1-j}$

où $\|\ \ \|$ est la norme homogène (cf chapitre II 1.1.3)

Démonstration

Pour a dans $\mathcal{G}_j$ fixé, le champ de vecteurs T(u) a est un champ de vecteurs C^∞ sur $\tilde{\tilde{\Omega}}_0$ qui dépend de manière C^∞ de u dans V_0.

L'estimation (2.9) résultera donc de l'étude du développement de Taylor de T(u) a et R(u) a par rapport à u.

Dans cette démonstration, le signe $\equiv$ signifiera admet le même développement de Taylor en u.

Remarquons tout d'abord que, pour tout f dans $C^\infty(\tilde{\tilde{\Omega}}_0)$, on a, pour tout x dans $\Psi_u^{-1}(\tilde{\tilde{\Omega}}_0)$:

(2.10) $\qquad f(\psi(x,u)) \equiv \sum_{n \geq 0} \frac{1}{n!} (\lambda(u)^n\ f)(x)$

Ceci résulte de (1.1.4) (chapitre III)

On posera alors symboliquement :

(2.11) $$(e^{\lambda(u)}f)(x) \equiv \sum_{n \geqslant 0} \frac{1}{n!} (\lambda(u)^n f)(x)$$

On déduit alors de (2.6), (2.10) et (2.11) que :

(2.12) $$T(u)\ a \equiv e^{-\lambda(u)}\ \lambda(a)\ e^{\lambda(u)} \equiv \text{expad}\ (\lambda(-u)).\lambda(a)$$

(au sens des séries formelles en u à valeurs dans les champs de vecteurs sur $C^\infty(\tilde{\tilde{\Omega}}_0)$)

On a maintenant l'identité suivante entre séries formelles en u (cf la démonstration de la formules b p. 44 $[GO]_1$)

(2.13) $$\text{expad}(\lambda(-u))\lambda(a) \equiv \lambda(\exp(\text{ad}-u)a) + \sum_{[\alpha] \geqslant r+1-j} \xi^\alpha(u).Z_\alpha$$

où chaque Z_α est un champ de vecteur C^∞ sur $\tilde{\tilde{\Omega}}_0$, où ξ_i est une base graduée de $\mathcal{G}^*$, et où $[\alpha] = \sum_i w_i\, \alpha_i$ avec w_i défini par : $\delta_t^*(\xi_i) = t^{w_i}.\xi_i$.

Compte-tenu de (2.12), le deuxième terme de (2.13) n'est autre que le développement de Taylor de T(u) a. On a donc :

(2.14) $$T(u)\ a = \sum_{[\alpha] \geqslant r+1-j} \xi^\alpha(u)\ Z_\alpha$$

d'où (2.9).

Rappelons maintenant certaines identités qui nous seront utiles.

(2.15) $\forall g \in G$, $\forall\ \ell \in \mathcal{G}^*$, on a : $g.\ \delta_t^*\ \ell = \delta_t^*\ (\delta_t g.\ell)$

Par ailleurs, on peut réécrire (2.6) sous la forme :

(2.16) $T_x(u)\ a = d\ \Psi_u\ [x'].\ \lambda_{x'}\ (a)$ avec $x' = \Psi_u^{-1}(x)$, $x \in \tilde{\tilde{\Omega}}_0$, $a \in \mathcal{G}$

On réécrit alors (2.8) sous la forme :

(2.17) $$d\ \Psi_u(x').\ \lambda_{x'}(a) = R_x(u)\ a + \lambda_x(\exp(\text{ad}-u)a)$$

Par transposition, on en déduit l'identité suivante dans $\mathcal{L}(T_x^*\ \Omega,\ \mathcal{G}^*)$:

(2.18) $$\lambda_{x'}^*\ .\ d\ \Psi_u(x')^* = R_x(u)^* + e^u\ .\ \lambda_x^*$$

Nous sommes maintenant en mesure de démontrer le :

Lemme 2.6

Si ℓ est dans Γ_{x_0} (resp. Γ_{x_0,ω_0}) et g est dans G, alors $g.\ell$ est dans Γ_{x_0} (resp. Γ_{x_0,ω_0})

Clairement, il suffit de montrer l'affirmation microlocale.

Soit donc a dans $\mathcal{G}$ défini par : $e^a = g$ et ℓ dans $\Gamma_{(x_0,\omega_0)}$.

Par définition, on a :

(2.19) $$\ell = \lim_{n\to\infty} \delta_{t_n}^*\ \lambda_{x_n}^*\ \xi_n$$

$$\text{avec} \quad \begin{cases} x_n \to x_0 & |\xi_n| \to \infty \\ t_n \to 0 & \dfrac{\xi_n}{|\xi_n|} \to \omega_0 \end{cases}$$

D'après (2.15), on a :

$$g.\ell = \lim_{n\to\infty} \delta_{t_n}^*\ (e^{\delta_{t_n}(a)}\ .\ \lambda_{x_n}^*\ \xi_n)$$

et donc d'après (2.18), on a, pour n assez grand, de sorte que $x_n \in \tilde{\tilde{\Omega}}_0$:

(2.20) $$g.\ell = \lim_{n\to\infty} \delta^*_{t_n} \lambda^*_{y_n} \eta_n - \lim_{n\to\infty} \delta^*_{t_n} R_{x_n} (\delta_{t_n} a))^* \xi_n$$

avec

(2.21) $$\begin{cases} y_n = \Psi^{-1}_{\delta_{t_n} a}(x_n) \\ \eta_n = d\Psi_{(\delta_{t_n} a)}(y_n)^* \cdot \xi_n \end{cases}$$

On déduit de (2.21), compte-tenu du fait que $\Psi_0 = \mathrm{id}$, que : $y_n \to x_0$

et que : $\dfrac{\eta_n}{|\eta_n|} \to \omega_0$

Pour démontrer le lemme (2.6), il suffit de montrer que :

(2.22) $$\lim_{n\to\infty} \delta^*_{t_n} R_{x_n} (\delta_{t_n} a)^* \xi_n = 0$$

On aura besoin du lemme suivant :

Lemme 2.7

Sous l'hypothèses (2.19) et si $(C.H)_{r,(x_0,\omega_0)}$ est vérifiée, la suite $t_n^r \; |\xi_n|$ est bornée.

Admettons un instant ce lemme et terminons la démonstration du lemme 2.6. Soit b dans $\mathcal{G}_j$ $(1 \leqslant j \leqslant r)$. On va montrer que :

$$<\delta^*_{t_n} R_{x_n} (\delta_{t_n} a)^* \xi_n , b> \underset{n\to\infty}{\to} 0$$

Or on a :

$$<\delta^*_{t_n} R_{x_n} (\delta_{t_n} a)^* \xi_n , b> = t_n^j \; <\xi_n , R_{x_n} (\delta_{t_n} a).b>$$

Il résulte du lemme (2.5) que, pour n assez grand, on a :

$$|<\delta^*_{t_n} R_{x_n} (\delta_{t_n} a)^* \xi_n , b>| \leqslant C \; t_n^j \; |\xi_n| \cdot \|\delta_{t_n} a\|^{r+1-j}$$
$$\leqslant \tilde{C} \; t_n^{r+1} \; |\xi_n|$$
$$\leqslant \tilde{\tilde{C}} \; t_n$$

On en déduit (2.22) et le lemme (2.6)

Démonstration du lemme 2.7

On déduit de l'hypothèse $(C.H)_{r,(x_0,\omega_0)}$ qu'il existe une constante C, un voisinage V de x_0, et un voisinage conique Γ de ω_0 t.q. pour tout (x,ξ) dans $V \times \Gamma\backslash 0$, on ait :

(2.23) $|\xi| \leqslant C\|\lambda^*_x \xi\|$ où $\| \;\; \|$ désigne la norme euclidienne dans $\mathcal{G}^*$.

Pour n assez grand, on a :

(2.24) $$|\ell|+1 \geqslant \|\delta^*_{t_n} \lambda^*_{x_n} \xi_n\| \geqslant t_n^r \; \|\lambda^*_{x_n} \xi_n\| \geqslant C^{-1} \; t_n^r \; |\xi_n|$$

On a utilisé le fait que, pour tout η dans $\mathcal{G}^*$, tout $t \in \,]0,1[$, on a :

$\|\delta^*_t \eta\| \geqslant t^r \|\eta\|$.

Le lemme (2.7) résulte immédiatement de (2.24).

La proposition (2.1) est la réunion du lemme 2.2, du corollaire 2.4 et du lemme 2.6.

On a vu dans le lemme (2.7) apparaître l'interaction entre $(C.H)_{r,(x_0,\omega_0)}$ et Γ_{x_0,ω_0}.
La proposition suivante va éclaircir la situation :

Proposition 2.8

Soit $(x,\xi) \in T^*\Omega \setminus 0$ (resp. soit $x \in \Omega$) et supposons qu'il existe $\tilde{r} < r$ t.q $(C.H)_{\tilde{r},(x,\xi)}$ (resp. $(C.H)_{\tilde{r},x}$) soit encore vérifié ; alors :

$\Gamma_{x,\xi} \wedge \mathcal{G}_{\tilde{r}+1} \oplus \dots \oplus \mathcal{G}_r = 0$ (resp. $\Gamma_x \wedge \mathcal{G}_{\tilde{r}+1} \oplus \dots \oplus \mathcal{G}_r = 0$)

(i.e $\ell \in \Gamma_{x,\xi}$, $a \in \mathcal{G}_j$ $(j > \tilde{r}) \Rightarrow \ell(a) = 0$)

Autrement dit, $\Gamma_{x,\xi}$ s'identifie à un cône de $(\mathcal{G}/\mathcal{G}_{\tilde{r}+1} \oplus \dots \oplus \mathcal{G}_r)^*$.

Démonstration

Notons $\lambda_x^{*\tilde{r}}$ l'application de $T_x^* \Omega$ dans $(\mathcal{G}_1 \oplus \dots \oplus \mathcal{G}_{\tilde{r}})^*$.
Il résulte de $(C.H)_{\tilde{r},(x,\xi)}$, comme dans la démonstration du lemme (2.7), que :
$|\xi| \leqslant C \, \|\lambda_x^{*\tilde{r}} . \xi\|$
Soit $\ell \in \Gamma_{x,\xi}$, alors on a (cf (2.24)), avec $\ell = \lim \delta^*_{t_n} \lambda^*_{x_n} \xi_n$:
$t_n^{\tilde{r}} |\xi_n| \leqslant C$
On en déduit aisément la proposition (2.8).

§ 3 Propriétés "fonctorielles" de Γ_x, $\Gamma_{x,\xi}$; Invariance

Soit $X_1,\dots,X_p$ des champs vérifiant $(C.H)_r$ et soit $(\mathcal{G},\lambda)$ un couple vérifiant les propriétés (1.1) à (1.4).

Soit $\mathcal{N}_{p,r}$ l'algèbre nilpotente libre de cran r à p générateurs qu'on notera $\tilde{Y}_i$ (pour les distinguer des Y_i) (cf [R.S]). On sait qu'il existe un homomorphisme partiel $\tilde{\lambda}$ de cran r de $\mathcal{N}_{p,r}$ dans $L(\Omega)$ tel que :

(3.1) $\qquad \tilde{\lambda}(\tilde{Y}_i) = X_i$

Vu les propriétés universelles de $\mathcal{N}_{p,r}$, il existe un homomorphisme μ de $\mathcal{N}_{p,r}$ sur $\mathcal{G}$ t.q :

(3.2) $\qquad \mu(\tilde{Y}_i) = Y_i$

et

(3.3) $\qquad \tilde{\lambda} = \lambda \circ \mu$

A $\mathcal{G}$ et $\mathcal{N}_{p,r}$ sont associés deux ensembles Γ_x dans $\mathcal{G}^*$ et $\tilde{\Gamma}_x$ dans $\mathcal{N}^*_{p,r}$.
Le premier point à remarquer est :

Lemme 3.1

$\tilde{\Gamma}_x = \mu^* . \Gamma_x$ (de même $\tilde{\Gamma}_{x,\xi} = \mu^* . \Gamma_{x,\xi}$)

Démonstration

Soit ℓ dans Γ_x. Par définition,

$$\ell = \lim_{n \to \infty} \delta^*_{t_n} \lambda^*_{x_n} \xi_n$$

Alors :

$$\mu^* \ell = \lim_{n\to\infty} \mu^* \delta^*_{t_n} \lambda^*_{x_n} \xi_n = \lim_{n\to\infty} \delta^*_{t_n} \mu^* \lambda^*_{x_n} \xi_n$$

$$= \lim_{n\to\infty} \delta^*_{t_n} (\lambda_{x_n} \circ \mu)^* \xi_n$$

$$= \lim_{n\to\infty} \delta^*_{t_n} . \tilde{\lambda}^*_{x_n} . \xi_n$$

(On a utilisé que $\mu \circ \delta_t = \delta_t \circ \mu$).

Inversement, si $\mathcal{T} \in \tilde{\Gamma}_x$, on a :

$$\mathcal{T} = \lim_{n\to\infty} \delta^*_{t_n} \tilde{\lambda}^*_{x_n} \xi_n = \lim_{n\to\infty} \mu^* . \delta^*_{t_n} \lambda^*_{x_n} \xi_n$$

Il résulte de l'injectivité de μ^*, que $\delta^*_{t_n} \lambda^*_{x_n} \xi_n$ admet une limite ℓ dans $\mathcal{G}^*$ et l'on a donc : $\mathcal{T} = \mu^* . \ell$.

Le lemme 3.1 a la raison d'être suivante qui "relativise" le choix du couple $(\lambda, \mathcal{G})$ dans l'étude du problème de l'hypoellipticité maximale.

Proposition 3.2

Soient $(\lambda, \mathcal{G})$ et $(\lambda', \mathcal{G}')$ deux couples associés aux champs $(X_1,\ldots,X_p)$ (i.e. 2 couples vérifiant (1.1) à (1.4)).

Soient Γ_x (resp. $\Gamma_{x,\xi}$) et Γ'_x (resp $\Gamma'_{x,\xi}$) les cônes associés.

Soit P[Y] un polynôme homogène non commutatif de degré m de p variables auquel on asocie naturellement des éléments P et P' dans $\mathcal{U}_m(\mathcal{G})$ et $\mathcal{U}_m(\mathcal{G}')$. Alors les 2 propriétés suivantes sont équivalentes :

i) $\forall \ell \in \Gamma_x \setminus 0$ (resp. $\Gamma_{x,\xi} \setminus 0$), $\Pi_\ell(P)$ est injectif dans $\mathcal{S}_{\Pi_\ell}$

ii) $\forall \ell' \in \Gamma'_x \setminus 0$ (resp. $\Gamma'_{x,\xi} \setminus 0$), $\Pi_{\ell'}(P)$ est injectif dans $\mathcal{S}_{\Pi_{\ell'}}$

Démonstration

On peut évidemment se ramener au cas où $\mathcal{G}' = \mathcal{N}_{p,r}$. On remarque que le représentant de $\Pi_{\mu^*\ell}$ peut être pris comme étant $\Pi_\ell \circ \mu$ (pour les représentations de $\mathcal{G}$). La proposition s'en déduit immédiatement.

Lemme 3.3

La définition de Γ_x (resp. $\Gamma_{(x,\xi)}$) est invariante par changement de coordonnées.

En effet, la définition de Γ_x (ou $\Gamma_{x,\xi}$) ne fait apparaître que les symboles de X_i qui sont invariants par changement de coordonnées.

Le lemme suivant précise la dépendance du choix des X_i . La donnée des p - champs X_i définit (lorsqu'ils sont linéairement indépendants) une distribution de p - plans de $T\Omega$ et on s'intéresse à voir ce qui se passe si l'on choisit un autre système de p champs $\tilde{X}_i$ engendrant la même distribution.

Considérons maintenant au voisinage de $x_0 \in \Omega$, le changement suivant :

(3.4) $$\tilde{X}_i = \sum_j b_{ji}(x)\, X_j$$

où $B(x) = (b_{ij}(x))_{\substack{i=1,\dots,p\\ j=1,\dots,p}}$ est une matrice C^∞ inversible définie au voisinage de x_0.

Soit $(\lambda, \mathcal{G} = \mathcal{N}_{p,r})$ (resp $(\tilde{\lambda}, \tilde{\mathcal{G}})$) le système constitué de $\mathcal{N}_{p,r}$ et de l'homomorphisme partiel de cran r vérifiant (1.3) relativement aux champs X_i (resp. $\tilde{X}_i$).

$B(x)$ définit dans la base Y_i de $\mathcal{G}_1$ une application linéaire de $\mathcal{G}_1$ dans $\mathcal{G}_1$.

Il existe alors un unique homomorphisme de $\mathcal{G}$ dans $\mathcal{G}$: $\mathcal{A}(x)$ t.q.

(3.5) $$\mathcal{A}(x) \wedge_{\mathcal{G}_1} = B(x)$$

(on utilise ici que $\mathcal{G} = \mathcal{N}_{p,r}$)

Soit maintenant $\Gamma_{x_0}(X_1,\dots,X_p)$ le cône associé dans $\mathcal{G}^*$ aux champs $(X_1,\dots,X_p)$ et $\tilde{\Gamma}_{x_0}(\tilde{X}_1,\dots,\tilde{X}_p)$ le cône associé dans $\mathcal{G}^*$ aux champs $(\tilde{X}_1,\dots,\tilde{X}_p)$.

On a le :

Lemme 3.4

Sous les hypothèses précédentes, on a :

(3.6) $${}^t\mathcal{A}(x_0)\,\Gamma_{x_0}(X_1,\dots,X_p) = \tilde{\Gamma}_{x_0}(\tilde{X}_1,\dots,\tilde{X}_p)$$

dans $\mathcal{G}^*$ (où $\mathcal{G}$ est l'algèbre nilpotente libre à p - générateurs de cran r). On a également une version microlocale.

Démonstration

a) Considérons d'abord le cas simple où $B(x) = B(x_0)$. On a alors :

(3.7) $$\tilde{\lambda}_x = \lambda_x \circ \mathcal{A}$$

D'où, si $\gamma \in \tilde{\Gamma}_{x_0}(\tilde{X}_1,\dots,\tilde{X}_p)$,

$$\gamma = \lim_{n\to\infty} \delta^*_{t_n} \tilde{\lambda}^*_{x_n} \xi_n = \lim_{n\to\infty} \delta^*_{t_n}\, {}^t\mathcal{A}\cdot\lambda^*_{x_n}\xi_n$$

$$= {}^t\mathcal{A}\,.\,\lim_{n\to\infty} \delta^*_{t_n}\lambda^*_{x_n}\xi_n$$

b) Dans le cas général, on remplace (3.7) par : il existe une application C^∞ : $x \to C(x)$ de $V(x_0)$ dans $\mathcal{L}(\mathcal{G},\mathcal{G})$ t.q.

(3.8) $$\tilde{\lambda}_x = \lambda_x \circ (\mathcal{A}(x) + C(x))$$

et

(3.9) $$\forall k,\quad C(x)[\mathcal{G}_k] \subset \mathcal{G}_1 \oplus \dots \oplus \mathcal{G}_{k-1}$$

(en particulier, $C(x) \wedge \mathcal{G}_1 = 0$)

Soit alors $\gamma \in \tilde{\Gamma}_{x_0}(\tilde{X}_1,\dots,\tilde{X}_p)$; on a :

(3.10) $$\gamma = \lim_{n\to\infty} \delta^*_{t_n}\tilde{\lambda}^*_{x_n}\xi_n = \lim_{n\to\infty} {}^t\mathcal{A}(x_n)\,\delta^*_{t_n}\lambda^*_{x_n}\xi_n + \lim_{n\to\infty}\delta^*_{t_n}\,{}^tC(x_n)\,\delta^{*-1}_{t_n}\,.\,\delta^*_{t_n}\lambda^*_{x_n}\xi_n$$

Le lemme résulte alors de (3.10) et de :

(3.11) $$\|\delta^{-1}_{t_n} C(x_n)\,\delta_{t_n}\|_{\mathcal{L}(\mathcal{G},\mathcal{G})} \xrightarrow[n\to\infty]{} 0 \qquad \text{(cf 3.9)}$$

On voit alors aisément que $\delta^*_{t_n} \lambda^*_{x_n} \xi_n$ admet une limite (qu'on notera ℓ) dans $\Gamma_{x_0}(X_1,\dots,X_p)$ et que :

$\Upsilon = {}^t\mathcal{A}(x_0).\ell.$

Remarque 3.5

Compte-tenu du lemme 3.4, on récupère l'équivalent de la proposition 3.2

Si $P = \sum_{|\alpha|=m} a_\alpha Y^\alpha$ et $\tilde{P} = \sum_{|\alpha|=m} \tilde{a}_\alpha Y^\alpha$

sont deux éléments de $\mathcal{U}_m(\mathcal{G})$ t.q. :

$\sum_{|\alpha|=m} \tilde{a}_\alpha [\sum_j b_{ji} Y_i]^\alpha = \sum_{|\alpha|=m} a_\alpha Y^\alpha$

Alors les 2 propriétés suivantes sont équivalentes :

i) $\forall \ell \in \Gamma_{x_0} \backslash 0$, $\Pi_\ell(P)$ est injectif dans $\mathcal{S}_{\Pi_\ell}$

ii) $\forall \ell \in \tilde{\Gamma}_{x_0} \backslash 0$, $\Pi_{\tilde{\ell}}(\tilde{P})$ est injectif dans $\mathcal{S}_{\Pi_{\tilde{\ell}}}$

§ 4 Calcul de Γ_x dans quelques cas particuliers

§ 4.1 Cas des espaces homogènes

Soit $\mathcal{G}$ une algèbre graduée vérifiant (1.1) et $\mathcal{H}$ une sous-algèbre graduée de $\mathcal{G}$. Soit H le sous-groupe analytique associé à $\mathcal{H}$ et soit M l'espace homogène ${}_H\backslash G$.

Soit Ψ la projection de G sur ${}_H\backslash G$, alors l'application $a \to \Psi'(g).a$ de $\mathcal{G}$ dans L(M) définit un homomorphisme exact λ de $\mathcal{G}$ dans L(M).

On pose alors :

(4.1.1) $X_j = \lambda(Y_j)$ pour $j = 1,\dots,P$

où Y_j désigne la base de $\mathcal{G}_1$.

Notons x_0 le point $\Psi(e)$ (e élément neutre de G).

On a la proposition suivante :

Proposition 4.1.1

Sous les hypothèses précédentes, on a :

(4.1.2) $\Gamma_{x_0} = \overline{G.\mathcal{H}^\perp}$

où $\mathcal{H}^\perp$ est l'ensemble des éléments ℓ de $\mathcal{G}^*$ qui s'annulent sur $\mathcal{H}$.

Comme au chapitre II § 1.2 (1.2.8), on peut écrire, si on désigne par k la codimension de $\mathcal{H}$:

(4.1.3) $\gamma(x) \circ a = h(x,a) \circ \gamma(\sigma(x,a))$

$\forall x \in \mathbb{R}^k, \quad \forall a \in \mathcal{G}$

avec $h(x,a) \in \mathcal{H}$

On identifie alors $\mathbb{R}^k$ et M via l'application exp.γ, exp(γ(x)) définissant un représentant de la classe.

Dans ces coordonnées, on a :

(4.1.4) $\lambda(a) = \sum_{j=1}^{n} \sigma'_j(x,a) \frac{\partial}{\partial x_j}$

et par conséquent :

(4.1.5) $\lambda_x(a) = \sigma'(x,a)$ (en identifiant $\mathbb{R}^k$ et $T_x \mathbb{R}^k$)

On démontre maintenant le lemme suivant :

Lemme 4.1.2

Pour tout ℓ dans $\mathfrak{g}^*$, tout x dans R^k, il y a équivalence entre :

$(4.1.6)_x$ i) Il existe $\xi \in T^*_x \ R^k$ t.q. $\ell = \lambda^*_x \xi$

$(4.1.7)_x$ ii) $\exp + \gamma(x) \ . \ \ell \in \mathcal{H}^\perp$

Démonstration du lemme 4.1.2

Clairement, il y a équivalence entre i) et :

(iii) $\langle \ell, a \rangle = 0$ pour tout a dans $\mathfrak{g}$ t.q. : $\lambda_x(a) = 0$.

Etablissons maintenant l'équivalence entre (ii) et (iii). Cela revient à démontrer (compte-tenu de 4.1.5) l'équivalence entre :

(4.1.8) $\sigma'(x,a) = 0$

et

(4.1.9) $\exp \gamma(x).a \in \mathcal{H}$

On utilise le lemme (1.3.2) du chapitre II. Remarquant que : $\exp \gamma(x)a = B(x).a$ et que (4.1.9) est équivalent à : $p\ B(x)a = 0$, on en déduit le résultat en remarquant que $p\ A(x)$ est inversible.

Lemme 4.1.3

Soit $\ell \in \mathfrak{g}^*$

Il y a équivalence entre :

(i) Il existe x t.q. $(4.1.6)_x$ soit vérifiée

(ii) $\ell \in G. \mathcal{H}^\perp$

Ce résultat est classique. Montrons le point non trivial (ii) $\Rightarrow$ i). Soit ℓ dans $G. \mathcal{H}^\perp$. Il existe g dans G t.q :

$\ell = g. \tau_1$ avec τ_1 dans $\mathcal{H}^\perp$

On trouve immédiatement $x_1 \in \mathbb{R}^k$ et $h_1 \in \mathcal{H}$ t.q. :

(4.1.10) $\ell = e^{h_1} e^{\gamma(x_1)} . \tau_1$

Mais on veut montrer qu'il existe $x \in \mathbb{R}^k$ et $\tau \in \mathcal{H}^\perp$ t.q.

(4.1.11) $\ell = e^{\gamma(x)} . \tau$

On raisonne par récurrence sur i. Posons $\mathcal{H}^i = \sum_{j=i}^{r} \mathcal{H}_j$ et supposons qu'on a trouvé dans $\mathbb{R}^k$, h_i dans $\mathcal{H}^i$, τ_i dans $\mathcal{H}^\perp$ t.q.:

$(4.1.12)_i$ $\ell = e^{h_i} e^{\gamma(x_i)} . \tau_i$

et montrons que c'est vrai au cran (i+1).

Posons : $\mathcal{T}_{i+1} = e^{h_i} \cdot \mathcal{T}_i$ (qui est bien dans $\mathcal{H}^\perp$); h_{i+1} et x_{i+1} sont alors déterminés par :

$e^{h_i} e^{\gamma(x_i)} e^{-h_i} = e^{h_{i+1}} \cdot e^{\gamma(x_{i+1})}$

Pour $i = 1$, $(4.1.12)_1$ est (4.1.10). La conclusion (4.1.11) est simplement $(4.1.12)_{r+1}$.

On déduit immédiatement des lemmes (4.1.2) et (4.1.3) le :

Lemme 4.1.4

Pour tout ℓ dans $\mathcal{G}^*$, il y a équivalence entre :

i) $\ell \in \overline{G.\mathcal{H}^\perp}$

ii) Il existe une suite $(x_n,\xi_n) \in T^*\mathbb{R}^k$ t.q.

(4.1.13) $\qquad \ell = \lim\limits_{n\to\infty} \lambda^*_{x_n} \xi_n$

Nous sommes maintenant en mesure de fournir la démonstration de la proposition (4.1.11) :

Démonstration de la proposition 4.1.1

Montrons tout d'abord que :

α) $\overline{G.\mathcal{H}^\perp} \subset \Gamma_{x_0 = 0}$

Γ_0 étant fermée, il suffit de montrer que $G.\mathcal{H}^\perp \subset \Gamma_0$. Remarquons tout d'abord que $M(=\mathbb{R}^k)$ hérite naturellement de $\mathcal{G}$ d'une famille de dilatations γ_t ; on en déduit que :

(4.1.14) $\qquad \lambda^*_x \xi = \delta^*_t \lambda^*_{\gamma_t x} (\gamma^*_{t^{-1}} \xi)$

Lorsque $\xi \neq 0$ (seul cas intéressant), on en déduit l'inclusion voulue compte-tenu des lemmes (4.1.2) et (4.1.3) et de 4.1.14 en considérant une suite arbitraire t_n tendant vers 0 et en posant :

$$\begin{cases} x_n = \gamma_{t_n} x \\ \xi_n = \gamma^*_{t_n^{-1}} \xi \end{cases}$$

β) $\Gamma_0 \subset \overline{G.\mathcal{H}^\perp}$

On montre en fait la propriété plus forte :

Lemme 4.1.5

Pour tout $x \in M$, on a :

(4.1.15) $\qquad \Gamma_x \subset \overline{G.\mathcal{H}^\perp}$

Démonstration

Soit ℓ dans Γ_x, alors :

$$\ell = \lim_{n\to\infty} \delta^*_{t_n} \lambda^*_{x_n} \xi_n$$

D'après (4.1.14), on en déduit que :

$$\ell = \lim_{n\to\infty} \lambda^*_{y_n} \eta_n \qquad \text{avec} \qquad \begin{cases} y_n = \gamma_{t_n^{-1}} x_n \\ \eta_n = \gamma^*_{t_n} \xi_n \end{cases}$$

On conclut alors grâce au lemme (4.1.4).

§ 4.2 Une inclusion dans le cas général. Etude du cas "uniforme"

Rappelons une construction utilisée dans $[HE\text{-}NO]_4$ et qui sera réutilisée au chapitre V § 1.

Pour tout x dans Ω , tout k inférieur ou égal à r, on a défini un sous-espace $V_k(x)$ de $T_x\Omega$ par :

(4.2.1) $\qquad V_k(x) = \lambda_x (\mathcal{G}_1 \oplus \dots \oplus \mathcal{G}_k) , V_0(x) = 0$

On définit alors un sous-espace $H_k(x)$ de $\mathcal{G}_k$ par :

(4.2.2) $\qquad H_k(x) = \mathcal{G}_k \cap \lambda_x^{-1} (V_{k-1} (x))$

et on pose :

(4.2.3) $\qquad H(x) = \bigoplus_{k=1}^{r} H_k(x)$

Lemme 4.2.1 (cf Proposition 2.1 de $[HE\text{-}NO]_4$)

$H(x_0)$ est une sous-algèbre graduée de $\mathcal{G}$ de dimension dim $\mathcal{G}$ - dim Ω .

Démonstration

Soit $a \in H_k(x_0)$, $b \in H_\ell(x_0)$ t.q. $k + \ell \leqslant r$. Montrons que [a,b] est dans $H_{k+\ell}(x_0)$. Il est clair que : [a,b] est dans $\mathcal{G}_{k+\ell}$. Il suffit donc de montrer que :

(4.2.4) $\qquad \lambda_{x_0}([a,b]) \in V_{k+\ell-1}(x_0)$

Par hypothèse, il existe $a_1 \in \mathcal{G}_1 \oplus \dots \oplus \mathcal{G}_{k-1}$ t.q :

$\lambda_{x_0}(a) = \lambda_{x_0}(a_1)$

L'élément $a_2 = a - a_1$ vérifie donc :

$$a_2 \in \mathcal{G}_1 \oplus \dots \oplus \mathcal{G}_k$$
$$\lambda_{x_0}(a_2) = 0$$

De même, il existe deux éléments b_1 et b_2 de $\mathcal{G}$ t.q :

$$b = b_1 + b_2$$
$$b_1 \in \mathcal{G}_1 \oplus \dots \oplus \mathcal{G}_{\ell-1}$$
$$b_2 \in \mathcal{G}_1 \oplus \dots \oplus \mathcal{G}_\ell , \ \lambda_x(b_2) = 0$$

On a évidemment :

$[a,b] = [a_1,b_1] + [a_1,b_2] + [a_2,b_1] + [a_2,b_2]$

Puisque $k + \ell$ est inférieur à r, on a :

$\lambda([a_2,b_2]) = [\lambda(a_2),\lambda(b_2)]$

Le crochet de deux champs de vecteurs qui s'annulent en x_0 s'annule également en x_0. On a donc : $\lambda_{x_0}([a_2,b_2]) = 0$

Par ailleurs : $[a_1,b_1] + [a_1,b_2] + [a_2,b_1] \in \mathcal{G}_1 \oplus \dots \oplus \mathcal{G}_{k+\ell+1}$

(4.2.4) est donc bien démontré.

Proposition 4.2.2

Pour tout x dans Ω , on a $\overline{G.H(x)^{\perp}} \subset \Gamma_x$

Démonstration

Γ_x étant fermé et stable par G, il suffit de montrer que :

$H(x)^\perp \subset \Gamma_x$

La proposition résulte alors du lemme suivant.

Lemme 4.2.3

Les deux propriétés suivantes sont équivalentes :

i) $\ell \in H(x)^\perp$

ii) Il existe une suite t_n tendant vers 0 et une suite $\xi_n \in T^*_x \Omega$ tendant vers l'infini avec n t.q :

$\ell = \lim_{n\to\infty} \delta^*_{t_n} . \lambda^*_x \xi_n$

Montrons l'implication ii) $\Rightarrow$ i)

Soit $a \in H_j(x)$. On va montrer que : $<\ell,a> = 0$.

On a :

$<\ell,a> = \lim_{n\to\infty} <\delta^*_{t_n} \lambda^*_x \xi_n , a> = \lim_{n\to\infty} t_n^j <\xi_n,\lambda_x(a)>$

D'après (4.2.2), il existe $b = b_1 \oplus \ldots \oplus b_{j-1}$ dans $\mathcal{G}_1 \oplus \ldots \oplus \mathcal{G}_{j-1}$ t.q. $\lambda_x(b) = \lambda_x(a)$.

Mais $t_n^j < \xi_n,\lambda_x(b_p)> = t_n^{j-p} < \delta^*_{t_n} \lambda^*_x \xi_n , b_p >$

et $\lim_{n\to\infty} < \delta^*_{t_n} \lambda^*_x \xi_n, b_p> = <\ell,b_p>$

L'implication (ii) $\Rightarrow$ i) s'en déduit aisément.

Montrons l'implication i) $\Rightarrow$ ii)

Soit ℓ dans $H(x)^\perp$. Il existe une base (e_{ij}) ($i \leqslant r$, $j \leqslant \nu_i = \dim \mathcal{G}_i - \dim H_i(x)$) de $T_x \Omega$ et une base (a_{ij}) de S(x) (supplémentaire gradué de H(x)) t.q.

(4.2.5) $\qquad \lambda_x(a_{jk}) = e_{jk} + \sum_{\substack{j'<j \\ k'}} c_{j'k'} e_{j'k'} \qquad$ avec $c_{j',k'} \in \mathbb{R}$

et pour a dans $H_j(x)$:

(4.2.6) $\qquad \lambda_x(a) = \sum_{\substack{k<j \\ s}} c_{k,s} e_{k,s} \qquad$ avec $c_{k,s} \in \mathbb{R}$

On suppose ℓ non nul (le cas où ℓ est nul ne pose pas de problème). On choisit alors $t_n = \frac{1}{n}$ et on définit une suite ξ_n dans $T^*_x \Omega$ en posant :

(4.2.7) $\qquad <\xi_n , e_{ij}> = t_n^{-i} <\ell,a_{ij}>$

Soit alors a dans $\mathcal{G}_i$ ($i \leqslant r$) ; on veut calculer :

$< \delta^*_{t_n} \lambda^*_x \xi_n , a >= t_n^i <\xi_n ,\lambda_x(a) >$

Si a est dans $H_i(x)$, on a (d'après 4.2.6) :

$< \delta^*_{t_n} \lambda^*_x \xi_n , a > = t_n^i \sum_{k<i} c_{k,s} <\xi_n , e_{k,s} >$

(4.2.8) $\qquad < \delta^*_{t_n} \lambda^*_x \xi_n , a > = \sum_{k<i} t_n^{i-k} c_{k,s} < \ell ,a_{k,s} >$

Quand n tend vers l'infini, le second membre de (4.2.8) (d'après (4.2.7)) tend vers 0, et par conséquent, on a bien ii) pour a dans H(x).

Considérons maintenant $a = a_{ik}$. D'après (4.2.5) et (4.2.7), on a :

(4.2.9) $$< \delta^*_{t_n} \lambda^*_x \xi_n , a_{ik} > = < \ell, a_{ik} > + \sum_{j<i} c_{j,s} t_n^{i-j} < \ell, a_{j,s} >$$

Quand n tend vers l'infini, le second membre de (4.2.9) tend vers 0 et par conséquent, on a bien ii) pour a dans S(x). Le lemme est donc démontré.

On se place maintenant dans le cas considéré par G. Métivier $[MET]_1$, L.P. Rothschild $[ROT]_1$ et plus récemment par A. Melin [MEL]. On peut alors préciser la proposition 4.2.2 de la manière suivante :

Proposition 4.2.4

On suppose que la dimension des $V_k(x)$ est localement constante pour $k = 1,\dots,r$. On a alors :

(4.2.10) $\Gamma_x = H(x)^{\perp}$

Démonstration

Il suffit de montrer l'inclusion : $\Gamma_x \subset H(x)^{\perp}$.

Démontrons auparavant le :

Lemme 4.2.5 (cf Proposition 2.2 de $[HE\text{-}NO]_4$)

Sous les hypothèses de la proposition (4.2.3), H(x) est un idéal de $\mathcal{G}$.

Soit donc $x \in \Omega$ et soit (a_{ij}) la base de S(x) construite en (4.2.5). Il est clair que les $\lambda_x(a_{ij})$ sont indépendants et forment une base de $T_x \Omega$. Il existe un voisinage ω de x tel que, pour tout $y \in \omega$, les vecteurs $\lambda_y(a_{ij})$ soient linéairement indépendants.

Par conséquent, pour tout a dans $\mathcal{G}_1 \oplus \dots \oplus \mathcal{G}_k$, il existe des fonctions $\varphi_{i,j,a}(y)$ $(i \leqslant k)$ t.q

(4.2.11) $$\lambda_y(a) = \sum_{i \leqslant k} \varphi_{i,j,a}(y) \ \lambda_y(a_{ij})$$

(On a utilisé ici que dim $V_k(y)$ étant constante, les vecteurs $\lambda_y(a_{ij})$ $(i \leqslant k)$ forment une base de $V_k(y)$ pour tout $y \in \omega$).

De par (4.2.5) et (4.2.6), un élément a de $\mathcal{G}_k$ est dans $H_k(x)$ si et seulement si :

(4.2.12) $$a \in H_k(x) \Longleftrightarrow \varphi_{k,j,a}(x) = 0 \quad , \ \forall j$$

Ces préliminaires étant faits, montrons que H(x) est un idéal.

Soient $a \in H_k(x)$, $b \in \mathcal{G}_\ell$ avec $k + \ell \leqslant r$. On a :

$$\lambda([a,b]) = [\lambda(a),\lambda(b)]$$
$$= \sum_{i \leqslant k} [\varphi_{ij,a}(y) \ \lambda(a_{ij}),\lambda(b)] \qquad \text{(d'après 4.2.11)}$$
$$= \sum_{i \leqslant k} \varphi_{i,j,a}(y) \ [\lambda(a_{i,j}),\lambda(b)] - \sum_{i \leqslant k} (\lambda(b)\varphi_{i,j,a}).\lambda(a_{ij})$$

Puisque ℓ est supérieur à 1, les termes de la seconde somme, restreints en x, sont dans $V_k(x) \subset V_{k+\ell-1}(x)$. Ceux de la première somme correspondant à un $i < k$ ont leur valeur en x dans $V_{k+\ell-1}(x)$ et ceux correspondant à $i = k$ s'annulent en x. On a, par conséquent, $\lambda_x([a,b])$ dans $V_{k+\ell-1}(x)$ et donc [a,b] dans $H_{k+\ell}(x)$.

fin de la démonstration de la proposition 4.2.4

Il résulte du lemme (4.2.4) que :

(4.2.13) $\quad H(x)^{\perp} = G.H(x)^{\perp} = \overline{G.H(x)^{\perp}}$

Soit donc ℓ dans Γ_x . Par définition, il existe une suite (t_n, x_n, ξ_n) vérifiant (1.6) telle que :

(4.2.14) $\quad \ell = \lim_{n\to\infty} \delta^*_{t_n} \lambda^*_{x_n} \xi_n$

On doit donc montrer que, pour tout a dans H(x), on a : $\ell(a) = 0$.

Soit $a \in H_k(x)$. Il résulte de (4.2.14) que :

(4.2.15) $\quad \ell(a) = \lim_{n\to\infty} t_n^k < \xi_n , \lambda_{x_n} a >$

Appliquons (4.2.11) (avec la propriété 4.2.12) :

(4.2.16) $\quad t_n^k < \xi_n , \lambda_{x_n} a > = \sum_{\substack{i<k\\ j}} \varphi_{i,j,a}(x_n).t_n^{k-i} < \delta^*_{t_n} \lambda^*_{x_n} \xi_n , a_{ij} >$

$\qquad + \sum_j \varphi_{k,j,a}(x_n) < \delta^*_{t_n} \lambda^*_{x_n} \xi_n , a_{kj} >$

Faisons tendre n vers l'∞ ; on obtient que : $\ell(a) = 0$ (grâce à (4.2.15), (4.2.16) et (4.2.11))

§ 4.3 Le cas r = 2

On reprend les notations du § 1. On va dans ce § donner la détermination de $\Gamma_{x,\xi}$.

Lemme 4.3.1

Soit (x,ξ) un point elliptique du système des X_i (i.e. $(C.H)_1(x,\xi)$ est satisfaite) alors $\Gamma_{x,\xi}$ ($\subset \mathcal{G}^*$) s'identifie à la demi-droite de $\mathcal{G}_1^*$ définie par : $\quad \ell \in \Gamma_{x,\xi} \Leftrightarrow$

(4.3.1) $\quad \ell(Y_j) = \frac{\lambda}{i} X_j(x,\xi) \ , \lambda \in \mathbb{R}$

C'est immédiat (cf proposition 2.8).

On s'intéresse maintenant aux points non elliptiques.

Lemme 4.3.2

On suppose que les champs X_i vérifient $(C.H)_2$ (x,ξ). Alors, en un point (x,ξ) t.q. $X_i(x,\xi)=0$, on a :

(4.3.2) $\quad \Gamma_{x,\xi} = \{\ell \in \mathcal{G}^*, \exists\lambda \in R^+ \text{ t.q } \ell_1 \in F_{x,\xi} , \ell_2 = \lambda . \lambda^*_x \xi \wedge \mathcal{G}_2\}$

où

(4.3.3) $\quad F_{(x,\xi)} = \{\mu \in \mathcal{G}_1^* , \lim_{n\to\infty} \frac{1}{i} r_n X_i(x_n,\omega_n) = \mu(Y_i)\}$

avec : $\begin{cases} (x_n,\omega_n) \in S^*\Omega \to (x, \frac{\xi}{|\xi|}) \\ r_n \to +\infty \end{cases}$

Démonstration

Soit $\ell \in \Gamma_{x,\xi}$, alors : $\ell = \lim_{n\to\infty} \delta^*_{t_n} \lambda^*_{x_n} \xi_n$

On remarque tout d'abord (cf lemme 2.7) que $t_n^2 \ |\xi_n|$ est borné. Quitte à extraire une sous-suite, on peut supposer que $\lim_{n\to\infty} t_n^2 |\xi_n| = \alpha$ et on a alors :

(4.3.4) $\quad \ell_2 = \alpha \lambda_x^* (\frac{\xi}{|\xi|}) \wedge \mathcal{G}_2$

Considérons deux cas :

(a) $\alpha \neq 0$, alors $t_n |\xi_n|$ tend vers l'∞ et, posant $\omega_n = \frac{\xi_n}{|\xi_n|}$, $r_n = t_n|\xi_n|$, on obtient que : $\ell_1 \in F_{x,\xi}$

b) $\alpha = 0$. Alors $\ell_2 = 0$. Si $\ell_1 \neq 0$ et, compte tenu du fait que: $(x_n,\omega_n) \to (x,\xi/_{|\xi|})$ avec $X_i(x,\xi)=0$, on voit de nouveau que $t_n|\xi_n|$ tend vers l'∞ et on conclut comme en a).

On a ainsi montré (4.3.2) sous la forme : $\Gamma_{x,\xi} \subset \{ \qquad \}$.

L'inclusion inverse est facile en prenant : $t_n = \frac{\lambda}{r_n}$ et $\xi_n = \frac{r_n^2 \omega_n}{\lambda}$ (en supposant $|\xi| = 1$).

Pour terminer, remarquons le point suivant :

Lemme 4.3.3

On suppose que les $d_{x,\xi} X_i$ sont linéairement indépendants en tout point (x,ξ) t.q. $X_i(x,\xi)=0$;

Alors on a :

(4.3.5) $\quad F_{(x,\xi)} = \mathcal{G}_1^*$

Les hypothèses du lemme (4.3.3) sont justement celles de l'article de L. Boutet de Monvel - A. Grigis - B. Helffer [B.G.H].

§ 4.4. Nature du cône Γ_x quand le système des champs X_j est de rang (d-1) en chaque point

Soient $X_1,\dots,X_{d-1}$ (d-1) champs de vecteurs C^∞ réels linéairement indépendants. Alors, au moins localement, il existe un champ de vecteur non nul T tel que tout champ de vecteur s'écrive :

(4.4.1) $$X = \sum_{j=1}^{d-1} b_j(x) \cdot X_j + c(x)\, T$$

avec $c \in C^\infty(\Omega)$, $b_j \in C^\infty(\Omega)$

En particulier, on peut définir une "matrice de Lévi" $a_{jk}(x)$ définie par :

(4.4.2) $$[X_j, X_k] = a_{jk}(x)T + \sum_\ell b_{jk\ell}\, X_\ell$$

Proposition 4.4.1

On suppose que $(C.H)_{r,x_0}$ est vérifiée ; Alors, si $\ell \in \Gamma_{x_0}$, $\mathcal{G}^2$ est isotrope pour B_ℓ i.e :

(4.4.3) $\quad \ell([a,b]) = 0, \forall\, a \in \mathcal{G}_p \quad (p \geq 2)$
$\qquad\qquad \forall\, b \in \mathcal{G}_q \quad (q \geq 2)$

Démonstration

Soit en effet $\ell \in \Gamma_{x_0}$. On a, pour tout a dans $\mathcal{G}_p$ (p=1,...,r) :

(4.4.4) $$\ell(a) = \frac{1}{i} \lim_{n\to\infty} t_n^p\, \lambda(a)\,(x_n,\xi_n)$$

Soient alors $a \in \mathcal{G}_p$, $b \in \mathcal{G}_q$ avec $p \geq 2$, $q \geq 2$.

On a par hypothèse :

$$(4.4.5)\quad \begin{cases} \lambda(a) = c_a(x)T + \sum_{j=1}^{d-1} b_{j,a}(x)\, X_j = A_a + B_a \\ \lambda(b) = c_b(x)T + \sum_{j=1}^{d-1} b_{j,b}(x)\, X_j = A_b + B_b \end{cases}$$

D'où :

$$(4.4.6)\qquad [\lambda(a),\lambda(b)] = [A_a,A_b] + [B_a,A_b] + [A_a,B_b] + [B_a,B_b]$$

or

$$(4.4.7)\qquad [A_a,A_b] = (T\, c_b)\,(c_a\, T) - (T\, c_a)\,(c_b\, T)$$

Compte-tenu de (4.4.6), on peut réécrire (4.4.7) sous la forme :

$$(4.4.8)\qquad [A_a,A_b] = \alpha(x)\,\lambda(a) + \beta(x)\,\lambda(b) + \sum_{j=1}^{d-1} \gamma_j(x).\lambda(Y_j)$$

Considérons maintenant : $[A_a,B_b]$. On a :

$$[A_a,B_b] = [\lambda(a) - \Sigma\, b_{j,a}\, \lambda(Y_j)\ ,\ \Sigma\, b_{j',b}\, \lambda(Y_{j'})]$$

D'où :

$$(4.4.9)\qquad [A_a,B_b] = \sum_j b_{j,b}\, \lambda([a,Y_j]) + \Sigma\, \delta_{jk}\, \lambda([Y_j,Y_k]) + \Sigma\, \gamma'_j\, \lambda(Y_j)$$

De même, on trouve pour $[A_a,B_a]$ l'expression :

$$(4.4.10)\qquad [A_a,B_a] = -\sum_j b_{j,a}\, \lambda([b,Y_j]) + \Sigma\, \delta'_{jk}\, \lambda([Y_j,Y_k]) + \Sigma\, \gamma''_j\, \lambda(Y_j)$$

Enfin, il est immédiat que :

$$(4.4.11)\qquad [B_a,B_b] = \Sigma\, \delta''_{jk}\, \lambda([Y_j,Y_k]) + \Sigma\, \gamma'''_j\, \lambda(Y_j)$$

On déduit de (4.4.6) à (4.4.11) l'existence de fonctions φ_{jk} t.q.

$$(4.4.12)\qquad \lambda([a,b]) = \sum_{j=1}^{p+q-1} \sum_k \varphi_{jk}(x)\, \lambda(a_{jk}) \quad \text{avec } a_{jk} \in \mathcal{G}_j$$

Revenant à la formule (4.4.4), on voit que :

$$\ell([a,b]) = \frac{1}{i} \sum_{j=1}^{p+q-1} \sum_k \varphi_{jk}(x_0) \lim_{n\to\infty} t_n^{p+q}\, \lambda(a_{jk})(x_n,\xi_n)$$

Ces limites sont toutes nulles, puisque les suites $t_n^j\ \lambda(a_{jk})(x_n,\xi_n)$ ont des limites et que $j \leqslant p + q - 1$.

Lemme 4.4.2

Si Π_2^* désigne la projection de $\mathcal{G}^*$ sur $\mathcal{G}^{2*}$, on a :

$$(4.4.13)\qquad \Gamma_{x_0} = \Pi_2^{*-1} \circ \Pi_2^* (\Gamma_{x_0})$$

Démonstration

Soit $\ell \in \Gamma_{x_0}$. Il s'agit de montrer que pour tout $\ell' \in \mathcal{G}^*$ t.q. $\ell' - \ell \wedge \mathcal{G}^2 = 0$, alors $\ell' \in \Gamma_{x_0}$.

Par définition : $\ell = \lim_{n\to\infty} \delta^*_{t_n}\, \lambda^*_{x_n}\, \xi_n$

Pour tout $\theta_n \in T^*_{x_n}\Omega$ tel que $t_n\ \theta_n$ tende vers une limite, on a :

$$(4.4.14)\qquad \ell \wedge \mathcal{G}_2 = \lim_{n\to\infty} \delta^*_{t_n}\, \lambda^*_{x_n}\, (\xi_n + \theta_n) \wedge \mathcal{G}_2$$

Il reste à montrer que $\ell' \neq 0$ étant donné, on peut trouver θ_n t.q. $|\xi_n + \theta_n| \to \infty$ et t.q.:

(4.4.15) $\quad \ell' \wedge \mathcal{G}_1 = \lim_{n\to\infty} \delta^*_{t_n} \lambda^*_{x_n} (\xi_n + \theta_n) \wedge \mathcal{G}_1$

On détermine θ_n par les équations :

(4.4.16) $\quad \ell'(Y_i) = \ell(Y_i) + t_n X_i (x_n, \theta_n) \qquad i = 1,\dots,d-1$

qui sont résolubles car les X_i sont indépendants (en imposant de plus $\theta_n(T_{x_n}) = 0$).

Compte-tenu du lemme (4.4.2), l'étude de Γ_{x_0} se ramène à l'étude de sa projection dans $\mathcal{G}^{2*}$. On a la proposition suivante :

Proposition 4.4.3

Soit $\ell \in \Gamma_{x_0}$ t.q. $\Pi_2^* \ell \neq 0$; il existe une suite

$$(x_n,t_n,\tau_n) \in \Omega \times \mathbb{R}^+ \times \mathbb{R}\backslash 0$$

t.q $\begin{cases} x_n \to x_0 \\ t_n \to 0 \\ \tau_n \to \infty \end{cases}$

et t.q. pour tout a dans $\mathcal{G}^{q+2}$ de la forme :

$$a = [Y_{\alpha_q},[\dots[Y_{\alpha_1},[Y_k,Y_j]\dots]$$

on ait :

(4.4.17) $\quad \ell(a) = \lim_{n\to\infty} t_n^{q+2} \tau_n (X^\alpha a_{jk})(x_n)$

où comme d'habitude : $X^\alpha = X_{\alpha_q} \dots X_{\alpha_1}$

Démonstration

On sait que : $\ell = \lim \delta^*_{t_n} \lambda_{x_n} \xi_n$. Par conséquent :

$$\ell([Y_j,Y_k]) = \lim_{n\to\infty} [t_n^2 a_{jk}(x_n) < \xi_n, T > + \sum_\ell t_n b_{jk\ell}(x_n) (\frac{t_n}{i} X_\ell (x_n,\xi_n)))]$$

Or $t_n X_\ell(x_n,\xi_n)$ tend vers une limite et par conséquent $(t_n b_{jk\ell}(x_n) t_n X_\ell (x_n,\xi_n))$ tend vers 0 quand n tend vers l'∞. On a donc :

$$\ell([Y_j,Y_k]) = \lim_{n\to\infty} [t_n^2 a_{jk}(x_n).\tau_n] \quad \text{avec :}$$

(4.4.18) $\quad \tau_n = < \xi_n, T >_{x_n} = \frac{1}{i} T(x_n,\xi_n)$

Ceci démontre (4.4.17) dans le cas où q = 0.

Supposons démontré que, pour tout $|\alpha| = m$, on a :

(4.4.19)$_m$ $\quad [X_{\alpha_m} [\dots[X_{\alpha_1},[X_j,X_k]\dots] = (X^\alpha a_{jk}).T$

$$+ \sum_{0 < \ell = |\beta| < m+2} \gamma^\alpha_\beta (x)[X_{\beta_\ell},[X_{\beta_{\ell-1}},[\dots[X_{\beta_2},X_{\beta_1}]\dots] \overset{\text{déf}}{\equiv} (X^\alpha a_{jk})T + \mathcal{R}_m$$

Montrons alors que c'est vrai pour $\tilde{\alpha} = (\alpha_{m+1}, \alpha)$. Il suffit en fait d'étudier :

(4.4.20) $\quad [X_{\alpha_{m+1}},(X^\alpha a_{jk})T] = (X^{\tilde{\alpha}} a_{jk})T + (X^\alpha a_{jk})[X_{\alpha_{m+1}},T]$

Mais d'après (4.4.1), on a :

(4.4.21) $\quad (X^\alpha a_{jk})[X_{\alpha_{m+1}}, T] = c(x)(X^\alpha a_{jk})T + \Sigma\, b_{j'}\,(X^\alpha a_{jk})\, X_{j'}$

Réécrivant $(X^\alpha a_{jk})\underset{\sim}{T}$, en utilisant $(4.4.19)_m$, on voit à partir de (4.4.20) et (4.4.21) que :
$[X_{\alpha_{m+1}}, (X^\alpha a_{jk})T] = (X^{\tilde\alpha} a_{jk})T$ (modulo le reste autorisé $\mathfrak{R}_{m+1}$)
Si l'on remarque que $(4.4.19)_0$ est vérifiée par hypothèse, on démontre ainsi $(4.4.19)_m$ par récurrence sur m.
La démonstration de la proposition (4.4.3) dans le cas $q > 0$, se déroule alors comme dans le cas $q = 0$.
Le fait que τ_n défini en (4.4.18) tende vers l'∞, résulte de $(C.H)_{r,x_0}$.

Remarque 4.4.4

La réciproque est vraie, c'est-à-dire que s'il existe $\ell^2 \in \mathcal{G}^{2*}$ et une suite (x_n, t_n, τ_n) vérifiant (4.4.17). Alors $\ell^2 \in \Pi_2^* \Gamma_{x_0}$.

Terminons par quelques remarques "microlocales" sur ce qui précède.

Proposition (4.4.5) (Détermination de $\Gamma_{(x,\xi)}$)

a) Si $X_i(x,\xi) \neq 0$, $\Gamma_{(x,\xi)}$ est défini comme en (4.3.1)
b) Si $X_i(x,\xi) = 0$ (i=1,...,d-1), alors x étant fixé, ξ parcourt une droite qu'on paramètre par $\frac{1}{i} T(x,\xi) = \tau$, alors :
$\Gamma_\xi = \Gamma_\tau = \Gamma_\pm$ $\quad$ (+ si $\tau > 0$, - si $\tau < 0$)
et $\Gamma_\pm = \Pi^{2*-1}$ $\quad (\Gamma_\pm^2)$
$\Gamma_\pm^2$ est déterminé par (4.4.17) en se restreignant aux $\tau_n > 0$ pour Γ_+^2 (resp. $\tau_n < 0$ pour Γ_-^2)

Remarque 4.4.6

$\Gamma_{(x,\xi)}$ est conique pour l'action usuelle de $\mathbb{R}^+$ dans $\mathcal{G}^*$: $(s,\ell) \to (s.\ell) = (s\ell_1, \dots, s\ell_r)$

CHAPITRE V

APPLICATION

§1. Sur l'inégalité de Rothschild - Stein

§ 1.1 Introduction

On se propose de montrer dans ce §, comme corollaire des résultats du chapitre III, le théorème suivant :

Théorème 1.1.1

Soient $X_1,\dots,X_p$, p champs de vecteurs réels C^∞ sur un ouvert Ω de R^n ; soit x_0 un point de Ω; les conditions suivantes sont équivalentes :

i) Les champs X_i vérifient la condition $(C.H)_{r,x_0}$ pour $r \in N$ $(r \geq 1)$

ii) Il existe un voisinage ouvert V de x_0 et une constante C telle que, pour toute u dans $C_0^\infty(V)$, on ait :

$$(1.1.1) \qquad \|u\|^2_{1/r} \leq C\left(\sum_{i=1}^{p} \|X_i u\|_0^2 + \|u\|_0^2\right)$$

iii) Pour tout $s \in \mathbb{R}$, il existe un voisinage ouvert V de x_0 et une constante C t.q., pour tout u dans $C_0^\infty(V)$, on ait :

$$(1.1.2) \qquad \|u\|^2_{s+1/r} \leq C\left(\sum_{i=1}^{p} \|X_i u\|_s^2 + \|u\|_s^2\right)$$

L'implication i) $\Longrightarrow$ ii) est le théorème de Rothschild - Stein [R-S] raffinant des résultats antérieurs de L. Hörmander $[HO]_2$ et J.J. Kohn [KO]. Dans le cadre des opérateurs pseudo-différentiels, des extensions ont été données par P. Bolley - J. Camus - J. Nourrigat [B.C.N] et C. Fefferman - D.C. Phong [F.P].

L'implication (ii) $\Longrightarrow$ (iii) est classique (cf $[KO]_1$). Il s'agit donc ici de montrer que (iii) $\Longrightarrow$ i). Remarquons tout de suite qu'il résulte de (iii) (et donc de (ii)) que :

(iv) Il existe un voisinage V de x_0 et une constante C telle que, pour toute u dans $C_0^\infty(V)$, on ait :

$$(1.1.3) \qquad \|u\|_1^2 \leq C\left(\sum_{|\alpha| \leq r} \|X_\alpha u\|_0^2\right)$$

où on a posé : $X_\alpha = X_{\alpha_1} \dots X_{\alpha_k}$

avec $\alpha_i \in [1,\dots,p]$, $k = |\alpha|$

On montrera dans la suite que (iv) $\Longrightarrow$ (i). Dans un premier temps, on démontrera cette propriété en supposant de plus qu'il existe $r' > r$ t.q. $(C.H)_{r',x_0}$ soit vérifiée. Dans un deuxième temps, on s'affranchira de cette condition par une technique d'addition de variables.

§ 1.2 Démonstration du théorème 1.1.1 sous l'hypothèse $(C.H)_{r',x_0}$

Sous cette hypothèse (cf chapitre III. § 0), il existe un voisinage V de x_0, une algèbre de Lie nilpotente $\mathcal{G}$, stratifiée de cran r' et un homomorphisme partiel $\lambda^{r'}$ de cran r' de $\mathcal{G}$ dans l'algèbre de Lie L(V) des champs de vecteurs C^∞ sur V t.q. :

(1.2.1) $\lambda^{r'}(Y_i) = X_i \quad (i=1,\dots,p)$

où Y_i désigne une base de $\mathcal{G}_1$.

En tout point x de V, on associe à $\lambda^{r'}$, l'application linéaire $\lambda_x^{r'}$ de $\mathcal{G}$ dans $T_x V$ définie par :

(1.2.2) $\lambda_x^{r'}(Y) = \lambda^{r'}(Y)_x \quad , \forall\, Y \in \mathcal{G}$

On omet désormais la référence à r' pour $\lambda^{r'}$. Comme au chapitre IV (§ 4.2), on considère la sous-algèbre $H(x_0) = \sum_{j=1}^{r'} H_j(x_0)$. Montrons le:

Lemme 1.2.1

Si les champs X_i ne vérifient pas $(C.H)_{r,x_0}$ $(r < r')$, alors il existe ℓ dans $\mathcal{G}^*$ t.q :

(1.2.3) $\ell \wedge \mathcal{G}_{r+1} \oplus \dots \oplus \mathcal{G}_{r'} \neq 0$

et

(1.2.4) $\ell \in H(x_0)^{\perp}$

Le lemme (1.2.1) est en quelque sorte une réciproque de la proposition (2.8) (chap IV)

Démonstration

Remarquons tout d'abord que dire que les champs X_j ne vérifient pas la condition $(C.H)_{r,x_0}$ équivaut à dire que :

(1.2.5) $V_r(x_0)$ est inclus strictement dans $T_{x_0}\Omega$

Pour démontrer le lemme, il suffit de montrer que :

(1.2.6) $H_{r+1}(x_0) \oplus \dots \oplus H_{r'}(x_0)$ est strictement inclus dans $\mathcal{G}_{r+1} \oplus \dots \oplus \mathcal{G}_{r'}$

Or, dire que $H_k(x_0) = \mathcal{G}_k$ équivaut à dire que (cf 4.2.2) (chap. IV) :

(1.2.7) $V_k(x_0) = V_{k-1}(x_0) \Leftrightarrow H_k(x_0) = \mathcal{G}_k$

Par conséquent, si (1.2.6) n'est pas vérifiée , $V_r(x_0) = V_{r'}(x_0)$, ce qui est en contradiction avec $(C.H)_{r',x_0}$. On a donc bien (1.2.6).

Rappelons que d'après la proposition 4.2.2 du chapitre IV, on a :

(1.2.8) $H(x_0)^{\perp} \subset \Gamma_{x_0}$

On déduit maintenant de (iv) et de la proposition (4.1) du chapitre III, que :

(1.2.9) $\Pi_\ell(a) = 0 \quad , \forall\, a \in \mathcal{G}_j \quad , \forall\, \ell \in \Gamma_{x_0} \quad , \; j > r$

En effet, on réécrit (1.1.3) sous la forme, pour $a \in \mathcal{G}_k$ $(k > r)$:

(1.2.10) $\|\lambda(a)\, u\|^2 \leqslant C\Big(\sum_{|\alpha| \leqslant r} \|X_\alpha u\|_0^2\Big)$

et on considère ceci comme une inégalité entre polynômes de champs de vecteurs de degré k.

En particulier, on déduit de (1.2.10) que :

(1.2.11) $\forall\, \ell \in H^{\perp}_{(x_0)} \quad , \quad \ell \wedge \mathcal{G}_{r+1} \oplus \dots \oplus \mathcal{G}_{r'} = 0$

(1.2.11) implique i) d'après le lemme 1.2.1.

§ 1.3 Démonstration dans le cas général

On suppose donc que l'on a démontré l'implication ii) $\Longrightarrow$ i) dans le cas où les champs vérifient $(C.H)_{r',x_0}$.

On fait d'abord l'hypothèse simplificatrice :

(Z) Il existe un champ X_i non nul en x_0.

Par commodité, on peut supposer que $x_0 = 0$. Un changement de coordonnées et un changement de numérotation des champs permettent de se ramener au cas où : $X_1 = \frac{\partial}{\partial x_1}$

On ajoute à la famille des X_i, la famille des champs Y_j :

$Y_j = x_1^{r+1} \frac{\partial}{\partial x_j}$ $(j=2,\ldots,n)$

Il est clair que la famille X_i $(i=1,\ldots,p)$, Y_j $(j=2,\ldots,n)$ vérifie la condition $(C.H)_{r+1,0}$, mais que la famille (X_i,Y_j) vérifie la condition $(C.H)_{r,0}$ si et seulement si la famille X_i vérifie la condition $(C.H)_{r,0}$.

Maintenant (1.1.1), implique clairement que :

$$\|u\|^2_{1/r} \leqslant C\Big(\sum_{i=1}^{p} \|X_i\, u\|_0^2 + \sum_{j=2}^{p} \|Y_j\, u\|_0^2 + \|u\|_0^2\Big) \tag{1.3.1}$$

Compte-tenu des résultats du § 1.2 et de la remarque qui précède, on en déduit que les X_i vérifient $(C.H)_{r,0}$.

Démonstration sans l'hypothèse (Z)

Il reste à étudier le cas où tous les champs X_i s'annulent au point 0.

Il est clair que dans ce cas ils ne vérifient pas la condition $(C.H)_{r,0}$ (pour tout r). On va montrer que ce cas ne peut pas se produire si (ii) est vérifiée.

On utilise la technique d'addition de variable sous la forme suivant.

On considère le système $(\partial_t, X_1,\ldots,X_p)$ sur $V \times \mathbb{R}_t$.

On remarque maintenant que :

(1.3.2) Les champs $(\partial_t, X_1,\ldots,X_p)$ vérifient $(C.H)_{r,0,0}$ si et seulement si les champs $(X_1,\ldots,X_p)$ vérifient $(C.H)_{r,0}$.

On vérifie aisément que (1.1.1) implique l'existence d'un voisinage W de (0,0) dans $V \times \mathbb{R}_t$ et d'une constante C t.q, pour tout u dans $C_0^\infty(W)$, on ait :

$$\|u\|^2_{1/r} \leqslant C\Big(\sum_{i=1}^{p} \|X_i\, u\|_0^2 + \|\partial_t\, u\|_0^2 + \|u\|_0^2\Big) \tag{1.3.3}$$

Par conséquent, (1.3.2), (1.3.3) et la démonstration du cas où (Z) est vérifiée, montre que l'on a $(C.H)_{r,0}$ pour les champs X_i.

Remarque 1.3.1

Une analyse de la démonstration permet de voir qu'on a en fait démontré le résultat suivant qui est à comparer avec les résultats de L. Hörmander $[HO]_5$ et Y. V. Egorov [E] sur la sous-ellipticité :

Proposition 1.3.2

S'il existe $\varepsilon > \frac{1}{r+1}$, un voisinage V de x_0 et une constante C t.q, pour tout u dans $C_0^\infty(V)$, on ait :

(1.3.4) $$\|u\|_\varepsilon^2 \leqslant C\left(\sum_{i=1}^{p} \|X_i u\|_0^2 + \|u\|_0^2\right)$$

Alors les champs X_i vérifient la condition $(C.H)_{r,x_0}$ et donc la même estimation avec $\varepsilon = \frac{1}{r}$.

(Indication : il existe une rationnel $\frac{p_0}{q_0}$ compris entre ε et $\frac{1}{r+1}$ et on se ramène à $\|u\|_{p_0}^2 \leqslant C\left(\sum_{|\alpha| \leqslant q_0} \|X_\alpha u\|^2\right)$ qui se traite comme dans le cas où $p_0 = 1$, $q_0 = r$).

Remarque 1.3.3

Une estimation de la forme : ∃ V voisinage de x_0 et C. t.q, ∀ $u \in C_0^\infty(V)$, on ait :

(1.3.5) $$\|u\|_{m/r}^2 \leqslant C\left(\sum_{|\alpha| \leqslant m} \|X_\alpha u\|^2\right)$$

implique également $(C.H)_{r,x_0}$.

§2. Champs de vecteurs holomorphes sur une hypersurface de C^{n+1}

- Etude du $\Box_b$ - (*)

§ 2.1 Rappel des définitions

Dans un ouvert Ω de $\mathbb{C}^{n+1}$($n \geq 1$), on considère une hypersurface M définie par une équation de la forme :

(2.1.1) $\qquad M = \{z \in \Omega \ , \rho(z) = 0\}$

où ρ est une fonction C^∞ dans Ω, à valeurs réelles, dont la différentielle est non nulle sur M.

Rappelons qu'un champ de vecteurs complexe sur M est dit holomorphe (resp. antiholomorphe) s'il est la restriction à M d'un champ de vecteurs holomorphe (resp. antiholomorphe) dans Ω, tangent à M.

On désigne par T' (resp. T") le fibré des vecteurs tangents à M et holomorphes (resp. antiholomorphes). Il est clair que T' et T" vérifient la condition d'intégrabilité de Frobenius.

On suppose qu'on a choisi sur M une métrique hermitienne (c'est-à-dire au moins localement la donnée d'une application C^∞ de M dans les formes hermitiennes définies positives sur $TM \otimes \mathbb{C}$) et que :

(2.1.2) $\qquad TM \otimes \mathbb{C} = T' \oplus T'' \oplus \mathbb{C}\, N$

est une décomposition orthogonale pour cette métrique, où N est un champ de vecteur réel de norme 1.

On désigne par $Z_1,\dots,Z_n$ une base orthonormée de T".

Les champs Z_j (définis comme $(\overline{\overline{Z}_j})$) sont alors une base de T'. On se place désormais au voisinage d'un point $z^{(0)}$.

Ce choix étant fait, il existe des fonctions a_{jk} uniques ($1 \leq j,k \leq n$), C^∞ dans un voisinage de $z^{(0)}$ telles que :

(2.1.3) $\qquad [Z_j,\overline{Z}_k]_z \equiv i\, a_{jk}(z)\, N$

$\equiv$ signifie que

$[Z_j,\overline{Z}_k] - i\, a_{jk}(.)N \in T' \oplus T''$

La matrice hermitienne $\mathcal{L}^1(z) = (a_{jk}(z))_{\substack{j=1,\dots,n\\ k=1,\dots,n}}$

s'appelle la matrice de Lévi.

Certes, cette matrice n'a aucun caractère intrinsèque, mais les conditions que nous associerons à cette matrice le seront.

On note $\overline{\partial}_b$ le complexe d'opérateurs différentiels sur les sections de $\Lambda\, T''^*$ déduit de d par passage au quotient.

Soit $\overline{\omega}_1,\dots,\overline{\omega}_n$ la base duale dans T''^* de $(\overline{Z}_1,\dots,\overline{Z}_n)$.

(*) Nous remercions A. Grigis pour d'utiles discussions sur ce §.

Une (0,q) forme sur M (c'est-à-dire une section de $\Lambda^q T''^*$) s'écrit:

$u = \sum_{\mathcal{J}} u_{\mathcal{J}} \cdot \bar{\omega}_{\mathcal{J}}$

où les formes $\bar{\omega}_{\mathcal{J}} = \bar{\omega}_{j_1} \wedge \bar{\omega}_{j_2} \wedge \dots \wedge \bar{\omega}_{j_q}$ ($\mathcal{J}$ parcourant l'ensemble des suites croissantes $1 \leqslant j_1 \leqslant j_2 \leqslant \dots \leqslant j_q \leqslant n$) constituent une base de $\Lambda^q T''^*$ et où $u_{\mathcal{J}} \in C^\infty$.

On obtient facilement :

(2.1.4) $\quad \bar{\partial}_b^{(q)} u = \sum_{j,\mathcal{J}} \bar{Z}_j u \cdot \bar{\omega}_j \wedge \bar{\omega}_{\mathcal{J}} + \sum_{\mathcal{J}} u_{\mathcal{J}} \cdot \bar{\partial}_b \bar{\omega}_{\mathcal{J}}$

pour les (0,q) formes

(2.1.5) $\quad \bar{\partial}_b^* u = - \sum_{k,\mathcal{J}} \bar{Z}_k^* u_{\mathcal{J}} (\bar{\omega}_k \lrcorner \omega_{\mathcal{J}}) + \sum_{\mathcal{J}} u_{\mathcal{J}} \cdot \bar{\partial}_b^* \bar{\omega}_{\mathcal{J}}$

(rappelons que $\bar{\omega}_k \lrcorner \bar{\omega}_{\mathcal{J}} = 0 \quad$ si $j_s \neq k$, $s=1,\dots,q$

$\bar{\omega}_k \lrcorner \bar{\omega}_{\mathcal{J}} = \varepsilon_{kL}^{\mathcal{J}} \bar{\omega}_L \quad$ si $\mathcal{J} = \{k\} \cup L$

ε_{kL} étant la signature de la permutation $(k,L) \to \mathcal{J}$)

Un calcul simple donne pour : $\square_b^{(q)} = (\bar{\partial}_b^*)^{(q+1)} (\bar{\partial}_b)^{(q)} + (\bar{\partial}_b)^{(q-1)} \cdot (\bar{\partial}_b^*)^{(q)}$

(2.1.6) $\quad \square_b^{(q)} u = \sum_{\mathcal{J}} \left(- \sum_{j=1}^{n} Z_j \cdot \bar{Z}_j\right) u_{\mathcal{J}} \cdot \bar{\omega}_{\mathcal{J}} + \sum_{j,k,\mathcal{J}} [Z_k, \bar{Z}_j] u_{\mathcal{J}} \cdot \bar{\omega}_j \wedge (\bar{\omega}_k \lrcorner \bar{\omega}_{\mathcal{J}}) + \varepsilon(u, \bar{\partial}_b u, \bar{\partial}_b^* u)$

où $\varepsilon(u, \bar{\partial}_b u, \bar{\partial}_b^* u)$ désigne une somme de termes où u, $\bar{\partial}_b u$ où $\bar{\partial}_b^* u$ sont multipliés par des matrices.

Remarque 2.1.1

Puisqu'on est intéressé par l'hypoellipticité maximale, on voit facilement que tant pour les conditions nécessaires que pour les conditions suffisantes, ce terme ε est sans influence ; nous l'omettrons dans la suite en remplaçant $=$ par $\equiv$.

Explicitons un peu (2.1.6) dans certains cas particuliers.

Cas des 0 - formes

$\square_b$ est un opérateur différentiel et on a :

(2.1.7) $\quad \square_b^{(0)} u \equiv - \sum_{j=1}^{n-1} Z_j \bar{Z}_j u$

pour $u \in C^\infty(M)$

Cas des 1 - formes

Dans la base $(\bar{\omega}_1, \dots, \bar{\omega}_n)$, on peut considérer $\square_b^{(1)}$ comme un opérateur matriciel dans $C^\infty(M)^n$ défini par :

(2.1.8) $\quad (\square_b^{(1)} u)_j \equiv \sum_{k \leqslant n} \tilde{Q}_{jk} u_k$, $\quad u = (u_1, \dots, u_n)$

et $\tilde{Q}_{jk} \equiv -[\bar{Z}_j, Z_k] - \delta_{jk} \left(\sum_{j=1}^{n} Z_\ell \bar{Z}_\ell \right)$

On observe que le terme principal est diagonal.

Compte-tenu de (2.1.3), on a encore :

(2.1.9) $\quad (\square_b^{(1)} u)_j \equiv \sum_{k \leqslant n} Q_{jk} \cdot u_k$

avec :

$$Q_{jk} = + i\, a_{jk} \cdot N - \delta_{jk} \left(\sum_{\ell=1}^{n} Z_\ell \bar{Z}_\ell \right)$$

<u>Cas des q - formes</u>

L'écriture est du même type que pour $q = 1$, avec simplement quelques complications techniques.

On considère la matrice de Levi $\mathcal{L}^1$ comme un endomorphisme de T''^*.

$$\mathcal{L}^1 (\Sigma\, u_j\, \bar{\omega}_j) = \sum_{k,j} a_{kj}\, u_j . \bar{\omega}_k$$

On définit $\mathcal{L}^{(q)}$ comme la matrice d'un endomorphisme de $\Lambda^q\, T''^*$ que l'on définit par récurrence à l'aide de :

$$(2.1.10) \qquad \mathcal{L}^{(q_1+q_2)} (\bar{\omega}_{\mathfrak{J}_1} \wedge \bar{\omega}_{\mathfrak{J}_2}) = (\mathcal{L}^{(q_1)} \bar{\omega}_{\mathfrak{J}_1}) \wedge \bar{\omega}_{\mathfrak{J}_2} + \bar{\omega}_{\mathfrak{J}_1} \wedge (\mathcal{L}^{(q_2)} \bar{\omega}_{\mathfrak{J}_2})$$

On remarque que les valeurs propres de $\mathcal{L}^{(q)}$ sont les sommes

$\lambda_{j_1} + \ldots + \lambda_{j_q} \quad (1 \leqslant j_1 < \ldots < j_q \leqslant n)$

où les λ_j désigne les valeurs propres de la matrice de Levi $\mathcal{L}^{(1)}$.

Avec ces conventions, on peut écrire $\Box_b^{(q)}$ sous la forme :

$$(2.1.11) \qquad \Box_b^{(q)} \equiv \left(- \sum_{j=1}^{n} Z_j . \bar{Z}_j\right) I + i\ \mathcal{L}^{(q)} . N$$

§ 2.2 <u>Cas où la matrice de Lévi est non nulle en</u> $z^{(0)}$

Le théorème caractérisant l'hypoellipticité maximale est démontré dans [FO-KO] et peut être retrouvé par les techniques d'o.p.d. (voir [BO], [GRI], [B-G-H]). On présente ici une démonstration dans l'esprit de ce qui précède. Si l'un des éléments $a_{jk}(z^{(0)})$ de $\mathcal{L}^1(z^{(0)})$ est non nul, on voit facilement que les champs réels X'_j, X''_j $(1 \leqslant j \leqslant n)$ $(Z_j = X'_j + i\, X''_j)$ vérifient la condition de Hörmander $(C.H)_2$ en $z^{(0)}$

Rappelons la définition suivante (cf [FO-KO], [G.R]).

<u>Définition 2.2.1</u>

On dira que la condition $Y(q)$ est satisfaite en $z \in M$ si les valeurs propres de $\mathcal{L}^{(1)}(z)$ vérifient :

$\forall\, \mathfrak{J} = (j_1, \ldots, j_q)$ avec $1 \leqslant j_1 < \cdots < j_q \leqslant n$, on a :

$$Y(q) \left\{ \begin{array}{ll} (2.2.1) & -\Sigma^-(\lambda(z)) < \displaystyle\sum_{i=1}^{q} \lambda_{j_i}(z) < \Sigma^+(\lambda(z)) \\ \text{où} & \\ (2.2.2) & \left\{ \begin{array}{l} \Sigma^+(\lambda(z)) = \dfrac{1}{2} \displaystyle\sum_{j=1}^{n} (|\lambda_j(z)| + \lambda_j(z)) \\ \Sigma^-(\lambda(z)) = \dfrac{1}{2} \displaystyle\sum_{j=1}^{n} (-\lambda_j(z) + |\lambda_j(z)|) \end{array} \right. \end{array} \right.$$

<u>Remarque 2.2.2</u>

Cette condition est empruntée à Grigis - Rothschild ([G.R]) mais elle est équivalente à la définition classique et d'un maniement plus facile.

Rappelons que la condition classique Y(q) était que $\mathcal{L}(z)$ avait max (q+1, n+1-q) valeurs propres de même signe ou min (q+1, n+1-q) paires de signe opposé.

Le théorème suivant est bien connu ([FO-KO])

Théorème 2.2.3

Si la matrice de Lévi $\mathcal{L}^{(1)}(z^{(0)})$ est non-nulle en $z^{(0)}$, alors l'opérateur $\square_b^{(q)}$ est hypoelliptique maximal en $z^{(0)}$ si et seulement si la condition Y(q) est satisfaite en $z^{(0)}$

Nous allons démontrer ici que le théorème est bien une conséquence des théorèmes plus généraux (th. 0.3 chap. III et th. 1.3 chap. IX ou chapitre X).

Démonstration

Soit $\mathcal{G} = \mathcal{G}_1 \oplus \mathcal{G}_2$ l'algèbre de Lie nilpotente à 2n générateurs, de rang de nilpotence 2. On désigne par Y_j', Y_j'' ($j \leqslant n$) un système de générateurs de $\mathcal{G}$ formant une base de $\mathcal{G}_1$. Soit $\lambda : \mathcal{G} \to L(M)$ (L(M) algèbre de Lie des champs de vecteurs réels sur M) l'homomorphisme partiel λ t.q :

$$(2.2.3) \qquad \begin{cases} \lambda(Y_j') = X_j' \\ \\ \lambda(Y_j'') = X_j'' \end{cases} \qquad 1 \leqslant j \leqslant n$$

Pour tout $\ell \in \mathcal{G}^*$, la représentation Π_ℓ de l'algèbre de Lie $\mathcal{G}$, définie en 1.3.1 (chap. II), se prolonge naturellement au complexifié $\mathcal{G}_{\mathbb{C}}$.

Posons :

$$(2.2.4) \qquad W_j = Y_j' - i\, Y_j'' \ , \quad \overline{W}_j = Y_j' + i\, Y_j''$$

On associe à $\square_b^{(q)}$ le système matriciel $\mathcal{P}^{(q)}$ suivant dans $\mathcal{U}(\mathcal{G},\mathbb{C}) \otimes \mathcal{L}(\Lambda^q T''^*_{z^{(0)}})$:

$$(2.2.5) \qquad \mathcal{P}^{(q)}_{(z^{(0)})} v = \sum_{\mathcal{J}} (-\sum_{j=1}^{n} W_j.\overline{W}_j)\, v_{\mathcal{J}} .\overline{\omega}_{\mathcal{J}}(z_0) + \sum_{j,k,\mathcal{J}} [W_k,\overline{W}_j] v_{\mathcal{J}} .\overline{\omega}_j(z_0) \wedge (\overline{\omega}_k(z_0) \lrcorner\, \overline{\omega}_{\mathcal{J}}(z_0))$$

pour: $v = \sum v_{\mathcal{J}} .\overline{\omega}_{\mathcal{J}}(z_0) \in C^\infty(G\ ; \Lambda^q T''^*_{z^{(0)}})$

i.e. $v_{\mathcal{J}} \in C^\infty(G)$

Dans le cas q = 1, on trouve simplement :

$$(2.2.6) \qquad \mathcal{P}^{(1)}_{(z^{(0)})} = (-\sum_{j=1}^{n} W_j.\overline{W}_j)\, I_n + ([W_k,\overline{W}_j])_{jk}$$

Pour tout ℓ dans $\mathcal{G}^*$, on définit alors naturellements $\Pi_\ell(\mathcal{P}^{(q)})$ dans $\mathcal{L}(\mathcal{S}_{\Pi_\ell} \otimes \Lambda^q T''^*_{z^{(0)}})$ par:

$$(2.2.7) \qquad \Pi_\ell(\mathcal{P}^{(q)})u = \sum_{\mathcal{J}} (-\Pi_\ell(\sum_{j=1}^{n} W_j\, \overline{W}_j).u_{\mathcal{J}}\ \overline{\omega}_{\mathcal{J}}(z_0) + \sum_{j,k,\mathcal{J}} \Pi_\ell([W_k,\overline{W}_j]).u_{\mathcal{J}} .\overline{\omega}_j(z_0) \wedge (\overline{\omega}_k \lrcorner\, \overline{\omega}_{\mathcal{J}})$$

pour $u \in \mathcal{S}_{\Pi_\ell} \otimes \Lambda^q T''^*_{z^{(0)}}$

Puisque la condition de Hörmander est vérifiée avec r = 2, on verra au chapitre X que l'on a :

Proposition 2.2.4

Le système $\square_b^{(q)}$ est hypoelliptique maximal en $z^{(0)}$ si, et seulement si, pour toute forme linéaire ℓ dans $\Gamma_{z^{(0)}} \setminus \{0\}$, le système $\Pi_\ell(\mathcal{P}^{(q)}_{z^{(0)}})$ est injectif dans $\mathcal{S}_{\Pi_\ell} \otimes \Lambda^q T''^*$ (où $\Gamma_{z^{(0)}}$ est l'ensemble de $\mathcal{G}^*$ associé aux champs X'_j , X''_j et à l'homomorphisme partiel λ).

Remarque 2.2.5

On verra au chapitre IX que la proposition 2.2.4 est encore vraie pour $r > 2$.

Pour appliquer cette proposition, nous allons caractériser les restrictions au sous-espace $\mathcal{G}_2$ des éléments de $\Gamma_{z^{(0)}}$. Remarquons tout d'abord que le complexifié de $\mathcal{G}_2$ est engendré par les éléments $[W_j,W_k]$, leurs conjugués et les $[W_j,\overline{W}_k]$.

Lemme 2.2.6

Si la matrice de Lévi est non nulle en $z^{(0)}$, une forme linéaire $\ell \in \mathcal{G}^*$ est dans $\Gamma_{z^{(0)}}$ si, et seulement si, il existe un réel τ t.q :

$$(2.2.8) \quad \begin{cases} (1) & \ell([W_j,\overline{W}_k]) = i\,\tau\, a_{jk}(z^{(0)}) \quad , 1 \leqslant j \leqslant k \leqslant n \\ (2) & \ell([W_j,W_k]) = 0 \end{cases}$$

Pour terminer la démonstration du théorème 2.2.3, nous aurons aussi besoin du lemme suivant :

Lemme 2.2.7

Soit $\ell_2 \in \mathcal{G}^*_2$ une forme linéaire non nulle sur $\mathcal{G}_2$ vérifiant (2.2.8)$_{(1)}$ il y a équivalence entre :

i) Pour tout $\ell \in \mathcal{G}^*$ dont la restriction à $\mathcal{G}_2$ est ℓ_2 , le système $\Pi_\ell(\mathcal{P}^{(q)}_{z^{(0)}})$ est injectif dans $\mathcal{S}_{\Pi_\ell} \otimes \Lambda^q T''^*$

ii) Si ℓ est la forme linéaire dont la restriction à $\mathcal{G}_1$ est nulle et la restriction à $\mathcal{G}_2$ égale à ℓ_2 , alors $\Pi_\ell(\mathcal{P}^{(q)}_{z^{(0)}})$ est injectif dans $\mathcal{S}_{\Pi_\ell} \otimes \Lambda^q T''^*$

iii) La matrice hermitienne $C_{jk} = i^{-1}(\ell_2[W_j,\overline{W}_k])$ vérifie pour tout $\mathcal{J}$ t.q. $\mathcal{J} = (j_1,\dots,j_q)$, $1 \leqslant j_1 < j_2 < \quad < j_q \leqslant n$

$$(2.2.9) \qquad \mu_{j_1}(C) + \dots + \mu_{j_k}(C) < \Sigma^+(\mu(C))$$

où les $\mu_j(C)$ sont les valeurs propres de la matrice C_{jk}.

Avant de démontrer ces lemmes, montrons que le théorème en est la conséquence.

Si $\square^{(q)}_b$ est hypoelliptique maximal en $z^{(0)}$, alors d'après les résultats du chapitre III le système $\Pi_\ell(\mathcal{P}^{(q)})$ doit être injectif pour ℓ dans $\mathcal{G}^*$ vérifiant (2.2.8) avec $\tau = \pm 1$. Par conséquent, les matrices $a_{jk}(z^{(0)})$ et $-a_{jk}(z^{(0)})$ doivent vérifier (2.2.9), ce qui est clairement équivalent à $Y(q)$.

Inversement, supposons $Y(q)$ satisfaite, et considérons $\ell \in \Gamma_{z^{(0)}} \setminus 0$.

D'après le lemme 2.2.6, il existe un réel τ t.q ℓ vérifie (2.2.8).

Si τ est nul, on voit que $\mathcal{I}_{\Pi_\ell} = \mathbb{C}$ et que :

$$\Pi_\ell(\mathcal{P}^{(q)}_{z^{(0)}}) = I\,(\sum_j |\ell(W_j)|^2)$$

ℓ étant non nul sur $\mathcal{G}$ et nul sur $\mathcal{G}_2$, on a l'inversibilité.

Si τ est non nul, la matrice $i^{-1}.\ell([W_j,\overline{W}_k])$ vérifie Y(q) et donc (2.2.9). D'après le lemme 2.2.7, $\Pi_\ell(\mathcal{P}^{(q)}_{z^{(0)}})$ est injectif.

Par conséquent, la condition d'injectivité de $\Pi_\ell(\mathcal{P}^{(q)}_{z^{(0)}})$ est satisfaite par tout $\ell \in \Gamma_{z^{(0)}} \setminus \{0\}$.

D'après la proposition 2.2.4, $\square_b^{(q)}$ est hypoelliptique maximal en $z^{(0)}$.

Démonstration du lemme 2.2.6

On choisit un système de coordonnées $z = (x_0, x_1, \ldots, x_{2n})$ sur M t.q, dans cette carte, le champ de vecteur N soit $\frac{\partial}{\partial x_0}$. On note ζ la variable duale de z et l'on pose : $\xi = (\xi_1, \ldots, \xi_{2n})$.

Pour tout $a \in \mathcal{G}$, on notera $\lambda(a)(z,\zeta)$ le symbole de $\lambda(a)$ dans cette carte.

Soit ℓ dans $\Gamma_{z^{(0)}}$. Par définition, il existe $(z^{(\nu)},\zeta^{(\nu)})_{\nu \in N}$ dans T*M et une suite $(t_\nu)_{\nu \in N}$ dans R^+, t.q :

$t_\nu \to 0$, $z^{(\nu)} \to z^{(0)}$, $\zeta^{(\nu)} \to \infty$

et, pour tout $a \in \mathcal{G}_q$, (q=1,2)

(2.2.10) $\quad t_\nu^q\, \lambda(a)(z^{(\nu)},\zeta^{(\nu)}) \to i\,\ell(a)$

Vérifions le premier point. D'après la définition de la matrice de Levi, on a :

(2.2.11) $\quad \lambda([W_j,\overline{W}_k]) = [Z_j,\overline{Z}_k] = i\, a_{jk}(z)\frac{\partial}{\partial x_0} + \sum_\ell \varphi_\ell^{\prime jk}(z)\,\lambda(Y_\ell') + \sum_\ell \varphi_\ell^{\prime\prime jk}(z).\lambda(Y_\ell'')$

où les $\varphi_\ell^{(i)jk}$ sont des fonctions C^∞ sur M.

Multipliant par t_ν^2 l'égalité déduite de (2.2.10) en prenant les symboles des 2 membres au point (z_ν,ζ_ν), on voit que :

(2.2.12) $\quad \ell([W_j,\overline{W}_k]) = i \lim_{\nu\to\infty} t_\nu^2\, a_{jk}(z^{(\nu)})\, \xi_0^{(\nu)}$

Puisque la matrice $a_{jk}(z^{(0)})$ est non nulle, nécessairement $t_\nu^2 \,.\, \xi_0^{(\nu)}$ doit admettre une limite τ.

On en déduit $(2.2.8)_1$.

Vérifions maintenant $(2.2.8)_2$. Puisque les champs Z_j $(=\lambda(W_j))$ vérifient la condition de Frobenius, on peut écrire :

(2.2.13) $\quad \lambda([W_j,W_k]) = \sum \widetilde{\varphi}_{jk}^{\prime\ell}\,\lambda(Y_\ell') + \sum \widetilde{\varphi}_{jk}^{\prime\prime\ell}\,\lambda(Y_\ell'')$

et on conclut de manière analogue à l'obtention de (2.2.11).

Réciproquement, soit $\ell \in \mathcal{G}^*$ vérifiant (2.2.8) pour un $\tau \in \mathbb{R}$. On peut toujours trouver une suite (t_ν) de réels >0 et une suite $\xi_0^{(\nu)}$ de réels, telle que :

(2.2.14) $\quad t_\nu \to 0$, $t_\nu^2\, \xi_0^{(\nu)} = \tau$, $\xi_0^{(\nu)} \to \infty$.

On veut montrer qu'il existe une suite $(z^{(\nu)},\zeta^{(\nu)})$ t.q. (2.2.10) soit vérifiée.

On choisit : $z^{(\nu)} = z^{(0)}$ et $\xi^{(\nu)}$ dans R^{2n} t.q :

$$(2.2.15)\quad \begin{cases} t_\nu X'_j (z^{(0)},\xi_0^{(\nu)},\xi^{(\nu)}) = i\ \ell (Y'_j) \\ t_\nu X''_j (z^{(0)},\xi_0^{(\nu)},\xi^{(\nu)}) = i\ \ell (Y''_j) \end{cases}$$

Ce choix de $\xi^{(\nu)}$ est possible, car l'application :

$\xi \to (i^{-1}\ X'_j\ (z^{(0)},0,\xi),\ i^{-1}\ X''_j\ (z^{(0)},0,\xi))$

est un isomorphisme de R^{2n}. Ceci résulte du caractère elliptique du système : X'_j,X''_j,N.

On voit alors facilement que ℓ est dans $\Gamma_{z^{(0)}}$.

Démonstration du lemme 2.2.7

Avant de démontrer l'équivalence des 3 propriétés, nous allons expliciter le système $\Pi_\ell(\mathcal{P}^{(q)}_{z^{(0)}})$ pour toute forme linéaire $\ell \in \mathfrak{g}^*$, dont la restriction à $\mathfrak{g}_2$ est non nulle et vérifie $(2.2.8)_2$.

Soit E l'espace vectoriel complexe engendré par les $W_j (j \leqslant n)$. L'application $(W,W') \to i^{-1}\ \ell([W,\overline{W}'])$ est une forme hermitienne $\mathcal{M}$ sur E.

Soient $\mu_1,\dots,\mu_n$ les valeurs propres de la matrice de cette forme hermitienne dans la base $(W_j)_{j \leqslant n}$ et soit s le rang de cette matrice.

On pourra supposer que $\mu_1,\dots,\mu_s$ sont non nulles et que $\mu_j = 0$ pour $s < j \leqslant n$. Il existe une base $(W'_1,\dots,W'_n)$ se déduisant de $(W_1,\dots,W_n)$ par une matrice unitaire t.q :

$$(2.2.16)\quad \begin{aligned} &\ell([W'_j,\overline{W}'_k]) = 0 \qquad \text{si } j \neq k \\ &\ell([W'_j,\overline{W}'_j]) = i\ \mu_j \end{aligned}$$

et on conserve :

$$(2.2.17)\quad \ell([W'_j,W'_k]) = 0 \qquad \text{grâce à } (2.2.8)_2$$

Nous sommes en mesure de déterminer Π_ℓ.

On constate que l'application bilinéaire de $\mathfrak{g}_1 \times \mathfrak{g}_1$ dans $\mathbb{R}$: $(a,b) \to \ell([a,b])$ est de rang 2 s . Π_ℓ est donc réalisée dans $\mathcal{S}(\mathbb{R}^s)$ et on a :

$$(2.2.18)\quad \begin{cases} \Pi_\ell(W'_j) = \dfrac{\partial}{\partial t_j} + \dfrac{\mu_j}{2}\ t_j & \text{si } j < s \\ \Pi_\ell(W'_j) = i\ \ell\ (W'_j) & \text{si } j > s \end{cases}$$

Soit $\overline{\omega}'_j(z^{(0)})$ (j=1,...,n), la base duale dans T"* de W'_j (j=1,...,n). On définit, par extension, une base $\overline{\omega}'_{\mathcal{J}}\ (z^{(0)})$ de Λ^q T"*.

Si on identifie E et T"*, on associe à $\mathcal{M}$ une matrice $\tilde{\mathcal{L}}^{(1)}$ sur T"* diagonale dans la base $\overline{\omega}'_j\ (z^0)$ et de valeur propre μ_j. Par le procédé introduit en (2.1.10), on définit $\tilde{\mathcal{L}}^{(q)}$ qui est diagonale dans la base $\overline{\omega}'_{\mathcal{J}}\ (z^{(0)})$ et de valeur propre : $\mu_{j_1}+\dots+\mu_{j_q}$.

Alors dans la base $\overline{\omega}'_{\mathcal{J}}$, $\Pi_\ell(\mathcal{P}^{(q)}_{z^{(0)}})$ est diagonal et le terme $(\mathcal{J},\mathcal{J})$ est égal à :

$$(2.2.19)\quad [\Pi_\ell(\mathcal{P}^{(q)}_{z^{(0)}})]_{\mathcal{J},\mathcal{J}} = -\sum_{j=1}^{s} \left(\frac{\partial}{\partial t_j} + \frac{\mu_j}{2}\ t_j\right)\left(\frac{\partial}{\partial t_j} - \frac{\mu_j}{2}\ t_j\right) + \sum_{s+1}^{n} |\ell(W'_j)|^2 - \sum_{j \in \mathcal{J}} \mu_j$$

(cf 2.1.11)

qui est inversible si et seulement si :

Pour tout $\alpha = (\alpha_1,\dots,\alpha_s) \in \mathbb{N}^s$, pour tout $\mathcal{J}$:

(2.2.20) $$\sum_{1 \leqslant k \leqslant s} \alpha_k |\mu_k| + \sum_{s+1}^{n} |\ell(W_j')|^2 - \sum_{j \in \mathcal{J}} \mu_j + \Sigma^+(\mu) \neq 0$$

ou encore si et seulement si

(2.2.21) $$\Sigma^+(\mu) - \sum_{j \in \mathcal{J}} \mu_j > 0$$

ou encore si et seulement si

(2.2.22) $$\Sigma^+ \neq \sum_{j \in \mathcal{J}} \mu_j \quad , \quad \forall \mathcal{J}$$

En effet, si : $\Sigma^+ - \sum_{j \in \mathcal{J}} \mu_j \leqslant 0$, pour un $\mathcal{J}$, alors on a nécessairement : $\Sigma^+ = \sum_{j \in \mathcal{J}} \mu_j$, et la condition (2.2.20) est violée pour $|\alpha| = 0$ et $\ell = 0$.

§ 2.3 Une condition nécessaire dans le cas où la matrice de Lévi s'annule

Nous présentons ici une démonstration d'un théorème de Grigis - Rothschild [G-R] généralisant un résultat non publié de J. Nourrigat $[NO]_1$.

Théorème 2.3.1

On suppose que les champs X_j', X_j'' définis au paragraphe précédent vérifient la condition de Hörmander $(C.H)_r$ avec $r \in \mathbb{N}$, et que le système $\Box_b^{(q)}$ est hypoelliptique maximal en un point $z^{(0)}$ où $\mathcal{L}^1(z^0)$ s'annule. Alors il existe un voisinage V de $z^{(0)}$ dans lequel on a :

(D_q) $$\begin{cases} \exists\, \varepsilon > 0 \quad \text{t.q} \quad \forall \mathcal{J}\ , \ \forall z \in V \ , \text{ on ait :} \\ -\Sigma^-(\lambda(z)) + \varepsilon(\Sigma^+(\lambda(z)) + \Sigma^-(\lambda(z))) \leqslant \lambda_{j_1}(z) + \dots + \lambda_{j_q}(z) \leqslant \Sigma^+(\lambda(z)) - \varepsilon(\Sigma^+ + \Sigma^-) \end{cases}$$

où les $\lambda_j(z)$ sont les valeurs propres de la matrice de Lévi $\mathcal{L}^{(1)}(z)$.

Remarque 2.3.2

Pour $q = 1$ et dans le cas où toutes les valeurs propres de $\mathcal{L}^1(z)$ $(z \in V)$ sont positives ou nulles, (D_1) s'écrit simplement :

(2.3.1) $$\exists\, \varepsilon > 0 \quad \text{t.q} \qquad \varepsilon\, \Sigma^+(\lambda(z)) \leqslant \lambda_j(z) \leqslant (1 - \varepsilon)\, \Sigma^+(\lambda(z))$$

Cette condition apparait chez Derridj $[DE]_1$.

Démonstration

Raisonnons par l'absurde et supposons que D_q n'est pas satisfaite en $z^{(0)}$. Alors il existe une suite $z^{(\nu)}$ tendant vers $z^{(0)}$ et un ensemble $\mathcal{J}$ (qu'on peut supposer fixe) (en chaque point de V, on a choisi une numérotation des valeurs propres, disons par ordre croissant) tel que ou bien

Cas 1

(2.3.2) $$\Sigma^+(\lambda(z^{(\nu)})) - \frac{1}{\nu}(\Sigma^+(\lambda(z^{(\nu)})) + \Sigma^-(\lambda(z^{(\nu)}))) < \lambda_{j_1}(z^{(\nu)}) + \dots + \lambda_{j_q}(z^{(\nu)})$$

ou bien

Cas 2

(2.3.3) $\lambda_{j_1}(z^{(\nu)}) + \dots + \lambda_{j_k}(z^{(\nu)}) < -\Sigma^-(\lambda(z^{(\nu)})) + \frac{1}{\nu}(\Sigma^+(\lambda(z^{(\nu)}) + \Sigma^-(\lambda(z^{(\nu)})))$

Les deux cas se traitent de manière analogue.

Plaçons nous dans le cas 1.

Remarquons alors que nécessairement, pour tout ν, il existe une valeur propre $\lambda_j(z^{(\nu)})$ non nulle.

Soit $\rho_\nu = \max|\lambda_j(z^{(\nu)})|$. Divisons l'inégalité (2.3.2) par ρ_ν. Quitte à passer à une sous-suite, on peut supposer que $\rho_\nu^{-1} a_{jk}(z^{(\nu)})$ converge vers une certaine matrice a_{jk}.

Les valeurs propres μ_j de a_{jk} vérifient par passage à la limite dans (2.3.2) divisé par ρ_ν :

(2.3.4) $\Sigma^+(\mu) \leqslant \mu_{j_1} + \dots + \mu_{j_q}$

où $\mathfrak{J}$ est celui utilisé en (2.3.2).

Remarquons que (a_{jk}) est non-nul car on a une valeur propre de module 1.

Soit ℓ la forme linéaire sur $\mathcal{G}$ définie de manière unique par les 3 conditions suivantes :

(2.3.5) $\begin{cases} (1) \quad \text{La restriction de } \ell \text{ à } \mathcal{G}_j \text{ est nulle si } j \neq 2 \\ (2) \quad \ell([W_j, \overline{W}_k]) = i\, a_{jk} \\ (3) \quad \ell([W_j, W_k]) = 0 \qquad 1 \leqslant j,k \leqslant n \end{cases}$

Pour démontrer le théorème, il reste à vérifier que :

a) Le système $\Pi_\ell(\mathcal{P}^{(q)}_{(z^{(0)})})$ n'est pas injectif

b) ℓ est dans $\Gamma_{z^{(0)}} \setminus 0$.

Pour le point a), on peut appliquer le lemme 2.2.7. En effet, la forme linéaire ℓ étant nulle sur $\mathcal{G}_3 \oplus \dots \oplus \mathcal{G}_r$, Π_ℓ peut aussi être considérée comme une représentation de l'algèbre nilpotente libre à 2n générateurs de rang 2. L'équivalence entre i) et iii) montre le point a), compte-tenu de (2.3.4).

Vérifions b). On reprend les notations de la démonstration du lemme 2.2.6. On va construire une suite $(t_\nu)_{\nu \in \mathbb{N}}$ de réels positifs et une suite $\zeta^{(\nu)} = (\xi_0^{(\nu)}, \xi^{(\nu)})$ dans R^{2n+1} t.q.

(2.3.6) $t_\nu \to 0\ ,\ \zeta^{(\nu)} \to \infty$

et t.q.

(2.3.7) $t_\nu^q\, \lambda(a)(z^{(\nu)}, \zeta^{(\nu)}) \to i\, \ell\, (a)$ pour tout $a \in \mathcal{G}_q$

(où $z^{(\nu)}$ est la suite introduite en 2.3.2)

On prend : $t_\nu = \dfrac{\rho_\nu}{\nu}$ $\quad \xi_0^{(\nu)} = \dfrac{\nu^2}{\rho_\nu^3}$

Rappelons que $\rho_\nu \to 0$ puisque $\mathcal{L}(z^{(0)}) \equiv 0$ et qu'on a remarqué que $\rho_\nu \neq 0$.

Comme dans la démonstration du lemme 2.2.6, on détermine $\xi^{(\nu)}$ par (2.2.15) (avec $\ell_1 = 0$), c'est-à-dire :

(2.3.8) $X_j'(z^{(\nu)}, \xi_0^{(\nu)}, \xi^{(\nu)}) = X_j''(z^{(\nu)}, \xi_0^{(\nu)}, \xi^{(\nu)}) = 0$

Vérifions maintenant (2.3.7) :

Si $a \in \mathcal{G}_1$, cela résulte de (2.3.8)

Si a $\in \mathcal{G}_2$, c'est un travail analogue à la démonstration du lemme 2.2.6 (cf 2.2.12).
Si a $\in \mathcal{G}_q$ (q > 2) , on observe que : $\lim_{\nu\to\infty} t_\nu^q.\xi_0^{(\nu)} = \lim_{\nu\to\infty} \rho_\nu^{q-3}.\nu^{2-q} = 0$

c.q.f.d.

Exemple 2.3.3 ([ROT]$_2$, [MA]$_2$), cf exemple 2.1.5 du chapitre II.

On prend ρ sous la forme :

$$\rho(z) = x_3 + (x_1^2 + y_1^2)^k + (x_2^2 + y_2^2)^k \ ;$$

Alors $\square_b^{(1)}$ n'est pas hypoelliptique maximal en 0 si k > 1.

La matrice de Lévi admet deux valeurs propres qui, à une constante multiplicative près, sont données par :

$$\lambda_1(x,y) = (x_1^2 + y_1^2)^{k-1} \ , \ \lambda_2(x,y) = (x_2^2 + y_2^2)^{k-1}$$

La condition Y(1) n'est vérifiée que si k = 1.

Maire [MA]$_2$ a démontré que $\square_b^{(1)}$ est cependant sous-elliptique.

Exemple 2.3.4 ([DE])$_{1,2}$ (cf exemple 2.1.6 du chapitre II)

On prend ρ sous la forme

$$\rho(z) = x_3 + (x_1^2 + y_1^2 + x_2^2 + y_2^2)^k$$

Alors la matrice de Lévi admet 2 valeurs propres au voisinage de 0 qui sont de même signe et proportionnelles à $(x_1^2 + x_2^2 + y_1^2 + y_2^2)^{k-1}$.

La condition Y(1) est satisfaite pour k $\geqslant$ 1. $\square_b^{(1)}$ est donc hypoelliptique maximal.

§ 2.4 Condition suffisante

On peut se demander si la condition (D_q) est suffisante. Si l'on observe que l'on n'a fait intervenir dans la condition nécessaire que des éléments de $\Gamma_{z^{(0)}}$ nuls sur $\mathcal{G}_3 \oplus \cdots \oplus \mathcal{G}_r$ la suffisance de D_q pourrait paraître peu probable. Cependant des interactions entre les inversibilités des différents $\Pi_\ell(\mathcal{P}^{(q)})$ peuvent exister. Nous traitons ici un cas simple où la condition (D_q) apparait suffisante et nous renvoyons à [G.R] pour une autre démonstration d'une version plus **faible de ce résultat.**

Théorème 2.4.1

On fait les hypothèses suivantes :

(2.4.1) $\rho(z) = x_{n-1} - P_r(x,y)$

où P_r est un polynôme homogène de degré r des 2n - variables $(x_1,\ldots,x_n,y_1,\ldots,y_n)$

(2.4.2) La matrice de Lévi n'a que des valeurs propres positives et vérifie D_q.

Alors $\square_b^{(q)}$ est hypoelliptique maximal dans M (qu'on identifie à R^{2n+1}).

Remarquons que sous l'hypothèse (2.4.1), les valeurs propres sont des fonctions homogènes de (x,y) de degré r-2. Compte-tenu de la proposition (2.2.4) qui sera démontrée au chapitre IX, il suffit de montrer que :

(2.4.3) $\Pi_\ell(\square_b^{(q)})$ est injectif pour ℓ dans $\Gamma_{(0)}\backslash 0$

Compte-tenu des résultats de la condition nécessaire, on va procéder de manière indirecte en montrant :

$$(2.4.4)\quad \begin{cases} \exists C>0 \quad \text{t.q.} \quad \forall u \in C_0^\infty(R^{2n+1}) \otimes \Lambda^q \mathbb{C}^n \\ (\square_b^{(q)} u,u) \geqslant C(\sum_j \|Z_j u\|^2 + \sum_j \|\bar{Z}_j u\|^2) \end{cases}$$

En utilisant la condition nécessaire (chapitre III, § 5 ou plus simplement les résultats du chapitre II (on est dans le cas considéré par Folland [FO]$_3$)),on obtient :

$$(2.4.5)\quad \begin{cases} (\Pi_\ell(\square_b^{(q)})v,v) \geqslant C(\sum_j \|\Pi_\ell(Z_j)v\|^2 + \sum_j \|\Pi_\ell(\bar{Z}_j)v\|^2) \\ \forall v \in \mathcal{S}_{\Pi_\ell} \otimes \Lambda^q(\mathbb{C}^n), \quad \forall \ell \in \Gamma_{(0)} \end{cases}$$

On en déduit que :

$$\begin{cases} \ell \neq 0, \ \ell \in \Gamma_{(0)} \\ \Pi_\ell(\square_b^{(q)})\, v = 0 \end{cases} \Longrightarrow \begin{cases} \Pi_\ell(Z_j)\, v_J = 0 \\ \Pi_\ell(\bar{Z}_j)\, v_J = 0 \\ \forall J, \ |J| = q \end{cases}$$

$$\Longrightarrow \quad v = 0 \qquad \text{car } \Pi_\ell \text{ est irréductible.}$$

Avant de démontrer (2.4.4),précisons, pour quelle métrique sur $M = R^{2n+1}$, on considère $\square_b^{(q)}$.

On note t la variable x_{n+1}. N est alors égal à $\frac{\partial}{\partial t}$. On considère (on a posé $z_j = x_j + i\, y_j$, $j = 1,\dots,n$) :

$$(2.4.5)\quad \begin{cases} Z_j = \dfrac{\partial}{\partial z_j} + \dfrac{\partial P}{\partial z_j} \cdot \dfrac{\partial}{\partial t} \\ \bar{Z}_j = \dfrac{\partial}{\partial \bar{z}_j} + \dfrac{\partial P}{\partial \bar{z}_j} \cdot \dfrac{\partial}{\partial t} \end{cases} \qquad j = 1,\dots,n$$

et on prend une métrique pour laquelle : $-\bar{Z}_j = Z_j^*$ et pour laquelle on a (2.1.2). Le cas plus général ne poserait pas de problème nettement plus difficile.

Notons que :

$$[Z_j,\bar{Z}_k] = +\,2\,\frac{\partial^2 P}{\partial z_j\, \partial \bar{z}_k} \cdot \frac{\partial}{\partial t}$$

et par conséquent (cf 2.1.3)

$$a_{jk} = -\,2i\,\frac{\partial^2 P}{\partial z_j\, \partial \bar{z}_k}$$

Pour démontrer (2.4.4), on utilise alors les idées de Derridj qui traitait du problème du $\bar{\partial}$ - Neumann.

Dans une première étape, on fait Fourier en t ; (2.4.4) est équivalent à :

$$(2.4.6)\quad \begin{cases} \exists C, \forall \tau \in \mathbb{R}, \quad \forall u \in C_0^\infty(R^{2n}) \otimes \Lambda^q \mathbb{C}^n \\ (\square_{b,\tau}^{(q)} u,u) \geqslant C(\sum_j \|Z_j^{(\tau)} u\|^2 + \sum_j \|\bar{Z}_j^{(\tau)} u\|^2) \end{cases}$$

où $\quad \left\{ Z_j^{(\tau)} = \dfrac{\partial}{\partial z_j} + i\, \dfrac{\partial P}{\partial z_j}\, \tau \right.$

$$(2.4.7)\quad \begin{cases} \bar{Z}_j^{(\tau)} = \dfrac{\partial}{\partial \bar{z}_j} + i\, \dfrac{\partial P}{\partial \bar{z}_j}\, \tau \\ \square_{b,\tau}^{(q)} = (-\sum_{j=1}^{n} Z_j^{(\tau)} \bar{Z}_j^{(\tau)})\, I - \mathcal{L}^{(q)}\, \tau \\ (\text{cf } 2.1.11) \end{cases}$$

Compte-tenu de l'homogénéité, un argument simple montre qu'il suffit de montrer (2.4.6) pour $\tau = \pm 1$.

On traite le cas : $\tau = 1$ (le cas $\tau = -1$ fera apparaître l'autre partie de la condition D_q).

On a :

$$(\square_{b,1}^{(q)} u,u) = \sum_{j,\mathcal{J}} \| \bar{Z}_j^{(1)} u_{\mathcal{J}} \|^2 - (\mathcal{L}^q u,u)$$

qu'on réécrit sous la forme, pour tout δ t.q $0 < \delta < 1$:

$$(\square_{b,1}^{(q)} u,u) = \delta \sum_{j,\mathcal{J}} \| \bar{Z}_j^{(1)} u_{\mathcal{J}} \|^2 + (1-\delta) \sum_{j,\mathcal{J}} \| Z_j^{(1)} u_{\mathcal{J}} \|^2 - (1-\delta) \sum_{j,\mathcal{J}} ([Z_j^{(1)}, \bar{Z}_j^{(1)}] u_{\mathcal{J}}, u_{\mathcal{J}}) - (\mathcal{L}^q u,u)$$

$$= \delta \sum_j \| \bar{Z}_j^{(1)} u \|^2 + (1-\delta) \sum_j \| Z_j^{(1)} u \|^2 + ((I(1-\delta)\, \Sigma^+ - \mathcal{L}^q)\, u,u)$$

Prenant $\delta = \varepsilon$ (où ε est celui de D_q), on observe que $(I(1-\delta)\, \Sigma^+ - \mathcal{L}^q)$ est une matrice positive pour tout $(x,y) \in R^{2n}$ et on a par conséquent (2.4.6) pour $\tau = +1$.

Remarque 2.4.2

Le théorème (2.4.1) est encore vrai en remplaçant **(2.4.1) par :**

(2.4.8) $\quad \rho(z) = x_{r+1} - f_r(x,y)$

où $f_r(x,y)$ est une fonction C^∞ au voisinage de 0. En effet la réduction qui suit (2.4.7) et qui ramène au cas $\tau = \pm 1$ n'est pas nécessaire. On utilise alors les remarques du § 5 du chapitre III et les résultats du chapitre IX.

Remarque 2.4.3

Le théorème (2.4.1) est encore vrai sans l'hypothèse (2.4.8) mais on doit alors microlocaliser. On introduit une partition de l'unité pseudodifférentielle χ_k telle que :

(2.4.9) $\quad \sum \chi_k \circ \chi_k = \varphi + R$

où φ est égale à 1 au voisinage du point z_0 considéré et R est un opérateur pseudodifférentiel classique d'ordre -1.

L'inégalité variationnelle maximale résulte alors de la démonstration pour tout k de l'inégalité : $\exists C$, $\forall u \in C_0^\infty(V_{z_0}) \otimes \Lambda^q(T^{u^*})$

$$(2.4.10)\quad \sum_j \| Z_j \chi_k u \|^2 + \sum_j \| \bar{Z}_j \chi_k u \|^2 \leq C(\| u \|_0^2 + (\square_b^{(q)}(\chi_k u), \chi_k u))$$

et on conclut comme dans la remarque 2.4.2.

Pour montrer (2.4.10), on part de la formule (cf 2.1.6, 2.1.11) :

$$\square_b^{(q)} = (-\sum_{j=1}^{n} Z_j \bar{Z}_j) I + i\, \mathcal{L}^q . N + \sum_j A_j . Z_j + \sum_j B_j . \bar{Z}_j + C$$

où A_j , B_j , C sont des matrices.

On obtient :

(2.4.11) $(\square_b^{(q)}u,u) = \Sigma\|\overline{Z}_j\, u\|^2 + (i\,\mathcal{L}^{(q)}\, N\, u,u) + \sum_j (\tilde{A}_j\, Z_j\, u/u) + \sum_j (\tilde{B}_j\, \Sigma_j\, u/u) + (\tilde{C}\, u/u)$

où $\tilde{A}_j$, $\tilde{B}_j$, $\tilde{C}$ sont éventuellement modifiées.

Ou encore, pour tout $\delta \in]0,1[$,

(2.4.12) $$(\square_b^{(q)}\, u,u) = \delta \sum_j \|\overline{Z}_j\, u\|^2 + (1-\delta) \sum_j \|Z_j\, u\|^2$$
$$+ (i(\mathcal{L}^q - \mathrm{Id}\,(1-\delta)\,\Sigma^+)\, N\, u/u)$$
$$+ (A_j^\delta\, Z_j\, u/u) + (B_j^\delta\, \overline{Z}_j\, u/u)$$
$$+ (C^\delta\, u/u)$$

L'inégalité (2.4.10) ne pose pas de problème si sur le support conique de χ_k $\square_b^{(q)}$ est elliptique. C'est l'inégalité de Garding microlocalisée.

On peut choisir les supports des χ_k de sorte que 2 seulement contiennent les axes où $\square_b^{(q)}$ est non-elliptique et de telle sorte que :

$\sigma(i\, N) > 0$ ou $\sigma(i\, N) < 0$

sur le support conique de χ_k dans $T^* M \setminus \{0\}$

On suit alors la démarche précèdente. Supposons, par exemple, $\sigma(i\, N) < 0$ et prenons dans (2.4.12) : $u = \chi_k \cdot v$. Alors le seul terme qui pose problème est le contrôle de :

$(\chi_k^*\, i(\mathcal{L}^q - I(1-\delta)\,\Sigma^+)\, N\, \chi_k \cdot v/v)$

Le lemme de Garding précisé permet de conclure car le symbole principal de $\chi_k^*\, i\,(\mathcal{L}^q - I(1-\delta)\,\Sigma^+)\,\chi_u$ (égal à $\chi_k^2\, \sigma(i\, N) \cdot (\mathcal{L}^q - I(1-\delta)\,\Sigma^+)$ est positif pour δ assez petit.

On a donc :

$(\chi_k^*\, i\,(\mathcal{L}^q - I(1-\delta)\,\Sigma^+)\, N\, \chi_k\, v/v) \geqslant - C\|v\|^2$

Pour $\delta(i\, N) > 0$, on prend δ assez proche de 1.

#

CHAPITRE VI

CONDITIONS D'HYPOELLIPTICITE MAXIMALE POUR LE $\bar{\partial}_b$

§ 1 - Notations

On considère une hypersurface M de C^{p+1}, que l'on peut supposer définie par l'équation suivante :

(1.1) $$M = \{z \in C^{p+1},\ x_{p+1} = f(x_1,\ldots,x_p,y_1,\ldots,y_p,y_{p+1})$$

où $z = (z_1,\ldots,z_{p+1})$ désigne la variable de $C^{p+1}(z_j = x_j + i\,y_j,\ j = 1,\ldots,p)$, et f une fonction C^∞ dans R^{2p+1}, à valeurs réelles. On identifiera M et R^{2p+1}, grâce au paramétrage $(x,t) \to z(x,t)$ défini par

(1.2) $$\left.\begin{aligned} z_j(x,t) &= x_j + i\,x_{p+j} \qquad j \leqslant p \\ z_{p+1}(x,t) &= f(x,t) + it \end{aligned}\right\} \quad \forall (x,t) \in R^{2p+1}$$

On désigne par $\bar{\partial}_M = (L_1,\ldots,L_p)$ le système de Cauchy-Riemann induit sur M, que l'on peut supposer de la forme suivante :

(1.3) $$L_j = \frac{\partial}{\partial x_j} + i\,\frac{\partial}{\partial x_{p+j}} + \alpha_j(x,t)\,\frac{\partial}{\partial t} \qquad j = 1,\ldots,p$$

où les α_j sont des fonctions C^∞, à valeurs complexes, déterminées par les équations:

(1.4) $$L_j(f(x,t) + it) = 0 \qquad j = 1,\ldots,p$$

On désignera par X_j les champs de vecteurs réels suivants

(1.5) $$X_j = \operatorname{Re} L_j \quad \text{si } 1 \leqslant j \leqslant p \quad , \quad X_j = \operatorname{Im} L_j \quad \text{si } p+1 \leqslant j \leqslant 2p$$

Etant donné un point $z_o = z(x_o,t_o) \in M$, on se demande s'il existe un voisinage V de z_o dans M et une constante $C_o > 0$ tels que

(1.6) $$\sum_{j=1}^{2p} ||X_j u||^2 \leqslant C\,(\sum_{j=1}^{p} ||L_j u||^2 + ||u||^2) \qquad \forall u \in C_o^\infty(V)$$

On supposera que les champs de vecteurs X_j $(1 \leqslant j \leqslant 2p)$ vérifient la condition des crochets de Hörmander $(C\text{-}H\text{-})_r$ (où $r \geqslant 2$) au point z_o. Selon Bloom-Graham [B-G], cela revient à supposer qu'il n'existe aucune sous-variété $\tilde{M}$ de C^{p+1} qui contienne z_o, qui admette en ce point un contact d'ordre $\geqslant r$ avec M, et qui soit définie dans un voisinage V de z_o par une équation de la forme suivante

(1.7) $$\tilde{M} = \{z \in V,\ g(z) = 0\}$$

où g est une fonction holomorphe dans V, telle que $dg \neq 0$ sur $\tilde{M}$.

On a vu au chapitre I que, si z_o est un point de type $\leqslant r$, et si l'inégalité (1.6) est vérifiée, le système $\bar{\partial}_M$ est hypoelliptique dans un voisinage de z_o, avec perte de $1 - \frac{1}{r}$ dérivée. On dira alors que ce système est hypoelliptique maximal.

Les résultats du chapitre III nous donnent une condition nécessaire pour que l'inégalité (1.6) soit vérifiée. Nous montrerons au chapitre IX que cette condition est aussi suffisante dans le cas du système $\bar{\partial}_M$ au voisinage d'un point de type $\leqslant r$. Le but du présent chapitre est de mettre cette condition sous une forme plus explicite, obtenue après de nombreuses discussions avec H.M. Maire, J.M. Trépreau et G. Métivier. Rappelons qu'au voisinage d'un point de type 2, l'inégalité (1.6) est caractérisée dans Hörmander [HO-3]. Une première version de la condition géométrique ci-dessous a été exposée dans [NO,3].

Dans tout ce chapitre, nous adopterons les notations suivantes : pour toute fonction $\varphi \in C^\infty(R^{2p})$, on posera :

(1.8) $$\frac{\partial\varphi}{\partial\bar{z}_j} = \frac{1}{2}\left(\frac{\partial\varphi}{\partial x_j} + i\frac{\partial\varphi}{\partial x_{p+j}}\right) \qquad \frac{\partial\varphi}{\partial z_j} = \frac{1}{2}\left(\frac{\partial\varphi}{\partial x_j} - i\frac{\partial\varphi}{\partial x_{p+j}}\right) \qquad (j \leqslant p)$$

La variable de R^{2p} sera notée x. On posera :

(1.9) $$\bar{L}_j = X_j - i\,X_{p+j} \qquad j = 1,\dots,p.$$

Pour rendre plus intuitive la condition géométrique que nous allons énoncer, commençons par rappeler une condition nécessaire d'hypoellipticité pour le système $\bar{\partial}_M$.

§ 2 - Une condition nécessaire

L'énoncé du théorème suivant nous a été communiqué oralement par J.M. Trépreau.

Théorème 2.1

Soit M une hypersurface C^∞ de $\mathbb{C}^{p+1}$. Soit z_o un point de M. Soit $\tilde{M}$ une hypersurface holomorphe (cf 1.7). On suppose que $z_o \in \tilde{M}$ et que $\tilde{M}$ est localement d'un seul côté de M. Alors le système $\bar{\partial}_M$ n'est hypoelliptique dans aucun voisinage de z_o.

La démonstration de ce théorème sans doute bien connu est, comme nous l'a signalé M.S. Baouendi, très simple.

On peut par changement de variable holomorphe dans $\mathbb{C}^{p+1}$, se ramener au cas où $z_o = 0$, où M est définie par l'équation (1.1) et $\tilde{M}$ est définie par :

(2.1) $$\tilde{M} = \{z \in V \;;\; z_{p+1} = 0\}$$

Sous l'hypothèse du théorème 2.1, on peut supposer, par exemple, qu'il existe un voisinage U de 0 dans R^{2p} tel que :

(2.2) $$f(x,o) > 0 \quad , \quad \forall\, x \in U$$

Alors la fonction $(f(x,t) + it) = z_{p+1}(x,t)$ prend ces valeurs dans $\mathbb{C}\backslash R^-$ et $(z_{p+1}(x,t))^{1/2}$ est une solution non C^∞ du système L_j.

§ 3 - Enoncé du résultat

§ 3.1 - Une condition géométrique

Dans ce paragraphe, nous allons définir une condition (P) qui sera la condition nécessaire et suffisante pour que l'inégalité (1.6) soit vérifiée au voisinage d'un point donné z_o de type r dans M.

Définition 3.1.1

Pour tout point $z_o = z(x_o,t_o) \in M$, on désignera par $H(z_o)$ l'ensemble des polynômes $x \to g(x)$ sur R^{2p}, à coefficients complexes, de degré $\leqslant r$, tels que

(3.1.1) $\frac{\partial g}{\partial \bar{z}_j} = 0 \quad j = 1,\dots,p$

(3.1.2) $g(x_o) = f(x_o,t_o) + i\, t_o$

Si $z_o \in M$ et $g \in H(z_o)$, soit M_g la sous-variété suivante de C^{p+1}

(3.1.3) $M_g = \{z \in C^{p+1},\ z_{p+1} = g(x_1,\dots,x_p,y_1,\dots,y_p)\}$

D'après le théorème 2.1, si le système $\bar{\partial}_M$ est hypoelliptique dans un voisinage de z_o, la variété M_g ne peut être située localement d'un seul côté de M. La position relative des variétés M et M_g s'exprime par le signe de la fonction $\Delta(f,g)$ suivante

(3.1.4) $\Delta(f,g)(x) = f(x,\operatorname{Im} g(x)) - \operatorname{Re} g\,(x) \qquad \forall x \in R^{2p}$

Pour tout $z_o = z(x_o,t_o) \in M$ et pour tout $d > 0$, désignons par $V(z_o,d)$ la boule suivante de R^{2p} :

(3.1.5) $V(z_o,d) = \{x \in R^{2p},\ |x-x_o| \leqslant d\}$

D'après ce qui précède, si le système $\bar{\partial}_M$ est hypoelliptique dans un voisinage de z_o, il existe $d_o > 0$ tel que, si $d < d_o$ et $g \in H(z_o)$, on a

(3.1.6) $\sup_{x\in V(z_o,d)} \Delta(f,g)(x) > 0 \ ; \quad \inf_{x\in V(z_o,d)} \Delta(f,g)(x) < 0$

D'autre part, cette condition doit être encore vérifiée si l'on remplace z_o par un point voisin z_1. En renforçant les conditions (3.1.6), on obtient la condition (P) définie ci-dessous, qui sera la condition nécessaire et suffisante d'hypoellipticité maximale.

Définition 3.1.2

On dit que la condition (P^+) (resp. (P^-)) est vérifiée en un point $z_o = z(x_o,t_o) \in M$ s'il existe un voisinage V de z_o et deux constantes $C_1 > 0$ et $d_o > 0$ tels que, pour tout $z_1 = z(x_1,t_1) \in V$, pour tout polynôme $g \in H(z_1)$ et pour tout $d > 0$ vérifiant les inégalités suivantes :

(3.1.7) $d \leqslant d_o \ , \quad \sup_{x\in V(z_1,d)} |g(x) - (f(x_1,t_1) + i\, t_1)| \leqslant d_o$

on ait :

(3.1.8) $\sup_{x\in V(z_1,d)} \Delta(f,g)(x) \geqslant C_1 \sup_{x\in V(z_1,d)} |\Delta(f,g)(x)|$

(3.1.8)' (resp. $\inf_{x\in V(z_1,d)} \Delta(f,g)(x) \leqslant - C_1 \sup_{x\in V(z_1,d)} |\Delta(f,g)(x)|$)

On dit que la condition (P) est vérifiée si (P^+) et (P^-) le sont.

§ 3.2 - Lien avec la condition du chapitre III

Soit $\mathfrak{g}$ l'algèbre de Lie nilpotente libre, à 2p générateurs notés $Y_1,\dots,Y_{2p}$, de rang de nilpotence r. On posera :

(3.2.1) $Z_j = Y_j + i\, Y_{p+j}$ et $\bar{Z}_j = Y_j - i\, Y_{p+j}$ $j = 1,\dots,p$

On désignera par $\mathfrak{g}_j$ et $^{|}$ ($1 \leqslant j \leqslant r$) les sous-espaces habituels de $\mathfrak{g}$ (définis au chapitre II).

Soit L(M) l'algèbre de Lie des champs de vecteurs réels, C^∞, sur M. Soit λ l'unique application linéaire de $\mathfrak{g}$ dans L(M) telle que $\lambda(Y_j) = X_j$ ($1 \leqslant j \leqslant 2p$) et

(3.2.2) $[\lambda(X),\lambda(Y)] = \lambda([X,Y])$ si $X \in \mathfrak{g}_j$, $Y \in \mathfrak{g}_k$, $j+k \leqslant r$.

Pour tout X dans $\mathfrak{g}^2$, (ou dans son complexifié), on voit facilement qu'on peut écrire

(3.2.3) $\lambda(X) = \frac{1}{i}\, \varphi_X(x,t)\, \frac{\partial}{\partial t}$

où φ_X est une fonction C^∞ sur M.

Soit $z_o = z(x_o,t_o)$ un point de type r de M. Au chapitre III, on a défini un sous-ensemble Γ_{z_o} de $\mathfrak{g}^*$, dont nous allons rappeler la définition avec les notations ci-dessus.

Définition 3.2.1

On désigne par Γ_{z_o} l'ensemble des formes linéaires $\ell \in \mathfrak{g}^*$ telles qu'il existe des suites $z_n = z(x_n,t_n)$ dans M, (d_n) dans R^+ et (τ_n) dans R, telles que

(3.2.4) $z_n \to z_o$ $d_n \to o$ $|\tau_n| \to \infty$ si $n \to \infty$

et telles que, pour tout $X \in \mathfrak{g}_j$ ($2 \leqslant j \leqslant r$), on ait

(3.2.5) $d_n^j\, \varphi_X(x_n,t_n)\tau_n \to i\, \ell(X)$

On vérifie facilement, compte-tenu de la forme particulière des opérateurs X_j, que cette définition coïncide bien avec celle du chapitre III.

Pour tout $\ell \in \Gamma_{z_o}$, soit Π_ℓ la représentation correspondante de l'algèbre de Lie $\mathfrak{g}$, réalisée comme on l'a rappelé explicitement au chapitre II.

On a montré au chapitre III que l'inégalité (1.6) entraîne la propriété suivante, (où C_o désigne la même constante que dans (1.6)) :

(A) On a, pour tout $\ell \in \Gamma_{z_o}$ et pour tout $\Psi \in \mathcal{S}(R^{k(\ell)})$

(3.2.6) $$\sum_{j=1}^{2p} ||\Pi_\ell(Y_j)\Psi||^2 \leqslant C_o \sum_{j=1}^{p} ||\Pi_\ell(Z_j)\Psi||^2$$

D'autre part, on a vu que cette propriété (A) entraîne la suivante :

(B) Pour tout $\ell \in \Gamma_{z_o} \backslash \{0\}$, on a l'implication suivante :

(3.2.7) $$\left.\begin{array}{l} \Psi \in \mathcal{S}(R^{k(\ell)}) \\ \Pi_\ell(Z_j)\Psi = 0 \quad , \quad j = 1,\dots,p \end{array}\right\} \Rightarrow \Psi = 0$$

Le résultat principal de ce chapitre est le suivant :

Théorème 3.2.2

Si z_o est un point de type $\leqslant r$, on a les implications suivantes (A) => (P) => (B).

Comme on a montré au chapitre III que la propriété (A) est nécessaire pour l'hypoellipticité maximale, et comme on montrera au chapitre IX que la propriété (B) est suffisante, on en déduit le théorème suivant :

Théorème 3.2.3

Si z_o est un point de type $\leqslant r$, le système $\overline{\partial}_M$ est hypoelliptique maximal au voisinage de z_o si, et seulement si, la condition (P) est vérifiée au point z_o.

§ 4 - Deux formulations équivalentes de la condition (P)

Pour démontrer le théorème 3.2, nous allons définir ci-dessous une condition (P_1), dont l'équivalence avec (P) sera démontrée plus tard. Le §-4.1 est consacré à la preuve des implications (A) => (P_1) => (B), où (A) et (B) sont les conditions définies au §-3. Au §-4.2, la condition (P_1) est mise sous une forme équivalente (P_2). L'équivalence de (P_2) et (P) sera démontrée au §-5.

§ 4.1 - Une formulation locale (P_1)

La proposition suivante a été démontrée au chapitre IV (proposition 4.4.1).

Proposition 4.1.1

Toute forme linéaire $\ell \in \Gamma_{z_o}$ s'annule sur $[\mathfrak{g}^2, \mathfrak{g}^2]$.

Cette proposition nous permet de définir la représentation $\Pi_{(\ell,\mathfrak{g}^2)}$ de l'algèbre de Lie $\mathfrak{g}$, pour tout $\ell \in \Gamma_{z_o}$, selon le procédé explicite du chapitre II. Rappelons que les opérateurs $\Pi_{(\ell,\mathfrak{g}^2)}(Y_j)$ $(1 \leqslant j \leqslant 2p)$ sont des opérateurs différentiels sur R^{2p}, de la forme suivante :

(4.1.1) $$\Pi_{(\ell,\mathfrak{g}^2)}(Y_j) = \frac{\partial}{\partial x_j} + i\, P_j(x,\ell) \qquad (1 \leqslant j \leqslant 2p)$$

où les $P_j(.,\ell)$ sont des polynômes à coefficients réels sur R^{2p}, de degré $\leqslant r-1$, dépendant de ℓ.

Nous allons rappeler le lien qui existe entre ces polynômes et la forme linéaire ℓ.

Tout d'abord, puisque les champs L_j commutent, on en déduit facilement que les opérateurs $\Pi_\ell(Z_j)$ $(1 \leqslant j \leqslant p)$, et, par conséquent, les opérateurs $\Pi_{(\ell,\mathfrak{g}^2)}(Z_j)$ $(1\leqslant j\leqslant 2p)$, commutent eux aussi. Si l'on pose :

$$(4.1.2) \qquad Q_j(x,\ell) = P_j(x,\ell) + i\, P_{j+p}(x,\ell) \qquad j = 1,\dots,p$$

le fait que les opérateurs $\Pi_{(\ell,\mathfrak{g}^2)}(Z_j)$ et $\Pi_{(\ell,\mathfrak{g}^2)}(Z_k)$ commutent entraîne que

$$(4.1.3) \qquad \frac{\partial Q_j(x,\ell)}{\partial \bar{z}_k} = \frac{\partial Q_k(x,\ell)}{\partial \bar{z}_j}$$

Il existe donc un polynôme $Q(x,\ell)$ sur R^{2p}, de degré $\leqslant r$, à coefficients complexes, tel que

$$(4.1.4) \qquad Q_j(x,\ell) = \frac{\partial Q(x,\ell)}{\partial \bar{z}_j} \qquad j = 1,\dots,p$$

Ce polynôme $Q(.,\ell)$ n'est pas unique, mais on le choisit une fois pour toutes. D'après (4.1.1), on voit que, pour tout $Y \in \mathfrak{g}^2$, l'opérateur $\Pi_{(\ell,\mathfrak{g}^2)}(Y)$ est de la forme suivante :

$$(4.1.5) \qquad \Pi_{(\ell,\mathfrak{g}^2)}(Y) = i\, P(x,\ell,Y)$$

où $P(.,\ell,Y)$ est un polynôme réel, lié à la forme ℓ par l'égalité :

$$(4.1.6) \qquad P(o,\ell,Y) = \ell(Y)$$

Les relations de commutation précédentes entraînent donc que, pour toute suite $\alpha = (\alpha_1,\dots,\alpha_m)$ d'entiers compris entre 1 et 2p, pour tous entiers j et k compris entre 1 et p on a :

$$(4.1.7) \qquad (\ell(\mathrm{ad}\, Y_{\alpha_1})\dots(\mathrm{ad}\, Y_{\alpha_m})\,(\mathrm{ad}\, Z_j)Z_k) = 0$$

D'autre part, on définit un élément $Y_{\alpha,j,k}$ du complexifié de $\mathfrak{g}^2$ en posant :

$$(4.1.8) \qquad Y_{\alpha,j,k} = (\mathrm{ad}\, Y_{\alpha_1})\dots(\mathrm{ad}\, Y_{\alpha_m})(\mathrm{ad}\, Z_j)\bar{Z}_k \quad ; \quad |\alpha| = m \leqslant r-2.$$

Avec les notations ci-dessus, on vérifie facilement que :

$$(4.1.9) \qquad \Pi_{(\ell,\mathfrak{g}^2)}(Y_{\alpha,j,k}) = 4\, \partial_x^\alpha \frac{\partial^2(\mathrm{Im}\, Q)}{\partial \bar{z}_j\, \partial z_k}$$

et, d'après (4.1.6), on en déduit que :

$$(4.1.10) \qquad \ell(Y_{\alpha,j,k}) = -\,4i\, \partial_x^\alpha \frac{\partial^2(\mathrm{Im}\, Q)}{\partial \bar{z}_j\, \partial z_k}(o).$$

On déduit facilement de (4.1.7) et (4.1.10) la remarque suivante :

Remarque 4.1.2

Pour tout $\ell \in \Gamma_{z_o}$ et pour tout entier q compris entre 2 et r, les deux propriétés suivantes sont équivalentes :

i) La restriction de ℓ à $\mathfrak{g}_q$ est nulle

ii) Pour tout α tel que $|\alpha| = q-2$, pour tous j et $k \leq p$, on a :

$$(4.1.11) \qquad \partial_x^\alpha \left.\frac{\partial^2(\operatorname{Im} Q(x,\ell))}{\partial \bar{z}_j \, \partial z_k}\right|_{x=o} = 0$$

Nous pouvons maintenant énoncer la condition (P_1) dont l'équivalence avec (P) sera démontrée plus tard.

Définition 4.1.3

On dit que la condition (P_1) est vérifiée en un point $z_o \in M$ si, pour tout $\ell \in \Gamma_{z_o}$, dont la restriction à $\mathfrak{g}^2$ n'est pas nulle, le système d'équations

$$(4.1.12) \qquad \frac{\partial\varphi}{\partial x_j} + i\frac{\partial\varphi}{\partial y_j} + i\, Q_j(x,\ell) = 0 \qquad j = 1,\dots,p$$

n'admet aucune solution φ, C^∞ dans un voisinage de l'origine, dont la partie réelle admette un maximum local à l'origine.

Proposition 4.1.4

Si z_o est un point de type r, on a les implications suivantes (A) => (P_1) => (B).

Preuve de l'implication (A) => (P_1)

Si ℓ est une forme linéaire dans Γ_{z_o}, et si γ est une autre forme linéaire sur $\mathfrak{g}$, dont la restriction à $\mathfrak{g}^2$ est égale à celle de ℓ, on vérifie facilement que γ est elle-même dans Γ_{z_o}. Par conséquent, le spectre de la représentation $\Pi_{(\ell,\mathfrak{g}^2)}$ est inclus dans Γ_{z_o}. D'après la proposition 2.2.1 du chapitre II, la propriété (A) entraîne que l'on a, avec la même constante C_o que dans l'inégalité (3.2.6) :

$$(4.1.13) \qquad \sum_{j=1}^{2p} ||\Pi_{(\ell,\mathfrak{g}^2)}(Y_j)\Psi||^2 \leq C_o \sum_{j=1}^{p} ||\Pi_{(\ell,\mathfrak{g}^2)}(Z_j)\Psi||^2$$

pour tout $\ell \in \Gamma_{z_o}$ et pour tout $\Psi \in \mathcal{S}(R^{2p})$.

Supposons que (P_1) ne soit pas vérifiée. Sous cette hypothèse, il existe une forme linéaire $\ell \in \Gamma_{z_o}$, non nulle sur $\mathfrak{g}^2$, un voisinage V de O dans R^{2p}, et une fonction $\varphi \in C^\infty(V)$ vérifiant (4.1.12) dans V, et de plus :

$$(4.1.14) \qquad \operatorname{Re}\varphi(x) \leq \operatorname{Re}\varphi(o) \qquad \forall x \in V$$

Pour tout $\lambda \in R$, la forme linéaire $\lambda\ell$ est dans Γ_{z_o} (cf. chapitre IV - Remarque 4.4.6). Si (A) est vérifiée, on a donc :

$$(4.1.15) \qquad \sum_{j=1}^{2p} ||\Pi_{(\lambda\ell,\mathfrak{g}^2)}(Y_j)\Psi||^2 \leq C_o \sum_{j=1}^{p} ||\Pi_{(\lambda\ell,\mathfrak{g}^2)}(Z_j)\Psi||^2$$

pour tout $\lambda \in R$ et pour tout $\Psi \in \mathcal{S}(R^{2p})$. On définit des opérateurs différentiels

$\tilde{X}_j$ dans $R^{2p+1} = R^{2p}_x \times R_y$ en posant, avec les notations (4.1.1) :

$$(4.1.16) \qquad \tilde{X}_j = \frac{\partial}{\partial x_j} + P_j(x,\ell)\frac{\partial}{\partial y}$$

On pose aussi $\tilde{L}_j = \tilde{X}_j + i\,\tilde{X}_{p+j}$ $(j = 1,\dots,p)$. L'inégalité (4.1.15) entraîne, par transformation de Fourier :

$$(4.1.17) \qquad \sum_{j=1}^{2p} ||\tilde{X}_j\Psi||^2 \leqslant C_o \sum_{j=1}^{p} ||\tilde{Z}_j\Psi||^2 \qquad \forall\, \Psi \in \mathcal{S}(R^{2p+1})$$

Si la restriction de ℓ à $\mathfrak{g}^2$ n'est pas nulle, on voit d'après (4.1.5) et (4.1.6) que les champs de vecteurs $\tilde{X}_j$ vérifient la condition de Hörmander $(C\text{-}H\text{-})_r$. Comme on l'a vu au chapitre I, l'inégalité (4.1.17) entraîne que le système $(\tilde{L}_1,\dots,\tilde{L}_p)$ est hypoelliptique dans R^{2p+1}. Il existe donc une constante $C_1 > 0$ telle que l'on ait :

$$(4.1.18) \qquad \left|\frac{\partial\Psi}{\partial y}(o,o)\right| \leqslant C_1 \sup_{\substack{x\in V\\ |y|\leqslant 1}} |\Psi(x,y)|$$

pour toute fonction $\Psi \in C^\infty(V \times R)$ vérifiant les équations $\tilde{Z}_j\,\Psi = 0$, $(1 \leqslant j \leqslant p)$. Si $\varphi \in C^\infty(V)$ vérifie (4.1.12) et (4.1.14) dans V, posons, pour tout $\lambda > 0$

$$(4.1.19) \qquad \Psi_\lambda(x,y) = \exp\ \lambda[\varphi(x) + i\,y]$$

Cette fonction vérifie $\tilde{Z}_j\,\Psi_\lambda = 0$ dans $V \times R$ $(j = 1,\dots,p)$. En lui appliquant l'inégalité (4.1.18), on obtient

$$(4.1.20) \qquad \lambda|\exp\lambda\,\varphi(o)| \leqslant C_1 \sup_{x\in V} |\exp\lambda\,\varphi(x)| \qquad \forall\,\lambda > 0$$

ce qui est en contradiction avec (4.1.14) quand λ est assez grand.

Preuve de l'implication $(P_1) \Rightarrow (B)$

On remarque que, si une forme linéaire $\ell \in \mathfrak{g}^*$ s'annule sur $\mathfrak{g}^2$, la représentation Π_ℓ est scalaire, et que la condition d'injectivité (B) est vérifiée pour cette forme ℓ. Si l'on suppose que (B) n'est pas vérifiée, il existe donc une forme linéaire $\ell \in \Gamma_{z_o}$, non nulle sur $\mathfrak{g}^2$, et une fonction $\Psi \in \mathcal{S}(R^{k(\ell)})$, non nulle, telles que

$$(4.1.21) \qquad \Pi_\ell(Z_j)\Psi = 0 \qquad j = 1,\dots,p$$

Il existe un point $x_o \in R^{k(\ell)}$ tel que :

$$(4.1.22) \qquad |\Psi(x_o)| = \sup_{x\in R^{k(\ell)}} |\Psi(x)| \neq 0$$

Quitte à remplacer Π_ℓ par une représentation qui lui est équivalente, on peut toujours supposer que $x_o = 0$. D'après la proposition 4.1.1, on a $k(\ell) \leqslant 2p$, et, en appliquant la proposition 2.2.1 de [HE-NO,2], on voit qu'il existe une représentation $\tilde{\Pi}$ de $\mathfrak{g}$ dans $\mathcal{S}(R^{2p})$, unitairement équivalente à $\Pi_{(\ell,\mathfrak{g}^2)}$, telle que :

1) La transformation T qui réalise l'équivalence est de la forme suivante :

(4.1.23) $\quad Tf(x) = e^{iP(x)} f(Ax) \, |\det A|^{1/2}$

où A est une application linéaire inversible dans R^{2p}, et P un polynôme à coefficients réels.

2) Si l'on désigne par $(x',x")$ la variable de R^{2p} $(x' \in R^{k(\ell)}, x" \in R^{2p-k(\ell)})$, les opérateurs différentiels $\tilde{\Pi}(X_j)$ ont leurs coefficients indépendants des variables x";

3) Il existe $\xi" \in R^{2p-k(\ell)}$ tel que la représentation de $\mathfrak{g}$ dans $\mathcal{S}(R^{k(\ell)})$ qui, à tout $X \in \mathfrak{g}$, associe l'opérateur $\tilde{\Pi}(X)(x',\partial_{x'},i\xi")$ soit unitairement équivalente à Π_ℓ. De plus, la tranformation qui réalise l'équivalence est d'une forme analogue à (4.1.23), (avec 2p remplacé par $k(\ell)$).

On en déduit qu'il existe une fonction $\tilde{\Psi} \in C^\infty(R^{2p})$ telle que :

(4.1.24) $\quad \Pi_{(\ell,\mathfrak{g}^2)}(Z_j)\tilde{\Psi} = 0$

(4.1.25) $\quad |\tilde{\Psi}(o)| = \sup_{x \in R^{2p}} |\tilde{\Psi}(x)| \neq 0$

Il existe un voisinage V de l'origine dans lequel on peut écrire $\tilde{\Psi} = \exp \varphi$, et la fonction φ vérifie (4.1.12) et (4.1.14) dans V. Par conséquent, la propriété (P_1) n'est pas vérifiée.

Remarque 4.1.5

Si une fonction φ vérifie (4.1.12), sa partie réelle Ψ vérifie :

(4.1.26) $$\frac{\partial^2}{\partial \bar{z}_j \, \partial z_k} (\Psi - \frac{1}{2} \operatorname{Im} Q(.,\ell)) = 0 \qquad j,k = 1,\ldots,p$$

Inversement, si une fonction Ψ réelle vérifie (4.1.26), c'est la partie réelle d'une fonction φ vérifiant (4.1.12). Par conséquent, la condition (P_1) peut se formuler de manière équivalente :

(P_1) Pour tout $\ell \in \Gamma_{z_o}$, dont la restriction à $\mathfrak{g}^2$ n'est pas nulle, il n'existe aucune fonction Ψ, C^∞ dans un voisinage de l'origine, à valeurs réelles, admettant un maximum local à l'origine et vérifiant (4.1.26).

§ 4.2 - Formulation globale (P_2)

Définition 4.2.1

Pour tout $\ell \in \Gamma_{z_o}$, soit $E(\ell)$ l'ensemble des polynômes Ψ à coefficients réels sur R^{2p}, de degré $\leqslant r$, nuls à l'origine, tels que, pour toute suite α d'entiers compris entre 1 et 2p, (si $|\alpha| \leqslant r-2$), pour tous entiers j et k entre 1 et p, on ait :

(4.2.1) $$\partial_x^\alpha \left(\frac{\partial^2 \Psi}{\partial \bar{z}_j \, \partial z_k}\right)(o) = \frac{i}{8} \, \ell(Y_{\alpha,j,k})$$

D'après (4.1.10), un polynôme Ψ de degré $\leqslant r$ vérifie (4.2.1) si et seulement s'il vérifie les égalités suivantes, globalement dans R^{2p}

$$(4.2.2) \qquad \frac{\partial^2}{\partial \bar{z}_j \, \partial z_k} \left[\Psi(x) - \frac{1}{2} \operatorname{Im} Q(x,\ell)\right] = 0 \qquad \forall\, x \in R^{2p}$$

Définition 4.2.2

On dit que la condition (P_2) est vérifiée en un point $z_o \in M$ si, pour tout $\ell \in \Gamma_{z_o}$, il n'existe aucun polynôme $\Psi \in E(\ell)$, non nul, admettant un maximum local à l'origine.

Le résultat principal de ce paragraphe est la proposition suivante :

Proposition 4.2.3

Les propriétés (P_1) et (P_2) sont équivalentes.

Dans la démonstration de cette proposition, nous utiliserons la formulation de (P_1) énoncée à la fin du § 4-1.

Preuve de l'implication $(P_1) \Rightarrow (P_2)$

Supposons que (P_2) ne soit pas vérifiée. Sous cette hypothèse, il existe une forme linéaire $\ell \in \Gamma_{z_o}$ et un polynôme $\Psi \in E(\ell)$, non nul, admettant à l'origine un maximum local.

La fonction Ψ vérifie donc (4.1.26) globalement dans R^{2p}. Pour montrer que (P_1) n'est pas vérifiée, il suffit de montrer que ℓ n'est pas nulle sur $\mathcal{G}^2$. Si ℓ était nulle sur $\mathcal{G}^2$, d'après la remarque 4.1.2, on aurait :

$$(4.2.2) \qquad \frac{\partial^2 \operatorname{Im} Q(x,\ell)}{\partial \bar{z}_j \, \partial z_k} = 0 \qquad \forall\, x \in R^{2p}$$

Les égalités (4.1.26) et (4.2.2) montrent que

$$(4.2.3) \qquad \frac{\partial^2 \Psi(x)}{\partial \bar{z}_j \, \partial z_k} = 0 \qquad \forall\, x \in R^{2p} \qquad \forall\, j,k \leqslant p$$

D'après le principe du maximum, cette égalité est en contradiction avec le fait que Ψ admet un maximum local sans être constante.

Preuve de l'implication $(P_2) \Rightarrow (P_1)$

Supposons que (P_1) ne soit pas vérifiée. Sous cette hypothèse il existe une forme linéaire $\ell \in \Gamma_{z_o}$, non nulle sur $\mathcal{G}^2$, et une fonction Ψ, C^∞ dans un voisinage V de l'origine, à valeurs réelles, vérifiant (4.1.26) dans V et admettant un maximum local à l'origine.

Soit q le plus petit entier compris entre 2 et r tel que ℓ ne soit pas nulle sur $\mathcal{G}_q$. On peut toujours supposer que ℓ est nulle sur $\mathcal{G}_1$. On définit une forme linéaire γ sur $\mathfrak{g}$ en posant :

$$(4.2.4)\qquad \begin{cases} \gamma(X) = \ell(X) & \text{si } X \in \mathfrak{g}_q \\ \gamma(X) = 0 & \text{si } X \in \mathfrak{g}_j\ ,\ j \neq q. \end{cases}$$

Montrons que $\gamma \in \Gamma_{z_o}$. La forme γ est la limite de la suite de formes linéaires ℓ_n définies par :

$$(4.2.5)\qquad \ell_n(X) = n^{q-j}\ell(X) \qquad \text{si } X \in \mathfrak{g}_j \quad (1 \leqslant j \leqslant r)$$

Puisque Γ_{z_o} est stable aussi bien par les dilatations de $\mathfrak{g}$ que par les homothéties usuelles, les formes ℓ_n sont dans Γ_{z_o}. Puisque cet ensemble est fermé, γ est aussi dans Γ_{z_o}.

Montrons que la fonction $x \to \Psi(x) - \Psi(o)$ s'annule à l'origine avec un ordre $\geqslant q$. Supposons cette affirmation fausse, et désignons par q' l'ordre d'annulation à l'origine de cette fonction ($2 \leqslant q' \leqslant q - 1$), et par Ψ' la somme des termes homogènes de degré q' du développement taylorien de Ψ. On a $\Psi'(x) \leqslant 0$ pour tout $x \in R^{2p}$, et Ψ' n'est pas identiquement nul. Puisque $q' < q$, la forme ℓ est supposée nulle sur $\mathfrak{g}_{q'}$, ce qui entraîne, d'après la remarque 4.1.2 que les égalités (4.1.11) sont vérifiées si $|\alpha| = q' - 2$. Puisque Ψ vérifie (4.1.26), on en déduit que :

$$(4.2.6)\qquad \partial_x^\alpha \frac{\partial^2\Psi}{\partial\bar{z}_j\,\partial z_k}(o) = 0 \qquad \text{si } |\alpha| = q' - 2 \quad \text{et } 1 \leqslant j,k \leqslant p$$

D'après la définition de Ψ', on en déduit que $\frac{\partial^2\Psi'}{\partial\bar{z}_j\,\partial z_k} = 0$, ce qui est en contradiction avec le fait que Ψ' admet un maximum à l'origine sans être constante.

Par conséquent la fonction $\Psi(x) - \Psi(o)$ s'annule bien à l'origine avec un ordre $\geqslant q$. Désignons maintenant par $\tilde{\Psi}(x)$ la somme des termes homogènes de degré q de son développement taylorien. Montrons que le polynôme $\tilde{\Psi}$ n'est pas identiquement nul. Si $\tilde{\Psi}$ était identiquement nul, les égalités (4.2.6) seraient vérifiées si $|\alpha| = q - 2$ et $1 \leqslant j,k \leqslant p$. D'après (4.1.26) les égalités (4.1.11) seraient vérifiées pour les mêmes valeurs de α,j et k. D'après la remarque 4.1.2, la restriction de ℓ à $\mathfrak{g}_q$ serait nulle, contrairement à la définition de l'entier q.

Montrons maintenant que le polynôme $\tilde{\Psi}$ est dans l'ensemble $E(\gamma)$, c'est à dire vérifie les égalités (4.2.1), avec ℓ remplacé par γ.

Si $|\alpha| \neq q-2$, on a d'après la définition de $\tilde{\Psi}$ et celle de γ

$$(4.2.7)\qquad \partial_x^\alpha \frac{\partial^2\tilde{\Psi}}{\partial\bar{z}_j\,\partial z_k}(o) = 0 = \frac{i}{8}\,\gamma(Y_{\alpha,j,k})$$

Si $|\alpha| = q-2$, on a, puisque Ψ vérifie (4.1.26)

(4.2.8) $$\partial_x^\alpha \frac{\partial^2 \tilde{\Psi}}{\partial \bar{z}_j\, \partial z_k}(o) = \partial_x^\alpha \frac{\partial^2 \Psi}{\partial \bar{z}_j\, \partial z_k}(o) = \frac{1}{2}\, \partial_x^\alpha \left.\frac{\partial^2\ \mathrm{Im}\ Q(x,\ell)}{\partial \bar{z}_j\, \partial z_k}\right|_{x=o}$$

D'après (4.1.10) on en déduit que, si $|\alpha| = q-2$, on a

(4.2.9) $$\partial_x^\alpha \frac{\partial^2 \Psi}{\partial \bar{z}_j\, \partial z_k}(o) = \frac{i}{8}\, \ell(Y_{\alpha,j,k}) = \frac{i}{8}\, \ell(Y_{\alpha,j,k})$$

Les égalités (4.2.7) et (4.2.9) montrent que Ψ est dans $E(\ell)$.

En résumé, nous avons trouvé une forme linéaire $\ell \in \Gamma_{z_o}$ et un polynôme $\Psi \in E(\ell)$, non nul, admettant un maximum local à l'origine. Par conséquent, la propriété (P_1) n'est pas vérifiée.

§ 4.3 - Lien avec la matrice de Lévi

Il existe une matrice hermitienne $a_{jk}(x,t)$ $(1 \leqslant j,k \leqslant p)$, dépendant de manière C^∞ de $(x,t) \in M$, telle que

(4.3.1) $$[L_j, \bar{L}_k] = \frac{1}{i}\, a_{jk}(x,t)\, \frac{\partial}{\partial t}$$

Plus généralement, pour tout Y dans le complexifié de $\mathfrak{g}^2$, il existe une fonction $\varphi_Y \in C^\infty(M)$, telle que

(4.3.2) $$\lambda(Y) = \frac{1}{i}\, \varphi_Y(x,t)\, \frac{\partial}{\partial t}$$

Si Y est l'élément $Y_{\alpha,j,k}$ défini en (4.1.8), la fonction φ_Y sera notée $\varphi_{\alpha,j,k}$.

Proposition 4.3.1

Soient (z_n) une suite dans M, (d_n) une suite dans $\mathbb{R}^+$, (τ_n) une suite dans $\mathbb{R}$, z_o un point de M, et Ψ un polynôme sur $\mathbb{R}^{2p}$, réel, de degré $\leqslant r$, nul à l'origine. On suppose que :

(4.3.3) $$z_n \to z_o \quad , \quad d_n \to 0 \qquad |\tau_n| \to \infty$$

et que, pour toute suite α d'entiers compris entre 1 et 2p, pour tous entiers j et k compris entre 1 et p, on a

(4.3.4) $$\tau_n\, d_n^{|\alpha|+2}\, X^\alpha\, a_{jk}(z_n) \to 8\, \partial_x^\alpha \left(\frac{\partial^2 \Psi}{\partial \bar{z}_j\, \partial z_k}\right)(o) \qquad \text{si } |\alpha| \leqslant r-2.$$

Alors il existe $\ell \in \Gamma_{z_o}$ tel que $\Psi \in E(\ell)$. Réciproquement, pour tous $\ell \in \Gamma_{z_o}$ et $\Psi \in E(\ell)$, il existe des suites (z_n), (d_n) et (τ_n) vérifiant (4.3.3) et (4.3.4).

Démonstration

Nous utiliserons des arguments inspirés de Kohn [KO,2]. Si m est un entier compris entre 2 et r, désignons par I^m l'idéal de $C^\infty(M)$ engendré par les fonctions $X^\alpha a_{jk}$ $(|\alpha| \leqslant m-2,\ 1 \leqslant j,k \leqslant p)$. On vérifie facilement, par récurrence sur $|\alpha|$, les propriétés suivantes :

1) On a $\varphi_{\alpha,j,k} = X^\alpha a_{jk} \text{ mod. } I^{|\alpha|+1}$ $\quad (|\alpha| \leqslant r-2)$

2) Si $X \in \mathfrak{g}_j$ et $Y \in \mathfrak{g}_k$ ($j \geqslant 2$, $k \geqslant 2$, $j+k \leqslant r$), la fonction φ_Z associée par (4.3.2) à l'élément $Z = [X,Y]$ est dans I^{j+k-1}.

On en déduit facilement que I^m est aussi l'idéal de $C^\infty(M)$ engendré par les fonctions φ_Y correspondant aux éléments $Y \in \mathfrak{g}_j$ $(2 \leqslant j \leqslant m)$.

Soient (z_n), (d_n) et (τ_n) des suites et Ψ un polynôme vérifiant (4.3.3) et (4.3.4). On définit une forme linéaire $\ell \in \mathfrak{g}^*$ en posant :

(4.3.5) $\quad \ell(Y) = 0 \quad$ si $Y \in \mathfrak{g}_1$

(4.2.1) $\quad \ell(Y_{\alpha,j,k}) = -8\, i\, \partial_x^\alpha \left(\dfrac{\partial^2\Psi}{\partial\bar{z}_j\, \partial z_k}\right)(o)$

et, pour toute suite $\alpha = (\alpha_1,\ldots,\alpha_m)$ d'entiers compris entre 1 et 2p, $(m \leqslant r-2)$

(4.3.6) $\quad \ell((\text{ad } Y_{\alpha_1})\ldots(\text{ad } Y_{\alpha_m})(\text{ad } Z_j)Z_k) = 0$

Il existe une forme linéaire $\ell \in \mathfrak{g}^*$ et une seule vérifiant ces égalités. En utilisant (4.3.3) et les deux remarques ci-dessus, on voit que, pour tout $Y \in \mathfrak{g}_j$ $(2 \leqslant j \leqslant r)$, on a

(4.3.7) $\quad \tau_n\, d_n^j\, \varphi_Y(z_n) \to i\, \ell(Y)$

Par conséquent, $\ell \in \Gamma_{z_o}$. Puisque les égalités (4.2.1) sont vérifiées, le polynôme Ψ est dans $E(\ell)$.

Réciproquement, soit $\ell \in \Gamma_{z_o}$ et soit $\Psi \in E(\ell)$. Soient (z_n), (d_n) et (τ_n) des suites vérifiant (4.3.3) et (4.3.7). Les remarques 1) et 2) ci-dessus nous montrent que (4.3.4) est bien vérifiée.

Nous utiliserons la proposition suivante, qui se déduit facilement des remarques ci-dessus.

Proposition 4.3.2 (Kohn [KO,2])

Les deux propriétés suivantes sont équivalentes :

i) z_o est un point de type $\leqslant r$.

ii) Il existe une suite d'entiers α telle que $|\alpha| \leqslant r-2$, et deux entiers j et $k \leqslant p$ tels que

(4.3.8) $\quad X^\alpha a_{jk}(z_o) \neq 0$

§ 5 - Equivalence des conditions (P) et (P_2)

§ 5.1 - Etude de l'ensemble $H(z_o)$ (cf définition 3.1.1)

Proposition 5.1.1

Pour tout $z_o = z(x_o,t_o) \in M$, et pour tout polynôme P à coefficients complexes, de degré $\leqslant r$, nul au point x_o, il existe une fonction $g \in H(z_o)$ unique, telle que :

$$\partial_z^\alpha(\Delta(f,g) - P)(x_o) = 0 \qquad \text{si } |\alpha| \leqslant r. \tag{5.1.1}$$

Démonstration

Pour tout $m \geqslant 1$, soit E_m l'espace des polynômes à coefficients complexes sur R^{2p}, homogènes de degré m, et vérifiant les équations de Cauchy-Riemann (3.1.1). Soit $T = E_m \to E_m$ l'application qui, à tout $\varphi \in E_m$, fait correspondre :

$$T_\varphi(x) = \sum_{|\alpha|=m} \partial_z^\alpha(\mathrm{Im}\ \varphi)(o)\ \frac{z^\alpha}{\alpha!} \tag{5.1.2}$$

On a adopté la notation évidente suivante, pour $\alpha = (\alpha_1,\dots,\alpha_p) \in N^p$:

$$z^\alpha = (x_1 + i\ x_{p+1})^{\alpha_1} \dots (x_p + i\ x_{2p})^{\alpha_p}$$

Il est clair que $T = E_m \to E_m$ est un isomorphisme. Par conséquent, pour tous $\Psi \in E_m$ et $\lambda \in R$, il existe $\varphi \in E_m$ unique tel que l'on ait, en posant $u = \mathrm{Re}\ \varphi$ et $v = \mathrm{Im}\ \varphi$.

$$\partial_z^\alpha(u - \lambda v + \Psi)(o) = 0 \qquad \text{si } |\alpha| \leqslant m. \tag{5.1.3}$$

En effet, si l'on pose $\tilde{\varphi} = (\lambda - i)\varphi$, l'égalité (5.1.3) est équivalente à $T\ \tilde{\varphi} = \Psi$.

Pour démontrer la proposition, on peut toujours supposer que $z_o = 0$, que $f(o,o) = 0$, et que le polynôme P vérifie les équations (3.1.1). Soit E^m l'espace $E_1 \oplus \dots \oplus E_m$. Nous allons montrer, par récurrence sur m, la propriété suivante : pour tout $P \in E^m$, il existe une fonction $g \in E^m$, unique, vérifiant les égalités (5.1.1) pour tout multi-indice α tel que $|\alpha| \leqslant m$. Cette propriété est évidente lorsque $m = 1$. Supposons-la démontrée pour l'entier m-1. Soit $P \in E^m$. On peut écrire $P = P_o + P_1$ avec $P_o \in E^{m-1}$ et $P_1 \in E_m$. D'après l'hypothèse de récurrence, il existe $g_o \in E^{m-1}$ unique tel que

$$\partial_z^\alpha(\Delta(f,g_o) - P_o)(o) = 0 \qquad \text{si } |\alpha| \leqslant m-1$$

La fonction g cherchée est nécessairement de la forme $g = g_o + g_1$, avec $g_1 \in E_m$. Soit Ψ la somme des termes homogènes de degré m dans le développement taylorien à l'origine de la fonction $\Delta(f,g_o)-P$. Il nous suffit de choisir $g_1 \in E_m$ tel que les égalités (5.1.1) soient vérifiées lorsque $|\alpha| = m$, (avec $g = g_o + g_1$). Ces égalités sont équivalentes à :

$$\partial_z^\alpha[\Psi + \frac{\partial f}{\partial t}(o,o)\ (\mathrm{Im}\ g_1) - (\mathrm{Re}\ g_1)] = 0 \qquad \text{si } |\alpha| = m \tag{5.1.4}$$

Comme on l'a vu plus haut, il existe $g_1 \in E_m$ unique vérifiant ces égalités. La proposition est donc démontrée.

Nous allons maintenant examiner le lien enre les fonctions de l'ensemble $H(z_o)$ et la matrice de Lévi a_{jk}, définie par l'égalité (4.3.1). Pour cela, nous utiliserons la famille d'opérateurs différentiels définie ci-dessous :

Définition 5.1.2

Pour tout $m \geqslant 2$, on désigne par A^m l'ensemble des opérateurs différentiels sur R^{2p} de la forme suivante :

$$(5.1.5) \qquad P\varphi = (\partial_x^{\alpha_1}\varphi)\dots(\partial_x^{\alpha_q}\varphi) \qquad \forall\ \varphi \in C^\infty(R^{2p})$$

où q est un entier $\geqslant 1$, et les multi-indices α_j vérifient :

$$(5.1.6) \qquad 1 \leqslant |\alpha_j| \leqslant m-1 \qquad \sum |\alpha_j| \leqslant m$$

On posera :

$$(5.1.7) \qquad F(x,t) = \frac{1}{8}\left[1 + \frac{\partial f}{\partial t}(x,t)^2\right]$$

Proposition 5.1.3

Soient α une suite d'entiers compris entre 1 et 2p, et j,k deux entiers compris entre 1 et p. Alors, il existe un nombre fini d'opérateurs P_ℓ dans $A^{|\alpha|+2}$ et de fonctions F_ℓ dans $C^\infty(M)$ tels qu'on ait la propriété suivante : pour tout $z_o \in M$ et pour toute fonction $g \in H(z_o)$, on a, en posant $\varphi = \Delta(f,g)$ et $v = \operatorname{Im} g$, l'égalité suivante :

$$(5.1.8) \qquad \partial_x^\alpha \left(\frac{\partial^2\varphi}{\partial\bar{z}_j\,\partial z_k}\right) = F(x,v(x))\,(X^\alpha a_{jk})(x,v(x)) + \sum_\ell F_\ell(x,v(x))\,P_\ell\,\varphi(x)$$

pour tout $x \in R^{2p}$.

Démonstration

Commençons par démontrer (5.1.8) lorsque $|\alpha| = 0$. Un calcul élémentaire montre que, si $g \in H(z_o)$, $\varphi = \Delta(f,g)$, $v = \operatorname{Im} g$, et si L_j est l'opérateur défini en (1.3) et vérifiant (1.4), on a, compte tenu de (3.1.1):

$$(5.1.9) \qquad \frac{\partial\varphi}{\partial\bar{z}_j} = \left[i + \frac{\partial f}{\partial t}(x,v(x))\right]\left[\frac{\partial v}{\partial\bar{z}_j} - \frac{1}{2}\alpha_j(x,v(x))\right]$$

On en déduit facilement que :

$$(5.1.10) \qquad \frac{\partial^2\varphi}{\partial\bar{z}_j\,\partial z_k} = F(x,v(x))\,a_{jk}(x,v(x)) + F_1(x,v(x))\frac{\partial\varphi}{\partial\bar{z}_j} + F_2(x,v(x))\frac{\partial\varphi}{\partial z_k} + F_3(x,v(x))\frac{\partial\varphi}{\partial\bar{z}_j}\frac{\partial\varphi}{\partial z_k}$$

où F_1, F_2 et F_3 sont trois fonctions dans $C^\infty(M)$, ne dépendant que de f. La proposition est donc démontrée lorsque $|\alpha| = 0$. Elle se démontre ensuite facilement par une récurrence sur la longueur de α, en utilisant les remarques suivantes :

1) Si $G(x,t)$ est une fonction dans $C^\infty(M)$, faisons-lui correspondre les fonctions suivantes :

$$(5.1.11)\qquad H(x) = G(x,v(x)) \quad G_1(x,t) = \frac{\partial G}{\partial t}\left[\frac{\partial f}{\partial t} + i\right]^{-1} \quad G_2(x,t) = \frac{\partial G}{\partial t}\left[\frac{\partial f}{\partial t} - i\right]^{-1}$$

Alors, on a les égalités suivantes :

$$(5.1.12)\qquad \frac{\partial H}{\partial \bar{z}_j} = \frac{1}{2}(L_j G)(x,v(x)) + G_1(x,v(x))\,\frac{\partial \varphi}{\partial \bar{z}_j}$$

$$(5.1.13)\qquad \frac{\partial H}{\partial z_j} = \frac{1}{2}(\bar{L}_j G)(x,v(x)) + G_2(x,v(x))\,\frac{\partial \varphi}{\partial z_j}$$

2) On a $A^{m-1} \subset A^m$. De plus, si $P \in A^{m-1}$, les opérateurs Q_1 et Q_2 définis par :

$$(5.1.14)\qquad Q_1\,\varphi = \left(\frac{\partial \varphi}{\partial z_j}\right)(P\varphi) \qquad Q_2\,\varphi = \frac{\partial}{\partial x_j}(P\varphi) \qquad (1 \leqslant j \leqslant 2p)$$

sont dans A^m.

3) Si $|\alpha| = m-1$, les opérateurs Q_1 et Q_2 définis par

$$(5.1.15)\qquad Q_1\,\varphi = \partial_x^\alpha\,\varphi \qquad Q_2\,\varphi = \left(\frac{\partial \varphi}{\partial x_j}\right)(\partial_x^\alpha\,\varphi)$$

sont dans A^m.

Pour tout $g \in H(z_o)$, nous allons maintenant établir le lien entre les dérivées successives des fonctions $\varphi = \Delta(f,g)$ et $v = \operatorname{Im} g$. D'après les égalités (5.1.9), il existe des fonctions F_{jk}, $\tilde{F}_{jk}$, G_j et $\tilde{G}_j$ dans $C^\infty(M)$, ne dépendant que de f, telles qu'on ait :

$$(5.1.16)\qquad \frac{\partial \varphi}{\partial x_j} = \sum_k F_{jk}(x,v(x))\,\frac{\partial v}{\partial x_k} + G_j(x,v(x))$$

$$(5.1.17)\qquad \frac{\partial v}{\partial x_j} = \sum_k \tilde{F}_{jk}(x,v(x))\,\frac{\partial \varphi}{\partial x_k} + \tilde{G}_j(x,v(x))$$

On en déduit facilement la proposition suivante, par récurrence, en utilisant les remarques ci-dessus.

Proposition 5.1.4

Soit α un multi-indice dans N^{2p}, tel que $|\alpha| \geqslant 2$. Alors, il existe un nombre fini d'opérateurs P_j dans $A^{|\alpha|}$, et de fonctions $A_{\alpha\beta}$, $B_{\alpha j}$ et C_α dans $C^\infty(M)$, tels qu'on ait la propriété suivante : pour tout $z_o \in M$ et pour toute fonction $g \in H(z_o)$, on a, en posant $\varphi = \Delta(f,g)$ et $v = \operatorname{Im} g$, l'égalité suivante :

$$(5.1.18)\qquad \partial_x^\alpha\,\varphi(x) = \sum_{|\beta|=|\alpha|} A_{\alpha\beta}(x,v(x))\,\partial_x^\beta v(x) + \sum_j B_{\alpha j}(x,v(x))P_j v(x) + C_\alpha(x,v(x))$$

De même, il existe des opérateurs $\tilde{P}_j$ dans $A^{|\alpha|}$ et des fonctions $\tilde{A}_{\alpha\beta}$, $\tilde{B}_{\alpha j}$ et $\tilde{C}_\alpha$ dans $C^\infty(M)$ tels qu'on ait :

$$(5.1.19)\qquad \partial_x^\alpha v(x) = \sum_{|\beta|=|\alpha|} \tilde{A}_{\alpha\beta}(x,v(x))\partial_x^\beta\varphi(x) + \sum_j \tilde{B}_{\alpha j}(x,v(x))\tilde{P}_j\varphi(x) + \tilde{C}_\alpha(x,v(x))$$

Enfin, il existe des opérateurs P'_j dans $A^{|\alpha|}$ et des fonctions $A'_{\alpha\beta}$, $B'_{\alpha j}$ et C'_α dans $C^\infty(M)$ tels que

$$(5.1.20)\qquad \partial_x^\alpha\varphi(x) = \sum_{|\beta|=|\alpha|} A'_{\alpha\beta}(x,v(x))\partial_x^\beta v(x) + \sum B'_{\alpha j}\ (x,v(x))P'_j\varphi(x) + C'_\alpha(x,v(x))$$

§ 5.2 - Preuve de l'implication $(P_2) \Rightarrow (P)$

Nous allons démontrer dans ce paragraphe l'implication $(P_2) \Rightarrow (P^+)$. L'implication $(P_2) \Rightarrow (P^-)$ se démontre de même. Nous utiliserons souvent la remarque suivante :

Remarque 5.2.1

Pour tout $m > 0$, il existe $C_m > 0$ tel qu'on ait les inégalités suivantes ; pour tout polynôme P, à coefficients complexes, sur R^{2p}, de degré $\leqslant m$, et pour tout $d > 0$

$$(5.2.1)\qquad C_m^{-1} \sup_{|x|\leqslant d} |P(x)| \leqslant \sum_{|\alpha|\leqslant m} d^{|\alpha|}\ |P^{(\alpha)}(o)| \leqslant C_m \sup_{|x|\leqslant d} |P(x)|$$

Supposons que la condition (P^+) ne soit pas vérifiée. Sous cette hypothèse, il existerait des suites $z_n = z(x_n,t_n)$ dans M, (d_n) dans R^+, et, pour tout n, il existerait $g_n \in H(z_n)$ tels que ; lorsque $n \to \infty$

$$(5.2.2)\qquad z_n \to z_o \qquad\qquad d_n \to 0$$

$$(5.2.3)\qquad \sup_{x\in V(z_n,d_n)} |\mathrm{Im}\ g_n(x) - t_n| \to 0$$

$$(5.2.4)\qquad \sup_{x\in V(z_n,d_n)} \Delta(f,g_n) \leqslant \varepsilon_n \sup_{x\in V(z_n,d_n)} |\Delta(f,g_n)|$$

où (ε_n) est une suite dans R^+, tendant vers 0. On posera $B_n = V(z_n,d_n)$, $\varphi_n = \Delta(f,g_n)$ $v_n = \mathrm{Im}\ g_n$, et

$$(5.2.5)\qquad \lambda_n = \sum_{|\alpha|\leqslant r} d_n^{|\alpha|}\ |\partial_x^\alpha\varphi_n(x_n)| \qquad\qquad \mu_n = \sup_{B_n} |v_n(x) - t_n|$$

$$(5.2.6)\qquad \tau_n = [\sup_{B_n} |\varphi_n(x)|]^{-1}$$

Lemme 5.2.2

Avec les notations ci-dessus, sous les hypothèses (5.2.2) et (5.2.3), on a les propriétés suivantes :

1) Il existe $C > 0$ tel que $\lambda_n \leqslant C(\mu_n + d_n)$ pour tout $n \geqslant 1$

2) Si $P \in A^m$, $(m \geqslant 2)$, il existe $C > 0$ tel que

(5.2.7) $$d_n^m \, |P\varphi_n(x_n)| \leqslant C\,\lambda_n(\lambda_n + d_n) \qquad \forall n \geqslant 1$$

3) Il existe $C > 0$ tel que $\mu_n \leqslant C(\lambda_n + d_n)$ pour tout $n \geqslant 1$

4) Il existe $C > 0$ tel que $d_n^r \leqslant C\,\lambda_n$ pour tout $n \geqslant 1$

5) Soit $T_n(x)$ le développement taylorien à l'ordre r de la fonction φ_n au point x_n, et soit $R_n(x)$ le reste correspondant. Alors on a

(5.2.8) $$\tau_n \sup_{B_n} |R_n(x)| \to 0$$

De plus, les suites $\tau_n\, d_n^{|\alpha|}\, \partial_x^\alpha\, \varphi_n(x_n)$ $(|\alpha| \leqslant r)$ sont bornées.

6) La suite τ_n tend vers $+\infty$.

7) Si $P \in A^m$ $(m \geqslant 2)$, on a $\tau_n\, d_n^m\, P\,\varphi_n(x_n) \to 0$.

Démonstration

Point 1 : D'après la remarque 5.2.1 appliquée à la fonction $\operatorname{Im} g_n(x) - t_n$, il existe $C > 0$ tel que

(5.2.9) $$d_n^{|\alpha|}\, |\partial_x^\alpha v_n(x_n)| \leqslant C\,\mu_n \to 0 \qquad \text{si } 1 \leqslant |\alpha| \leqslant r$$

Par conséquent, si P est un opérateur dans $A^m (2 \leqslant m)$, on a :

(5.2.10) $$d_n^m\, |Pv_n(x_n)| \leqslant C\,\mu_n$$

D'après (5.1.18) et (5.1.16), on en déduit que, si $1 \leqslant |\alpha| \leqslant r$, on a :

(5.2.11) $$d_n^{|\alpha|}\, |\partial_x^\alpha \varphi_n(x_n)| \leqslant C\,(\mu_n + d_n)$$

Ce qui, en se rappelant que $\varphi_n(x_n) = 0$, prouve le point 1, et le fait que λ_n tend vers 0.

Point 2 : Pour démontrer (5.2.7), on peut supposer que P est de la forme suivante :

(5.2.12) $$P\varphi = (\partial_x^{\alpha_1}\varphi)\ldots(\partial_x^{\alpha_q}\varphi)$$

où $q \geqslant 1$, $\sum_1^q |\alpha_\ell| \leqslant m$ et $1 \leqslant |\alpha_j| \leqslant m-1$ pour tout j. Distinguons deux cas. Si $q \geqslant 2$, on peut écrire, d'après la définition de λ_n et puisque cette suite tend vers 0 :

(5.2.13) $$d_n^m\, |P\varphi_n(x_n)| \leqslant C\,\lambda_n^2$$

Si $q = 1$, on a, puisque $|\alpha_1| \leqslant m-1$

(5.2.14) $$d_n^m\, |P\varphi_n(x_n)| \leqslant C\,\lambda_n\, d_n$$

de sorte que (5.2.7) est démontrée dans les deux cas.

Point 3 : On déduit de (5.1.19) et (5.2.7) que, si $1 \leqslant |\alpha| \leqslant r$, on a :

(5.2.15) $$d_n^{|\alpha|}\,|\partial_x^\alpha v_n(x_n)| \leqslant C(\lambda_n + d_n)$$

Compte tenu de la remarque 5.2.1, le point 3 est donc démontré.

Point 4 : Puisque z_o est un point de type $\leqslant r$, d'après la proposition 4.3.2, il existe une suite d'entiers α telle que $|\alpha| \leqslant r-2$, et deux entiers j et $k \leqslant p$ tels qu'on ait (4.3.8). D'après la proposition 5.1.3, on peut écrire :

(5.2.16) $$|X^\alpha a_{jk}(z_n)| \leqslant C\,|\partial_x^\alpha(\frac{\partial^2\varphi_n}{\partial\bar{z}_j\,\partial z_k})(x_n)| + C\sum_q |P_q\,\varphi_n(x_n)|$$

où la dernière somme contient un nombre fini de termes, les P_q étant des opérateurs dans $A^{|\alpha|+2}$. On déduit de (5.2.7) et (5.2.16) que :

(5.2.17) $$d_n^{|\alpha|+2}|X^\alpha a_{jk}(z_n)| \leqslant C\,\lambda_n$$

D'après (4.3.8), le membre de gauche de (5.2.17) est minoré par $C\,d_n^r$. Le point 4 est donc démontré.

Point 5 : D'après la formule de Taylor, on peut écrire :

(5.2.18) $$\sup_{B_n} |R_n(x)| \leqslant C\,A_n$$

où

(5.2.19) $$A_n = d_n^{r+1}\sum_{|\alpha|=r+1}\ \sup_{B_n} |\partial_x^\alpha\,\varphi_n(x)|$$

Commençons par montrer que $A_n \to 0$. D'après (5.2.9) et (5.2.1), on voit que :

$$\sup_{B_n} d_n^{|\alpha|}\,|\partial_x^\alpha v_n(x)| \leqslant C\,\mu_n \qquad \text{si} \quad 1 \leqslant |\alpha| \leqslant r$$

Avec les mêmes arguments qu'au point 2, on en déduit que, si $P \in A^m$ $(m \geqslant 2)$, on a :

$$\sup_{B_n} d_n^m\,|Pv_n(x)| \leqslant C\,\mu_n(\mu_n + d_n) \leqslant C'\,\mu_n$$

D'après (5.1.18), on en déduit que :

(5.2.20) $$A_n \leqslant C(\mu_n + d_n^{r+1}) \to 0$$

Nous allons maintenant démontrer que $A_n \leqslant C\ \lambda_n(\lambda_n + d_n)$. On remarque que, si $1 \leqslant |\alpha| \leqslant r$, on a, d'après la formule de Taylor :

$$\sup_{B_n} d_n^{|\alpha|}\,|\partial_x^\alpha\ \varphi_n(x)| \leqslant C\,(\lambda_n + A_n)$$

Si $P \in A^m$, on en déduit, avec le même argument qu'au point 2, que :

$$(5.2.21)\qquad \sup_{B_n} d_n^m |P\varphi_n(x)| \leqslant C(\lambda_n + A_n)(\lambda_n + A_n + d_n)$$

D'après (5.1.20), il existe un nombre fini d'opérateurs P_j dans A^{r+1} tels que

$$(5.2.22)\qquad A_n \leqslant C\, d_n^{r+1}(1 + \sum_j \sup_{B_n} |P_j\, \varphi_n(x)|)$$

D'après (5.2.21), (5.2.22), et d'après le point 4, on a :

$$(5.2.23)\qquad A_n \leqslant (\lambda_n + A_n)(\lambda_n + A_n + d_n)$$

Puisque les suites A_n, λ_n et d_n tendent vers 0, on en déduit bien que :

$$(5.2.24)\qquad A_n \leqslant C\ \lambda_n(\lambda_n + d_n).$$

D'après la remarque 5.2.1 et la formule de Taylor, on a :

$$(5.2.25)\qquad \lambda_n \leqslant C \sup_{B_n} |T_n(x)| \leqslant C \sup_{B_n} |\varphi_n(x)| + C \sup_{B_n} |R_n(x)| \leqslant C\, \tau_n^{-1} + C\, A_n$$

On déduit de ces deux dernières inégalités que

$$(5.2.26)\qquad \tau_n A_n \leqslant C(\lambda_n + d_n) \to 0 \quad \text{et } \tau_n \lambda_n \leqslant C.$$

ce qui démontre le point 5 d'après (5.2.18).

Point 6 : D'après la formule de Taylor et la remarque 5.2.1, on a

$$\tau_n^{-1} = \sup_{B_n} |\varphi_n(x)| \leqslant \sup_{B_n} |T_n(x)| + \sup_{B_n} |R_n(x)| \leqslant C\,(\lambda_n + A_n) \to 0$$

ce qui démontre le point 6.

Point 7 : D'après (5.2.7), (5.2.25) et (5.2.26), on a, si $P \in A^m$:

$$\tau_n d_n^m |P\, \varphi_n(x_n)| \leqslant C\ \tau_n\ \lambda_n(\lambda_n + d_n) \leqslant C\, \tau_n(\lambda_n + d_n)\,(\tau_n^{-1} + A_n) \leqslant C\,(\lambda_n + d_n)\,(1 + \lambda_n + d_n) \to 0$$

Le lemme 5.2.2 est donc démontré.

Fin de la preuve de l'implication $(P_2) \Rightarrow (P)$

D'après le point 5 du lemme 5.2.2, les suites $\tau_n d_n^{|\alpha|} \partial_x^\alpha \varphi_n(x_n)$ $(|\alpha| \leqslant r)$ sont bornées. Quitte à extraire des sous-suites, on peut supposer qu'elles admettent des limites p_α.

$$(5.2.27)\qquad \tau_n d_n^{|\alpha|} \partial_x^\alpha \varphi_n(x_n) \to p_\alpha \qquad (|\alpha| \leqslant r)$$

Posons alors

$$(5.2.28)\qquad P(x) = \sum_{|\alpha|\leqslant r} p_\alpha \frac{x^\alpha}{\alpha!} \qquad \forall x \in R^{2p}$$

et

$$(5.2.29)\qquad \tilde{\varphi}_n(x) = \tau_n\, \varphi_n(x_n + d_n x)$$

Soit B la boule de centre O et de rayon 1. D'après la définition de τ_n et d'après (5.2.4), on a :

$$(5.2.30)\qquad \sup_B |\tilde{\varphi}_n(x)| = 1 \qquad \sup_B \tilde{\varphi}_n(x) \leqslant \varepsilon_n \to 0$$

Puisque $\partial_x^\alpha \tilde{\varphi}_n(o)$ tend vers $p^{(\alpha)}(o)$ si $|\alpha| \leqslant r$, et puisque le reste $\tilde{R}_n$ du développement taylorien à l'ordre r de $\tilde{\varphi}_n$ à l'origine vérifie d'après (5.2.8) :

$$(5.2.31)\qquad \sup_B |\tilde{R}_n(x)| = \tau_n \sup_{B_n} |R_n(x)| \to 0\ ,$$

on en déduit que la suite de fonctions $\tilde{\varphi}_n$ tend, uniformément sur B, vers le polynôme P(x). Par conséquent, on déduit de (5.2.30) que :

$$(5.2.32)\qquad \sup_B |P(x)| = 1 \qquad \sup_B P(x) = P(o) = 0$$

Par conséquent, P admet à l'origine un maximum local. D'après (5.2.27), on a, si $|\alpha| \leqslant r-2$:

$$(5.2.33)\qquad \tau_n\, d_n^{|\alpha|+2}\, \partial_x^\alpha\Big(\frac{\partial^2\varphi_n}{\partial\bar{z}_j\, \partial z_k}\Big)(x_n) \to \partial_x^\alpha\Big(\frac{\partial^2 P}{\partial\bar{z}_j\, \partial z_k}\Big)(o)$$

D'après la proposition 5.1.3, il existe un nombre fini d'opérateurs P_q dans $A^{|\alpha|+2}$ tels que :

$$(5.2.34)\qquad \Big|\partial_x^\alpha\Big(\frac{\partial^2\varphi_n}{\partial\bar{z}_j\, \partial z_k}\Big)(x_n) - F(z_n)X^\alpha a_{jk}(z_n)\Big| \leqslant C \sum_q |P_q\, \varphi_n(x_n)|$$

On déduit de (5.2.33), (5.2.34) et du point 7 du lemme 5.2.2 que :

$$(5.2.35)\qquad \tau_n\, d_n^{|\alpha|+2}\, X^\alpha a_{jk}(z_n) \to F(z_o)^{-1}\, \partial_x^\alpha\Big(\frac{\partial^2 P}{\partial\bar{z}_j\, \partial z_k}\Big)(o)$$

D'après la proposition 4.3.1, il existe une forme linéaire $\ell \in \Gamma_{z_o}$ telle que $P \in E(\ell)$. Puisqu'il existe un polynôme non nul dans $E(\ell)$ qui admet un maximum local à l'origine, la condition (P_2) n'est pas vérifiée au point z_o.

§ 5.3 - Preuve de l'implication (P) => (P_2)

Supposons que (P_2) ne soit pas vérifiée au point z_o. Sous cette hypopthèse, il existe une forme linéaire $\ell \in \Gamma_{z_o}$ et un polynôme $\Psi \in E(\ell)$, non nul, admettant à l'origine un maximum local. Quitte à modifier ℓ par une dilatation, on peut supposer que:

$$(5.3.1) \qquad \sup_{|x|\leqslant 1} \Psi(x) = \Psi(o) = 0$$

Soient $z_n = z(x_n,t_n)$, (τ_n) et (d_n) des suites vérifiant (4.3.3) et (4.3.4), dont l'existence est assurée par la proposition 4.3.1. Nous allons montrer que, si $\tau_n \to +\infty$, la condition (P^+) n'est pas vérifiée. On montrerait de même que, si τ_n tend vers $-\infty$, la condition (P^-) n'est pas vérifiée. Posons

$$(5.3.2) \qquad \Psi_n(x) = \tau_n^{-1} \left[1 + \frac{\partial f}{\partial t}(z_o)^2\right] \Psi\left(\frac{x-x_n}{d_n}\right)$$

D'après la proposition 5.1.1, pour tout n, il existe une fonction $g_n \in H(z_n)$ telle que

$$(5.3.3) \qquad \partial_z^\alpha \left[\Delta(f,g_n) - \Psi_n\right](x_n) = 0 \qquad\qquad \text{si } |\alpha| \leqslant r$$

Nous utiliserons toutes les notations introduites au début du §-5.2. En particulier, nous poserons $\varphi_n = \Delta(f,g_n)$ et $v_n = \operatorname{Im} g_n$.

Lemme 5.3.1

Sous les hypothèses ci-dessus, pour tout multi-indice α tel que $|\alpha| \lesssim r$, on a :

$$5.3.4) \qquad \tau_n\, d_n^{|\alpha|}\, \partial_x^\alpha\, \varphi_n(x_n) \to \left[1 + \frac{\partial f}{\partial t}(z_o)^2\right] \partial_x^\alpha\, \Psi(o)$$

Démonstration

Remarquons que, d'après (5.3.2) et (5.3.3), on a :

$$(5.3.5) \qquad \tau_n\, d_n^{|\alpha|}\, \partial_z^\alpha\, \varphi_n(x_n) \to \left[1 + \frac{\partial f}{\partial t}(z_o)^2\right] \partial_z^\alpha\, \Psi(o) \qquad\qquad \text{si } |\alpha| \lesssim r$$

Pour prouver le lemme, il nous suffit donc de montrer que, pour tout α tel que $|\alpha| \lesssim r-2$, pour tous j et $k \lesssim p$, on a :

$$(5.3.6) \qquad \tau_n\, d_n^{|\alpha|+2}\, \partial_x^\alpha\left(\frac{\partial^2 \varphi_n}{\partial \bar z_j\, \partial z_k}\right)(x_n) \to \left[1 + \frac{\partial f}{\partial t}(z_o)^2\right] \partial_x^\alpha\left(\frac{\partial^2 \Psi}{\partial \bar z_j\, \partial z_k}\right)(o)$$

Nous allons démontrer (5.3.6) par récurrence sur $|\alpha| = m$. D'après (5.3.1), on a : $d_x \Psi_n(o) = 0$. D'après (5.3.3), on en déduit, puisque φ_n et Ψ sont réels, que : $d_x \varphi_n(x_n) = 0$. Par conséquent, pour tout $P \in A^2$, on a $P\, \varphi_n(x_n) = 0$. D'après la proposition 5.1.3, on en déduit que :

$$(5.3.7) \qquad \frac{\partial^2 \varphi_n}{\partial \bar z_j\, \partial z_k}(x_n) = F(x_n,t_n)\, a_{jk}(x_n,t_n)$$

Compte tenu de (4.3.4), cela entraîne :

$$(5.3.8) \qquad \tau_n\, d_n^2\, \frac{\partial^2 \varphi_n}{\partial \bar z_j\, \partial z_k}(x_n) \to 8\, F(x_o,t_o)\, \frac{\partial^2 \Psi}{\partial \bar z_j\, \partial z_k}(o)$$

Par conséquent, l'affirmation (5.3.6) est bien démontrée lorsque $\alpha = 0$. Supposons

(5.3.6) vérifiée pour tout multi-indice β de longueur $\leqslant$ m-1. Cette hypothèse de récurrence, et (5.3.5) montrent que les suites $\tau_n\, d_n^{|\alpha|}\, \partial_x^\alpha\, \varphi_n(x_n)$ sont bornées, si $|\alpha| \leqslant m+1$. Nous allons montrer que, pour tout $P \in A^{m+2}$, on a :

$$(5.3.9) \qquad \tau_n\, d_n^{m+2}\, P\, \varphi_n(x_n) \to 0$$

La preuve est très voisine de celle de (5.2.7). On peut supposer que P est de la forme (5.2.12), avec $q \geqslant 1$, $1 \leqslant |\alpha_j| \leqslant m+1$ et $\sum |\alpha_j| \leqslant m+2$. Si $q \geqslant 2$, on a, d'après ce qui précède :

$$\tau_n\, d_n^{m+2}\, |P\, \varphi_n(x_n)| \leqslant C\, \tau_n^{-1}$$

et si q = 1, on a $\tau_n\, d_n^{m+2}\, |P\, \varphi_n(x_n)| \leqslant C\, d_n$. Dans les deux cas, on a démontré (5.3.10). Soit α un multi-indice de longueur m. D'après la proposition 5.1.3, on a :

$$(5.3.10) \qquad \left|\partial_x^\alpha\left(\frac{\partial^2\varphi_n}{\partial\bar{z}_j\, \partial z_k}\right)(x_n) - F(x_n,t_n)X^\alpha a_{jk}(z_n)\right| \leqslant C \sum_q \left|P_q\, \varphi_n(x_n)\right|$$

où les P_q sont dans A^{m+2}, en nombre fini. L'affirmation (5.3.6) se déduit de (4.3.4), (5.3.9) et (5.3.10).

Fin de la preuve de l'implication (P) => (P_2)

Le lemme 5.3.1 nous montre que la suite λ_n définie en (5.2.5) tend vers O, ce qui nous permet de conclure, avec les mêmes arguments que pour les points 2 et 3 du lemme 5.2.2, que la suite μ_n définie en (5.2.5) tend, elle aussi, vers O. On peut donc appliquer le lemme 5.2.2, et, en particulier le point 5, qui, joint à (5.3.4), nous montre que la suite de fonctions $\tilde{\varphi}_n$ définie en (5.2.29) tend, uniformément sur la boule unité B, vers le polynôme suivant

$$Q(x) = \left[1 + \frac{\partial f}{\partial t}(x_o,t_o)^2\right] \Psi(x) \qquad \forall x \in R^{2p}$$

Par conséquent :

$$\sup_{B_n} \tau_n\, \varphi_n(x) = \sup_B \tilde{\varphi}_n(x)\,, \quad \sup_B Q(x) = 0$$

Puisque le polynôme Q n'est pas nul,

$$\sup_{B_n} |\tau_n\, \varphi_n(x)| = \sup_B |\tilde{\varphi}_n(x)| \to \sup_B |Q(x)| \neq 0$$

On en déduit que :

$$\frac{\sup_{B_n} \varphi_n}{\sup_{B_n} |\varphi_n|} \to 0$$

et, par conséquent, la propriété (P^+) n'est pas vérifiée au point z_o.

§ 6 - Le cas d'une variété tubulaire

On désigne maintenant par M une sous-variété C^{∞} de C^n, que l'on suppose tubulaire, c'est à dire de la forme $M = \Gamma + i\, R^n$, où Γ est une sous-variété de R^n. Soient p la dimension de Γ, et $q = n - p$. On peut toujours supposer, en choisissant un système de coordonnées locales convenable, que M est définie par la représentation paramétrique $(x,y,t) \to z(x,y,t)$ suivante : pour tout $(x,y,t) \in R^p \times R^p \times R^q$, soit $z(x,y,t)$ le point de C^n dont les coordonnées sont :

$$(6.1) \qquad z_j(x,y,t) = x_j + i\, y_j \qquad j = 1,\dots,p$$

$$(6.2) \qquad z_{p+j}(x,y,t) = f_j(x) + i\, t_j \qquad j = 1,\dots,q$$

où $f_1,\dots,f_q$ sont des fonctions C^{∞} dans un ouvert de R^p, à valeurs réelles. Nous supposerons que ces fonctions sont définies globalement sur R^p. Si l'on identifie M et R^{2p+q} grâce à la représentation paramétrique ci-dessus, le système de Cauchy-Riemann induit sur M s'écrit :

$$(6.3) \qquad \overline{\partial}_M = (L_1,\dots,L_p) \qquad L_j = X_j + i\, X_{p+j} \qquad j = 1,\dots,p$$

$$(6.4) \qquad X_j = \frac{\partial}{\partial x_j} \qquad X_{p+j} = \frac{\partial}{\partial y_j} + \sum_{k=1}^{q} \frac{\partial f_k}{\partial x_j} \frac{\partial}{\partial t_k} \qquad (j = 1,\dots,p)$$

Soit $z_o = z(x_o,y_o,t_o)$ un point de M au voisinage duquel les champs X_j $(1 \leqslant j \leqslant 2p)$ sont supposés vérifier la condition de Hörmander $(C\text{-}H\text{-})_r$. Nous allons maintenant définir une condition géométrique (P) qui sera équivalente à l'hypoellipticité maximale du système $\overline{\partial}_M$ au voisinage de ce point. Pour tous $x \in R^p$, $h \in R^p$ et $\tau \in R^d$, posons :

$$(6.5) \qquad \Delta(x,h,\tau) = \sum_{k=1}^{q} \tau_k \Big[f_k(x+h) - f_k(x) - \sum_{j=1}^{p} \frac{\partial f_k}{\partial x_j}(x) h_j \Big]$$

Définition 6.1

On dit que la condition (P) est vérifiée en un point $z_o = z(x_o,y_o,t_o) \in M$ s'il existe un voisinage V de x_o et deux constantes $C_o > 0$ et $d_o > 0$ tels que :

$$(6.6) \qquad \sup_{|h| \leqslant d} \Delta(x,h,\tau) \geqslant C_o \sup_{|h| \leqslant d} |\Delta(x,h,\tau)|$$

si $x \in V$, $\tau \in R^q$ et $0 < d \leqslant d_o$.

Le théorème suivant se démontre, compte tenu des résultats du chapitre XI, par les mêmes méthodes que le théorème 3.2.3. Pour plus de détails, voir [NO,2].

Théorème 6.2

Soit z_o un point de M, au voisinage duquel les champs X_j $(1 \leqslant j \leqslant 2p)$ vérifient la condition $(C\text{-}H\text{-})_r$. Alors le système $\bar{\partial}_M$ est hypoelliptique maximal au voisinage de z_o si, et seulement si, la condition (P) est vérifiée en ce point.

On pourrait donner une version microlocale de ce résultat.

CHAPITRE VII

METHODES D'ADDITION DE VARIABLES

§ 1 Hypoellipticité pour des opérateurs quasihomogènes : une approche algébrique

1.0 Introduction

On conserve toutes les notations du chapitre II. On se donne dans :

(1.0.1) $\mathcal{G} = \mathcal{G}_1 \oplus \ldots \oplus \mathcal{G}_r$ (qu'on supposera stratifiée pour simplifier)

une sous-algèbre graduée $\mathcal{H}$ t.q

(1.0.2) $\mathcal{H} = \mathcal{H}_1 \oplus \ldots \oplus \mathcal{H}_{r-1}$ (avec $\mathcal{H}_i \subset \mathcal{G}_i$ $i=1,\ldots,r-1$)

Etant donné $x \in G$ et φ une fonction sur G, on introduit :

(1.0.3) $(\sigma(x)\varphi)(y) = \varphi(x^{-1} y)$ $\forall y \in G$

(1.0.4) $(\mathcal{J}(x)\varphi)(y) = \varphi(y.x)$ $\forall y \in G$

Si φ est de classe C^1 et si a est dans $\mathcal{G}$, on écrira

(1.0.5) $(\sigma(a)\varphi)(y) = \frac{d}{dt} \varphi(\exp(-ta).y)/_{t=0}$

(1.0.6) $(\mathcal{J}(a)\varphi)(y) = \frac{d}{dt} \varphi(y.\exp ta)/_{t=0}$

σ et $\mathcal{J}$ se prolongent en des homomorphismes de $\mathcal{U}(\mathcal{G}_{\mathbb{C}})$ dans l'algèbre des opérateurs différentiels sur G respectivement invariants à droite ou à gauche.

On a introduit, au chapitre II, § 2, $\overline{\Omega}_{(0,\mathcal{H})}$ qui était l'adhérence (pour la topologie usuelle) de $G.\mathcal{H}^{\perp}$ dans $\mathcal{G}^*$ et on avait associé à $\overline{\Omega}_{(0,\mathcal{H})}$ par l'application de Kirillov β le spectre de $\pi_{(0,\mathcal{H})}$: $\mathrm{Sp}\ \pi_{(0,\mathcal{H})} = \beta(\overline{\Omega}_{(0,\mathcal{H})})$.

On désigne par :

(1.0.7) $\widetilde{\Omega}_{(0,\mathcal{H})}$ l'adhérence de Zariski de $G.\mathcal{H}^{\perp}$ dans $\mathcal{G}^*$.

On a donné au chapitre II (exemple 2.1.4) un exemple où l'inclusion de $\overline{\Omega}_{(0,\mathcal{H})}$ dans dans $\widetilde{\Omega}_{(0,\mathcal{H})}$ est stricte.

On associe alors à $\widetilde{\Omega}_{(0,\mathcal{H})}$ l'ensemble :

(1.0.8) $\widetilde{\mathrm{Sp}}\ \pi_{(0,\mathcal{H})} = \beta(\widetilde{\Omega}_{(0,\mathcal{H})})$

$\widetilde{\mathrm{Sp}}\ (\pi_{(0,\mathcal{H})})$ est appelé le spectre algébrique de $\pi_{(0,\mathcal{H})}$.

On a bien entendu :

(1.0.9) $\mathrm{Sp}\ \pi_{(0,\mathcal{H})} \subset \widetilde{\mathrm{Sp}}\ \pi_{(0,\mathcal{H})}$

Soit P dans $\mathcal{U}_m(\mathcal{G}_{\mathbb{C}})$ (avec $m \geqslant 1$), on a vu au § 2.3 du chapitre II que l'existence de la propriété suivante :

$$(1.0.10)\begin{cases} \forall A \in \mathcal{U}_m(\mathcal{G}),\ \exists C_A \quad \text{t.q, pour tout } u \in C_0^\infty(\mathbb{R}^k)\ (k = \operatorname{codim} \mathcal{H}), \text{ on ait :} \\ \|\pi_{(0,\mathcal{H})}(A)u\|^2_{L^2(\mathbb{R}^k)} \leqslant C_A \|\pi_{(0,\mathcal{H})}(P)u\|^2_{L^2(\mathbb{R}^k)} \end{cases}$$

impliquait :

(1.0.11) $\pi(P)$ est injectif dans $\mathcal{S}_\pi$ pour tout π dans $Sp(\pi_{(0,\mathcal{H})})$ non triviale

L'étude de la réciproque (1.0.11) $\Longrightarrow$ (1.0.10) sera étudiée dans le cadre "analytique". On se propose ici de montrer par des méthodes algébriques une réciproque affaiblie :

Théorème 1.0.1

On suppose que :

(1.0.12) $\pi(P)$ est injectif dans $\mathcal{S}_\pi$ pour tout π dans $\widetilde{S}p\ \pi_{(0,\mathcal{H})}$ non triviale.

Alors (1.0.10) est vérifiée.

On va utiliser ici la théorie des algèbres enveloppantes pour construire un système d'opérateurs sur G hypoelliptique et dont l'hypoellipticité impliquera l'hypoellipticité maximale, c'est-à-dire en particulier (1.0.10) ; le présent paragraphe (dont une version préliminaire est parue en preprint $[HE]_3$) a beaucoup bénéficié de discussions avec M. Duflo et R. Rentschler dont les résultats jouent un rôle essentiel.

§ 1.1 Etude d'un idéal bilatère dans $\mathcal{U}(\mathcal{G}_{\mathbb{C}})$

Soit I l'idéal de $\mathcal{U}(\mathcal{G}_{\mathbb{C}})$ défini par :

(1.1.1) $I = \{A \in \mathcal{U}(\mathcal{G}_{\mathbb{C}})\ ;\ \pi_{(0,\mathcal{H})}(A) = 0\}$

Par $\pi_{(0,\mathcal{H})}(A) = 0$, on entend que :

$\pi_{(0,\mathcal{H})}(A)\varphi = 0$ pour tout φ dans $\mathcal{S}_{\pi_{(0,\mathcal{H})}}$

$\mathcal{U}(\mathcal{G}_{\mathbb{C}})$ étant noethérien (cor. 2.3.8 de $[DI]_3$), I est un idéal bilatère de type fini. $\mathcal{H}$ étant graduée (hypothèse 1.0.2), l'idéal I est stable par les dilatations δ_t. Remarquons également que le centre de l'algèbre $\mathcal{U}(\mathcal{G}_{\mathbb{C}})$ est stable par les dilatations δ_t.

Dans le livre de Dixmier $[DI]_3$, il est énoncé la proposition suivante :

Proposition 1.1.1 : (prop. 4.7.1. de $[DI]_3$)

Soit J un idéal bilatère de $U(\mathcal{G}_{\mathbb{C}})$. Alors tout idéal non nul de $\mathcal{U}(\mathcal{G}_{\mathbb{C}})/J$ a une intersection non nulle avec $Z(\mathcal{G}_{\mathbb{C}},J)$ où $Z(\mathcal{G}_{\mathbb{C}},J)$ désigne le centre de $\mathcal{U}(\mathcal{G}_{\mathbb{C}})/J$.

On va utiliser cette proposition pour démontrer la proposition suivante :

Proposition 1.1.2 :

Il existe dans I une suite croissante d'idéaux bilatères de $\mathcal{U}(\mathcal{G}_{\mathbb{C}})$, I_j $(j=1,\dots,k)$ avec $I_1\subset\dots\subset I_k=I$ et un système de générateurs de I, A_j $(j=1,\dots,n)$ dans $\mathcal{U}_{m_j}(\mathcal{G}_{\mathbb{C}})$ tels que :

$$A_1,\dots,A_{p_1} \in Z(\mathcal{G}_{\mathbb{C}}) \cap I_1$$

$$A_{p_1+1},\dots,A_{p_2} \in Z(\mathcal{G}_{\mathbb{C}},I_1) \cap I_2$$

(1.1.2) $\vdots$

$$A_{p_{k-1}+1},\dots,A_n \in Z(\mathcal{G}_{\mathbb{C}},I_{k-1})$$

et $(A_1,\dots,A_{p_j})$ est un système de générateurs de I_j.

Démonstration :

On suppose que I est non réduit à 0. On applique d'abord la proposition (1.1.1) avec $J = 0$. Alors I a une intersection non nulle avec $Z(\mathcal{G}_{\mathbb{C}})$.

Soit I_1 l'idéal bilatère engendré par $I \cap Z(\mathcal{G}_{\mathbb{C}})$. I_1 étant stable par δ_t et de type fini, on peut trouver un nombre fini d'éléments A_i $(i=1,\ldots,p_1)$ homogènes (i.e. dans $\mathcal{U}_{m_i}(\mathcal{G})$ pour m_i convenable) dans $I \cap Z(\mathcal{G}_{\mathbb{C}})$ qui engendrent I_1.

On utilise, pour vérifier la propriété d'homogénéité annoncée, le lemme suivant, dont la démonstration est laissée au lecteur :

Lemme 1.1.3 :

Soit B un sous-espace vectoriel de $\mathcal{U}(\mathcal{G}_{\mathbb{C}})$ stable par les dilatations δ_t (i.e. $\delta_t(B) \subset B$).
Alors tout P dans B se décompose en une somme finie de termes P_j avec P_j dans $\mathcal{U}_j(\mathcal{G}_{\mathbb{C}}) \cap B$.

On démontre maintenant la proposition (1.1.2) par récurrence. On suppose qu'on a construit $I_1,\ldots,I_j$ et $(A_1,\ldots,A_{p_j})$ vérifiant les propriétés annoncées et que I_j est inclus strictement dans I.

Alors I/I_j est un idéal non nul de $\mathcal{U}(\mathcal{G}_{\mathbb{C}})/I_j$. D'après la proposition (1.1.1), I/I_j a une intersection non nulle avec $Z(\mathcal{G}_{\mathbb{C}},I_j)$ et I/I_j et $Z(\mathcal{G}_{\mathbb{C}},I_j)$ sont homogènes. On peut trouver un nombre fini d'éléments $A_{p_j+1},\ldots,A_{p_{j+1}}$ homogènes dans $I \cap Z(\mathcal{G}_{\mathbb{C}},I_j)$. On définit alors I_{j+1} comme l'idéal bilatère engendré par : $A_1,\ldots,A_{p_{j+1}}$.

On construit ainsi par récurrence une suite d'idéaux strictement croissante dans I. $\mathcal{U}(\mathcal{G}_{\mathbb{C}})$ étant noethérien, il existe k tel que I_k soit égal à I. La proposition (1.1.2) est ainsi démontrée.

§ 1.2 Condition suffisante pour l'inégalité maximale

Soit

(1.2.1) $\tilde{S}p\ \pi_{(0,\mathcal{H})} = \{\pi \in \hat{G},\ \pi(I) = 0\}$

On montrera aux § 1.3 et 1.4 que $\tilde{S}p\ \pi_{(0,\mathcal{H})}$ est égal à $Sp\ \pi_{(0,\mathcal{H})}$. L'objet de ce § est démontrer la proposition suivante :

Proposition 1.2.1

Soit P dans $\mathcal{U}_m(\mathcal{G}_{\mathbb{C}})$ t.q

(1.2.2) Pour tout $\pi \in \tilde{S}p\ \pi_{(0,\mathcal{H})}$ non triviale, $\pi(P)$ est injectif dans $\mathcal{S}_\pi$

Alors $\pi_{(0,\mathcal{H})}(P)$ vérifie l'inégalité maximale (1.0.10)

Rappelons le théorème $[\text{HE-NO}]_{1,2}$ dans sa version système :

Proposition 1.2.2

Soit $\mathcal{P} = (P_1,\ldots,P_s)$ un système de s opérateurs avec P_j (j=1,...,s) dans $\mathcal{U}_{m_j}(\mathcal{G}_{\mathbb{C}})$ $(m_j > 0)$ alors le système $\mathcal{P}$ est hypoelliptique si l'on a :

(1.2.3) Pour toute représentation π dans $\hat{G}$ non triviale, le système $\pi(\mathcal{P}) = (\pi(P_1),\ldots,\pi(P_s))$ est injectif dans $\mathcal{S}_\pi$

Rappelons brièvement le truc qui permet l'extension au système car la démonstration fournira une information plus précise et utile par la suite.

Si m désigne le p.p.c.m. de $(m_1,...,m_s)$, on introduit :

$$\mathcal{P}_1 = \sum_{i=1}^{s} (P_i^* P_i)^{2(m/m_i)}$$

qui est clairement hypoelliptique d'après le critère de Rockland ($[\text{HE-NO}]_{(2)}$) pour les opérateurs.

Si on suit la démonstration de ce théorème par A. Melin $[\text{MEL}]_2$, on en déduit (cf l'exposé de Gouleau [GOU]) l'existence de symboles q_i (dans des classes $S^{-m_i,0}$) t.q.

(1.2.4) $\sum_i q_i \# p_i - 1 \in \mathcal{S}(\mathcal{G}^*)$

Nous renvoyons à cet article pour les notations (p_i est le symbole de P_i).

L'hypoellipticité du système (P_i) est alors immédiate.

On déduit même de (1.2.4) le :

Corollaire 1.2.3

Si de plus $\pi_{(0,\mathcal{H})}(P_2) = ... = \pi_{(0,\mathcal{H})}(P_s) = 0$, alors $\pi_{(0,\mathcal{H})}(P_1)$ vérifie (1.0.10).

On déduit de (1.2.4) l'existence d'une paramétrixe $T_{(0,\mathcal{H})}(q_1)$ pour $\pi_{(0,\mathcal{H})}(P_1)$ telle que

(1.2.5) $T_{(0,\mathcal{H})}(q_1) \circ \pi_{(0,\mathcal{H})}(P_1) = I + R_1$

où R_1 est régularisant de $\mathcal{H}^\circ_{\pi_{(0,\mathcal{H})}}$ dans $\mathcal{S}_{\pi_{(0,\mathcal{H})}}$ et $\pi_{(0,\mathcal{H})}(A)$. $T_{(0,\mathcal{H})}(q_1)$ se prolonge en un opérateur continu de $\mathcal{H}^\circ_{\pi_{(0,\mathcal{H})}}$ ($\simeq L^2(\mathbb{R}^k)$) dans lui-même pour tout A dans $\mathcal{U}_{m_1}(\mathcal{G})$.

On déduit alors de (1.2.5) une inégalité maximale du type (1.0.10) mais avec reste.

Le reste s'élimine ensuite par un argument d'homogénéité déjà utilisé au chapitre II pour passer de (2.3.1) à (2.3.8).

Avant de démontrer la proposition 1.2.1, il nous faut vérifier le lemme suivant :

Lemme 1.2.4 :

Soit π dans $\hat{G}$ une représentation nulle sur I_j pour $j \geqslant 0$ (si j=0, la condition est vide), alors pour tout k compris entre $p_j + 1$ et p_{j+1}, il existe λ_k dans $\mathbb{C}$ tel que :

(1.2.6) $\pi(A_k) = \lambda_k \, \text{Id}$ dans $\mathcal{L}(\mathcal{S}_\pi)$.

Démonstration du lemme 1.2.4

a) Cas où j = 0

Alors A_k est dans $Z(\mathcal{G}_{\mathbb{C}})$ pour $k = 1,...,p_1$ et on sait que (2.5) est vérifiée pour les éléments du centre, car π est irréductible.

b) Cas général $j > 0$

Soit k compris entre $p_j + 1$ et p_{j+1}. Pour tout X dans $\mathcal{G}$, il résulte de (1.1.2) que $[A_k, X] \subset I_j$.

Par hypothèse :

$$\pi([A_k, X]) = 0$$

Par conséquent, $[\pi(A_k),\pi(X)] = 0$ pour tout X dans $\mathcal{G}$. π étant irréductible, on en déduit (1.2.6) et donc le lemme.

Démonstration de la proposition 1.2.1 :

a) Le système (P,A_j) est hypoelliptique

On vérifie (1.2.3) pour le système (P,A_j) où A_j est le système de générateurs de I construits au § 1.1. On doit donc vérifier la condition suivante :

Soit π non triviale dans $\hat{G}$, u dans $\mathcal{S}_\pi$, alors :

$$(1.2.7)\begin{cases}\pi(P)u = 0 \\ & \Rightarrow u = 0 \\ \pi(A_j)u = 0 \qquad j = 1,\dots,n\end{cases}$$

Remarquons que si $\pi(A_j)$ est différent de zéro pour j compris entre 1 et p_1 , (1.2.7) est vérifiée.

Supposons donc que π s'annule sur I_1 . Alors il résulte du lemme (1.2.4) que $\pi(A_j)$ est scalaire pour $j = p_1 + 1,\dots,p_2$. S'il existe un j $(p_1 + 1 \leqslant j \leqslant p_2)$ tel que $\pi(A_j)$ est non nul, (1.2.7) est vérifiée. Dans le cas contraire, π est nulle sur I_2 . En itérant ce raisonnement, on démontre que (1.2.7) est vérifiée sauf peut être si π est nulle sur I, i.e. si π est dans $\tilde{S}p\ \pi_{(0,\mathcal{H})}$. Mais dans ce cas, l'hypothèse (1.2.2) permet de conclure.

b) L'assertion de la proposition (1.2.1) résulte alors du corollaire (1.2.3).

§ 1.3. Un lemme de Duflo

Soit ξ dans $\mathcal{G}^*$, et V une sous-algèbre de $\mathcal{G}$ subordonnée à ξ (i.e. $\xi([V,V])=0$) ; rappelons qu'on a désigné par $\pi_{(\xi,V)}$ la représentation induite obtenue à partir de la représentation du groupe (exp V) définie par :

(1.3.1) $(\exp V) \ni e^v \to e^{i<\xi,v>}$

On désigne par $\mathcal{H}^\circ_{\pi(\xi,V)}$ l'espace de la représentation (qu'on peut toujours identifier à un espace $L^2(\mathbb{R}^k)$) ; il lui correspond une représentation de $\mathcal{G}$ et de $\mathcal{U}(\mathcal{G}_{\mathbb{C}})$, notée encore $\pi(\xi,V)$, dans $\mathcal{S}_{\pi(\xi,V)}$. Soit J l'idéal bilatère dans $\mathcal{U}(\mathcal{G}_{\mathbb{C}})$ défini par :

(1.3.2) $J = \{A \in \mathcal{U}(\mathcal{G}_{\mathbb{C}}),\ \pi_{(\xi,V)}(A) = 0\}$

On notera : $J = \operatorname{Ker} \pi_{(\xi,V)}$.

L'objet de ce paragraphe est d'établir le lien entre les représentations de $\mathcal{G}$ dans $\mathcal{S}\pi_{(\xi,V)}$ et les représentations induites définies dans le livre de Dixmier $[DI]_3$. Pour une grande partie, les résultats exposés proviennent de $[DI]_1$, $[DI]_{2,3}$ et [DU]. Rappelons tout d'abord quelques définitions qu'on peut trouver dans [DU]. Soit $\tilde{V}$ une sous-algèbre de $\mathcal{G}_{\mathbb{C}}$ et ℓ^* un homomorphisme de $\tilde{V}$ dans $\mathbb{C}$. $\mathbb{C}$ est alors muni d'une structure de $\tilde{V}$-module par :

$$\tilde{V} \times \mathbb{C} \ni (v,\lambda) \to \ell^*(v).\lambda$$

On peut considérer $\mathcal{U}(\mathcal{G}_{\mathbb{C}})$ comme un $\mathcal{U}(\tilde{V})$-module à droite et donc former le $\mathcal{U}(\mathcal{G}_{\mathbb{C}})$ module à gauche :

$$\mathcal{U}(\mathcal{G}_{\mathbb{C}}) \underset{\mathcal{U}(\tilde{V})}{\otimes} \mathbb{C}$$

On l'appelle (cf. $[DI]_3$ et [DU]) le $\mathcal{G}$-module induit par ℓ^* et on le note :

$\mathrm{Ind}(\ell^*,\hat{V} \nearrow \mathcal{G}_{\mathbb{C}})$. Pour tout λ dans $\mathbb{C}|\{0\}$, l'application : $u \to u \otimes \lambda$

induit un $\mathcal{G}_{\mathbb{C}}$-isomorphisme de $\mathcal{U}(\mathcal{G}_{\mathbb{C}})$ (modulo l'idéal à gauche engendré par les $(X - \ell^*(X))$ avec X dans $\tilde{V}$) sur $\mathcal{U}(\mathcal{G}_{\mathbb{C}}) \underset{\mathcal{U}(\tilde{V})}{\otimes} \mathbb{C}$.

On a le lemme suivant :

Lemme 1.3.1 :

Soit dans $\mathcal{U}(\mathcal{G}_{\mathbb{C}})$, $J = \mathrm{Ker}\ \pi_{(\xi,V)}$ et $I = \mathrm{Ker}\ \mathrm{Ind}(i\xi,V_{\mathbb{C}} \nearrow \mathcal{G}_{\mathbb{C}})$.
Alors I est égal à J.

L'inclusion de I dans J est démontrée dans le lemme (2.1) de M. Duflo [DU] dans un cadre général. La réciproque est démontrée lorsque V est une sous-algèbre subordonnée maximale ($\pi_{(\xi,V)}$ est alors topolgiquement irréductible et $\mathrm{Ind}(i\xi,V_{\mathbb{C}} \nearrow \mathcal{G}_{\mathbb{C}})$ est algébriquement irréductible (cf. $[DI]_3$ et [DU]).

Avant de donner la démonstration du lemme, rappelons quelques constructions de M. Duflo. Soit τ une représentation de $\mathcal{G}$ dans un espace vectoriel complexe W. La représentation contragrédiente de $\mathcal{U}(\mathcal{G}_{\mathbb{C}})$ dans W* est définie par :

(1.3.3) $\forall\ L \in W^*,\ \forall\ w \in W,\ \forall\ u \in \mathcal{U}(\mathcal{G}_{\mathbb{C}})$

$$\langle u.L,w\rangle = \langle L,\tilde{u}.w\rangle$$

où $u \to \tilde{u}$ est l'antiautomorphisme principal de $\mathcal{U}(\mathcal{G}_{\mathbb{C}})$ (pour $X \in \mathcal{G}$, on a $\tilde{X} = -X$).

Il est utile de considérer ici $\mathcal{H}^{\circ}_{\pi(\xi,V)}$, qu'on notera encore $\mathcal{L}(\xi,V)$ dans ce paragraphe, comme l'ensemble des fonctions mesurables sur G t.q.

(1.3.4) $\varphi(e^{v}.x) = e^{i\langle\xi,v\rangle}\varphi(x)$, $\forall x \in G$, $\forall v \in V$

et de carré intégrable pour une mesure G-invariante $\mu_{\exp V\backslash G}$.

On notera ici, pour reprendre les notations de Duflo, $\mathcal{L}^{\infty}(\xi,V)$ l'espace $\mathcal{J}_{\pi_{(\xi,V)}}$ des vecteurs C^{∞} de $\pi_{(\xi,V)}$. Il existe une application :

$$\varphi \to L_{\varphi}$$

de $\mathcal{L}^{\infty}$ dans le dual de l'espace de $\tau = \mathrm{Ind}(-i\xi/V_{\mathbb{C}}, V_{\mathbb{C}} \nearrow \mathcal{G}_{\mathbb{C}})$ qui commute à l'action de $\mathcal{G}$.

On a : $\mathcal{L}^{\infty} \subset C^{\infty}(G)$. Si u appartient à $\mathcal{U}(\mathcal{G}_{\mathbb{C}})$, on pose :

(1.3.5) $\langle L_{\varphi},u\rangle = [\rho(\tilde{u})\varphi](1)$

Soit v dans V. On a, pour tout φ dans $\mathcal{L}^{\infty}$:

$$\langle L_{\varphi},v\rangle = [\rho(\tilde{v})\varphi](1) = [\sigma(v)\varphi](1)$$

Il résulte alors de (1.3.4) que L_{φ} s'annule sur l'idéal à gauche engendré par les $v + i\xi(v)$.

On a, en effet, d'après la définition de σ :

$$\sigma(v).\varphi(x) = \frac{d}{dt}\varphi(e^{-tv}.x)/_{t=0} = \frac{d}{dt}(e^{-it\langle\xi,v\rangle}\varphi(x))_{t=0} = -i\langle\xi,v\rangle\varphi(x)$$

Par conséquent, L_{φ} fournit par passage au quotient une forme notée encore L_{φ} sur l'espace de τ.

Démonstration de l'inclusion $I \subset J$ (d'après Duflo)

Soit $\mathcal{L}'$ l'espace des fonctions $\bar{\varphi}$ (avec $\varphi \in \mathcal{L}(\xi,V,G)$), soit T' la représentation de G dans $\mathcal{L}'$. Il est clair que $\mathcal{L}' = \mathcal{L}(-\xi,V,G)$. Utilisant l'accouplement :

$$(\varphi,\varphi') \to \oint \varphi\ \varphi'\ d\mu_{(\exp V)\backslash G}$$

on voit que T' est la représentation contragrédiente de $\pi_{(\xi,V)}$. Soit (dT') la représentation associée de $\mathcal{U}(\mathcal{G}_{\mathbb{C}})$. Le noyau J' de (dT') est $\tilde{J}$. Soit u dans I. Alors $\tilde{u}$ est dans le noyau de la représentation duale de $\mathrm{Ind}(i\xi/V_{\mathbb{C}}, V_{\mathbb{C}} \nearrow \mathcal{G}_{\mathbb{C}})$ et donc :

(1.3.6) $\tilde{u}.L_{\varphi} = 0$ pour tout φ dans $\mathcal{L}'^{\infty}$

Remarquons que $\tilde{I}$ est un idéal bilatère et donc stable par la représentation adjointe (prop. 2.4.17 de $[DI]_3$). Par conséquent, (Ad x) $\tilde{u}$ appartient à $\tilde{I}$. Par ailleurs, $\rho(x)\varphi$ appartient à $\mathcal{L}'^{\infty}$ et on déduit de (1.3.6) que :

$$<(Adx)\tilde{u}.L_{\rho(x).\varphi}\ ,\ 1> = (\rho((Adx).\tilde{u}).\rho(x)\varphi)(1) = \rho(\tilde{u})\ \varphi(x) = 0$$

Par conséquent, $\tilde{u}$ appartient à J' $(=\tilde{J})$ et donc u appartient à J.

<u>Démonstration de l'inclusion</u> $J \subset I$

Soit u dans $\mathcal{U}(\mathcal{G}_{\mathbb{C}})$, tel que :

(1.3.7) $(\rho(u)\varphi) = 0 \quad , \quad \forall \varphi \in \mathcal{L}^{\infty}$

On veut montrer que u appartient à I. Remarquons tout d'abord qu'on a clairement :

(1.3.8) $(\rho(uv)\varphi) = 0 \ ,\ \ \forall \varphi \in \mathcal{L}^{\infty}\ ,\ \ \forall v \in \mathcal{U}(\mathcal{G}_{\mathbb{C}})$

Pour montrer que u est inclus dans I, il suffit donc de montrer que tout w dans $\mathcal{U}(\mathcal{G}_{\mathbb{C}})$ tel que :

(1.3.9) $(\rho(w)\varphi) = 0 \ ;\ \ \forall \varphi \in \mathcal{L}^{\infty}$

appartient à l'idéal à gauche de $\mathcal{U}(\mathcal{G}_{\mathbb{C}})$ engendré par les $(v - i\xi(v))$ avec v dans V.

On déduit de (1.3.9) que, pour tout φ dans $\mathcal{L}'^{\infty}$, on a :

(1.3.10) $(\rho(\tilde{w})\varphi) = 0$

On va montrer que, si (1.3.10) est vérifiée, $\tilde{w}$ appartient à l'idéal à droite $\tilde{K}$ engendré par les $(v + i\xi(v))$ avec v dans V.

Soit X_i $(i = 1,\dots,p)$ une base de V et Y_i une base d'un supplémentaire S de V dans $\mathcal{G}$.

On peut écrire :

(1.3.11) $\tilde{w} = \sum_{\alpha,\beta} a_{\alpha\beta}\, X_1^{\beta_1} \dots X_n^{\beta_n}\, Y_1^{\alpha_1} \dots Y_k^{\alpha_k}$

On en déduit aisément qu'il existe $\tilde{y}$ dans $\tilde{K}$ tel que :

(1.3.12) $\tilde{w} = \tilde{y} + \sum_{\alpha} b_{\alpha}\, Y_1^{\alpha_1} \dots Y_k^{\alpha_k}$

On va montrer que, si (1.3.10) est vérifiée, b_{α} est égal à 0 pour tout α . Or on déduit de (1.3.12) que :

(1.3.13) $\quad (\rho(\tilde{w})\varphi)(1) = \sum_{\alpha} b_{\alpha}\, ((\rho(Y))^{\alpha}\, \varphi)(1)$

en effet, pour v dans V et φ dans $\mathcal{L}'^{\infty}$, on a :

$$(\rho(v)\varphi)(1) = -i<\xi,v>\varphi(1)$$

De (1.3.13) et (1.3.10), on déduit :

(1.3.14) $\quad \sum_{\alpha} b_{\alpha}\, (\rho(Y)^{\alpha}\varphi)(1) = 0 \ ,\qquad \forall \varphi \in \mathcal{L}'^{\infty}$

Soit maintenant V_i une suite de sous-algèbres telles que :

(1.3.15) $\quad V = V_{k+1} \subset V_k \subset \dots \subset V_1 = \mathcal{G}$

telle que V_i soit de codimension 1 dans V_{i-1}. Une telle suite existe toujours dans les algèbres de Lie nilpotentes (chapitre II, § 1.2).

Soit Y_i un élément non nul du supplémentaire de V_{i+1} dans V_i $(i=1,\dots,k)$. On peut alors écrire :

(1.3.16) $\quad g = e^v e^{x_k Y_k} \dots e^{x_1 Y_1}$

Grâce à (1.3.16), on réalise un difféomorphisme global de exp $V\backslash G$ sur $\mathbb{R}^k$ et la mesure $d\mu_{\exp V\backslash G}$ devient la mesure de Lebesgue $dx_k \dots dx_1$ sur $\mathbb{R}^k$. Soit $f(x_k,\dots,x_1)$ dans $C_0^\infty(\mathbb{R}^k)$; on lui associe une fonction φ dans $\mathcal{L}'^\infty$ définie par :

(1.3.17) $\quad f \to \varphi(e^v.e^{x_k Y_k} \dots e^{x_1 Y_1}) = e^{-i<\xi,v>} f(x_1,\dots,x_k)$

on a alors :

(1.3.18) $\quad (\rho(\tilde{w})\varphi)(1) = \sum_\alpha b_\alpha(\pi(Y_k)^{\alpha_k} \dots \pi(Y_1)^{\alpha_1} f)(0)$

avec $\pi(Y_i) = \dfrac{d}{dx_i} + \sum_j \tilde{\sigma}_{ji}(x) \dfrac{d}{dx_j} + i<\xi,v_i(x)>$,

avec $\sigma_{ji}(x) = 0$ pour $x = 0$

$v_i(x) = 0$ pour $x = 0$ $\quad (v_i(x) \in V)$.

De (1.3.14) et (1.3.18), on déduit :

(1.3.19) $\quad \sum_\alpha b_\alpha(\pi(Y_k)^{\alpha_k} \dots \pi(Y_1)^{\alpha_1} f)(0) = 0 , \qquad \forall f \in C_0^\infty(\mathbb{R}^k)$

Supposons qu'il existe α tel que b_α soit non nul, on va montrer qu'on aboutit à une contradiction. Soit $m = \sup\limits_{b_\alpha \neq 0} |\alpha|$.

On a :

$$\lim_{\lambda \to \infty} \lambda^{-m} \sum_\alpha b_\alpha(\pi(Y_k)^{\alpha_k} \dots \pi(Y_1)^{\alpha_1} f(\lambda x))/(x=0) = \sum_{|\alpha|=m} b_\alpha f^{(\alpha)}(0) = 0 \qquad \forall f \in C_0^\infty(\mathbb{R}^k)$$

En faisant varier f, on en déduit que b_α est nul pour tout α , tel que $|\alpha|$ est égal à m, ce qui est contradictoire. L'inclusion de J dans I est donc démontrée.

Remarque 1.3.2 :

On a en fait uniquement utilisé, dans la démonstration de l'inclusion de $J \subset I$, l'existence d'un difféomorphisme local de exp $V\backslash G$ sur $\mathbb{R}^k$ au voisinage de 1 dans exp $V\backslash G$.

Le lemme (1.3.1) va nous permettre d'utiliser la théorie des algèbres enveloppantes; en particulier, nous utiliserons au paragraphe suivant, les deux identités suivantes :

(1.3.20) $\quad \mathrm{Ker}\, \pi_{(0,\mathcal{H})} = \mathrm{Ker}\, \mathrm{Ind}(0/\mathcal{H}_{\mathbb{C}}, \mathcal{H}_{\mathbb{C}} \nearrow \mathcal{G}_{\mathbb{C}})$

(1.3.21) Pour tout ξ dans $\mathcal{G}^*$, si V est une sous-algèbre subordonnée à ξ maximale, on a :

$\mathrm{Ker}\, \pi_{(\xi,V)} = \mathrm{Ker}\, \mathrm{Ind}(i\xi/V_{\mathbb{C}}, V_{\mathbb{C}} \nearrow \mathcal{G}_{\mathbb{C}})$

On notera alors : $\mathrm{Ker}\, \pi_{(\xi,V)} = J(i\xi)$.

§ 1.4. $\tilde{\text{Sp}}\,\pi_{(0,\mathcal{H})} = \tilde{\text{Sp}}\,\pi_{(0,\mathcal{H})}$

Compte-tenu de (1.3.20) et (1.3.21), l'égalité de $\tilde{\text{Sp}}\,\pi_{(0,\mathcal{H})}$ et de $\tilde{\text{Sp}}\,\pi_{(0,\mathcal{H})}$ résultera de la proposition suivante :

Proposition 1.4.1

L'ensemble des ξ dans $\mathfrak{g}^*$ tels que :
Ker Ind$(0/\mathcal{H}_{\mathbb{C}}, \mathcal{H}_{\mathbb{C}} \to \mathfrak{g}_{\mathbb{C}}) \subset J(i\,\xi)$ (qui est égal à $\tilde{\Omega}_{(0,\mathcal{H})}$) est l'adhérence de Zariski de $G.\mathcal{H}^{\perp}$.

Cette proposition est une conséquence de résultats généraux de R. Rentschler $[RE]_{1,2}$. Avant d'énoncer le théorème clé, rappelons quelques notations du livre de Dixmier $[DI]_3$. Si $\tilde{\mathfrak{g}}_i$ désigne une $\mathbb{C}$-algèbre de Lie nilpotente, on désigne par Prim $\mathcal{U}(\tilde{\mathfrak{g}}_i)$ l'espace des idéaux primitifs de l'algèbre enveloppante $\mathcal{U}(\tilde{\mathfrak{g}}_i)$ de $\tilde{\mathfrak{g}}_i$. Soit $\tilde{\mathfrak{g}}_1$ une $\mathbb{C}$-algèbre de Lie nilpotente et $\tilde{\mathfrak{g}}_2$ une sous-algèbre de $\tilde{\mathfrak{g}}_1$. Si I est un idéal de $\mathcal{U}(\tilde{\mathfrak{g}}_2)$, on note :

(1.4.1) $\quad \text{Ind}(I, \tilde{\mathfrak{g}}_2 \to \tilde{\mathfrak{g}}_1)$

le plus grand idéal bilatère de $\mathcal{U}(\tilde{\mathfrak{g}}_1)$ contenu dans $\mathcal{U}(\tilde{\mathfrak{g}}_1)$. I. Lorsque $I = \mathcal{U}(\tilde{\mathfrak{g}}_2)_+ = \mathcal{U}(\tilde{\mathfrak{g}}_2).\tilde{\mathfrak{g}}_2$ on a :

(1.4.2) $\quad \text{Ind}(\mathcal{U}(\tilde{\mathfrak{g}}_2)_+, \tilde{\mathfrak{g}}_2 \to \tilde{\mathfrak{g}}_1) = \text{Ker Ind}\,(0/\tilde{\mathfrak{g}}_2, \tilde{\mathfrak{g}}_2 \to \tilde{\mathfrak{g}}_1)$

L'application de Dixmier J_i de $\tilde{\mathfrak{g}}_i^*$ dans Prim $\mathcal{U}(\tilde{\mathfrak{g}}_i)$ est définie de la manière suivante (cf. $[DI]_3$, 6.1.5) :

A f dans $\tilde{\mathfrak{g}}_i^*$, on associe un idéal bilatère $J_i(f)$ dans $\mathcal{U}(\tilde{\mathfrak{g}}_i)$, en choisissant une sous-algèbre V subordonnée à f, maximale, et en posant :

(1.4.3) $\quad J_i(f) = \text{Ker Ind}(f/V, \tilde{\mathfrak{g}}_i)$

On montre alors que $J_i(f)$ ne dépend que de f et que $J_i(f)$ est primitif. L'application J_i est continue de $\tilde{\mathfrak{g}}_i^*$ (muni de la topologie de Zariski) dans Prim $\mathcal{U}(\tilde{\mathfrak{g}}_i)$ (muni de la topologie de Jacobson). De plus, si $\tilde{G}_i$ désigne le groupe de Lie complexe, simplement connexe, associé à $\tilde{\mathfrak{g}}_i$, on a, pour tout g_i dans $\tilde{G}_i$,

(1.4.4) $\quad J_i(g_i.f) = J_i(f)$

Par conséquent, on peut en passant au quotient associer à J_i, une application J_i, appelée application de Dixmier factorisée, de $\tilde{\mathfrak{g}}_i^* / \tilde{G}_i$ dans Prim $\mathcal{U}(\tilde{\mathfrak{g}}_i)$. Cette application est bijective (cf. $[DI]_3$ et [NO-GA]) et bicontinue ([CO]). Le théorème de Rentschler est le suivant :

Théorème 1.4.2 [RE] :

Soit $\tilde{\mathfrak{g}}_1$ une $\mathbb{C}$-algèbre de Lie nilpotente et $\tilde{\mathfrak{g}}_2$ une sous-algèbre de $\tilde{\mathfrak{g}}_1$. Si F est un sous-ensemble de $\tilde{\mathfrak{g}}_2^*$, on a :

(1.4.5) $\quad \text{Ind}\big(\bigcap_{\varphi \in F} J_2(\varphi), \tilde{\mathfrak{g}}_2 \to \tilde{\mathfrak{g}}_1\big) = \bigcap_{f \in \pi^{-1}(F)} J_1(f)$

où π désigne la projection canonique de $\tilde{\mathfrak{g}}_1^*$ sur $\tilde{\mathfrak{g}}_2^*$.

On applique le théorème (1.4.2) avec $\tilde{\mathfrak{g}}_1 = \mathfrak{g}_{\mathbb{C}}$, $\tilde{\mathfrak{g}}_2 = \mathcal{H}_{\mathbb{C}}$. On obtient :

(1.4.6) $\quad \text{Ind}(U(\mathcal{H}_{\mathbb{C}}), \mathcal{H}_{\mathbb{C}} \to \mathfrak{g}_{\mathbb{C}}) = \bigcap_{\xi \in \mathcal{H}_{\mathbb{C}}^{\perp}} J(i\xi)$

D'après (1.4.2), on obtient :

(1.4.7) $\quad \operatorname{Ker}\operatorname{Ind}(0/\mathcal{H}_{\mathbb{C}}, \mathcal{H}_{\mathbb{C}} \nearrow \mathcal{G}_{\mathbb{C}}) = \bigcap_{\xi \in \mathcal{H}_{\mathbb{C}}^{\perp}} J(i\xi)$

La démonstration de la proposition(1.4.1) se déduit aisément de (1.4.7) et des deux lemmes suivants:

Lemme 1.4.3 :

L'ensemble des η dans $\mathcal{G}^{*}_{\mathbb{C}}$ tels que : $\bigcap_{\xi \in \mathcal{H}^{\perp}_{\mathbb{C}}} J(i\xi) \subset J(i\eta)$ est l'adhérence de Zariski $\widetilde{G_{\mathbb{C}}.\mathcal{H}^{\perp}_{\mathbb{C}}}$ de $G_{\mathbb{C}}.\mathcal{H}^{\perp}_{\mathbb{C}}$.

Lemme 1.4.4 :

(1.4.8) $\quad \widetilde{G_{\mathbb{C}}.\mathcal{H}^{\perp}_{\mathbb{C}}} \cap \mathcal{G}^{*} = \widetilde{G.\mathcal{H}^{\perp}}$

Démonstration du lemme 1.4.3 :

Compte-tenu de (1.4.4), on a :

$$\bigcap_{\xi \in \mathcal{H}_{\mathbb{C}}} J(i\xi) = \bigcap_{\xi \in G_{\mathbb{C}}.\mathcal{H}^{\perp}_{\mathbb{C}}} J(i\xi) \overset{\text{def}}{\equiv} K$$

Soit maintenant A dans K. Alors l'ensemble des η dans $\mathcal{G}^{*}_{\mathbb{C}}$ tel que A appartient à $J(i\eta)$ est fermé pour la topologie de Zariski. Cet ensemble contient $G_{\mathbb{C}}.\mathcal{H}^{\perp}_{\mathbb{C}}$ et donc $\widetilde{G_{\mathbb{C}}.\mathcal{H}^{\perp}_{\mathbb{C}}}$. On en déduit que :

(1.4.9) $\quad \bigcap_{\xi \in \mathcal{H}^{\perp}_{\mathbb{C}}} J(i\xi) = \bigcap_{\xi \in \widetilde{G_{\mathbb{C}}.\mathcal{H}^{\perp}_{\mathbb{C}}}} J(i\xi)$

L'application de Dixmier factorisé J étant bijective et bicontinue, on en déduit le lemme.

Démonstration du lemme 1.4.4

Soit p la projection de $\mathcal{G}^{*}$ sur $\mathcal{H}^{*}$. Soit $S_{\mathbb{C}}(\mathcal{G}_{\mathbb{C}})$ l'algèbre symétrique de $\mathcal{G}_{\mathbb{C}}$, $S_{\mathbb{R}}(\mathcal{G})$ l'algèbre symétrique de $\mathcal{G}$. L'idéal des fonctions de $S_{\mathbb{R}}(\mathcal{G})$ qui sont nulles sur $\mathcal{H}^{\perp}$ est $S_{\mathbb{R}}(\mathcal{G}).\mathcal{H}$. On en déduit que l'idéal des fonctions de $S_{\mathbb{R}}(\mathcal{G})$ qui sont nulles sur $G.\mathcal{H}^{\perp}$ est le plus grand idéal ad $\mathcal{G}$-stable contenu dans $S_{\mathbb{R}}(\mathcal{G}).\mathcal{H}$. Soit I_0 cet idéal. Soit I_1 le plus grand idéal ad $\mathcal{G}_{\mathbb{C}}$-stable contenu dans $S_{\mathbb{C}}(\mathcal{G}_{\mathbb{C}}).\mathcal{H}_{\mathbb{C}}$. I_1 est l'idéal des fonctions de $S_{\mathbb{C}}(\mathcal{G}_{\mathbb{C}})$ qui s'annule sur $G_{\mathbb{C}}.\mathcal{H}^{\perp}_{\mathbb{C}}$. Comme :

$$S_{\mathbb{R}}(\mathcal{G}) \cap I_1 \subset S_{\mathbb{R}}(\mathcal{G}) \cap S_{\mathbb{C}}(\mathcal{G}_{\mathbb{C}}).\mathcal{H}_{\mathbb{C}} = S_{\mathbb{R}}(\mathcal{G}).\mathcal{H}.$$

On a :

(1.4.10) $\quad S_{\mathbb{R}}(\mathcal{G}) \cap I_1 \subseteq I_0$.

D'autre part : $I_0 \underset{\mathbb{R}}{\otimes} \mathbb{C}$ est ad($\mathcal{G}_{\mathbb{C}}$)-stable, d'où

(1.4.11) $\quad I_0 \underset{\mathbb{R}}{\otimes} \mathbb{C} \subset I_1$

Comme I_1 est stable par conjugaison, on déduit de (1.4.10) et (1.4.11) que :

(1.4.12) $\quad I_1 = I_0 \otimes \mathbb{C}$

Pour un élément ξ de $\mathcal{G}^{*}$, dire que ξ est nul pour tout a dans I_0 est donc équivalent à dire que ξ est nul pour tout a dans I_1. On a donc :

(1.4.13) $\quad$ Variété de (I_0) = Variété de $(I_1) \cap \mathcal{G}^{*}$

Ce qui démontre le lemme.

§ 1.5 Exemples et applications

1.5.1. Exemple de Derridj

Revenons à l'exemple (2.1.6) traité au chapitre II. Il semble difficile en général de trouver l'idéal I défini en (1.1). En fait, nous avons plus précisément besoin d'un idéal $\mathcal{J}$ et d'un système de générateurs de $\mathcal{J}$ vérifiant (1.1.2) t.q.

(1.5.1.1) $\mathcal{J} \subset I$

et

(1.5.1.2) $\{\pi \in \hat{G} \,,\, \pi(\mathcal{J}) = 0\} = \mathrm{Sp}\ \pi_{(0,\mathcal{H})}$

Concrètement, on cherche donc un système de générateurs A_i^j

$(j=1,\ldots,t \quad , \quad i=1,\ldots,p_{j+1} - p_j)$ t.q.

$\forall X \in \mathcal{G}$, $[A_i^j, X]$ soit dans l'idéal engendré par les A_i^ℓ ($\ell < j$). Dans le cas présent, le système suivant convient

$$\begin{cases} A_1^1 = U_3\, T - (V_1^2 + V_3^2) \\ A_1^2 = U_4\, T - (V_2^2 + V_4^2) \\ A_1^3 = U_1\, T - (V_2.V_3 - V_1.V_4) \\ A_1^4 = U_2\, T - (V_1.V_2 + V_3.V_4) \end{cases}$$

$$\begin{cases} A_2^1 = U_2.V_2 - U_1.V_4 - U_4.V_1 \\ A_2^2 = U_3.V_2 - U_1.V_3 - U_2.V_1 \\ A_2^3 = U_1.V_2 + U_2.V_4 - U_4.V_3 \\ A_2^4 = U_1.V_1 + U_2.V_3 - U_3.V_4 \end{cases}$$

$$\left\{ A_3^1 = U_3.U_4 - (U_1^2 + U_2^2) \right.$$

L'idéal à gauche engendré par les A_j^i est bilatère. La procédure décrite au § 1.2 s'applique.

(1.5.2) Exemple de Grusin [GRU]

La première remarque sur le lien entre les opérateurs de Grusin et les opérateurs sur les groupes nilpotents remonte à Rockland [ROC]. On reprend ici des calculs de $[\text{HE-NO}]_3$ et Amroui [AM]. On reprend les notations de l'exemple (2.1.3) du chapitre II. Pour les mêmes raisons que, dans (1.5.1), on introduit les éléments :

$$k\, Y_j^{r-k}.Y_j^{r-k'+1} - k'\, Y_j^{r-k+1}.Y_j^{r-k'} \qquad \begin{cases} k' = 1,\ldots,r-1 \\ j = 1,\ldots,n \\ k = 1,\ldots,r-1 \end{cases}$$

$$Y_i^k.Y_j^{k'} - Y_j^k.Y_i^{k'} \qquad \begin{cases} i = 1,\ldots,n \\ j = 1,\ldots,n \\ k = 1,\ldots,r \\ k' = 1,\ldots,r \end{cases}$$

qui convenablement réordonnés fournissent une "bonne" base de générateurs pour un idéal $\mathfrak{I}$ dont l'annulateur dans $\hat{G}$ est Sp $\pi_{(0,\mathcal{H})}$.
Bien entendu, la procédure peut être utilisé pour les opérateurs de Grušin généraux qui sont des polynômes à coefficients variables des champs (∂_t , $\frac{t^{r-1}}{(r-1)!}\partial x_j$). Il résulte alors des résultats connus sur les groupes nilpotents gradués l'existence d'estimations L^p ou C^α [FO]$_2$, [R.S] pour les opérateurs de Grušin hypoelliptiques maximaux. Ceci est détaillé dans [AM].

§ 2. Sur un théorème de L.P. Rothschild ([ROT]$_1$, [HE-NO]$_5$, [MEL]$_3$)

§ 2.1. Introduction

On considère comme au chapitre I des champs de vecteurs $X_1,\dots X_p$ réels C^∞ sur Ω (ouvert de $\mathbb{R}^n$) vérifiant $(C.H)_{r,x_0}$ ($\forall x_0 \in \Omega$) et l'opérateur :

(2.1.1) $$P = \sum_{|\alpha| \leqslant m} a_\alpha(x)\, X^\alpha$$

On fait ici l'hypothèse suivante introduite par G. Métivier [MET]$_1$ (cf. chapitre IV Proposition 4.2.3).

(2.1.2) Pour tout $j \leqslant r$, la dimension de l'espace engendré par les commutateurs de longueur $\leqslant j$, restreints en chaque point x est localement constante.

On désignera par ν_j cette dimension (en convenant que $\nu_0 = 0$). Rappelons certains résultats de Métivier utilisés ici. On notera : $u = (u_{jk})$ la variable de $\mathbb{R}^n$ avec $j=1,\dots,r$; $k=1,\dots,\nu_j-\nu_{j-1}$. On munit $\mathbb{R}^n$ de la famille de dilatations δ_t définie pour $t > 0$ par :

(2.1.3) $$\delta_t\, u = (t^j u_{jk}) \qquad \begin{matrix} j=1,\dots,r \\ k=1,\dots,\nu_j-\nu_{j-1} \end{matrix}$$

Ceci permet de définir les notions d'homogénéité d'une fonction ou d'un opérateur correspondant à ce groupe δ_t.

Métivier ([MET]$_1$) a démontré qu'il existe, pour tout point x de Ω, un difféomorphisme θ_x d'un voisinage de x dans Ω sur un voisinage de 0 dans $\mathbb{R}^n$, tel que les images par θ_x des champs X_j sont d'ordre $\leqslant 1$ à l'origine.

On appelle ainsi des champs X de la forme : $\sum a_{jk}(u) \frac{\partial}{\partial u_{jk}}$ et dont tous les termes du développement taylorien :

$$\sum a_{jk}^{(\alpha)} \frac{u^\alpha}{\alpha!} \frac{\partial}{\partial u_{jk}}$$

sont nuls ou homogènes de degré $\leqslant 1$.

On désigne par $\hat{X}_{j,x}$ la partie principale d'ordre 1 du champ image par θ_x de X_j (c'est-à-dire la somme des termes homogènes de degré 1 dans le développement taylorien). Métivier a de plus démontré qu'alors, les champs de vecteurs $\hat{X}_{j,x}$ vérifient eux aussi la condition de Hörmander et que l'algèbre de Lie $\mathcal{G}_x$ qu'ils engendrent est nilpotente et de dimension n. On associe, pour tout $x_0 \in \Omega$, un opérateur $\hat{P}_{x_0}$ sur $\mathbb{R}^n$ homogène de degré m, par :

(2.1.4) $$\hat{P}_{x_0} = \sum_{|\alpha| = m} a_\alpha(x_0)\, \hat{X}^\alpha_{x_0}$$

On a montré dans [HE-NO]$_4$ que l'hypoellipticité maximale de P en x_0 impliquait celle de $\hat{P}_{x_0}$. Ceci résulte d'ailleurs du chapitre III, comme cas particulier, compte-tenu des remarques du § 4.2 (Chapitre IV).

L.P. Rothschild [ROT]$_1$ a ensuite démontré la réciproque, ce qui donne le :

Théorème 2.1.1

Sous les hypothèses de ce paragraphe, P est hypoelliptique maximal en x_0 si et seulement si $\hat{P}_{x_0}$ est hypoelliptique

Une conséquence des résultats de Métivier rappelés ci-dessus est qu'on peut définir sur $\mathbb{R}^n$ une loi de composition qui fait de $\mathbb{R}^n$ un groupe de Lie nilpotente noté G_{x_0}, dont l'algèbre de Lie est isomorphe à $\mathcal{G}_{x_0}$ et vérifie les hypothèses du chapitre I.

L'opérateur $\hat{P}_{x_0}$ peut alors être considéré comme un opérateur homogène, invariant à gauche sur G_{x_0} ; appliquant le théorème 2.1. (chapitre I), on en déduit le :

Théorème 2.1.2

Sous les hypothèses du théorème 2.1.1, l'opérateur P est hypoelliptique maximal en x_0, si et seulement si, pour toute représentation irréductible non triviale π de G_{x_0}, l'opérateur $\pi(\hat{P}_{x_0})$ est injectif dans $\mathcal{S}_\pi$ (l'espace des vecteurs C^∞ de la représentation π).

L'objet de ce paragraphe est de montrer comment des idées voisines de celles développées au § 1 peuvent simplifier une étape de la démonstration de L.P. Rothschild $[ROT]_1$ dont nous rappellerons les principales étapes au § 2.2. Signalons que depuis est parue une nouvelle démonstration du théorème 2.1.1 par A. Melin $[MEL]_3$ en utilisant des constructions de paramétrixes.

2.2 Résumé de la démonstration de L.P. Rothschild

Dans une première étape, selon l'argument de $[HE\text{-}NO]_{1,2}$, on se ramène au cas ou P est formellement autoadjoint et où la "dimension homogène" Q, définie par :

$$Q = \sum_{j=1}^{r} j(\nu_j - \nu_{j-1})$$

est strictement supérieure à l'ordre de P.

L'opérateur $\hat{P}_{x_0}$ vérifie alors toutes les hypothèses du théorème suivant de Folland $[FO]_1$.

Proposition 2.2.1

Soit D un opérateur différentiel invariant à gauche sur G_x formellement autoadjoint, homogène de degré $2m < Q$ et hypoelliptique. Alors il existe une unique fonction $k \in C^\infty(G_x - \{e\})$, homogène de degré $-Q+2m$, telle que :

$$D\,k = \delta$$

où δ est la masse de Dirac sur l'élément neutre de G_x.

L'étape la plus complexe de la démonstration du théorème 2.1.1 est la proposition suivante (cf Th. 3.6 de $[ROT]_1$).

Proposition 2.2.2

Sous les hypothèses du théorème (2.1), il existe un voisinage V de x_0 t.q. $\hat{P}_x$ soit hypoelliptique pour tout $x \in V$. De plus, si k_x est la solution fondamentale de $\hat{P}_x$ (dont l'existence résulte de la proposition 2.), la fonction $(x,u) \to k_x(u)$ est C^∞ sur $V \times \mathbb{R}^n \setminus \{0\}$.

C'est cette proposition que nous démontrons, de manière sans doute plus simple, aux § 2.3 et 2.4.

La suite de la démonstration du théorème (2.1.1) est alors analogue à celle de $[ROT]_1$. On construit une paramétrixe dont le noyau est essentiellement :

$$K(x,y) = k_y(\theta_y(x))$$

et qui prouve l'hypoellipticité maximale.

§ 2.3 Familles C^∞ de solutions fondamentales

On reprend les notations du chapitre I et on suppose que $\mathcal{G}$ est stratifiée.

On considère une famille C^∞ d'opérateurs différentiels $\mathcal{P}_x$ $(x \in \Omega)$ dans $\mathcal{U}_m(\mathcal{G})$ et on suppose que :

(2.3.1) $\quad m < Q(\mathcal{G}) = \sum_{j=1}^{r} j.\dim \mathcal{G}_j$

On écrit $\mathcal{P}_x$ sous la forme :

(2.3.2) $\quad \mathcal{P}_x = \sum_{|\alpha|=m} a_\alpha(x)\, Y^\alpha$

avec $a_\alpha(x) \in C^\infty(\Omega,\mathbb{C})$

Enfin, on suppose que $\mathcal{P}_x$ est formellement autoadjoint.

On esquisse dans ce § la démonstration de la proposition suivante :

Proposition 2.3.1

On suppose qu'il existe un point x_0 de Ω t.q. $\mathcal{P}_{x_0}$ soit hypoelliptique sur G. Alors :

i) Il existe un voisinage V de x_0 t.q. $\mathcal{P}_x$ soit hypoelliptique pour tout $x \in V$.

ii) Il existe $C > 0$ tel que, pour tout $x \in V$ et pour tout $u \in C_0^\infty(G)$

(2.3.3) $\quad \sum_{|\alpha| \leq m} \|Y^\alpha u\|^2_{L^2(G)} \leq C[\|\mathcal{P}_x u\|^2_{L^2(G)} + \|u\|^2_{L^2(G)}]$

Soit k_x la solution fondamentale homogène unique de $\mathcal{P}_x$, alors :

iii) La fonction $(x,u) \to k_x(u)$ est C^∞ sur $V \times G - \{e\}$

(i) et (ii) sont immédiats compte-tenu des résultats connus. On a rappelé au chapitre I que si $\mathcal{P}_{x_0}$ est hypoelliptique, il est hypoelliptique maximal et on a également remarqué que l'hypoellipticité maximale est stable par perturbation.

démonstration de iii)

Dans le cas où $\mathcal{P}_x$ est l'opérateur :

$$\mathcal{P}_x = \sum_{j=1}^{n} Y_j^2 + \sum a_{jk}(x)\,[Y_j,Y_k]$$

le point (iii) n'est autre que le théorème 3 de Rothschild-Stein [R.S].

La démonstration de Rothschild-Stein se transpose sans problème à partir du moment où l'on a démontré le :

Lemme 2.3.2

Sous les hypothèses de la proposition 2.3.1, pour toutes fonctions ζ et $\zeta_1 \in C_0^\infty(G)$ telles que ζ_1 soit égale à 1 sur le support de ζ et pour tout $s \in \mathbb{R}^+$, il existe $C > 0$ t.q. l'on ait, pour tout $x \in V$ et tout $u \in C_0^\infty(G)$:

(2.3.4) $$\|\zeta u\|^2_{s+\frac{m}{r}} + \sum_{|\alpha| \leq m} \|Y^\alpha \zeta u\|_s^2 \leq C[\|\zeta_1 \mathcal{P}_x u\|_x^2 + \|\zeta_1 u\|_0^2]$$

Ce lemme s'obtient assez facilement à partir de (2.3.3) en contrôlant les commutateurs par récurrence.

§ 2.4 Familles C^∞ de groupes nilpotents

Cette notion est définie dans $[\mathrm{ROT}]_1$ (§ 3) (voir aussi $[\mathrm{MEL}]_3$). Nous en donnons ici une définition équivalente. On considère des entiers $n_1,\dots,n_r$ t.q. $n_1+\dots+n_r = n$. On note : $u = (u_{jk})$ la variable de $\mathbb{R}^n$ ($j = 1,\dots,r$; $k = 1,\dots,n_j$) et on munit $\mathbb{R}^n$ de la famille δ_t définie par :

(2.4.1) $\delta_t(u_{jk}) = t^j u_{jk}$

On considère une famille $X_{k,x}$ ($k=1,\dots,n_1$) de champs de vecteurs réels C^∞ sur $\mathbb{R}^n$, dépendant de manière C^∞ d'un paramètre x dans Ω et tels que, pour tout $x \in \Omega$:

(2.4.2) $X_{k,x}$ est homogène de degré 1 (pour les dilatations δ_t).

(2.4.3) Les champs $X_{k,x}$ ($k \leq n_1$) vérifient la condition de Hörmander

(2.4.4) L'algèbre de Lie $\mathcal{G}_x$ qu'ils engendrent (qui est nilpotente d'après 3.3.2) est de dimension n.

On peut alors munir $\mathbb{R}^n$ d'une loi de composition unique, qui en fait un groupe de Lie G_x dont l'algèbre de Lie est isomorphe à $\mathcal{G}_x$.

Il est alors clair que les champs $X_{k,x}$ sont à coefficients polynômiaux, formellement anti-autoadjoints, invariants à gauche sur G_x.

La proposition (2.2.2) résultera de :

Proposition 2.4.1

Soit $\{G_x\}$ une famille C^∞ de groupes nilpotents. On considère, pour tout $x \in \Omega$, un opérateur différentiel P_x sur $\mathbb{R}^n$ de la forme :

(2.4.5) $$P_x = \sum_{|\alpha|=m} a_\alpha(x) X_x^\alpha$$

où les α_α sont des fonctions C^∞ sur Ω, à valeurs complexes.

On suppose que P_x est formellement autoadjoint et que :

(2.4.6) $m < Q = \sum_{j=1}^{r} j\, n_j$

On suppose qu'il existe un point x_0 de Ω t.q. P_{x_0} soit hypoelliptique. Alors :

i) Il existe un voisinage V de x_0 t.q. P_x soit hypoelliptique.

ii) si k_x est la solution fondamentale homogène unique de P_x, alors l'application $(x,u) \to k_x(u)$ est C^∞ sur $V \times \mathbb{R}^n \setminus\{0\}$.

Cette proposition est démontré dans les § 3 à 8 de $[ROT]_1$. Nous allons montrer qu'elle se ramène à celle de la proposition 2.3.1 où le groupe est fixe.

Pour les mêmes raisons qu'au § 2.2, on supposera que (2.4.6) est remplacé par :

(2.4.7) $2\, m\, r\,! < Q$.

1ère étape. Etude d'un opérateur invariant sur un groupe fixe

On désigne par $\mathcal{G}$ l'algèbre de Lie nilpotent libre à n_1 générateurs de cran r et l'on pose avec les conventions habituelles :

$$\mathcal{G} = \oplus\, \mathcal{G}_i\,.$$

Soit alors $Q(\mathcal{G})$ sa dimension homogène, N sa dimension, G le groupe associé et $(Y_1,\dots,Y_{n_1})$ une base de $\mathcal{G}_1$.

Puisque $\mathcal{G}_x$ est une algèbre de Lie nilpotente à n_1 générateurs, de rang de nilpotence r, on sait qu'il existe un homomorphisme surjectif $\pi_x : \mathcal{G} \to \mathcal{G}_x$ unique compatible avec les dilatations de $\mathcal{G}$ et $\mathcal{G}_x$, tel que

(2.4.8) $\pi_x(Y_j) = X_{j,x} \qquad \forall x \in \Omega, \qquad \forall j \leqslant n_1.$

Soit $\mathcal{H}(x)$ le noyau de π_x et soit :

$$H_j(x) = \mathcal{H}(x) \cap \mathcal{G}_j \quad (j=1,..,r)$$

Il est clair que $\mathcal{H}(x)$ est un idéal de $\mathcal{G}$, stable par les dilatations et que :

(2.4.9) $\mathcal{G}_x \simeq \mathcal{G}/\mathcal{H}(x)$

(2.4.10) $\mathcal{H}(x) = \sum_{j=1}^{r} H_j(x)$

(2.4.11) $\dim \mathcal{G}_j = n_j + \dim H_j(x)$

Soit p_j la dimension de $H_j(x)$ qui est donc constante. On démontre alors facilement le:

Lemme 2.4.2

Il existe un voisinage V de x_0 et des applications C^∞ de V dans $\mathcal{G}$

$$x \to h_{jk}(x) \qquad j \leqslant r\,,\ k \leqslant p_j$$
$$x \to e_{jk}(x) \qquad j \leqslant r\,,\ k \leqslant n_j$$

telles que, pour tout $x \in V$, pour tout $j \leqslant r$, on ait

(2.4.12) Les $h_{jk}(x)$ $(k \leqslant p_j)$ forment une base de $H_j(x)$

(2.4.13) Les $h_{jk}(x)$ $(k \leqslant p_j)$ et $e_{jk}(x)$ $(k \leqslant n_j)$ forment une base de $\mathcal{G}_j$.

On associe alors à P_x défini en (2.4.5) l'opérateur $\mathcal{P}_x$ défini par :

$$(2.4.14)\quad \mathcal{P}_x = [L_x]^{2\,r\,!} + \sum_{j,k} (-1)^{\frac{n\,r\,!}{j}}\, h_{jk}(x)^{\frac{2\,m\,r\,!}{j}}$$

$$\text{où } L_x = \sum_{|\alpha|=m} a_\alpha(x)\, Y^\alpha$$

$\mathcal{P}_x$ est homogène sur G de degré (2m) r ! , invariant à gauche, formellement autoadjoint. On démontre sans trop de difficulté que si P_{x_0} <u>est hypoelliptique, $\mathcal{P}_{x_0}$ est hypoelliptique</u> en appliquant le théorème (2.1) du chapitre I. Pour comparer avec les idées du § 1, remarquons qu'on peut identifier P_x et $\pi_{(0,\mathcal{H}(x))}(L_x)$ et que le spectre de $\pi_{(0,\mathcal{H}(x))}$ est $\mathcal{H}(x)^\perp$ (car $\mathcal{H}(x)$ est un idéal). Un système de générateurs de l'idéal I introduit au § 1.1 est fourni par une base C^∞ (par rapport à x), homogène (cf lemme 2.4.2) de $\mathcal{H}(x)$. $\mathcal{P}_{x_0}$ étant hypoelliptique, il existe un voisinage V de x_0 tel que $\mathcal{P}_x$ soit hypoelliptique pour tout $x \in V$. Si $\tilde{k}_x$ est la solution fondamentale homogène unique de $\mathcal{P}_x$, on a :

$$(2.4.15)\quad (x,g) \to \tilde{k}_x(g) \text{ est } C^\infty \text{ sur } V \times G - \{e\}$$

<u>2ème étape : Construction de la solution élémentaire de P_x à partir de celle de $\mathcal{P}_x$</u>.
On a d'abord une version avec paramètre du résultat de Folland $[FO]_3$ mentionné au § 1.4 (chapitre II) et qui se démontre de la même manière :

<u>Lemme 2.4.3</u>

Il existe un C^∞-difféomorphisme global $\tilde{\theta}_x$ de $\mathbb{R}^n$, dépendant de manière C^∞ de $x \in V$, homogène de degré 1, t.q. :

$$(2.4.16)\quad \tilde{\theta}_x^* \cdot X_{j,x}\, f = \pi_{(0,\mathcal{H}(x))}(Y_j)\, \tilde{\theta}_x^*\, f \qquad \forall f \in C_0^\infty(\mathbb{R}^n), \qquad \forall x \in V$$

Si $\tilde{k}_x$ est la solution élémentaire de $\mathcal{P}_x$, on obtient la solution élémentaire de $\pi_{(0,\mathcal{H}(x))}(\mathcal{P}_x)$ en intégrant sur $\mathcal{H}(x)$:

$$(2.4.17)\quad k_x^{(1)}(u) = \int_{\exp \mathcal{H}(x)} \tilde{k}_x(u.h).dh$$

où dh désigne une mesure de Haar sur exp $\mathcal{H}(x)$ qu'on peut définir comme l'image d'une mesure de Lebesgue sur $\mathcal{H}(x)$ canonique (en décrétant que la base h_{jk} est orthonormée) (cf $[FO]_3$). Il est alors facile de contrôler la dépendance C^∞ par rapport à x et de montrer que $k_x^{(1)}$ a l'homogénéité voulue (cf $[FO]_3$ th. 3).

Posant $k_x^{(2)} = k_x^{(1)} \circ \tilde{\theta}_x^{-1}$, on obtient que $k_x^{(2)}$ est une solution fondamentale de $P_x^{2\,r\,!}$ (rappelons que $\pi_x(h_{jk}^{(x)}) = 0$ par définition).

Par conséquent,

$$k_x = P_x^{2\,r\,!\,-\,1}\,(k_x^{(2)})$$

répond à toutes les conditions posés au point ii) de la proposition (2.4.1).

▨

CHAPITRE VIII
INEGALITES L^2 ET TOPOLOGIE DE $\hat{G}$

§1. Introduction

Soient $\mathfrak{g}$ l'algèbre de Lie nilpotente libre, à p générateurs $X_1,\ldots,X_p$, de rang de nilpotence r_1 et λ un homomorphisme partiel (cf chapitre I, ou 0.6 chapitre III) de $\mathfrak{g}$ dans l'algèbre de Lie $L(\Omega)$ des champs de vecteurs réels, C^∞, sur un ouvert Ω de R^n. On suppose que les champs de vecteurs $\lambda(X_j)$ vérifient la condition de Hörmander $(C.H)_r$ en un point x_0 de Ω.

On considère, d'autre part un élément P de $\mathcal{U}_m(\mathfrak{g})$ $(m \geq 1)$, c'est-à-dire une expression polynomiale de la forme suivante :

(1.1) $$P = \sum_{|\alpha|=m} a_\alpha X^\alpha$$

où les a_α sont des constantes complexes. Tous les résultats de ce chapitre s'étendraient sans difficulté si l'on remplaçait P par un système $(P_1,\ldots,P_\ell)$ d'éléments de $\mathcal{U}_m(\mathfrak{g})$, mais, pour simplifier l'écriture, nous ne traiterons que le cas d'un élément P.

On définit de manière évidente l'opérateur différentiel $\lambda(P)$ dans Ω. De même, pour tout $\ell \in \mathfrak{g}^*$, on désigne par π_ℓ la représentation unitaire irréductible correspondante, réalisée dans $L^2(R^{k(\ell)})$, et on définit comme au chapitre II l'opérateur $\pi_\ell(P)$, qui est un opérateur différentiel d'ordre m dans $\mathcal{S}(R^{k(\ell)})$.

On cherche à quelle condition il existe un voisinage V de x_0 et une constante $C > 0$ tels que l'on ait

(1.2) $$\sum_{|\alpha| \leq m} \|\lambda(X^\alpha)u\|^2 \leq C(\|\lambda(P)u\|^2 + \|u\|^2) \qquad \forall u \in C_0^\infty(V)$$

Au chapitre III, on a défini un sous-ensemble Γ_{x_0} de $\mathfrak{g}^*$, et l'on a montré que l'inégalité (1.2) entraine la condition suivante :

(RO) Pour tout $\ell \in \Gamma_{x_0} \setminus \{0\}$. l'opérateur $\lambda(P)$ est injectif dans $\mathcal{S}(R^{k(\ell)})$.

Le reste de cet ouvrage est consacré à démontrer que la propriété (R0) entraîne l'inégalité (1.1) dans certains cas particuliers. L'étude de cette implication peut se diviser en deux problèmes distincts.

Problème 1.1.

Supposons que, pour tout $\ell \in \Gamma_{x_0} \setminus \{0\}$, l'opérateur différentiel $\pi_\ell(P)$ soit injectif dans $\mathcal{S}(R^{k(\ell)})$. Existe-t-il alors une constante $C_0 > 0$ telle que l'on ait :

(1.3) $$\sum_{|\alpha|=m} \|\pi_\ell(X^\alpha)\Psi\|^2_{L^2(R^{k(\ell)})} \leq C_0 \|\pi_\ell(P)\Psi\|^2_{L^2(R^{k(\ell)})}$$

pour tout $\ell \in \Gamma_{x_0}$ et pour tout $\Psi \in C_0^\infty(R^{k(\ell)})$.

Problème 1.2.

Supposons qu'il existe $C_0 > 0$ tel que l'inégalité (1.3) soit vérifiée, pour tout $\ell \in \Gamma_{x_0}$ et pour tout $\Psi \in C_0^\infty(R^{k(\ell)})$. Existe-t-il alors un voisinage V de x_0 et une constante $C > 0$ tels que l'inégalité (1.2) soit vérifiée pour tout $u \in C_0^\infty(V)$?

Ce chapitre a pour but d'apporter une réponse positive au problème 1.1 dans certains cas particuliers. Le problème 1.2 sera abordé dans les prochains chapitres.

On a montré au chapitre IV (proposition 2.1) que le sous-ensemble Γ_{x_0} est fermé dans $\mathfrak{g}^*$, qu'il est stable par les dilatations δ_t^* (propriété que l'on exprime dans toute la suite en parlant d'ensemble "conique") et stable par l'action de $G = \exp\mathfrak{g}$.

Cette remarque nous amène à poser le problème 1.1 en termes plus généraux.

Désormais, $\mathfrak{g} = \mathfrak{g}_1 \oplus \dots \oplus \mathfrak{g}_r$ désigne une algèbre de Lie quelconque vérifiant les hypothèses du §1 du chapitre II, et pas nécessairement l'algèbre de Lie nilpotente libre. On considère un entier $m \geq 1$, et, dans toute la suite, on supposera que l'une des deux hypothèses suivantes est vérifiée :

(H1) - ou bien $\mathfrak{g}$ est "stratifiée", c'est-à-dire engendrée par le sous-espace $\mathfrak{g}_1$ (C'est en particulier le cas si $\mathfrak{g}$ est l'algèbre de Lie nilpotente libre).

(H2) - ou bien l'entier m est un multiple assez grand de r ! (La valeur minimale sera précisée dans l'énoncé de la proposition 5.3.).

Pour tout entier $p \leq m$, on désignera par (A_{jp}) une base quelconque de $\mathcal{U}_p(\mathfrak{g})$. Les éléments A_{jh} seront notés simplement A_j. On peut maintenant poser le problème 1.1 sous la forme plus générale suivante :

Problème 1.3.

Soit P un élément de $\mathcal{U}_m(\mathfrak{g})$, et soit F un sous-ensemble cônique fermé de $\mathfrak{g}^*$, stable par l'action de $G = \exp\mathfrak{g}$. On suppose que l'une des hypothèses (H1) ou (H2) est vérifiée, et que, pour tout $\ell \in F\setminus\{0\}$, l'opérateur $\pi_\ell(P)$ est injectif dans $\mathcal{S}(R^{k(\ell)})$. Existe-t-il alors une constante $C > 0$ telle que l'on ait :

(1.4) $$\sum_j \|\pi_\ell(A_j).u\|^2_{L^2(R^{k(\ell)})} \leq C\|\pi_\ell(P)u\|^2_{L^2(R^{k(\ell)})}$$

pour tout $\ell \in F$, et pour tout $u \in C_0^\infty(R^{k(\ell)})$.

Le résultat principal de ce chapitre est le

Théorème 1.4.

Le problème 1.3 admet une réponse positive dans le cas où l'ensemble $F \subset \mathfrak{g}^*$ possède la propriété suivante :

(1.5) $$\ell([X,Y]) = 0 \qquad \forall\, \ell \in F \qquad \forall X \in \mathfrak{g}^2 \qquad \forall Y \in \mathfrak{g}^2$$

§2. Un lemme sur les suites d'inégalités L^2.

§2.1. Enoncé.

Soit E un ensemble de représentations de $\mathfrak{g}$ dans $\mathcal{S}(R^k)$ telles que, pour tous $\pi \in E$ et $X \in \mathfrak{g}$, l'opérateur $\pi(X)$ soit de la forme suivante :

$$(2.1.1) \qquad \pi(X) = \sum_{j=1}^{k} a_{j,\pi}(X)\frac{\partial}{\partial y_j} + i\, P_\pi(y,X)$$

où les $a_{j\pi}$ sont des formes linéaires sur $\mathfrak{g}$, et $P_\pi(.,X)$ est un polynôme sur R^k, de degré $\leqslant r-1$ dont les coefficients sont réels et dépendent linéairement de $X \in \mathfrak{g}$.

On fait les trois hypothèses suivantes :

(H'1) Les formes linéaires $a_{j\pi}$ sont bornées dans $\mathfrak{g}^*$, indépendemment de $\pi \in E$ et $j=1,\dots,k$.

(H'2) On a $a_{j\pi}(X) = 0$ si $X \in \mathfrak{g}^2$, $\pi \in E$ et $j=1,\dots,k$.

(H'3) Pour tout $\pi \in E$, il existe des éléments $Y_1(\pi) \dots Y_k(\pi)$ de $\mathfrak{g}_1$, bornés indépendemment de $\pi \in E$, tels que :

$$(2.1.2) \qquad a_{j\ell}(Y_\ell(\pi)) = \delta_{j,\ell} \qquad 1 \leqslant j,\ell \leqslant k.$$

Pour tous $X \in \mathfrak{g}$ et $\pi \in E$, on désigne par $\pi(X)(y,\eta)$ le symbole complet de l'opérateur différentiel $\pi(X)$

$$(2.1.3) \qquad \frac{1}{i}\pi(X)(y,\eta) = \sum_{j=1}^{k} a_{j\pi}(X)\,\eta_j + P_\pi(y,X)$$

Définition 2.1.1.

Soit $(\pi_n)_{n\in N}$ une suite de représentations dans E. Soit (K_n) une suite de fermés dans R^k. On désigne par $\mathcal{L}$ l'ensemble des formes linéaires $\ell \in \mathfrak{g}^*$ telles qu'il existe une suite (n_q) d'entiers, tendant vers $+\infty$, et, pour tout $q \in N$, un point (x_q,ξ_q) dans $K_{n_q} \times R^k$ et un réel $t_q > 0$, tels que

$$(2.1.4) \qquad \ell(X) = \lim_{q\to\infty} \frac{1}{i}\pi_{n_q}(\delta_{t_q} X)(x_q,\xi_q) \qquad \forall X \in \mathfrak{g}.$$

Pour tout $\ell \in \mathfrak{g}^*$, on désigne par π_ℓ la représentation unitaire irréductible correspondante. Soit P un élément de $\mathcal{U}_m(\mathfrak{g})$. On suppose que l'une ou l'autre des hypothèses (H1) ou (H2) du §1 est vérifiée. Le résultat principal du §2 est le

Théorème 2.1.2.

Avec les notations ci-dessus, soient $(\pi_n)_{n\in N}$ une suite de représentations dans E, et $(K_n)_{n\in N}$ une suite de fermés dans R^k. On suppose qu'il existe $C_0 > 0$ tel que l'on ait :

$$(2.1.5) \qquad \sum_j \|\pi_\ell(A_j)u\|^2 \leqslant C_0\|\pi_\ell(P)u\|^2$$

pour tout ℓ dans l'ensemble $\mathcal{L}$ de la définition 2.1.1, et pour tout $u \in C_0^\infty(R^{k(\ell)})$. Alors, pour tout $\varepsilon > 0$, il existe $N(\varepsilon) > 0$ tel que

$$(2.1.6) \qquad \sum_j \|\pi_n(A_j)u\|^2 \leqslant (C_0+\varepsilon)\|\pi_n(P)u\|^2$$

pour tout $n \geqslant N(\varepsilon)$, et pour tout $u \in C_0^\infty(K_n)$.

§2.2. Une métrique à variation lente sur R^k.

Pour tout $\pi \in E$, on désigne par H_π le sous-espace suivant de $\mathfrak{g}$:

(2.2.1) $\quad H_\pi = \{X \in \mathfrak{g}\,,\ a_{j\pi}(X) = 0 \quad j=1,\dots,k\}$.

Il est clair que H_π est un idéal de $\mathfrak{g}$, et, d'après l'hypothèse (H2), il contient $\mathfrak{g}^2$, et est par conséquent stable par les dilatations δ_t.

On fait le choix d'une norme euclidienne $\|\ \ \|$ sur $\mathfrak{g}$, pour laquelle les sous-espaces $\mathfrak{g}_j$ sont orthogonaux, et l'on désigne par B la boule unité.

Pour tous $x \in R^k$, $\pi \in E$ et $\lambda > 0$ on pose :

(2.2.2) $\quad R(x,\pi,\lambda) = \sup \{t > 0,\ |P_\pi(x,\delta_t X)| \leq \frac{1}{\lambda} \qquad \forall X \in H_\pi \cap B\}.$

Lemme 2.2.1.

Il existe $C > 0$ tel que, pour tout multi-indice $\alpha \in N^k$, pour tous $x \in R^k$, $\pi \in E$ et $\lambda > 0$, on ait :

(2.2.3) $\quad |\partial_x^\alpha P_\pi(x,\delta_t X)| \leq C\ \|X\|\ \lambda^{-1}\ t^{-|\alpha|}$

si $X \in H_\pi$, et $t = R(x,\pi,\lambda)$.

Démonstration.

Pour tout multi-indice $\alpha = (\alpha_1,\dots,\alpha_k)$, posons :

(2.2.4) $\quad (\mathrm{ad}\ Y_\pi)^\alpha = (\mathrm{ad}\ Y_1(\pi))^{\alpha_1} \dots (\mathrm{ad}\ Y_k(\pi))^{\alpha_k}$

On voit facilement que, si $Y \in H_\pi$, on a :

(2.2.5) $\quad \partial_x^\alpha P_\pi(x,Y) = P_\pi(x,(\mathrm{ad}\,Y_\pi)^\alpha Y)$

et que, si $Y \in H_\pi$ et $Z \in H_\pi$, on a $P_\pi(x,[Y,Z]) = 0$. Si $X \in H_\pi$ et $t > 0$, on en déduit que :

(2.2.6) $\quad t^{|\alpha|}\ \partial_x^\alpha P_\pi(x,\delta_t X) = P_\pi(x,\delta_t[(\mathrm{ad}\ Y_\pi)^\alpha X]).$

Si $t = R(x,\pi,\lambda)$, on en déduit, puisque $\delta_t(\mathrm{ad}\ Y_\pi)^\alpha \Psi$ est dans H_π :

(2.2.7) $\quad t^{|\alpha|}\ |\partial_x^\alpha P_\pi(x,\delta_t X)| \leq \frac{1}{\lambda}\ \|(\mathrm{ad}\ Y_\pi)^\alpha X\|$

D'après l'hypothèse H3, il existe $C > 0$ tel que

(2.2.8) $\quad \|(\mathrm{ad}\ Y_\pi)^\alpha X\| \leq C\|X\| \qquad \forall \pi \in E \qquad \forall X \in \mathfrak{g}$

On a bien démontré l'inégalité (2.3).

Proposition 2.2.2.

Pour tout $a > 0$, il existe $C(a) > 1$ tel qu'on ait l'implication suivante :

(2.2.9) $\quad |y - x| \leq a\ R(x,\pi,\lambda) \Rightarrow \frac{1}{C(a)} \leq \frac{R(y,\pi,\lambda)}{R(x,\pi,\lambda)} \leq C(a)$

pour tous x et y dans R^k, $\pi \in E$ et $\lambda > 0$.

Démonstration.

Pour tous x et y dans R^k, $\pi \in E$ et $X \in H_\pi$ et $t > 0$, on a évidemment

(2.2.10) $\quad |P_\pi(y,\delta_t X)| \leq \sum_{|\alpha| \leq r-1} |\partial_x^\alpha P_\pi(x,\delta_t X)|\ \frac{|y-x|^{|\alpha|}}{\alpha!}$

Si $t = R(x,\pi,\lambda)$ et $|y - x| \leqslant at$, on en déduit, d'après le lemme 2.2.1 :

$$(2.2.11) \quad |P_\pi(y,\delta_t X)| \leqslant \frac{C_1(a)\|X\|}{\lambda} \quad \text{où} \quad C_1(a) = 1 + \sum_{|\alpha| \leqslant r-1} C \frac{a^{|\alpha|}}{\alpha!}$$

où C désigne la constante du lemme 1.1. Soit $t_1 = \frac{t}{C_1(a)}$. On déduit de (2.2.11) que, pour tout $X \in H_\pi$, on a :

$$(2.2.12) \quad |P_\pi(y,\delta_{t_1} X)| = |P_\pi(y,\delta_t \delta_{\frac{1}{C_1(a)}} X)| \leqslant \frac{C_1(a)}{\lambda} \|\delta_{\frac{1}{C_1(a)}} X\| \leqslant \frac{\|X\|}{\lambda}$$

D'après la définition de $R(y,\pi,\lambda)$, on voit que :

$$(2.2.13) \quad R(y,\pi,\lambda) \geqslant t_1 = \frac{R(x,\pi,\lambda)}{C_1(a)}$$

D'après (2.2.13), l'inégalité : $|y - x| \leqslant a\, R(x,\pi,\lambda)$ entraîne :

$$(2.2.14) \quad |y - x| \leqslant a\, C_1(a)\, R(y,\pi,\lambda).$$

Le raisonnement ci-dessus montre, en inversant les rôles de x et y, que l'inégalité (2.2.14) entraîne :

$$R(x,\pi,\lambda) \geqslant \frac{R(y,\pi,\lambda)}{C_1(a\, C_1(a))}$$

L'implication (2.2.9) est donc démontrée, en posant $C(a) = \sup(C_1(a), C_1(a\, C_1(a)))$

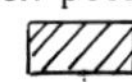

Partition de l'unité.

Pour tous $x \in R^k$, $\pi \in E$, $\lambda > 0$ et $a > 0$, posons :

$$(2.2.15) \quad V_a(x,\pi,\lambda) = \{y \in R^k, \quad |y - x| \leqslant a\, R(x,\pi,\lambda)\}.$$

La proposition suivante est démontrée dans un cadre plus général dans Hörmander $[HO]_6$. Sa démonstration n'utilise que l'implication (2.2.9).

Proposition 2.2.3.

Pour tous $\pi \in E$ et $\lambda > 0$, il existe une suite $(\Psi_j)_{j \in N}$ dans $C_0^\infty(R^k)$ et une suite (x_j) de points de R^k (dépendant toutes deux de π et λ), qui possèdent les propriétés suivantes :

$$(2.2.16) \quad \operatorname{supp} \Psi_j \subset V_1(x_j,\pi,\lambda)$$

$$(2.2.17) \quad \sum_{j \in N} \Psi_j(x)^2 = 1 \qquad \forall x \in R^k$$

De plus, pour tout multi-indice $\alpha \in N^k$, il existe $C_\alpha > 0$ (indépendant de π et λ) tel que

$$(2.2.18) \quad \sum_{j \in N} |D_x^\alpha \Psi_j(x)|^2 \leqslant C_\alpha\, R(x,\pi,\lambda)^{-2|\alpha|}$$

§2.3. Transformations unitaires dans $L^2(R^k)$.

Proposition 2.3.1.

Pour tous $x \in R^k$, $\pi \in E$ et $\lambda > 0$, il existe une transformation unitaire $U_{(x,\pi,\lambda)}$ de $L^2(R^k)$, qui est aussi un isomorphisme de $C_0^\infty(R^k)$ sur lui-même, et qui possède les propriétés suivantes :

i) Pour tout $X \in \mathfrak{g}$, l'opérateur $\tilde{\pi}_{(x,\lambda)}(X)$ défini par :

(2.3.1) $\tilde{\pi}_{(x,\lambda)}(X) = U^{-1}_{(x,\pi,\lambda)} \pi(\delta_t X) U_{(x,\pi,\lambda)}$ avec $t = R(x,\pi,\lambda)$

peut s'écrire de manière analogue à (2.1.1) :

(2.3.2) $\tilde{\pi}_{(x,\lambda)}(X) = \sum_{j=1}^{k} a_{j,\pi}(X)\frac{\partial}{\partial y_j} + i\,\tilde{P}_{(x,\pi,\lambda)}(y,X)$

où, pour tout $\lambda > 0$ fixé, les coefficients du polynôme $\tilde{P}_{(x,\pi,\lambda)}(.,X)$ sont bornés indépendemment de $x \in R^k$ et $\pi \in E$.

ii) Si le support d'une fonction f est inclus dans $V_{(x,\pi,\lambda)}$, alors le support de $U^{-1}_{(x,\pi,\lambda)}f$ est inclus dans la boule de centre 0 et de rayon 1.

Rappelons que, d'après l'hypothèse H1, les coefficients $a_{j\pi}(X)$ sont bornés indépendemment de $\pi \in E$. La propriété i) ci-dessus signifie donc que, pour tout $X \in \mathfrak{g}$, pour tout $\lambda > 0$, et pour tout multi-indice $(\alpha,\beta) \in N^{2k}$, il existe $C_{\alpha\beta}(\lambda) > 0$ tel que :

(2.3.3) $|\partial_y^\beta \partial_\eta^\beta \tilde{\pi}_{(x,\lambda)}(X)(0,0)| \leqslant C_{\alpha\beta}(\lambda) \quad \forall x \in R^k, \quad \pi \in E$

Démonstration.

Posons d'abord, pour tout $f \in C_0^\infty(R^k)$:

(2.3.4) $S_{(x,\pi,\lambda)} f(y) = t^{k/2} f(x + ty)$, où $t = R(x,\pi,\lambda)$

Il est clair que $S_{(x,\pi,\lambda)}$ est une transformation unitaire de $L^2(R^k)$, qui possède la propriété ii) de la proposition. Posons provisoirement, pour tout $X \in \mathfrak{g}$:

(2.3.5) $\pi'_{(x,\lambda)}(X) = S^{-1}_{(x,\pi,\lambda)} \pi(\delta_t X) S_{(x,\pi,\lambda)}$ où $t = R(x,\pi,\lambda)$

On peut écrire :

(2.3.6) $\pi'_{(x,\lambda)}(X) = \sum_{j=1}^{k} a_{j\pi}(X)\frac{\partial}{\partial y_j} + i\,P'_\pi(y,X)$

avec

(2.3.7) $P'_\pi(y,X) = P_\pi(x + ty, \delta_t X)$.

Le lemme 2.2.1 nous fournit une majoration de ce polynôme lorsque $X \in H_\pi$:

(2.3.8) $|\partial_y^\alpha P'_\pi(0,X)| \leqslant \frac{C_\alpha}{\lambda}\|X\| \quad \forall X \in H_\pi$

Il nous reste à majorer les polynômes définis en (2.3.7), lorsque X est l'un des $Y_j(\pi)$. Posons, pour simplifier :

(2.3.9) $P_j(y) = P'_\pi(y,Y_j(\pi))$

Puisque les éléments $[Y_i(\pi),Y_j(\pi)]$ sont dans H_π, et bornés indépendemment de π, l'inégalité (2.3.8) nous montre qu'il existe $C > 0$ tel que :

(2.3.10) $|\partial_y^\alpha (\frac{\partial P_j}{\partial y_i} - \frac{\partial P_i}{\partial y_j})(0)| \leqslant \frac{C}{\lambda}$

Alors il existe pour tous $x \in R^k$, $\pi \in E$ et $\lambda > 0$, un polynôme réel φ sur R^k, de degré $\leqslant r$, tel que l'on ait :

(2.3.11) $|\partial_y^\alpha(P_j + \frac{\partial\varphi}{\partial y_j})(0)| \leqslant C(\lambda), \forall\alpha, |\alpha| \leqslant r-1, \forall j=1,\ldots,k$

où $C(\lambda) > 0$ est une constante dépendant de λ, mais non de $x \in R^k$ et $\pi \in E$.

L'implication (2.3.10) $\Longrightarrow$ (2.3.11)résulte de considérations d'algèbre linéaire.

Soit $E = \{P = (P_1,\ldots,P_n)$ où les P_j sont des polynômes de degré $\leqslant r - 1$ sur IR^n, à coefficients réels$\}$

On munit E de la norme :

(2.3.12) $$\|P\|_E = \sum_{j=1}^{n} \sum_{|\alpha| \leqslant r-1} |\partial^\alpha P(0)|$$

Soit $F = \{P = (P_{jk})_{1 \leqslant j < k \leqslant n}$, où $P_{j,k}$ est un polynôme de degré $\leqslant r - 2\}$ qu'on munit également de la norme naturelle.

Soit $T : E \to F$ définie par :

(2.3.13) $$P = (P_1,\ldots,P_n) \to T(P) = (\frac{\partial P_j}{\partial x_k} - \frac{\partial P_k}{\partial x_j})$$

Il est clair qu'il existe $C > 0$ t.q :

(2.3.14) $$d_E(P,\ker T) \leqslant C\|T(P)\|_F \quad , \quad \forall P \in E$$

Soit E_0 l'espace des polynômes de degré $\leqslant r$, à coefficients réels. On a :

$$\ker T = \{(\frac{\partial\varphi}{\partial x_1},\ldots,\frac{\partial\varphi}{\partial x_n}) , \ \varphi \in E_0\}$$

D'après (2.3.14), on a :

(2.3.15) $$\inf_{\varphi \in E_0} \sum_j \sum_{|\alpha| \leqslant r-1} |\partial_x^\alpha(P_j - \frac{\partial\varphi}{\partial x_j})(0)| \leqslant C \sum_{\substack{j<k \\ |\alpha| \leqslant r-2}} |\partial_x^\alpha(\frac{\partial P_j}{\partial x_k} - \frac{\partial P_k}{\partial x_j})(0)|$$

$$\forall P = (P_1,\ldots,P_n) \in E_0$$

On en déduit bien (2.3.11) compte-tenu de (2.3.10) et (2.3.15).

On définit maintenant une autre transformation unitaire $T_{(x,\pi,\lambda)}$ en posant :

(2.3.16) $$T_{(x,\pi,\lambda)} f(y) = e^{i\varphi(y)} f(y)$$

Il est clair que la transformation: $U_{(x,\pi,\lambda)} = S_{(x,\pi,\lambda)} T_{(x,\pi,\lambda)}$ possède toutes les propriétés énoncées dans la proposition.

▨

Notons que le symbole de l'opérateur différentiel $\tilde{\pi}_{(x,\lambda)}(X)$ est lié à celui de $\pi(\delta_t X)$ (où $t = R(x,\pi,\lambda)$) par :

(2.3.17) $$\tilde{\pi}_{(x,\lambda)}(X)(y,\eta) = \pi(\delta_t X)(\chi(y,\eta))$$

où χ est une application symplectique de R^{2k} dans lui-même telle que

(2.3.18) $$\chi(0,\eta) = (x, \frac{\eta}{t} + \varphi'_y(0)) \qquad \forall \eta \in R^k$$

§2.4. Un théorème de plongement.

Pour simplifier l'écriture, on posera :

(2.4.1) $M(x,\pi,\lambda) = R(x,\pi,\lambda)^{-1} \quad \forall x \in R^k \quad \forall \pi \in E \quad \forall \lambda \in]0,1]$

Nous allons démontrer la proposition suivante :

Proposition 2.4.1.

Soit (A_j) une base de $\mathcal{U}_m(\mathfrak{g})$, où m est un entier que l'on supposera multiple de r ! si $\mathfrak{g}$ n'est pas stratifiée. Alors, il existe une constante $C > 0$ telle que, pour tout $\pi \in E$ et pour tout $u \in C_0^\infty(R^k)$, on ait :

(2.4.2) $\|M(x,\pi,1)^m u\|^2 \leqslant C \sum_j \|\pi(A_j) u\|^2$

Nous allons démontrer successivement cette inégalité dans le cas où m est multiple de r ! , puis dans le cas où $\mathfrak{g}$ est stratifiée.

Démonstration dans le cas où m est multiple de r ! .

Pour tout $\pi \in E$, on choisit une base orthonormée $e_1^{(\pi)},\dots,e_p^{(\pi)}$ de $\mathfrak{g}$ (où $p = \dim \mathfrak{g}$) telle que les vecteurs $e_1^{(\pi)},\dots,e_{p-k}^{(\pi)}$ forment une base de H_π , et telle que chacun des vecteurs $e_j^{(\pi)}$ soit dans l'un des sous-espaces $\mathfrak{g}_n$ $(1 \leqslant n \leqslant r)$, l'indice n correspondant étant noté n_j. Si $\alpha = (\alpha_1,\dots,\alpha_\ell)$ est une suite finie d'entiers, tous compris entre 1 et p-k, on définit un élément $e_\alpha^{(\pi)}$ de $(\mathfrak{g})$ par :

(2.4.3) $e_\alpha^{(\pi)} = e_{\alpha_1}^{(\pi)} \dots e_{\alpha_\ell}^{(\pi)}$

et l'on pose $[\alpha] = \sum_{j=1}^{\ell} n_j$. Puisque les $e_\alpha^{(\pi)}$ sont dans $\mathcal{U}_{[\alpha]}(\mathfrak{g})$ et sont bornés indépendemment de $\pi \in E$, il existe $C > 0$ tel que l'on ait :

(2.4.4) $\sum_{[\alpha]=m} \|\pi(e_\alpha^{(\pi)})u\|^2 \leqslant C \sum_j \|\pi(A_j) u\|^2$

pour tout $\pi \in E$ et pour tout $u \in C_0^\infty(R^k)$.

Pour tous $\pi \in E$ et $j \leqslant p - k$, l'opérateur $\pi(e_j^{(\pi)})$ est la multiplication par un polynôme:

(2.4.5) $\pi(e_j^{(\pi)}) = i\, P_\pi(x,e_j^{(\pi)})$

On voit facilement d'après la définition (2.2.2) de la fonction R qu'il existe $C > 0$ tel que

(2.4.6) $M(x,\pi,1) \leqslant C \sum_{j=1}^{p-k} |P_\pi(x,e_j^{(\pi)})|^{1/n_j} \quad \forall x \in R^k \quad \forall \pi \in E$

Si e_α^π est défini par (2.4.3), on pose $P_\pi(x,e_\alpha^{(\pi)}) = P_\pi(x,e_{\alpha_1}^{(\pi)}) \dots P_\pi(x,e_{\alpha_\ell}^{(\pi)})$. Si m est un multiple de r !, on déduit de (2.4.6) que l'on a, avec un autre $C > 0$:

(2.4.7) $M(x,\pi,1)^{2m} \leqslant C \sum_{[\alpha]=m} P_\pi(x,e_\alpha^{(\pi)})^2$

pour tous $x \in R^k$ et $\pi \in E$. Dans ce cas, l'inégalité (2.4.2) résulte de (2.4.4) et (2.4.7).

Démonstration dans le cas où $\mathfrak{g}$ est stratifiée.

Pour tout entier $m \geqslant 0$, et pour tout $\pi \in E$, on considère l'espace suivant :

$$(2.4.8) \quad H^m_\pi = \{u \in L^2(R^k),\ \pi(A)\, u \in L^2(R^k) \qquad \forall A \in \mathcal{U}^m(\mathfrak{g})\}$$

On munit cet espace de la norme suivante: pour tout $n \leqslant m$, on choisit une base $A_{j,n}$ de $\mathcal{U}_n(\mathfrak{g})$, indépendante de $\pi \in E$, et l'on pose :

$$(2.4.9) \quad \|u\|^2_{H^m_\pi} = \sum_{n=0}^{m} \|u\|^2_{n,\pi} \qquad \text{où} \qquad \|u\|^2_{n,\pi} = \sum_j \|\pi(A_{jn})u\|^2$$

On a vu au chapitre II (théorème 3.1.1) que l'on a, pour tout $m \geqslant 2$:

$$(2.4.10) \quad H^1_\pi = [H^m_\pi, L^2(R^k)]_{1-\frac{1}{m}}$$

Il y a équivalence des normes, et les constantes dans l'inégalité qui exprime l'équivalence des normes sont indépendantes de $\pi \in E$.

On pose, d'autre part :

$$(2.4.11) \quad \rho(x,\pi) = \sqrt{1 + M(x,\pi,1)^2} \qquad \forall x \in R^k \qquad \forall \pi \in E$$

et

$$(2.4.12) \quad L^2(\rho^m) = \{u \in L^2(R^k),\ \rho(x,\pi)^m\, u \in L^2(R^k)\}$$

On munit cet espace de sa norme naturelle. Il est classique que :

$$(2.4.13) \quad L^2(\rho) = [L^2(\rho^m), L^2]_{1-\frac{1}{m}}$$

Soit $m_0 = r\,!$. D'après l'inégalité (2.4.2), que l'on vient de démontrer pour $m = m_0$, et d'après la densité de $C^\infty_0(R^k)$ dans $H_\pi^{m_0}$, que l'on démontre avec les arguments de $[\text{HE-NO}]_1$, l'espace de $H_\pi^{m_0}$ est inclus, (avec injection continue) dans $L^2(\rho^{m_0})$ et, de plus, il existe $C > 0$, indépendant de π, tel que :

$$(2.4.14) \quad \|u\|_{L^2(\rho^{m_0})} \leqslant C\|u\|_{H_\pi^{m_0}} \qquad \forall u \in H_\pi^{m_0} \qquad \forall \pi \in E$$

On déduit de (2.4.10), (2.4.13) et (2.4.14) l'inégalité suivante, avec une autre constante $C > 0$:

$$(2.4.15) \quad \|u\|_{L^2(\rho)} \leqslant C\|u\|_{H^1_\pi} \qquad \forall u \in C^\infty_0(R^k) \qquad \forall \pi \in E$$

ce qui entraîne, en particulier :

$$(2.4.16) \quad \int M(x,\pi,1)^2 |u(x)|^2\, dx \leqslant C[\|u\|^2_{1,\pi} + \|u\|^2]$$

Nous allons montrer que l'on a, avec la même constante $C > 0$:

$$(2.4.17) \quad \int M(x,\pi,1)^2\, |u(x)|^2\, dx \leqslant C\|u\|^2_{1,\pi} \qquad \forall \pi \in E \qquad \forall u \in C^\infty_0(R^k)$$

Pour tous $t > 0$ et $f \in L^2(R^k)$, posons :

$$(2.4.18) \quad U_t\, f(x) = t^{-k/2}\, f(\tfrac{x}{t})$$

puis, pour tous $\pi \in E$ et $X \in \mathfrak{g}$, posons :

$$(2.4.19) \quad \tilde{\pi}_t(X) = U_t^{-1}\, \pi(\delta_t\, X)\, U_t$$

On voit facilement que, si π est définie par l'égalité (2.1.1), $\tilde{\pi}_t$ est définie de manière analogue, à condition de remplacer P_π par le polynôme $P_{\tilde{\pi}_t}$ défini par

$$(2.4.20) \quad P_{\tilde{\pi}_t}(y,X) = P_\pi(ty,\, \delta_t\, X) \qquad \forall X \in \mathfrak{g} \qquad \forall y \in R^k$$

Par conséquent, on peut appliquer l'inégalité (2.4.16) en remplaçant E par l'ensemble $\tilde{E}$

des représentations $\tilde{\pi}_t$ ($\pi \in E$, $t > 0$) qui vérifie les mêmes hypothèses. Pour tout $f \in C_0^\infty(R^k)$, appliquons donc (2.4.16) en remplaçant π par $\tilde{\pi}_t$ et u par U_t^{-1} f. On voit facilement que, pour tout $X \in \mathfrak{g}_1$, on a

$$\|\tilde{\pi}_t(X)u\|^2 = t^2\|\pi(X)f\|^2$$

D'après (2.4.20), on a :

$$M(x,\tilde{\pi}_t,1) = t\ M(tx,\pi,1) \qquad \forall x \in R^k$$

On peut donc déduire de l'inégalité (2.4.16) que :

$$t^2 \int M(x,\pi,1)^2|f(x)|^2\,dx \leqslant C[t^2\|f\|_{1,\pi}^2 + \|f\|^2]$$

En faisant tendre t vers $+\infty$, on en déduit bien (2.4.17). l'inégalité (2.4.2) s'en déduit facilement, pour tout $m \geqslant 1$, par récurrence.

§2.5. Cas d'une suite particulière de compacts.

On commence par démontrer le théorème 2.1.2 dans le cas particulier où la suite de fermés K_n est la suite V_n suivante (voir (2.2.15) pour la définition)

(2.5.1) $\quad V_n = V_a(x_n,\pi_n,\lambda)$

où $a > 0$ et $\lambda \in]0,1]$ sont des paramètres, fixés dans tout ce paragraphe, et (x_n) est une suite de points dans R^k. On pose alors :

(2.5.2) $\quad t_n = R(x_n,\pi_n,\lambda)$

Précisons l'ensemble limite $\mathcal{L}_1$ dont on a besoin dans ce cas.

Définition 2.5.1.

On désigne par $\mathcal{L}_1$ l'ensemble des formes linéaires $\ell \in \mathfrak{g}^*$ telles qu'il existe une suite (n_q) d'entiers, tendant vers $+\infty$, et une suite (ξ_q) de points de R^k telles que, pour tout $X \in \mathfrak{g}$

(2.5.3) $\quad \ell(X) = \lim_{q\to\infty} \pi_{n_q}(\delta_{t_{n_q}} X)(x_{n_q},\xi_q)$

La différence avec la définition 2.1.1 est qu'ici la suite (x_n) est fixée, et la suite (t_n) est définie par (2.5.2), le paramètre λ étant fixé.

Proposition 2.5.2.

Soit (π_n) une suite de représentations dans E, (x_n) une suite de points dans R^k, et λ un réel > 0. On suppose que, pour tout ℓ dans l'ensemble $\mathcal{L}_1$ ci-dessus, l'inégalité (2.1.5) est vérifiée. Alors, pour tout $\varepsilon > 0$, il existe $N(\varepsilon,\lambda) > 0$ tel que l'inégalité (2.1.6) soit vérifiée pour tout $n \geqslant N(\varepsilon,\lambda)$ et pour tout $f \in C_0^\infty(V_n)$.

Démonstration.

On raisonne par l'absurde, en supposant qu'il existe $\varepsilon > 0$, $\lambda > 0$, et une suite (n_q) d'entiers, tendant vers $+\infty$, et, pour tout $q \in N$, une fonction $f_q \in C_0^\infty(V_{n_q})$ telle que :

(2.5.4) $\quad \sum_j \|\pi_{n_q}(A_j)\,f_q\|^2 > (C_0 + \varepsilon)\|\pi_{n_q}(P)\,f_q\|^2$

Pour tout $q \in N$, on désigne par U_q la transformation unitaire $U_{(x_{n_q}, \pi_{n_q}, \lambda)}$ construite au paragraphe 2.3 et l'on pose, pour tout $X \in \mathfrak{g}$:

(2.5.5) $\tilde{\pi}_q(X) = U_q^{-1} \pi_{n_q} (\delta_{t_{n_q}} X) U_q$

On pose aussi :

(2.5.6) $g_q = U_q^{-1} f_q$

On déduit de (2.5.4), après multiplication par $t^2_{n_q}$, que :

(2.5.7) $\sum_j \|\tilde{\pi}_q (A_j) g_q\|^2 > (C_0 + \varepsilon)\|\tilde{\pi}_q (P) g_q\|^2$

D'après la proposition 2.3.1, on peut écrire, pour tout $X \in \mathfrak{g}$:

(2.5.8) $\tilde{\pi}_q(X) = \sum_{j=1}^{k} a_{j,\pi_{n_q}} (X)\frac{\partial}{\partial y_j} + i \tilde{P}_q(y,X)$

où les coefficients $a_{j,\pi_{n_q}}(X)$, et tous les coefficients du polynôme $\tilde{P}_q(y,X)$, sont bornés indépendemment de $q \in N$. Quitte à extraire une sous-suite, on peut supposer qu'il existe des formes linéaires a_j^∞ sur $\mathfrak{g}$, et, pour tout $X \in \mathfrak{g}$, un polynôme $y \to P^\infty(y,X)$ à coefficients réels sur R^k, de degré $\leqslant r - 1$, dont les coefficients dépendent linéairement de $X \in \mathfrak{g}$, tels que

(2.5.9) $a_{j,\pi_{n_q}}(X) \to a_j^\infty(X) \qquad \forall X \in \mathfrak{g}$

(2.5.10) $\tilde{P}_q(.,X) \to P^\infty(.,X) \qquad \forall X \in \mathfrak{g}$

La seconde limite est prise au sens de la topologie naturelle sur l'espace des polynômes de degré $\leqslant r - 1$. On définit une représentation π^∞ de $\mathfrak{g}$ dans $\mathcal{S}(R^k)$ en posant, pour tout $X \in \mathfrak{g}$:

(2.5.11) $\pi^\infty(X) = \sum_{j=1}^{k} a_j^\infty(X)\frac{\partial}{\partial y_j} + i P^\infty(y,X)$

On voit que, pour tout $A \in \mathcal{U}(\mathfrak{g})$, tous les coefficients de l'opérateur différentiel $\tilde{\pi}_q(A)$ tendent, uniformément sur tout compact de R^k, vers les coefficients correspondants de l'opérateur $\pi^\infty(A)$ lorsque $q \to +\infty$.

On définit un sous-espace H^∞ de $\mathfrak{g}$ par :

(2.5.12) $H^\infty = \{X \in \mathfrak{g},\ a_j^\infty(X) = 0 \qquad j = 1,\dots,k\}$

et une forme linéaire $\ell^\infty \in \mathfrak{g}^*$ par

(2.5.13) $\ell^\infty(X) = P^\infty(o,X) \qquad \forall X \in \mathfrak{g}$.

Lemme 2.5.3.

Le sous-espace H^∞ est une sous-algèbre de $\mathfrak{g}$, la forme linéaire ℓ^∞ s'annulle sur $[H^\infty,H^\infty]$, et la représentation π^∞ est équivalente à la représentation induite $\pi_{(\ell^\infty,H^\infty)}$. De plus, le spectre de la représentation $\pi_{(\ell^\infty,H^\infty)}$ est inclus dans l'ensemble $\mathcal{L}_1$ de la définition 2.5.1.

Admettons un instant ce lemme. Si l'inégalité (2.1.5) est vérifiée pour tout $\ell \in \mathcal{L}_1$, on en déduit, d'après ce lemme que :

(2.5.14) $\sum_j \|\pi^\infty(A_j)g_q\|^2 \leqslant C_0\|\pi^\infty(P)\, g_q\|^2$

pour tout $q \in N$. D'après la proposition 2.3.1, les fonctions g_q ont leurs supports dans un compact fixe Q. Pour tout $A \in \mathcal{U}(\mathfrak{g})$, les coefficients de l'opérateur $\tilde{\pi}_q(A)$ tendent vers ceux de $\pi^\infty(A)$ uniformément sur Q. Il existe donc une suite (ε_q) de réels positifs, tendant vers 0, telle que :

(2.5.15) $\sum_j \|[\tilde{\pi}_q(A_j) - \pi^\infty(A_j)]\, g_q\|^2 \leqslant \varepsilon_q \|g_q\|^2_{H^m}$

où H^m est l'espace de Sobolev usuel. D'après l'hypothèse H'1 sur les formes linéaires

$a_{j\pi}$, il existe une constante $C > 0$, indépendante de q, telle que :

(2.5.16) $\|g_q\|^2_{H^m} \leqslant C \sum_{n=0}^{m} \sum_j \|\tilde{\pi}_q(A_{jn})g_q\|^2.$

On a utilisé le fait que les g_q ont leurs supports dans le compact Q, sur lequel tous les coefficients des opérateurs $\tilde{\pi}_q(A_{jn})$ sont uniformément bornés. Lorsque l'une des hypothèses (H1) ou (H2) du §1 est vérifiée, il existe $C > 0$ tel que :

(2.5.17) $\|\tilde{\pi}_q(A_{jn})g_q\|^2 \leqslant C(\sum_j \|\tilde{\pi}_q(A_j)\, g_q\|^2 + \|g_q\|^2)$ si $n \leqslant m$.

D'après la proposition 2.4.1, on a, avec une autre constante $C > 0$:

(2.5.18) $\|M(x,\pi_{n_q},\lambda)^{2m}\, f_q\|^2 \leqslant \mathbf{C} \sum_j \|\pi_{n_q}(A_j)\, f_q\|^2$

car $\lambda \leqslant 1$ et $\lambda \to M(x,\pi,\lambda)$ est une fonction croissante. En utilisant la proposition 2.2.2 et le fait que $f_q \in C_0^\infty(V_{n_q})$, on en déduit :

(2.5.19) $t_{n_q}^{-2m}\|f_q\|^2 \leqslant C \sum_j \|\pi_{n_q}(A_j)\, f_q\|^2_{2m}$

ce qui implique, après multiplication par $t_{n_q}^{2m}$

(2.5.20) $\|g_q\|^2 \leqslant C \sum_j \|\tilde{\pi}_q(A_j)\, g_q\|^2$

On déduit des inégalités (2.5.15) à (2.5.20) que l'on a

(2.5.21) $\sum_j \|[\tilde{\pi}_q(A_j) - \pi^\infty(A_j)]g_q\|^2 \leqslant \varepsilon_q \sum_j \|\tilde{\pi}_q(A_j)g_q\|^2$

où (ε_q) est une autre suite, tendant vers 0. Lorsque q est assez grand, il y a contradiction entre les inégalités (2.5.7), (2.5.14) et (2.5.21). La proposition 2.5.2 est donc démontrée.

Démonstration du lemme 2.5.3.

Les deux premières affirmations sont évidentes. Une représentation π de $\mathfrak{g}$ dans $\mathcal{S}(R^k)$ définie par une égalité analogue à (2.5.11) est (cf chapitre II) équivalente à la représentation induite $\pi_{(\ell^\infty,H^\infty)}$, où ℓ^∞ est définie par (2.5.13) et H^∞ par (2.5.12), si les formes linéaires a_j^∞ $(1 \leqslant j \leqslant k)$ sont linéairement indépendantes. Cette condition est satisfaite grâce aux hypothèses (H'1) et (H'3).

Pour prouver la dernière affirmation du lemme, il nous suffit de montrer que toute forme linéaire $\ell \in \mathfrak{g}^*$ nulle sur H^∞ est dans l'ensemble $\mathcal{L}_1$. Si ℓ est nulle sur H^∞, il existe $\eta \in R^k$ tel que :

(5.22) $\quad \ell(X) = \sum_{j=1}^{k} a_j(X)\,\eta_k \qquad \forall X \in \mathfrak{g}$

On peut alors écrire, pour tout $X \in \mathfrak{g}$:

$$\text{(2.5.23)}\quad \ell(X) = \frac{1}{i}\pi^\infty(X)(0,\eta) = \lim_{q\to\infty} \frac{1}{i}\tilde{\pi}_q(X)(0,\eta)$$

$$= \frac{1}{i}\lim_{q\to\infty} \pi(\delta_{t_{n_q}} X)\,(\chi_q\,(0,\eta))$$

où χ_q est l'application symplectique de R^{2k} dans lui-même que nous avons introduite après la proposition 2.3.1 (cf 2.3.17 et 2.3.18). Puisque $\chi_q(0,\eta) = (x_{n_q},\xi_{n_q})$ (où $\xi_{n_q} \in R^k$), l'égalité (2.5.23) montre bien que $\ell \in \mathcal{L}_1$.

§2.6. Fin de la démonstration du théorème 2.1.2.

On commence par démontrer que, pour tous $\lambda > 0$, $a > 0$ et $\varepsilon > 0$, il existe $N(\varepsilon,\lambda,a) > 0$ tel que l'on ait l'inégalité (2.1.6) pour tout $n \geqslant N(\varepsilon,\lambda,a)$, pour tout $u \in C_0^\infty(K_n)$, si toutefois il existe $x \in K_n$ tel que :

(2.6.1) $\quad \operatorname{supp} u \subset V_a(x,\pi_n,\lambda)$

En raisonnant par l'absurde, cette propriété se déduit immédiatement de la proposition 2.5.2.

Pour tout $\lambda > 0$, et pour tout $n \in N$, on désigne par $(\Psi_\mu)_{\mu \in N}$ la suite de fonctions de la proposition 2.2.3, (où l'on remplace π par π_n) et par (x_μ) la suite correspondante de points dans R^k. D'après la proposition 2.2.2, il existe $a > 0$ (indépendant de λ et n) tel que

(2.6.2) $\quad x \in \operatorname{supp}\Psi_\mu\ ,\ y \in \operatorname{supp}\Psi_\mu \Longrightarrow y \in V_a(x,\pi_n,\lambda)$

Les fonctions Ψ_μ dépendent, bien sûr, de n et de λ, mais les constantes C_α dans l'inégalité (2.2.18) n'en dépendent pas.

Pour tout $f \in C_0^\infty(K_n)$, (où $n \geqslant N(\varepsilon,\lambda,a)$), et pour tout $\mu \in N$, montrons que l'inégalité (2.1.6) est vérifiée, si l'on remplace u par $\Psi_\mu f$. Pour cela, distinguons deux cas :

1) Si $\operatorname{supp}\Psi_\mu \cap K_n = \emptyset$, l'inégalité (2.1.6) est vérifiée puisque $u = \Psi_\mu f = 0$.

2) Sinon, soit x'_μ un point de $(\mathrm{supp}\ \Psi_\mu) \cap K_n$. D'après (2.6.2), le support de $\Psi_\mu f$ est inclus dans $V_a(x'_\mu, \pi_n, \lambda)$. Comme on l'a vu, on peut encore appliquer l'inégalité (2.1.6) à $u = \Psi_\mu f$, si $n \geqslant N(\varepsilon,\lambda,a)$.

Sommons toutes les inégalités obtenues en remplaçant dans (2.1.6) u par $\Psi_\mu f$ ($\mu \in N$). On remarque que, pour tout $A \in \mathcal{U}(\mathfrak{g})$ et pour tout $\varepsilon > 0$, il existe $C(\varepsilon) > 0$ tel que :

(2.6.3) $$\|\pi_n(A)f\|^2 = \sum_\mu \|\Psi_\mu \pi_n(A)f\|^2 \leqslant (1+\varepsilon) \sum_\mu \|\pi_n(A)\Psi_\mu f\|^2 + C(\varepsilon) \sum_\mu \|[\pi_n(A),\Psi_\mu]f\|^2$$

et, de même :

(2.6.4) $$\sum_\mu \|\pi_n(A)\Psi_\mu f\|^2 \leqslant (1+\varepsilon)\|\pi_n(A)f\|^2 + C(\varepsilon) \sum_\mu \|[\pi_n(A),\Psi_\mu]f\|^2.$$

Par conséquent, pour tout $n \geqslant N(\varepsilon,\lambda,a)$ et pour tout $f \in C_0^\infty(K_n)$, on a, avec une autre constante $C(\varepsilon) > 0$:

(2.6.5) $$\sum_j \|\pi_n(A_j)f\|^2 \leqslant (C_0+\varepsilon)(1+\varepsilon)^2\|\pi_n(P)f\|^2 + C(\varepsilon) \sum_j \sum_\mu \|[\pi_n(A_j),\Psi_\mu]f\|^2.$$

Pour tout $\ell \leqslant m$, rappelons que $A_{j\ell}$ désigne une base de $\mathcal{U}_\ell(\mathfrak{g})$. On vérifie facilement, par récurrence, qu'on peut écrire, pour tout $A \in \mathcal{U}_m(\mathfrak{g})$, pour tous $\pi \in E$ et $\Psi \in C_0^\infty(R^k)$.

(2.6.6) $$[\pi(A),\Psi] = \sum_{\ell \leqslant m-1} \sum_j (\pi_0(B_{j\ell})\Psi)\,\pi(A_{j\ell})$$

où les $B_{j\ell}$ sont des éléments de $\mathcal{U}_{m-\ell}(\mathfrak{g})$, indépendants de $\pi \in E$, et où π_0 est la représentation de $\mathfrak{g}$ dans $\mathcal{L}(R^k)$ liée à la représentation π définie en (2.1.1) par :

(2.6.7) $$\pi_0(X) = \sum_{j=1}^{k} a_{j\pi}(X) \frac{\partial}{\partial y_j}$$

Par conséquent $\pi_0(B_{j\ell})$ est un opérateur différentiel homogène d'ordre $m-\ell$, à coefficients constants bornés indépendemment de $\pi \in E$. On peut donc écrire, pour tous $\pi \in E$ et $\Psi \in C_0^\infty(R^k)$

(2.6.8) $$\|[\pi(A),\Psi]f\|^2 \leqslant C \sum_{\substack{j,\ell \\ \ell \leqslant m-1}} \sum_{|\alpha|=m-\ell} \|(\partial_y^\alpha \Psi)\,\pi(A_{j\ell})f\|^2.$$

En remplaçant dans cette inégalité π par π_n et Ψ par Ψ_μ, on déduit de (2.6.5) et de (2.2.18) l'inégalité suivante :

(2.6.9) $$\sum_j \|\pi_n(A_j)f\|^2 \leqslant (C_0+\varepsilon)(1+\varepsilon)^2\|\pi_n(P)f\|^2 + C(\varepsilon) \sum_{\substack{j,\ell \\ \ell \leqslant m-1}} \|M(x,\pi_n,\lambda)^{2(m-\ell)}\,\pi_n(A_{j\ell})f\|^2$$

D'après la proposition (2.4.1), il existe $C > 0$, indépendant de $\lambda \in]0,1]$, tel que

(2.6.10) $$\|M(x,\pi_n,\lambda)^{2(m-\ell)}\,\pi_n(A_{j\ell})f\|^2 \leqslant C\,\lambda^{\frac{2(m-\ell)}{r}} \|M(x,\pi_n,1)^{2(m-\ell)}\pi_n(A_{j\ell})f\|^2$$
$$\leqslant C\,\lambda^{\frac{2(m-\ell)}{r}} \sum_j \|\pi_n(A_j)f\|^2.$$

En choisissant d'abord ε assez petit, puis en choisissant λ assez petit en fonction de ε, on voit que l'inégalité (2.1.6) est démontrée pour tout $f \in C_0^\infty(K_n)$ et pour tout $n \geqslant N(\varepsilon,\lambda,a)$ avec ε remplacé par $\varepsilon(1+\varepsilon)^2 + C_0(2\varepsilon+\varepsilon^2) + \varepsilon$. La proposition s'obtient alors facilement.

§3. Inégalités avec reste

On suppose $r \geq 2$. Soit une représentation π de $\mathfrak{g}$ dans $\mathcal{S}(R^k)$, telle que l'ensemble E réduit associé à cette représentation π vérifie les hypothèses du §2.1. On définit un sous-ensemble $\Gamma_o(\pi)$ de $\mathfrak{g}^*$ de la manière suivante :

Définition 3.1.

On note $\Gamma_o(\pi)$ l'ensemble des formes linéaires $\ell \in \mathfrak{g}^*$ telles qu'il existe une suite (x_n, ξ_n) dans R^{2k} et une suite (t_n) dans R^+ telle que t_n tende vers O quand $n \to +\infty$, et de plus

$$\ell(X) = \lim_{n\to\infty} \frac{1}{i} \pi(\delta_{t_n} X)(x_n, \xi_n) \qquad \forall X \in \mathfrak{g}$$

Théorème 3.2.

Avec les notations ci-dessus, soit P un élément de $\mathcal{U}_m(\mathfrak{g})$. On suppose qu'il existe $C_o > 0$ tel que

$$\sum_j \|\pi_\ell(A_j)u\|^2 \leq C_o \|\pi_\ell(P)u\|^2$$

pour tout $\ell \in \Gamma_o(\pi)$ et pour tout $u \in \mathcal{S}(R^{k(\ell)})$. Alors, pour tout $\varepsilon > o$, il existe $C(\varepsilon) > 0$ tel que l'on ait :

$$\sum_j \|\pi(A_j)u\|^2 \leq (C_o+\varepsilon) \|\pi(P)u\|^2 + C(\varepsilon)\|u\|^2$$

pour tout $u \in \mathcal{S}(R^k)$.

La démonstration ci-dessous permet de montrer que les deux propriétés du théorème sont équivalentes. On pourrait donner une version de ce théorème concernant les suites de représentations.

Démonstration

Soit $\tilde{\mathfrak{g}}$ l'algèbre de Lie $\tilde{\mathfrak{g}} = \mathfrak{g} \times R$, munie d'une loi de crochet telle que $\mathfrak{g} \times \{o\}$ soit isomorphe à $\mathfrak{g}$ et telle que l'élément $X_o = (0,1)$ commute avec tous les éléments. On pose $\delta_t(X,y) = (\delta_t X, ty)$ pour tout $(X,y) \in \mathfrak{g} \times \mathbb{R}$. On identifie P à un élément de $\mathcal{U}_m(\tilde{\mathfrak{g}})$, et on considère aussi l'élément $Q = X_o^m$. On définit une suite de représentations $\tilde{\pi}_n$ de dans $\mathcal{S}(R^k)$ en posant :

$$(3.4) \begin{cases} \tilde{\pi}_n(X) = \pi(X) \text{ si } X \in \mathfrak{g} \simeq \mathfrak{g} \times \{o\} \\ \tilde{\pi}_n(X_o) = in \end{cases}$$

Soit $\tilde{\mathcal{L}}$ l'ensemble de formes linéaires sur $\tilde{\mathfrak{g}}$ associé à cette suite par la définition 2-1-1- On voit facilement que, si $\tilde{\ell} \in \tilde{\mathcal{L}}$, alors la restriction ℓ de $\tilde{\ell}$ à $\mathfrak{g}$ est dans $\Gamma_o(\pi)$. L'inégalité (3-2) est donc vérifiée pour tout ℓ tel que $\tilde{\ell} \wedge \mathfrak{g} = \ell$ $(\tilde{\ell} \in \tilde{\mathcal{L}})$

On obtient une base $(\tilde{A}_j)$ de $\mathcal{U}_m(\tilde{\mathfrak{g}})$ en prenant le système des éléments $X_o^{m-k} A_{jk}$ $(o \leq k \leq m)$ où A_{jk} est une base de $\mathcal{U}_k(\mathfrak{g})$. On sait que, pour tout $\varepsilon > o$, il existe $C(\varepsilon) > 0$ tel que

$$(3\text{-}5)\qquad \sum_{k=o}^{m-1}\ \sum_{j}\ \lambda^{2(m-k)}\|\ \pi_{\ell}\ (A_{jk})u\|^{2} \leqslant\ \varepsilon \sum_{j}\ \|\pi_{\ell}\ (A_{j})u\|^{2} + C(\varepsilon)\,\lambda^{2m}\,\|u\|^{2}$$

pour tous $\ell \in \mathfrak{g}^*$, $\lambda \geqslant o$ et $u \in \mathcal{S}(R^{k(\ell)})$. On voit facilement que, pour tout $\tilde{\ell} \in \tilde{\mathfrak{L}}$, l'opérateur $\pi_{\tilde{\ell}}(X_o)$ est un scalaire. On déduit donc de (3.2) et (3.5) que, pour tout $\varepsilon > o$, il existe $C_1(\varepsilon) > 0$ tel que :

$$(3\text{-}6)\qquad \sum_{j} \|\pi_{\tilde{\ell}}(\tilde{A}_j)u\|^2 \leqslant (C_o + \varepsilon)\ \|\pi_{\tilde{\ell}}(P)u\|^2 + C_1\ (\varepsilon)\quad \|\pi_{\tilde{\ell}}(X_o^m)u\|^2$$

pour tout $\tilde{\ell} \in \tilde{\mathfrak{L}}$ et pour tout $u \in \mathcal{S}(R^{k(\tilde{\ell})})$. D'après le théorème 2-1-2 (ou, plus exactement, d'après son extension aux systèmes surdéterminés), pour tout $\varepsilon > o$, il existe $N(\varepsilon) > o$ tel que l'on ait :

$$(3\text{-}7)\quad \sum_{j}\ \|\tilde{\pi}_n(\tilde{A}_j)u\|^2 \leqslant (C_o + 2\varepsilon)\ \|\tilde{\pi}_n(P)u\|^2 + (C_1(\varepsilon) + \varepsilon)\ \|\pi_n(X_o)^m\ u\|^2$$

pour tout $n \geqslant N(\varepsilon)$ et pour tout $u \in \mathcal{S}(R^k)$. Cette inégalité implique, en particulier

$$\sum_{j}\ \|\pi(A_j)u\|^2 \leqslant (C_o + 2\varepsilon)\|\ \pi(P)u\|^2 + (C_1(\varepsilon) + \varepsilon)\ N(\varepsilon)^{2m}\ \|u\|^2$$

ce qui démontre l'inégalité (3-3).

§4. Un lemme sur la topologie de $\hat{G}$.

Nous nous proposons dans ce paragraphe d'étendre au cas des groupes nilpotents la propriété élémentaire suivante : si une fonction numérique f est continue sur un ensemble conique fermé F de $R^n\backslash\{0\}$ et homogène de degré 0, elle est bornée sur $F\backslash\{0\}$.

On considère maintenant un sous-ensemble fermé F de $\mathfrak{g}^*$, stable par l'action de G, et conique, c'est-à-dire stable par les dilatations δ_t^*. Soit f une fonction définie sur $F\backslash\{0\}$, à valeurs dans R^+. On suppose que, pour tout $\ell \in F$, pour tout $g \in G$ et pour tout $t > 0$, on a

(4.1) $f(\delta_t^*\ g\ \ell) = f(\ell)$.

Nous ne supposerons pas que f est continue pour la topologie de $\mathfrak{g}^*$. L'hypothèse que nous allons faire signifie approximativement ceci : on définit sur $\mathfrak{g}^*\backslash\{0\}$ une relation d'équivalence en écrivant $\ell' \sim \ell$ s'il existe $g \in G$ et $t > 0$ tels que $\ell' = \delta_t^*\ g.\ell$, et f, considérée comme fonction sur l'ensemble quotient, est semi-continue pour la topologie quotient. Plus précisément, nous allons associer à toute suite (ℓ_n) dans $\mathfrak{g}^*$ un "ensemble limite" $\mathfrak{L}$. On verra au §5 le lien qui existe entre cet ensemble limite et celui de la définition 2.1.1.

Définition 4.1.

Soit (ℓ_n) une suite dans $\mathfrak{g}^*$. On désigne par $\widetilde{\mathcal{L}}$ l'ensemble des formes linéaires $\ell \in \mathfrak{g}^*$ telles qu'il existe une suite (n_q) d'entiers, tendant vers $+\infty$, une suite (g_q) dans G, et une suite (t_q) dans R^+, telles que :

(4.2) $\ell = \lim_{q \to \infty} \delta^*_{t_q} \, g_q \, \ell_{n_q}$

Remarquons que l'ensemble $\widetilde{\mathcal{L}}$ associé à une suite (ℓ_n) n'est jamais vide, et que, si les ℓ_n sont tous dans $\mathfrak{g}^* \setminus \{0\}$, l'ensemble $\widetilde{\mathcal{L}}$ n'est pas réduit à 0. Pour le vérifier, il suffit de choisir une norme homogène $\| \;\|$ sur $\mathfrak{g}^*$, de poser $t_n = \|\xi_n\|^{-1}$, et de remarquer que la "sphère" $\{X \in \mathfrak{g} \,,\, \|X\| = 1\}$ est compacte.

Remarquons aussi que, si les points ℓ_n sont dans l'ensemble F vérifiant les propriétés ci-dessus, l'ensemble $\widetilde{\mathcal{L}}$ est inclus dans F.

On suppose que la fonction f possède la propriété de semi-continuité suivante :

(H) Pour toute suite $(\ell_n)_{n \in N}$ dans $F \setminus \{0\}$ telle que la fonction f soit bornée sur l'ensemble $\widetilde{\mathcal{L}}$ associé à la suite, et pour tout $\varepsilon > 0$, il existe un entier $N(\varepsilon) > 0$ tel que

(4.3) $\forall n \geqslant N(\varepsilon) \qquad f(\ell_n) \leqslant \sup_{\ell \in \widetilde{\mathcal{L}}} f(\ell) + \varepsilon$

Nous allons démontrer le :

Théorème 4.2.

Sous les hypothèses ci-dessus, la fonction f est bornée dans l'ensemble $F \setminus \{0\}$.

Démonstration.

Nous allons démontrer ce théorème par récurrence sur l'entier r. Si r = 1, la propriété se démontre facilement. On suppose donc le théorème démontré pour les algèbres de Lie de rang < r, et l'on va démontrer ce théorème pour une algèbre de Lie $\mathfrak{g}$ nilpotente de rang r.

Soit F_0 l'ensemble des formes linéaires $\ell \in F$ qui s'annulent sur $\mathfrak{g}_r$. Puisque F_0 peut s'identifier à un sous-ensemble du dual de l'algèbre de Lie $\widetilde{\mathfrak{g}} = \mathfrak{g}/\mathfrak{g}_r$ (qui est nilpotente de rang r - 1), et puisque ce sous-ensemble est fermé dans $\widetilde{\mathfrak{g}}^*$, stable par les dilatations et par l'action du groupe exp $\widetilde{\mathfrak{g}}$, il résulte de l'hypothèse de récurrence que la fonction f est bornée sur l'ensemble $F_0 \setminus \{0\}$.

On désignera par B l'ensemble des formes linéaires dans $\mathfrak{g}^*$ dont la restriction à $\mathfrak{g}_r$ est de norme égale à 1. En raison de l'homogénéité de f, il nous suffit de montrer que cette fonction est bornée sur $F \cap B$.

Pour tout $j \leqslant r$, pour tout élément $(\ell_j, \ldots, \ell_r)$ de $(\mathfrak{g}^j)^* = \mathfrak{g}_j^* \oplus \ldots \oplus \mathfrak{g}_r^*$, tel que $|\ell_r| = 1$, on pose

(4.4) $F^j(\ell_j, \ldots, \ell_r) = \{\ell \in F \,,\, \exists g \in G, \qquad g.\ell\big|_{\mathfrak{g}^j} = (\ell_j, \ldots, \ell_r)\}$

Enfin, on convient que $F^{r+1} = F \cap B$. Nous allons démontrer plus loin la propriété suivante :

Lemme 4.3.

Pour tout $j \leqslant r+1$, et pour tout élément $(\ell_j,\ldots,\ell_r)$ de $(\mathfrak{g}^j)^*$ tel que $|\ell_r| = 1$, l'ensemble $F^j(\ell_j,\ldots,\ell_r)$ est fermé. De plus, si $j \geqslant 2$, si $(\xi_n)_{n \in N}$ est une suite dans cet ensemble, si l'ensemble $\tilde{\mathcal{L}}$ associé à la suite (ξ_n) n'est pas disjoint de B, alors il existe un élément ℓ_{j-1} de $\mathfrak{g}^*_{j-1}$ et une sous-suite (ξ_{n_q}) de la suite (ξ_n), tels que l'ensemble $\tilde{\mathcal{L}}'$ associé à la suite (ξ_{n_q}) vérifie

(4.5) $\tilde{\mathcal{L}}' \cap B \subset F^{j-1}(\ell_{j-1},\ell_j,\ldots,\ell_r)$.

Admettons un instant ce lemme, et finissons de démontrer le théorème 4.2. Il nous suffit de démontrer, au moyen d'une seconde récurrence sur l'entier j ($1 \leqslant j \leqslant r+1$), la propriété suivante

(Q_j) Pour tout $(\ell_j,\ldots,\ell_r)$ dans $(\mathfrak{g}^j)^*$ tel que $|\ell_r| = 1$, la fonction f est borné sur l'ensemble $F^j(\ell_j,\ldots,\ell_r)$.

En effet, la propriété (Q_{r+1}) n'est autre que la conclusion du théorème 4.2. Lorsque $j = 1$, l'ensemble $F^1(\ell_1,\ldots,\ell_r)$ est simplement l'orbite de $\ell = (\ell_1,\ldots,\ell_r)$ si $\ell \in F$, ou l'ensemble vide si $\ell \notin F$. Sous l'hypothèse du théorème 4.2, la fonction f est donc bornée sur l'ensemble $F^1(\ell_1,\ldots,\ell_r)$.

Soit $j \geqslant 2$. On suppose la propriété (Q_{j-1}) démontrée, et l'on considère un élément $(\ell_j,\ldots,\ell_r)$ de $(\mathfrak{g}^j)^*$ tel que $|\ell_r| = 1$. Pour démontrer (Q_j), on raisonne par l'absurde, en supposant qu'il existe une suite (ξ_n) dans $F^j(\ell_j,\ldots,\ell_r)$ telle que $f(\xi_n) \to +\infty$ quand $n \to +\infty$. Considérons les deux sous-ensembles suivants de l'ensemble $\tilde{\mathcal{L}}$ de la définition 4.1.

(4.6) $\mathcal{L}_0 = \{\ell \in \tilde{\mathcal{L}},\ \ell_r = 0\}$ $\qquad$ $\mathcal{L}_1 = \{\ell \in \tilde{\mathcal{L}},\ |\ell_r| = 1\}$

Si l'ensemble $\mathcal{L}_1$ est vide, on voit facilement que l'ensemble $\tilde{\mathcal{L}}$ associé à la suite est inclus dans F_0, et, par conséquent, la fonction f est bornée sur cet ensemble $\tilde{\mathcal{L}}$. D'après l'hypothèse de semi-continuité (H), la suite $f(\xi_n)$ est bornée : il y a donc contradiction.

Si $\mathcal{L}_1$ n'est pas vide, d'après le lemme 4.3, il existe un élément ℓ_{j-1} de $\mathfrak{g}^*_{j-1}$ et une sous-suite (ξ_{n_q}), tels que l'ensemble $\tilde{\mathcal{L}}'$ associé à cette sous-suite vérifie (4.5). D'après l'hypothèse de notre seconde récurrence, la fonction f est bornée sur $\tilde{\mathcal{L}}' \cap B$, et, d'après celle de la première récurrence, la fonction f est aussi bornée sur $\tilde{\mathcal{L}}' \cap F_0$. D'après l'homogénéité de f, cette fonction est donc bornée sur l'ensemble $\tilde{\mathcal{L}}'$. D'après l'hypothèse (H), la suite $f(\xi_{n_q})$ est donc bornée : il y a encore contradiction, ce qui démontre le théorème 4.2.

Le lemme 4.3 sera une conséquence du suivant, qui est démontré dans Pukansky ([PU]).

Lemme 4.4.

Soit U une représentation unipotente du groupe $G = \exp \mathfrak{g}$ dans un espace vectoriel réel V de dimension finie, (c'est-à-dire une représentation telle que, pour tout $X \in \mathfrak{g}$, $\pi(X)$ soit un endomorphisme nilpotent de V). Pour tout $\ell \in V$, désignons par $O(\ell)$ l'orbite de ℓ :

(4.7) $O(\ell) = \{\ell' \in V, \quad \exists g \in G, \quad \ell' = U(g).\ell\}$

Alors, pour tout $\ell \in V$, l'orbite $0(\ell)$ est fermée. De plus, si (ξ_n) est une suite dans $0(\ell)$ qui tend vers une limite ξ, alors il existe une suite (g_n) dans G, tendant vers une limite $g \in G$, telle que :

(4.8) $\xi_n = U(g_n)\ell \qquad \xi = U(g)\ell$

Démonstration du lemme 4.3.

On remarque que, si ℓ et ℓ' sont deux éléments de $\mathfrak{g}^*$ qui ont même restriction à $\mathfrak{g}^j$, alors, pour tout $g \in G$, les formes linéaires $g.\ell$ et $g.\ell'$ ont même restriction à $\mathfrak{g}^j$. On peut donc définir une représentation U^j de G dans $\mathcal{L}(V)$, où $V = (\mathfrak{g}^j)^*$, de la manière suivante : pour tout élément ℓ de V, et pour tout $g \in G$, on choisit un élément quelconque ξ de $\mathfrak{g}^*$ dont la restriction de $\mathfrak{g}^j$ est égale à ℓ, et l'on désigne par $U^j(g)(\ell)$ la restriction de $g.\xi$ à $\mathfrak{g}^j$. On vérifie facilement que U^j est bien une représentation unipotente de G dans $(\mathfrak{g}^j)^*$. Pour tout $\ell = (\ell_j,\ldots,\ell_r)$ dans $(\mathfrak{g}^j)^*$, on notera $0^j(\ell)$ l'orbite de ℓ par cette représentation. On voit qu'un élément ξ de F est dans l'ensemble $F^j(\ell_j,\ldots,\ell_r)$ si, et seulement si la restriction de ξ à $\mathfrak{g}^j$ est dans $0^j(\ell)$.

On remarque que, si $(\ell_n)_{n \in \mathbb{N}}$ est une suite de points de B, et si ℓ est un élément de $B \cap \mathfrak{L}$ (l'ensemble de la définition 4.1), alors la suite (t_q) de la définition 4.1 vérifie $t_q = 1$ pour tout $q \in \mathbb{N}$. Cela se voit en égalant les restrictions à $\mathfrak{g}_r$ des deux membres de (4.2) et en remarquant que l'action de G dans $\mathfrak{g}^*$ conserve la restriction à $\mathfrak{g}_r$. Par conséquent, si $\xi \subset B \cap \mathfrak{L}$, on peut écrire, pour tout $j \leqslant r$:

(4.9) $\xi\big|_{\mathfrak{g}^j} = \lim_{q \to \infty} \xi_q \qquad$ où $\qquad \xi_q \in 0^j(\ell_{n_q}\big|_{\mathfrak{g}^j})$

Il nous suffit de prouver la deuxième affirmation du lemme 4.3, puisque la première s'en déduit facilement. On considère donc un point $\ell = (\ell_j,\ldots,\ell_r)$ de $(\mathfrak{g}^j)^*$ tel que $|\ell_r| = 1$, une suite $(\xi_n)_{n \in \mathbb{N}}$ dans l'ensemble $F^j(\ell)$, et un élément ξ dans l'ensemble $\mathfrak{L} \cap B$, supposé non vide. Puisque ξ_n est nécessairement dans B, on a vu qu'on peut écrire :

(4.10) $\xi\big|_{\mathfrak{g}^j} = \lim_{q \to \infty} \tilde{\xi}_q \quad , \quad \tilde{\xi}_q \in 0^j(\xi_{n_q}\big|_{\mathfrak{g}^j})$

où (n_q) est une suite d'entiers, tendant vers $+\infty$. On en déduit facilement que $\tilde{\xi}_q \in 0^j(\ell)$. D'après le lemme 4.4, il existe une suite (g_q) dans G, tendant vers un point g de G, telle que :

(4.11) $\tilde{\xi}_q = U^j(g_q)(\ell) \qquad \xi\big|_{\mathfrak{g}^j} = U^j(g)(\ell)$

On en déduit que

(4.12) $\ell = U^j(g_q^{-1})\,(\tilde{\xi}_q) = U^j(g^{-1})\,(\xi\big|_{\mathfrak{g}^j})$

Posons alors

(4.13) $\ell' = U^{j-1}(g)\,(\xi\big|_{\mathfrak{g}^{j-1}})$

D'après (4.12) et (4.13), ℓ' est un élément de $(\mathfrak{g}^{j-1})^*$ dont la restriction à $\mathfrak{g}^j$ est égale à ℓ. On peut donc écrire $\ell' = (\ell_{j-1},\ell_j,\ldots,\ell_r)$, où $\ell_{j-1} \in \mathfrak{g}_j^*$.

Nous allons montrer que l'ensemble $\mathfrak{L}'$ associé, selon la définition 4.1, à la suite (ξ_{n_q}),

ou, ce qui revient au même, à la suite $\tilde{\xi}_q$, vérifie (4.5).
Soit ξ un élément de $\tilde{\mathcal{J}}' \cap B$. Comme on l'a vu, on peut écrire :

(4.14) $\xi\Big|_{\mathfrak{g}^{j-1}} = \lim_{\nu \to \infty} \xi_\nu \quad , \quad \xi_\nu \in O^{j-1}(\tilde{\xi}_{k_\nu})$,

où (k_ν) est une suite d'entiers, tendant vers $+\infty$. Posons :

(4.15) $\ell'_\nu = U^{j-1}(g_{k_\nu}^{-1})(\tilde{\xi}_{k_\nu})$

On déduit de (4.14) et (4.15) que $\xi_\nu \in O^{j-1}(\ell'_\nu)$. Il existe donc $h_\nu \in G$ tel que

(4.16) $\xi_\nu = U^{j-1}(h_\nu)(\ell'_\nu)$

D'après (4.12), (4.13) et (4.15), la forme linéaire $\ell'_\nu - \ell'$ est nulle sur $\mathfrak{g}^j$ et tend vers 0 dans $(\mathfrak{g}^{j-1})^*$ quand $\nu \to +\infty$. On déduit facilement que :

(4.17) $U^{j-1}(h_\nu)(\ell'_\nu - \ell_\nu) \to 0 \qquad$ quand $\nu \to +\infty$.

On déduit de (4.14), (4.16) et (4.17) que

(4.18) $\xi\Big|_{\mathfrak{g}^{j-1}} = \lim_{\nu \to \infty} U^{j-1}(h_\nu)(\ell')$

D'après le lemme 4.4, il existe une suite $(\tilde{h}_\nu)$ dans G, tendant vers un point $h \in G$, telle que

(4.19) $\xi_\nu\Big|_{\mathfrak{g}^{j-1}} = U^{j-1}(h_\nu)(\ell') \qquad \xi\Big|_{\mathfrak{g}^{j-1}} = U^{j-1}(h)(\ell')$

On en déduit que $\xi \in F^{j-1}(\ell')$, ce qui démontre l'inclusion (4.5).

§5. Démonstration du théorème 1.4.

Nous allons démontrer ce théorème par récurrence sur l'entier r. Si r = 1, toutes les représentations π_ℓ sont scalaires, et le théorème 1.4 est classique. Supposons donc ce théorème démontré pour toutes les algèbres de Lie nilpotentes de rang $\leqslant r - 1$.

Soient $\mathfrak{g} = \mathfrak{g}_1 \oplus \cdots \oplus \mathfrak{g}_r$ une algèbre de Lie, P un élément de $\mathcal{U}_m(\mathfrak{g})$, et F un sous-ensemble de $\mathfrak{g}^*$, vérifiant les hypothèses énoncées dans le problème 1.3, ainsi que l'hypothèse (1.5).

Soit F_0 l'ensemble des formes linéaires $\ell \in F$ qui s'annulent sur $\mathfrak{g}_r$. Il est clair que F_0 peut s'identifier à un sous-ensemble du dual de l'algèbre de Lie $\tilde{\mathfrak{g}} = \mathfrak{g}/\mathfrak{g}_r$ (qui est nilpotente de rang r - 1), et que ce sous ensemble est fermé dans $\tilde{\mathfrak{g}}^*$, stable par les dilatations et par l'action du groupe exp $\tilde{\mathfrak{g}}$. D'après l'hypothèse de récurrence, il existe $C_0 > 0$ tel que

(5.1) $\sum_j \|\pi_\ell(A_j)u\|^2 \leqslant C_0 \|\pi_\ell(P)u\|^2$

pour tout $\ell \in F_0$ et pour tout $u \in C_0^\infty(R^{k(\ell)})$. Pour simplifier l'écriture, on posera :

(5.2) $\|u\|^2_{m,\ell} = \sum_j \|\pi_\ell(A_j)u\|^2$

Avant de poursuivre la démonstration, indiquons comment nous allons appliquer les résultats des § 2 et 3.

Pour tout entier $k \geqslant 0$, désignons par ${}^kF$ l'ensemble des formes linéaires $\ell \in F$ telles que $k(\ell) = k$. Nous utiliserons la

Proposition 5.1.

Avec les notations ci-dessus, pour tout $\ell \in {}^kF$, on peut réaliser explicitement dans $L^2(R^k)$ la représentation unitaire irréductible π_ℓ correspondant à l'orbite de ℓ, de telle sorte que :

1. L'ensemble E_k des représentations de $\mathfrak{g}$ dans $\mathcal{S}(R^k)$ de la forme $X \to \pi_\ell(X)$ (où $\ell \in {}^kF$) vérifie les hypothèses du § 2.1.

2. Si, pour tout $X \in \mathfrak{g}$, on désigne par $\pi(X)(y,\eta)$ le symbole de l'opérateur différentiel $\pi(X)$, on a

(5.3) $\frac{1}{i}\pi(X)\,(0,0) = \ell(X)$

3. Pour tout $(y,\eta) \in R^{2k}$, la forme linéaire $\mathcal{T} \in \mathfrak{g}^*$ définie par

(5.4) $\ell(X) = \frac{1}{i}\pi(X)(y,\eta) \qquad \forall X \in \mathfrak{g}$

est dans l'orbite de ℓ.

Démonstration.

D'après l'hypothèse 1.5, pour tout $\ell \in F$, on peut choisir une sous-algèbre V_ℓ isotrope pour la forme bilinéaire B_ℓ, de dimension maximale (c'est-à-dire de codimension $k(\ell)$), telle que $V_\ell \supset \mathfrak{g}^2$. Munissons $\mathfrak{g}$ d'une structure euclidienne pour laquelle les sous-espaces $\mathfrak{g}_j$ sont orthogonaux. On peut choisir alors, pour tout $\ell \in {}^kF$, une base orthonormée $e_1(\ell) \dots e_p(\ell)$ de $\mathfrak{g}$ (où $p = \dim \mathfrak{g}$) telle que les vecteurs $e_1(\ell) \dots e_k(\ell)$ soient dans $\mathfrak{g}_1$ et les vecteurs $e_{k+1}(\ell) \dots e_p(\ell)$ forment une base de $V(\ell)$. Si l'on construit explicitement la représentation π_ℓ comme on l'a fait au chapitre II, (voir en particulier les points (1.3.25) et (1.3.30) du chapitre II), on vérifie facilement les trois affirmations de la proposition. Les vecteurs $Y_j(\pi_\ell)$ de l'hypothèse (H2) du § 2.1 ne sont autres que les $e_j(\ell)$ $(1 \leqslant j \leqslant k)$.

Notons aussi que la sous-algèbre $V(\ell)$ est stable par les dilatations.

Dans toute la suite, on désignera par π_ℓ la représentation construite explicitement par ce procédé.

Corollaire 5.2.

Soit (ℓ_n) une suite dans ${}^kF$. Soit $\mathcal{L}$ l'ensemble limite associé, selon la définition 2.1.1, à la suite de représentations π_{ℓ_n} et à la suite de fermés $K_n = R^k$. Alors l'ensemble $\mathcal{L}$ est égal à l'ensemble $\tilde{\mathcal{L}}$ de la définition 4.1.

Ce corollaire se déduit facilement de la proposition 5.1.

Pour tout $\ell \in \mathfrak{g}^*$, on en déduit une autre définition de l'ensemble $\Gamma_0(\pi_\ell)$ introduit dans le §3. On voit facilement qu'une forme linéaire $\mathcal{T} \in \mathfrak{g}^*$ est dans $\Gamma_0(\pi_\ell)$ si et seulement s'il existe une suite (t_n) dans R^+, tendant vers 0, et une suite (g_n) dans $\exp \mathfrak{g}$, telles que $\delta^*_{t_n} g_n \ell_n \to \mathcal{T}$ quand $n \to \infty$. On voit facilement que, si $\mathcal{T} \in \Gamma_0(\pi_\ell)$, la restriction de $\mathcal{T}$ à $\mathfrak{g}_r$ est nulle, et que $\Gamma_0(\pi_\ell)$ s'identifie à un sous-ensemble conique fermé du dual de $\tilde{\mathfrak{g}} = \mathfrak{g}/\mathfrak{g}_r$, stable par l'action du groupe $\exp \tilde{\mathfrak{g}}$. Enfin, si $\ell \in F$, l'ensemble $\Gamma_0(\pi_\ell)$ est inclus dans F_0. D'après l'inégalité (5.1) et d'après le théorème 3.2, pour tout $\ell \in F$, il existe une constante $C(\ell) > 0$ telle que

(5.5) $\|f\|^2_{m,\ell} \leqslant C(\ell)\,(\|\pi_\ell(P)f\|^2 + \|f\|^2) \qquad \forall f \in \mathcal{C}^\infty_0(R^{k(\ell)})$

Pour tout $\ell \in \mathfrak{g}^*$, et pour tout $m \geqslant 1$, on pose :

(5.6) $H^m_\ell = \{f \in L^2(R^{k(\ell)}),\ \pi_\ell(A)f \in L^2(R^{k(\ell)}) \qquad \forall A \in \mathcal{U}^m(\mathfrak{g})\}$

On munit cet espace de sa norme naturelle, en choisissant une base de $\mathcal{U}^m(\mathfrak{g})$. Rappelons le résultat suivant :

Proposition 5.3.

Il existe un entier $m_0 \geqslant 1$ tel que, pour tout $m \geqslant m_0$ et pour tout $\ell \in \mathfrak{g}^*$ tel que $k(\ell) \geqslant 1$, l'injection de l'espace H^m_ℓ dans $L^2(R^{k(\ell)})$ soit compacte. Si l'algèbre de Lie $\mathfrak{g}$ est stratifiée, (c'est-à-dire engendrée par le sous-espace $\mathfrak{g}_1$), l'entier m_0 est égal à 1.

La première affirmation est démontrée dans $[\text{HE.NO}]_2$ (proposition 5.5.2). La seconde s'en déduit grâce au théorème d'interpolation démontré au chapitre II : on a vu que, si $\mathfrak{g}$ est stratifiée, on a $H^1_\ell = [H^{m_0}, L^2(R^{k(\ell)})]_{1-\frac{1}{m_0}}$.

On utilisera aussi les résultats suivants (proposition 5.4.2 et proposition 3.3.1 de $[\text{HE.NO}]_1$) :

Proposition 5.4.

Pour tout $\ell \in \mathfrak{g}^*$ tel que $k(\ell) \geqslant 1$, l'espace $C^\infty_0(R^{k(\ell)})$ est dense dans H^m_ℓ.

Proposition 5.5.

On suppose que m est un multiple de r ! , ou bien que $\mathfrak{g}$ est stratifiée. Alors, pour tout $\varepsilon > 0$, il existe $C(\varepsilon) > 0$ tel que

(5.7) $\|u\|^2_{H^{m-1}_\ell} \leqslant \varepsilon \|u\|^2_{m,\ell} + C(\varepsilon)\,\|u\|^2$

pour tout $\ell \in \mathfrak{g}^*$ et pour tout $u \in C^\infty_0(R^{k(\ell)})$.

On déduit de l'inégalité (5.5) et des propositions 5.4 et 5.5 que, pour tout $\ell \in F\backslash\{0\}$, il existe $C_0(\ell) > 0$ tel que

(5.8) $\|u\|^2_{H^m_\ell} \leqslant C_0(\ell)\,[\|\pi_\ell(P)u\|^2 + \|u\|^2] \qquad \forall u \in H^m_\ell$

On utilise ensuite les deux résultats suivants. Le premier est un théorème classique de Peetre (cf [LI.MA]). Le second est démontré dans $[\text{HE.NO}]_1$ (proposition 5.4.3).

Proposition 5.6.

Soient E,F et G trois espaces de Banach réflexifs tels que $E \subset F$ avec injection compacte, et soit $\mathscr{C}$ un opérateur linéaire continue de E dans G. On suppose qu'il existe $C > 0$ tel que

(5.9) $\|u\|_E \leqslant C(\|\mathscr{C}u\|_G + \|u\|_F) \qquad \forall u \in E.$

Alors l'image de l'opérateur $\mathscr{C}$ est fermée dans G.

Proposition 5.7.

Si l'inégalité (5.8) est vérifiée, le noyau de l'opérateur $\pi_\ell(P) : H^m_\ell \to L^2(R^{k(\ell)})$ est inclus dans $\mathcal{S}(R^{k(\ell)})$.

D'après ces deux propositions, si l'inégalité (5.8) est vérifiée et si l'opérateur $\pi_\ell(P)$ est injectif dans $\mathcal{S}(R^{k(\ell)})$, alors l'opérateur $\pi_\ell(P) = H^m_\ell \to L^2(R^{k(\ell)})$ est injectif, et d'image fermée. Sous l'hypothèse 1.4, pour tout $\ell \in F\backslash\{0\}$, il existe donc $C(\ell) > 0$ tel que :

(5.10) $\|f\|^2_{m,\ell} \leqslant C(\ell)\ \|\pi_\ell(P)\ f\|^2 \qquad \forall f \in \mathcal{S}(R^{k(\ell)}).$

Désignons par $C(\ell)$ la plus petite constante telle que l'inégalité (5.10) soit vérifiée. Il est clair que la fonction $C(\ell)$ vérifie l'égalité (4.1). D'après le théorème 2.1.2, cette fonction $\ell \to C(\ell)$ vérifie l'hypothèse de semi-continuité (H) du théorème 4.2. D'après ce théorème, la fonction $\ell \to C(\ell)$ est bornée sur l'ensemble $F\backslash\{0\}$, ce qui termine la preuve du théorème 1.4.

Chapitre IX

HYPOELLIPTICITE MAXIMALE POUR DES OPERATEURS POLYNOMES DE CHAMPS DE VECTEURS

§1. Introduction-Rappels

L'objet de ce chapitre est de démontrer la conjecture (2.3) du chapitre I dans le cas où l'on considère un système de p champs de vecteurs (dans un ouvert Ω de $\mathbb{R}^{p+1}$) de la forme suivante :

(1.1) $X_j = \frac{\partial}{\partial x_j} + f_j(x,y) \cdot \frac{\partial}{\partial y}$ $\quad (j=1,\dots,p)$

où $x = (x_1,\dots,x_p) \in \mathbb{R}^p$

$y \in \mathbb{R}$

et où les f_j sont des fonctions C^∞ dans Ω, à valeurs réelles ;

On supposera désormais (ce qui n'est pas une restriction puisque notre problème est local) que : $\Omega = \mathbb{R}^{n+1}$ et que : $f_j \in C_0^\infty(\mathbb{R}^{n+1})$

On suppose que :

(1.2) Les champs X_j vérifient $(C.H)_r$ dans un voisinage V de (x_0,y_0)

et on considère l'hypoellipticité maximale pour un système de q opérateurs P_j (j=1,...,q) qui sont des polynômes des champs X_j de d° inférieur ou égal à m (au sens de 1.5. chapitre I) i.e :

(1.3) $P_j = \sum_{|\alpha| \leqslant m} a_\alpha^j(x,y)\, X^\alpha$

Le cône Γ_{x_0,y_0} associé à la donnée des champs X_j a été introduit au chapitre I (définition 2.4) et étudié au chapitre IV (particulièrement au §4.4. pour le cas considéré ici).

Si $I = (i_1,\dots,i_s)$ est une suite d'indices avec $i_j \in [1,\dots,p]$, on désignera par :

(1.4) $X_I = [X_{i_1}[\dots[X_{i_{s-1}},X_{i_s}]\dots]$

le champ de vecteurs obtenu par crochet.

La même notation Y_I est utilisée pour l'élément de $\mathcal{G}_{|I|}$:

(1.5) $Y_I = [Y_{i_1}[\dots[Y_{i_{s-1}},Y_{i_s}]\dots]$, $\quad s = |I|$

où $(Y_1,\dots,Y_p)$ est une base de $\mathcal{G}_1$ dans la décomposition de $\mathcal{G}$

(1.6) $\mathcal{G} = \mathcal{G}_1 \oplus \dots \oplus \mathcal{G}_r$

et où $\mathcal{G}$ est l'algèbre de Lie libre de rang r à p générateurs.

D'après la forme (1.1) des champs de vecteurs, on voit facilement que pour $r \geqslant |I| \geqslant 2$, on peut écrire :

(1.7) $X_I = \varphi_I(x,y) \frac{\partial}{\partial y}$

où φ_I est une fonction dans $C_0^\infty(\mathbb{R}^{p+1})$ réelle

Dans cette situation, le cône Γ_{x_0,y_0} est défini plus simplement (cf chapitre IV §4.4) sous la forme suivante :

Lemme 1.1. (cf. prop. 4.4.3. et remarque 4.4.4. du chapitre IV)

$\Gamma_{(x_0,y_0)}$ est l'ensemble des formes linéaires $l \in \mathcal{G}^*$ telles qu'il existe des suites (x_n,y_n) dans $\mathbb{R}^{p+1}$, $\eta_n \in \mathbb{R}$ et t_n dans $\mathbb{R}^+$, telles que

$$(1.8)\quad \begin{cases} (x_n,y_n) \to (x_0,y_0) \\ |\eta_n| \to +\infty & \text{quand } n \to +\infty \\ t_n \to 0 \end{cases}$$

et, si $2 \leqslant |I| \leqslant r$:

$$(1.9)\quad t_n^{|I|}\,\varphi_I\,(x_n,y_n)\,\eta_n \underset{n\to\infty}{\to} l(Y_I)$$

On utilisera également les propriétés suivantes du cône $\Gamma_{(x_0,y_0)}$ démontrées au chapitre IV §4.

Lemme 1.2. Sous les hypothèses de ce chapitre,

$$(1.10)\quad \Gamma_{x_0,y_0} \subset [\mathcal{G}^2,\mathcal{G}^2]^{\perp}$$

$$(1.11)\quad t.\Gamma_{x_0,y_0} \subset \Gamma_{x_0,y_0}\ ,\qquad \forall t \in \mathbb{R}$$

$$(1.12)\quad l \in \Gamma_{(x_0,y_0)}\ ,\ l' \in \mathcal{G}^*\ ,\ l' - l_{/\mathcal{G}^2} = 0 \implies l' \in \Gamma_{(x_0,y_0)}$$

On démontre dans ce chapitre le :

Théorème 1.3. Sous les hypothèses de ce chapitre, le système P_j est hypoelliptique maximal en (x_0,y_0), i.e :

$$\exists V_{(x_0,y_0)} \ni (x_0,y_0)\ ,\ \exists C \text{ t.q } \forall u \in C_0^\infty(V_{x_0,y_0})$$

$$(1.13)\quad \sum_{|\alpha|\leqslant m} \|X^\alpha u\|_{L^2}^2 \leqslant C\,\Big(\sum_{j=1}^{q} \|P_j u\|^2 + \|u\|^2\Big)$$

si et seulement si :

$$(1.14)\quad \begin{cases} \text{Pour tout } l \in \Gamma_{(x_0 y_0)} \setminus \{0\}\ , \text{ le système} \\ \Pi_l\,(\mathcal{P}_{j,(x_0,y_0)})_{1 \leqslant j \leqslant q} \\ \text{est injectif dans } \mathcal{S}_{\Pi_l} \end{cases}$$

où

$$(1.15)\quad \mathcal{P}_{j,(x_0,y_0)} = \sum_{|\alpha|=m} a_\alpha^j\,(x_0,y_0)\;Y^\alpha$$

Le théorème s'applique à l'étude de systèmes dérivés du $\bar\partial_b$ (cf chapitre VI) et au problème du $\Box_b$ (cf chapitre V)

Compte-tenu de la propriété (1.10) et du théorème 1.4 (chapitre VIII), (1.14) est équivalent à :

$$(1.16)\quad \begin{cases} \exists C_0 \text{ t.q } \forall l \in \Gamma_{x_0,y_0} \ , \quad \forall \Psi \in \mathcal{S}_{\Pi_l} \\ \|\Psi\|^2_{m,l} \leqslant C_0 \, \|\Pi_l(\mathcal{P}_{(x_0,y_0)})\,\Psi\|^2 \end{cases}$$

où $\|\Psi\|^2_{m,l}$ est le carré d'une semi-norme "homogène" de Ψ :

$$(1.17)\quad \|\Psi\|^2_{m,l} = \sum_{j \in} \|\Pi_l\,(A_j)\Psi\|^2$$

(A_j base <u>fixe</u> de $\mathcal{U}_m\,(\mathcal{G})$)

et

$$(1.18)\quad \begin{cases} \|\Pi_l(\mathcal{P})\Psi\|^2 & \text{est une abréviation pour :} \\ \|\Pi_l(\mathcal{P})\Psi\|^2 = \sum_{j=1}^{q} \|\Pi_l(\mathcal{P}_{j,x_0,y_0})\Psi\|^2 \end{cases}$$

Remarquons maintenant que les propriétés (1.10) et (1.12) concernant $\Gamma_{(x_0,y_0)}$ et la proposition 2.2.1. du chapitre II montrent que (1.16) est encore équivalente à :

$$(1.19)\quad \begin{cases} \exists C_0 \text{ t.q} \forall l \in \Gamma_{x_0,y_0} \ , \quad \forall \Psi \in \mathcal{S}_{\Pi_{l,\,\mathcal{G}^2}} \\ \|\Psi\|^2_{m,l,\,\mathcal{G}^2} \leqslant C \, \|\Pi_{l,\,\mathcal{G}^2}(\mathcal{P})\Psi\|^2 \end{cases}$$

Rappelons qu'il nous est utile ici d'utiliser une réalisation particulière de $\Pi_{l,\,\mathcal{G}^2}$ dans $L^2_u\,(\mathbb{R}^p)$ que nous avons définie au chapitre II §1.3 et pour laquelle on a :

$$(1.20)\quad \Pi_{l,\mathcal{G}^2}(Y_j) = \frac{\partial}{\partial u_j} + i \sum_{2 \leqslant |J| \leqslant r} q_{j,J}\,(u)\ l(Y_J)$$

où on a posé :

$$(1.21)\quad q_{i,J}(u) = \frac{|J|-1}{(|J|)\,!}\ p^{|J|-1}_{i,J}\ (u) \ , \quad \forall\, u \in \mathbb{R}^p$$

$$(1.22)\quad \sum_{|J| = |I| + k} p^k_{I,J}(u)\ Y_J = (\operatorname{ad} \tilde{\gamma}(u))^k.\ Y_I \quad \text{avec} \quad \tilde{\gamma}(u) = \sum_{l=1}^{p} u_l.Y_l$$

Rappelons que, compte-tenu de (1.9), la formule (1.20) donne un procédé explicite de construction pour $\Pi_{l,\mathcal{G}^2}$.

(1.23) Notons que $q_{i,J}(u)$ est un polynôme homogène de degré $|J|-1$.

<u>§2. Etude d'une famille de difféomorphismes</u>

<u>§2.1. Définition</u>

Pour tout $u \in \mathbb{R}^p$, désignons par u.X le champ de vecteurs

$$(2.1.1)\quad u.X = \sum_{j=1}^{p} u_j.X_j$$

Munissons $\mathbb{R}^p$ d'une métrique euclidienne et, pour tout $\varepsilon > 0$, désignons par B_ε la boule de centre 0 et de rayon ε dans $\mathbb{R}^p$.

Proposition 2.1.1.

Il existe une constante $\varepsilon_0 > 0$ telle que :

1) Le flot du champ de vecteur u.X soit bien défini dans $\mathbb{R}^{p+1}$ si $|u| \leq 2\,\varepsilon_0$. Ce flot sera noté :

(2.1.2) $\quad \mathbb{R}^{p+1} \ni (x,v) \to (x,v)\, e^{u.X} = \theta_x(u,v)$

Ainsi l'application $(x,u,v) \to \theta_x(u,v)$ est C^∞ sur $\mathbb{R}^p \times B_{2\varepsilon_0} \times \mathbb{R}$, à valeurs dans $\mathbb{R}^{p+1}$

2) Pour tout $x \in \mathbb{R}^p$, l'application $(u,v) \to \theta_x(u,v)$ est un difféomorphisme de $B_{2\varepsilon_0} \times \mathbb{R}$ sur l'ouvert $V_{x,\varepsilon_0} = \{(x',y') \in \mathbb{R}^{p+1},\ |x' - x| < 2\varepsilon_0\}$

3) Les coefficients de $D[\theta_x^{-1}]$ sont bornés indépendamment de x dans $C^\infty(\Omega_{x,\varepsilon_0})$

Démonstration

D'après la forme (1.1) des champs X_j, il est clair que l'application θ_x définie en (2.1.2) est de la forme :

(2.1.3) $\quad \theta_x(u,v) = (x+u,\ \Psi(x,u,v))$

où Ψ est C^∞ sur $\mathbb{R}^p \times B_{2\varepsilon_0} \times \mathbb{R}$ tel que :

(2.1.4) $\quad \Psi(x,0,v) = v$

Plus précisément, $\Psi(x,u,v)$ est la valeur au point $t = 1$ de la fonction $\Psi(t)$ solution de l'équation différentielle ordinaire :

(2.1.5) $\quad \dfrac{d\Psi}{dt} = \sum_{j=1}^{p} u_j . f_j\,[x+tu, \Psi(t)]\ ,\ \Psi(0) = v \quad$ pour $0 \leq t < 1$

Comme on a supposé les f_j à support compact, il existe un compact K de $\mathbb{R}^{p+1}$ tel que :

(2.1.6) $\quad \Psi(x,u,v) = v \quad$ si $(x,v) \notin K,\ u \in B_{2\varepsilon_0}$

D'après (2.1.4) et (2.1.6), il est clair que, en réduisant éventuellement ε_0, l'application : $v \to \Psi(x,u,v)$ est un difféomorphisme global de $\mathbb{R}$ si $x \in \mathbb{R}^p$ et $|u| \leq 2\varepsilon_0$.

En effet, si on choisit ε_0 assez petit, on aura, d'après (2.1.4) :

(2.1.7) $\quad \left|\dfrac{\partial \Psi}{\partial v}(x,u,v) - 1\right| \leq 1/2\ ,\ \forall (x,v) \in K \quad$ si $|u| \leq 2\varepsilon_0$

D'après (2.1.6), l'inégalité (2.1.7) est aussi vérifiée si $(x,v) \notin K$, de sorte que, pour tout $x \in \mathbb{R}^p$ et $u \in B_{2\varepsilon_0}$, l'application $v \to \Psi(x,u,v)$ est strictement croissante sur $\mathbb{R}$ et égale à l'identité à l'∞. C'est donc bien un difféomorphisme global.

Remarque 2.1.2.

Soit $\mathfrak{J}_x(u,v)$ le jacobien de l'application θ_x au point (u,v).

Alors il existe $C > 0$ tel que :

(2.1.8) $\quad |\mathfrak{J}_x(u,v) - 1| \leq C|u| \quad , \quad \forall x \in \mathbb{R}^p,\ \forall |u| \leq 2\varepsilon_0$

Démonstration

D'après (2.1.3), ce jacobien est égal à $\dfrac{\partial \Psi}{\partial v}(x,u,v)$. D'après (2.1.4) l'inégalité (2.1.8) est vérifiée si $(x,v) \in K$. D'après (2.1.6), elle est aussi vérifiée si $(x,v) \notin K$.

▨

§2.2. Images des champs de vecteurs X_j par le difféormorphisme θ_x

Pour tout $x \in \mathbb{R}^p$ et $j \in [1,\dots,p]$ l'image du champ X_j par le difféomorphisme θ_x est un champ de vecteur $\hat{X}_{j,x}$ défini sur $B_{\varepsilon_0} \times \mathbb{R}$ par :

(2.2.1) $\quad (\hat{X}_{j,x} \cdot f)[u,v] = [X_j[f \circ \theta_x^{-1}]][\theta_x[u,v]]$

D'après la forme (1.1) des champs X_j et celle (2.1.3) du difféomorphisme, il est clair que l'image du champ X_j sera de la forme :

(2.2.2) $\quad \hat{X}_{j,x} = \frac{\partial}{\partial u_j} + a_j(x,u,v)\frac{\partial}{\partial v}$

où a_j est une fonction C^∞ sur $\mathbb{R}^p \times \overline{B_{\varepsilon_0}} \times \mathbb{R}$.

Le but de ce paragraphe est d'étudier le comportement de cette fonction quand u tend vers 0. Plus exactement, il sera plus commode de remplacer u par t u et de poser :

(2.2.3) $\quad a_j^{(t)}(x,u,v) = t\, a_j(x,t\,u,v)\ , \quad \begin{cases} \forall x \in \mathbb{R}^p, \forall u \in B_{\varepsilon_0} \\ \forall v \in \mathbb{R}, \forall t \in [0,1] \end{cases}$

Dans la suite du paragraphe, r est un entier quelconque $\geqslant 2$.

Proposition 2.2.1.

Avec les notations du §1, on a, pour tous $x \in \mathbb{R}^p$, $u \in B_{\varepsilon_0}$, $v \in \mathbb{R}$, $t \in [0,1]$:

(2.2.4) $\quad a_j^{(t)}(x,u,v) = \sum_{2 \leqslant |I| \leqslant r} t^{|I|} q_{j,I}(u)\, \varphi_I(x,v) + t^{r+1} r_j(t,x,u,v)$

où r_j est une fonction C^∞ bornée sur $[0,1] \times \mathbb{R}^p \times \overline{B_{\varepsilon_0}} \times \mathbb{R}$

Démonstration

Désignons par $p : \mathbb{R}^{p+1} \to R$ la projection définie par :

(2.2.5) $\quad p(x,y) = y \quad , \quad \forall (x,y) \in \mathbb{R}^{p+1}$

On vérifie facilement que l'on a :

(2.2.6) $\quad a_j(x,u,v) = \frac{d}{ds} e^{uX} \cdot e^{s\,X_j} \cdot e^{-(uX+s\,X_j)}\, p/_{s=0}\,(x,v)$

et, par conséquent :

(2.2.7) $\quad a_j^{(t)}(x,u,v) = \frac{d}{ds} e^{t\,u\,X} \cdot e^{ts\,X_j} \cdot e^{-t(uX+s\,X_j)}\, p/_{s=0}\,(x,v)$

On va écrire le développement taylorien d'ordre r à l'origine de la fonction : $t \to a_j^{(t)}(x,u,v)$ en utilisant le lemme suivant $[GO]_1$:

Lemme 2.2.2. ($[GO]_1$)

Soient X et Y deux champs de vecteurs réels, C^∞, sur une variété M et soit $f \in C^\infty(M)$. Si X et Y sont constants en dehors d'un compact, on peut définir une fonction $(x,t) \to a(x,t)$ dans $C^\infty(M\times[0,1])$ en posant :

(2.2.8) $\quad a(x,t) = \frac{d}{ds} e^{tX} e^{ts\,Y} e^{-t(X+sY)} f(x)/_{s=0}$

Alors on a, pour tout r :

(2.2.9) $\quad a(x,t) = \sum_{k=1}^{r-1} \frac{k\, t^{k+1}}{(k+1)!} ((\mathrm{ad}\ X)^k\, Y) f\,(x) + t^{r+1}\, b(x,t)$

où $b \in C^\infty(M\times[0,1])$. De plus, si le champ X dépend de manière C^∞ d'un paramètre u , il en est de même de la fonction b.

On applique ce lemme en remplaçant X par u.X, Y par X_j et f par p et on obtient :

$$(2.2.10)\qquad a_j^{(t)}(x,u,v) = \sum_{k=1}^{r+1} \frac{k\, t^{k+1}}{(k+1)!} ((ad(u.X))^k X_j)p(x,v) + t^{r+1} b_j(t,x,u,v)$$

où $b_j \in C^\infty([0,1] \times \mathbb{R}^p \times B_{\varepsilon_0} \times \mathbb{R})$.

On peut écrire avec les notations du §1 (cf 1.22)

$$(2.2.11)\qquad ad(u.X)^k X_j = \sum_{|J|=k+1} p^k_{j,J}(u)\, \varphi_J(x,y) \frac{\partial}{\partial y}$$

D'après (2.2.10), on en déduit :

$$(2.2.12)\qquad a_j^{(t)}(x,u,v) = \sum_{k=1}^{r-1} \sum_{|J|=k+1} \frac{k\, t^{k+1}}{(k+1)!} p^{(k)}_{j,J}(u)\, \varphi_J(x,v) + t^{r+1} b_j(t,x,u,v)$$

Compte-tenu de (1.2.1), on en déduit bien (2.2.4).

▨

§2.3. Etude du difféomorphisme inverse θ_x^{-1}

Pour tout $x_1 \in \mathbb{R}^p$, posons :

$$(2.3.1)\qquad V_{x_1} = \{(x,y) \in \mathbb{R}^{p+1} \ ,\ |x_1 - x| \leqslant \varepsilon_0\}$$

D'après la proposition 2.1.1. le difféomorphisme inverse $\theta_{x_1}^{-1}$ de θ_{x_1} est bien défini dans V_{x_1}. D'après la forme (2.1.3) de θ_{x_1}, l'application inverse est de la forme suivante :

$$(2.3.2)\qquad \theta_{x_i}^{-1}(x,y) = (x - x_1\ ,\ v_{x_1}(x,y))$$

où v_{x_1} est une fonction C^∞ dans $\overline{V}_{x_1}$ et on a :

$$(2.3.3)\qquad (x,y)\, e^{-(x-x_1).X} = (x_1, v_{x_1}(x,y))$$

On aura besoin des majorations sur la fonction v_{x_1} fournies par les deux propositions suivantes :

Proposition 2.3.1.

Il existe pour tout $\alpha \in \mathbb{N}$ une constante $C_\alpha > 0$ telle que :

$$(2.3.4)\qquad |D_y^\alpha v_{x_1}(x,y)| \leqslant C$$

pour tout $x_1 \in \mathbb{R}^p$ et tout $(x,y) \in V_{x_1}$

Cette inégalité résulte de (2.3.3) et de la proposition (2.1.1)

Proposition 2.3.2.

Il existe $C > 0$ telle que l'on ait :

$$(2.3.5)\qquad |X_j v_{x_1}(x,y)| \leqslant C \sum_{2 \leqslant |I| \leqslant r} |\varphi_I(x,y)|\, |x-x_1|^{|I|-1} + C|x-x_1|^r$$

pour tous $x_1 \in \mathbb{R}^p$, $(x,y) \in V_{x_1}$ et $j \in \{1,\dots,p\}$

Démonstration

D'après la proposition (2.2.1), il existe C > 0 t.q. :

(2.3.6) $$|a_j(x_1,u,v)| \leq C \sum_{2 \leq |I| \leq r} |\varphi_I(x_1,v)|\ |u|^{|I|-1} + C|u|^r$$

pour tous $x_1 \in \mathbb{R}^p$, $u \in \overline{B}_{\varepsilon_0}$ et $v \in \mathbb{R}$

Admettons un instant le :

Lemme 2.3.3.

Il existe $C_1 > 0$ telle que, pour tous $(x,y) \in \mathbb{R}^{p+1}$ et $u \in \overline{B}_{\varepsilon_0}$, on ait :

(2.3.7) $$|\varphi_I((x,y)\, e^{uX})| \leq C \sum_{|I| \leq |J| \leq r} |u|^{|J|-|I|}\ |\varphi_J(x,y)| + C|u|^{r+1-|I|}$$

pour tout I vérifiant : $2 \leq |I| \leq r$

et appliquons le avec $(x,y) = (x_1,v)\, e^{-u.X}$; on obtient :

(2.3.8) $$|a_j(x_1,u,v)| \leq C \sum_{2 \leq |I| \leq r} |\varphi_I(x,y)|\ |x-x_1|^{|I|-1} + C|x-x_1|^{r-1}$$

Comme la fonction $(u,v) \to a_j(x_1,u,v)$ est l'image par le difféomorphisme θ_{x_1} de la fonction :

$$(x,y) \to (X_j\ v_{x_1}(x,y))$$

On en déduit bien (2.3.5). Il nous reste donc à démontrer le lemme 2.3.3.

Démonstration du lemme 2.3.3.

D'après la formule de Taylor, on a :

(2.3.9) $$\varphi_I((x,y).e^{uX}) = \sum_{0 \leq k \leq r-|I|} \frac{1}{k!} (u.X)^k\, \varphi_I(x,y) + O(|u|^{r+1-|I|})$$

D'après la formule des champs X_j et de leurs commutateurs, il existe des fonctions $g^{(\alpha)}_{I,J}(x,y)$ telles que :

(2.3.10) $$X^\alpha\, \varphi_I(x,y) = \sum_{|I| \leq |J| \leq |I| + |\alpha|} g^{(\alpha)}_{I,J}(x,y)\, \varphi_J(x,y)$$

(la vérification est immédiate par récurrence).

On en déduit que l'on a, avec une autre constante C > 0 :

(2.3.11) $$|(u.X)^k\, \varphi_I(x,y)| \leq C|u|^k \sum_{|I| \leq |J| \leq |I|+k} |\varphi_J(x,y)|$$

$$\leq C \sum_{|I| \leq |J| \leq r} |u|^{|J|-|I|}\ |\varphi_J(x,y)|$$

ce qui termine la démonstration de (2.3.7) et donc de la proposition.

Remarque 2.3.4.

Les démonstrations des résultats précédents (proposition (2.3.1) et (2.3.2), lemme (2.3.3))) montrent (résultat plus fin) qu'on a pour $(X_j\ v_{x_1}(x,y))$ une formule du type suivant :

(2.3.12) $$(X_j\ v_{x_1})(x,y) = \sum_{2 \leq |I| \leq r} \tilde{q}_{j,I}(x,y\ ;\ x-x_1)\, \varphi_I(x,y) + \tilde{r}_j(x_1,x,y)$$

pour tout $x_1 \in \mathbb{R}^p$, tout (x,y) dans V_{x_1} où $u \to \tilde{q}_{j,I}(x,y;u)$ est un polynôme de degré r, s'annulant en 0 à l'ordre $|I|-1$ et à coefficients C^∞ bornés sur V_{x_1}, et $\tilde{r}_j$ vérifie :

$$|D_x^\alpha D_y^\beta \tilde{r}_j| \leqslant C_{\alpha\beta} \; |x-x_1|^{(r-|\alpha|)_+} \quad \text{sur } V_{x_1}, \text{uniformément par rapport à } x_1$$

§3. La fonction M d'Egorov.

§3.1. Définition.

Pour tout (x,y,η) dans $\mathbb{R}^p \times \mathbb{R} \times \mathbb{R}$ (r étant un entier fixé), on pose :

$$(3.1.1) \qquad M(x,y,\eta) = [1 + |\eta|^{\frac{2\,r!}{r}} + \sum_{2 \leqslant |I| \leqslant r} |\varphi_I(x,y)\eta|^{\frac{2\,r!}{|I|}}]^{1/2\,r!}$$

ainsi M est une fonction C^∞ sur $\mathbb{R}^p \times \mathbb{R} \times \mathbb{R}$ et il existe clairement une constante $C > 0$ telle que :

$$(3.1.2) \qquad C^{-1}(1+|\eta|)^{1/r} \leqslant M(x,y,\eta) \leqslant C(1+|\eta|)^{1/2}$$

pour tout (x,y,η) dans $\mathbb{R}^p \times \mathbb{R} \times \mathbb{R}$.

Nous allons établir des inégalités qui nous permettront au §4, de définir, à partir de la fonction M, des fonctions poids Φ et φ au sens de Beals $[BE]_1$ puis les classes de symboles correspondantes. Une particularité des inégalités démontrée ici est qu'au lieu de majorer les dérivées $\partial_x^\alpha M$, on majore les dérivées de M par les champs X_j itérés, en utilisant la notation habituelle $X^\alpha M$.

Proposition 3.1.1.

Pour tout multi-indice α, pour tous entiers β et α, il existe $C > 0$ tel qu'on ait :

$$(3.1.3) \qquad |\partial_y^\beta \partial_\eta^\gamma X^\alpha M(x,y,\eta)| \leqslant C\, M(x,y,\eta)^{1+|\alpha|} \left[\frac{1+|\eta|}{M(x,y,\eta)^2}\right]^\beta (1+|\eta|)^{-\gamma}$$

pour tout $(x,y,\eta) \in \mathbb{R}^p \times \mathbb{R} \times \mathbb{R}$

La démonstration de cette proposition s'appuie sur le lemme suivant :

Lemme 3.1.2.

Pour tout multi-indice α, et pour tout entier β, il existe $C > 0$ tel que :

$$(3.1.4) \qquad |\partial_y^\beta X^\alpha \varphi_I(x,y)| \leqslant C\, \frac{M(x,y,\eta)^{|I|+|\alpha|}}{1+|\eta|} \left[\frac{1+|\eta|}{M(x,y,\eta)^2}\right]^\beta$$

si $(x,y) \in \mathbb{R}^{p+1}$ et si $2 \leqslant |I| \leqslant r$, pour tout η réel.

Démonstration du lemme

L'inégalité (3.1.4) est évidente si $\beta \geqslant 1$. On remarque en effet que :

$$\frac{M(x,y,\eta)^{|I|+|\alpha|}}{1+|\eta|} \left[\frac{1+|\eta|}{M(x,y,\eta)^2}\right]^\beta = M(x,y,\eta)^{|I|-2+|\alpha|} \left[\frac{1+|\eta|}{M(x,y,\eta)^2}\right]^{\beta-1}$$

L'inégalité est également claire si $|\alpha| + |I| \geqslant r$ car elle résulte de (3.1.2).

Supposons donc : $\beta = 0$, $|\alpha| + |I| \leqslant r - 1$.

On a vu au §2.3 (cf 2.3.10) qu'il existe des fonctions $g^{\alpha}_{I,J}(x,y)$ telles que :

(3.1.5) $$X^{\alpha}\varphi_I = \sum_{|I| \leqslant |J| \leqslant |I| + |\alpha|} g^{\alpha}_{I,J}\varphi_J$$

D'après la définition de M, il existe C > 0 telle que, pour tout (x,y,η) dans $\mathbb{R}^p \times \mathbb{R} \times \mathbb{R}$ on ait (si $2 \leqslant |J| \leqslant r$) :

(3.1.6) $$|\varphi_J(x,y)| \leqslant C \frac{M(x,y,\eta)^{|J|}}{(1+|\eta|^2)^{1/2}}$$

On déduit bien de (3.1.5) et (3.1.6) que :

(3.1.7) $$|X^{\alpha}\varphi_I(x,y)| \leqslant C \frac{M(x,y,\eta)^{|I|+|\alpha|}}{1+|\eta|}$$

et le lemme (3.1.2) est bien démontré.

Démonstration de la proposition 3.1.1.

D'après les calculs classiques sur les classes de symboles, on déduit de (3.1.4) que l'on a, pour tout entier m :

(3.1.8) $$|\partial_y^{\beta}\partial_{\eta}^{\gamma}X^{\alpha}(\varphi_I(x,y)\eta)^m| \leqslant C.M(x,y,\eta)^{m|I|+|\alpha|}\left[\frac{1+|\eta|}{M(x,y,\eta)^2}\right]^{\beta}(1+|\eta|)^{-\gamma}$$

où C dépend de α, β, γ et m mais non de x, y et η.

Choisissant $m = \frac{2(r!)}{|I|}$ dans (3.1.8) et sommant sur I ($2 \leqslant |I| \leqslant r$), on en déduit que :

(3.1.9) $$|\partial_y^{\alpha}\partial_{\eta}^{\gamma}X^{\alpha}(M(x,y,\eta)^{2r!})| \leqslant C\, M(x,y,\eta)^{2(r!)+|\alpha|} \times \left[\frac{1+|\eta|}{M(x,y,\eta)^2}\right]^{\beta} \times (1+|\eta|)^{-\gamma}$$

On conclut alors facilement par des calculs standards dans les classes de symboles.

Remarque 3.1.3.

Il résulte de la proposition (3.1.1) qu'on a la propriété suivante :

Pour tout multi-indice $\alpha = (\alpha_1,\dots,\alpha_k)$, pour tout multi-indice $\beta = (\beta_1,\dots,\beta_k) \in \mathbb{N}^k$, pour tous entiers γ, il existe C > 0 tel que l'on ait :

(3.1.10) $$|\partial_y^{\beta_1}X_{\alpha_1}\partial_y^{\beta_2}X_{\alpha_2}\dots\partial_y^{\beta_k}X_{\alpha_k}\partial_{\eta}^{\gamma}M(x,y,\eta)| \leqslant C\, M(x,y,\eta)^{1+|\alpha|}\left[\frac{1+|\eta|}{M(x,y,\eta)^2}\right]^{|\beta|}(1+|\eta|)^{-\gamma}$$

pour tout $(x,y,\eta) \in \mathbb{R}^p \times \mathbb{R} \times \mathbb{R}$

Remarque 3.1.4.

Il résulte de (3.1.4) et de la remarque (2.3.4) qu'on a :

$$|\partial_y^{\beta_1}X_{\alpha_1}\partial_y^{\beta_2}X_{\alpha_2}\dots\partial_y^{\beta_k}X_{\alpha_k}(X_j\, v_{x_1})| \leqslant C\Big[\sum_{2\leqslant|I|\leqslant r}\Big(\sum_{\substack{1+m\leqslant|\alpha|\\ n\leqslant|\beta|\\ 1\leqslant|I|-1}}|x-x_1|^{|I|-1-1}\cdot\frac{M(x,y,\eta)^{|I|+m}}{(1+|\eta|)}$$

$$\times\left[\frac{1+|\eta|}{M(x,y,\eta)^2}\right]^{n}\Big) + |x-x_1|^{[r-|\alpha|]_+}\Big]$$

D'où

(3.1.11) $$|\partial_y^{\beta_1}X_{\alpha_1}\partial_y^{\beta_2}\dots X_{\alpha_k}[X_j\, v_{x_1}]| \leqslant C_{\alpha\beta j}\left[\frac{1+|\eta|}{M^2}\right]^{\beta}\cdot\frac{M(x,y,\eta)^{|\alpha|+1}}{1+|\eta|}$$

$$\times\,[1+|x-x_1|\, M(x,y,\eta)]^r$$

Compte-tenu de (2.3.4), on obtient finalement :

(3.1.12) $\quad |\partial_y^{\beta_1} X_{\alpha_1} \partial_y^{\beta_2} \dots X_{\alpha_k} v_{x_1}| \leqslant C_{\alpha\beta} [\frac{1+|\eta|}{M(x,y,\eta)^2}]^{\beta} . \frac{M(x,y,\eta)^{|\alpha|}}{1+|\eta|} \times [1+|x-x_1|\, M(x,y,\eta)]^r$

§3.2. Variations de la fonction M dans les voisinages adaptés.

Dans les paragraphes suivants, nous serons amenés à associer à tout point (x_1,y_1) de $\mathbb{R}^{p+1}$ un système de voisinages dépendant de 2 paramètres $\eta \in \mathbb{R}$ et $a > 0$. On désignera par $V_{(\eta,a)}(x_1,y_1)$ l'ensemble des points $(x,y) \in V_{x_1}$ (cf 2.3.1) vérifiant les deux inégalités suivantes :

(3.2.1) $\quad |x-x_1| \leqslant a/_{M(x,y,\eta)}$

(3.2.2) $\quad |v_{x_1}(x,y) - y_1| \leqslant a\frac{M(x,y,\eta)}{1+|\eta|}$

Des systèmes de voisinages de ce type apparaissent dans les travaux de Beals-Feffermann [B.F], Beals $[BE]_1$, Hörmander $[HO]_{5,6}$ et Feffermann-Phong [F.P].

Proposition 3.2.1.

Pour tout $a > 0$, il existe $C(a) > 1$ tel que l'on ait :

(3.2.3) $\quad C(a)^{-1} \leqslant \frac{M(x,y,\eta)}{M(x_1,y_1,\eta)} \leqslant C(a)$

pour tout $(x_1,y_1,\eta) \in \mathbb{R}^p \times \mathbb{R} \times \mathbb{R}$ et pour tout $(x,y) \in V_{(\eta,a)}(x_1,y_1)$

La démonstration se décompose en deux étapes, correspondant aux deux lemmes suivants :

Lemme 3.2.2.

Il existe $C_1(a) > 0$ tel que, si (3.2.1) est vérifiée, on ait :

(3.2.4) $\quad C_1(a)^{-1} \leqslant \frac{M(x_1, v_{x_1}(x,y),\eta)}{M(x,y,\eta)} \leqslant C_1(a)$

Démonstration

Posons $u = x_1 - x$. On a donc (cf 2.3.3) :

$(x_1, v_{x_1}(x,y)) = (x,y).e^{u.X}$

Il nous suffit donc de démontrer l'implication suivante :

(3.2.5) $\quad |u| \leqslant \frac{a}{M(x,y,\eta)} \Rightarrow M((x,y)e^{u.X},\eta) \leqslant C(a)\, M(x,y,\eta)$

pour obtenir l'inégalité de droite dans (3.2.4). L'inégalité de gauche s'obtiendra en remplaçant u par -u. D'après le lemme (2.3.3), il existe $C > 0$ telle que, si $2 \leqslant |I| \leqslant r$, on ait:

(3.2.6) $\quad |\varphi_I((x,y)e^{u.X})| \leqslant C \sum_{|I| \leqslant |J| \leqslant r} |\varphi_J(x,y)|\, |u|^{|J|-|I|} + C\, |u|^{r+1-|I|}$

si $(x,y) \in \mathbb{R}^{p+1}$ et $|u| \leqslant \varepsilon_0$.

On a aussi vu (lemme 3.1.2) qu'il existe $C > 0$ telle que :

(3.2.7) $\quad |\varphi_J(x,y)| \leqslant C\, M(x,y,\eta)^{|J|} /_{1+|\eta|} \quad , \quad \forall (x,y,\eta) \in \mathbb{R}^p \times \mathbb{R} \times \mathbb{R}$

Par conséquent, si $|u| \leqslant \frac{a}{M(x,y,\eta)}$, on en déduit que :

(3.2.8) $\quad |\varphi_I((x,y)e^{u.X})| \leqslant C(a)\,[\frac{M(x,y,\eta)^{|I|}}{1+|\eta|} + \frac{M(x,y,\eta)^{|I|}}{M(x,y,\eta)^{r+1}}]$

(3.1.2) et (3.2.8) donnent alors :

(3.2.9) $\quad |\varphi_I((x,y)e^{u.X})\,\eta| \leqslant C\; M(x,y,\eta)^{|I|}$

L'inégalité de droite dans (3.2.5) se déduit alors de (3.2.9) et de la définition de $M(x,y,\eta)$.

Lemme 3.2.3.

Pour tout $a > 0$, il existe $C_2(a) > 0$ telle que :

(3.2.10) $\quad |y-y'| \leqslant a\,\frac{M(x,y,\eta)}{1+|\eta|} \Rightarrow C_2(a)^{-1} \leqslant \frac{M(x,y',\eta)}{M(x,y,\eta)} \leqslant C_2(a)$

Démonstration

Il existe $C > 0$ telle que, pour tous x, y et y', on ait :

(3.2.11) $\quad |\varphi_I(x,y) - \varphi_I(x,y')| \leqslant C|y-y'| \qquad \text{si } 2 \leqslant |I| \leqslant r$

Si l'inégalité de gauche dans (3.2.10) est vérifiée, on en déduit :

$$|\varphi_I(x,y')| \leqslant |\varphi_I(x,y)| + C.a\,\frac{M(x,y,\eta)}{1+|\eta|}$$

(3.2.12) $\quad |\varphi_I(x,y')| \leqslant C'\,\frac{M(x,y,\eta)^{|I|}}{1+|\eta|} + C\,a\,\frac{M(x,y,\eta)}{1+|\eta|}$

Comme $|I| \geqslant 2$ et $M(x,y,\eta) \geqslant 1$, on en déduit :

$$|\varphi_I(x,y')| \leqslant C''\,\frac{M(x,y,\eta)^{|I|}}{1+|\eta|}$$

et donc : $M(x,y',\eta) \leqslant C_2(a)\; M(x,y,\eta)$

Pour démontrer l'autre assertion de (3.2.10), on déduit de l'hypothèse dans (3.2.10) et de (3.2.11) que : $\quad |\varphi_I(x,y)| \leqslant C\,\frac{M(x,y',\eta)^{|I|}}{1+|\eta|} + C\,a\,\frac{M(x,y,\eta)}{1+|\eta|}$

On en déduit une inégalité du type :

$$M(x,y,\eta) \leqslant \tilde{C}\,[M(x,y',\eta) + (M(x,y,\eta))^{1/2}]$$

On constate alors que pour tout $\varepsilon > 0$, $\exists\, C(\varepsilon)$ t.q, pour $|\eta| \geqslant C(\varepsilon)$, $(M(x,y,\eta))^{1/2} \leqslant \varepsilon\, M(x,y,\eta)$, et que pour $\eta \in K$ (compact), l'inégalité désirée est vérifiée.

La proposition (3.2.1) résulte immédiatement de la conjonction de ces deux lemmes.

§4. Première étape dans la démonstration du théorème 1.3.

Soit (x_0,y_0) un point de $\mathbb{R}^{p+1}$. On suppose que (1.19) est vérifiée c'est-à-dire qu'il existe $C_0 > 0$ telle que, pour tout $l \in \Gamma_{(x_0,y_0)}$ et pour tout $\Psi \in C_0^\infty(\mathbb{R}^p)$, on ait :

(4.1) $\quad \|\Psi\|^2_{m,l,\mathcal{G}^2} \leqslant C_0 \|\Pi_{(l,\mathcal{G}^2)}(\mathcal{P})\Psi\|^2_0$

Posons (cf chapitre VIII §2.4)

(4.2) $\quad M_l(u) = M(u,\Pi_{l,\mathcal{G}^2},1)$

où $l \in (\mathcal{G}^2)^*$, $l \in [\mathcal{G}^2,\mathcal{G}^2]^\perp$, $u \in \mathbb{R}^p$

$M_l(u)$ est équivalent à :

$$(4.3) \qquad M_l(u) \approx \widetilde{M}_l(u) = [\sum_{2 \leqslant |I| \leqslant r} |\langle e^{-\widetilde{\gamma}(u)}.l, Y_I\rangle|^{\frac{2\,r!}{|I|}}]^{1/2r!}$$

où < , > désigne la dualité entre $\mathcal{G}_2^*$ et $\mathcal{G}_2$, où l'équivalence est réalisée avec des constantes indépendantes de u et l, et où $\widetilde{\gamma}$ est définie en (1.3.20)(chapitre II).

D'après la proposition 2.4.1 (chapitre VIII) et (4.1), on a donc avec $C_1 > 0$:

$$(4.4) \qquad \sum_{|\alpha| \leqslant m} \int \widetilde{M}_l(u)^{(m-|\alpha|)2} |\pi_{l,\mathcal{G}^2}(Y^\alpha)\psi|^2 \, du \leqslant C_1 \|\pi_{l,\mathcal{G}^2}(\mathcal{P})\psi\|_0^2$$

où C_1 est indépendante de $l \in (\mathcal{G}^{2*} \cap \Gamma_{x_0,y_0} \wedge \mathcal{G}^2)$

On notera $\|\psi\|^2_{\widetilde{m,l,\mathcal{G}^2}}$ le terme apparaissant à gauche dans (4.4) et on réécrit (4.4) sous la forme plus condensée :

$$(4.5) \qquad \begin{cases} \exists C_1 \text{ tel que, } \forall l \in (\mathcal{G}^{2*} \cap \Gamma_{x_0,y_0} \wedge \mathcal{G}^2), \quad \forall \psi \in C_0^\infty(\mathbb{R}^p), \text{ on ait :} \\ \|\psi\|^2_{\widetilde{m,l,\mathcal{G}^2}} \leqslant C_1 \|\pi_{l,\mathcal{G}^2}(\mathcal{P})\,\psi\|_0^2 \end{cases}$$

Dans ce paragraphe, on va déduire de (4.5) une inégalité voisine de l'hypoellipticité maximale, mais contenant un terme complémentaire dans le membre de droite. De plus, cette inégalité ne sera valable que pour des fonctions dont le suppport vérifie certaines conditions résumées dans la :

Définition 4.1.

Pour tout $(x,y,\eta) \in \mathbb{R}^{p+2}$ et pour tout $a > 1$, soit $E_{(x,y,\eta,a)}$ l'ensemble des $f \in C_0^\infty(\mathbb{R}^{p+1})$ telles que, pour tout (x',y') dans le support de f, on ait :

$$(4.6) \qquad (x',y') \in V_x \quad (\text{cf } 2.3.1), \quad |x'-x| \leqslant a/_{M(x,y,\eta)}$$

$$(4.7) \qquad |v_x(x',y')-y| \leqslant a\frac{M(x,y,\eta)}{1+|\eta|}$$

$$(4.8) \qquad \frac{1}{a} M(x,y,\eta) \leqslant M(x',y',\eta) \leqslant a\, M(x,y,\eta)$$

Le but de ce § est la démonstration de la :

Proposition 4.2.

Si (4.5) est vérifiée et si les champs (X_j) vérifient $(C.H)_r$ en (x_0,y_0), il existe C (calculable à partir de C_1 dans (4.5)) et, pour tout $a > 1$, il existe un voisinage V_a de (x_0,y_0) et deux constantes $\eta_0(a) \geqslant 1$ et $C(a) > 0$ tels que l'on ait :

$$(4.9) \qquad \sum_{|\alpha| \leqslant m} \int M(x,y,\eta)^{2(m-|\alpha|)} |X^\alpha f|^2 \, dy\, dx \leqslant C \sum_i \|P_i f\|^2$$
$$+ C(a)\, M(x_1,y_1,\eta)^{2m} \sum_{\substack{|\alpha| \geqslant 1 \\ |\alpha|+|\beta| \leqslant m}} \left\| \left(\frac{D_y-\eta}{\eta}\right)^\alpha (M(x_1,y_1,\eta_1)^{-1} X)^\beta f \right\|_0^2$$

pour tout $f \in C_0^\infty(V_a)$, tout $(x_1,y_1,\eta) \in \mathbb{R}^{p+2}$ tel que :

$$(4.10) \qquad |\eta| \geqslant \eta_0(a) \quad \text{et} \quad f \in E_{(x_1,y_1,\eta,a)}$$

Remarques préliminaires

(*) Remarquons tout d'abord que la condition $(C.H)_r$ en (x_0,y_0) étant vérifiée, il est plus commode de remplacer $M(x,y,\eta)$ par :

(4.11) $$\tilde{M}(x,y,\eta) = \Big[\sum_{2 \leqslant |I| \leqslant r} |\varphi_I(x,y)\eta|^{\frac{2.r!}{|I|}}\Big]^{1/2.r!}$$

En effet, il existe un voisinage $V_{(x_0,y_0)}$ et $C_0 > 0$ t.q. $\forall \eta$ vérifiant $|\eta| \geqslant 1$, $\forall (x,y) \in V_{(x_0,y_0)}$ on ait :

(4.12) $$\frac{1}{C_0} M(x,y,\eta) \leqslant \tilde{M}(x,y,\eta) \leqslant C_0\, M(x,y,\eta)$$

(**) Il suffit de montrer (4.9) avec les P_i à coefficients constants, le cas général s'en déduit aisément. On fera dans la suite cette hypothèse.

(***) Remarquons également qu'à des changements de constantes près, il est équivalent (pour montrer 4.9) de montrer :

(4.13) $$\sum_{|\alpha| \leqslant m} \int \tilde{M}(x,y,\eta)^{2(m-|\alpha|)} |X^\alpha f|^2\, dy\, dx \leqslant 2\, C_1 \sum_i \|P_i f\|^2 + \tilde{C}(a)\, \tilde{M}(x_1,y_1,\eta)^{2m} \sum_{\substack{|\alpha|+|\beta| \leqslant m \\ |\alpha| \geqslant 1}} \Big\| \Big(\frac{D_y-\eta}{\eta}\Big)^{\alpha_1} (\tilde{M}^{-1}_{x_1,y_1,\eta} X)^{\beta_1} \Big(\frac{D_y-\eta}{\eta}\Big)^{\alpha_2} \dots f \Big\|_0^2$$

pour $|\eta| \geqslant \tilde{\eta}_0(a)$, $f \in E_{(x_1,y_1,\eta,a)}$

(C_1 peut être pris ici comme étant le C_1 apparaissant dans (4.5)).

En effet, on a :

$$\Big[M^{-1}_{x_1,y_1,\eta} X_j, \frac{D_y-\eta}{\eta}\Big] = M^{-1} \frac{\partial f_j}{\partial y} \frac{D_y}{\eta} = M^{-1} \frac{\partial f_j}{\partial y} \Big[1 + \frac{D_y-\eta}{\eta}\Big]$$

On en déduit que :

(4.14) $$\sum_{\substack{|\alpha|+|\beta| \leqslant m \\ |\alpha| \geqslant 1}} \Big\| \Big(\frac{D_y-\eta}{\eta}\Big)^{\alpha_1} (M^{-1} X)^{\beta_1} \Big(\frac{D_y-\eta}{\eta}\Big)^{\alpha_2} (M^{-1} X)^{\beta_2} \dots f \Big\|_0^2 \leqslant C \Big[\sum_{\substack{|\alpha|+|\beta| \leqslant m \\ |\alpha| \geqslant 1}} \Big\| \Big(\frac{D_y-\eta}{\eta}\Big)^{\alpha} (M^{-1}_{x_1,y_1,\eta} X)^\beta f \Big\|_0^2 + M^{-1} \sum_{|\beta| \leqslant m} \|(M^{-1}_{(x_1,y_1,\eta)} X)^\beta f\|_0^2 \Big]$$

On remarque ensuite que grâce à la proposition (3.2.1), on peut obtenir la majoration :

(4.15) $$M^{2m}_{(x_1,y_1,\eta)} \cdot \|(M^{-1}_{(x_1,y_1,\eta)} X)^\beta f\| \leqslant \tilde{C}(a) \int M(x,y,\eta)^{2(m-|\beta|)} |X^\beta f|^2\, dy.$$

On déduit de (4.12), (4.14), (4.15) que, si (4.13) est vérifiée, il existe $\eta_0(a) \geqslant \tilde{\eta}_0(a)$ tel que (4.9) soit vérifiée. Inversement, compte-tenu de (4.12), (4.9) implique (4.13).

Démonstration de la proposition 4.2.

On raisonne par l'absurde. Nions (4.13). On suppose qu'il existe $a > 1$ et des suites $\varepsilon_n > 0$, $\eta_n \in \mathbb{R}$, $C_n > 0$, $(x_n,y_n) \in \mathbb{R}^{p+1}$, $f_n \in C_0^\infty(\mathbb{R}^{p+1})$ telles que :

(4.16) $$\varepsilon_n \to 0, \quad |\eta_n| \to \infty, \quad C_n \to \infty$$

(4.17) $\quad \text{Supp } f_n \subset B((x_0,y_0),\varepsilon_n)\ ,\ f_n \in E_{(x_n,y_n,\eta_n,a)}\ ,\ f_n \not\equiv 0$

et

(4.18)
$$\sum_{|\alpha|\leq m} \int \tilde{M}(x,y,\eta_n)^{2(m-|\alpha|)} |X^\alpha f_n|^2 \, dx\, dy \geq 2\, C_1 \|P f_n\|^2$$
$$+ C_n \tilde{M}(x_n,y_n,\eta_n)^{2m} \sum_{\substack{|\alpha|\geq 1\\ |\alpha|+|\beta|\leq m}} \left\| \left(\frac{D_y-\eta_n}{\eta_n}\right)^{\alpha_1} (\tilde{M}^{-1}_{x_n,y_n,\eta_n} X)^{\beta_1} \ldots (\tilde{M}^{-1}_{x_n,y_n,\eta_n} X)^{\beta_k} f_n \right\|_0^2$$

Soit $t_n = \tilde{M}(x_n,y_n,\eta_n)^{-1}$

D'après la définition de la fonction $\tilde{M}$, les suites $t_n^{|I|}\ \varphi_I(x_n,y_n)\eta_n$ $(2 \leq |I| \leq r)$ sont bornées. Quitte à extraire des sous-suites, on peut supposer qu'elles admettent les limites notés l_I

$(4.19)_1 \quad t_n^{|I|}\ \varphi_I(x_n,y_n)\eta_n \to l_I \qquad 2 \leq |I| \leq r$

On définit ainsi (cf 1.9) un élément l de $\Gamma_{x_0,y_0} | \{0\}$ (du moins sa restriction à $\mathcal{G}^2$) par

$(4.19)_2 \quad l(Y_I) = l_I$

Si n est choisi assez grand pour que $t_n\ a \leq \varepsilon_0$ (cf proposition 2.1.1), la fonction :

(4.20)
$$(u,v) \to \theta_n(u,v) \stackrel{\text{déf}}{=} \theta_{x_n}(t_n\ u,v) = (x_n,v).e^{t_n u X}$$

est bien définie et C^∞ de $B_a \times \mathbb{R}$ dans V_{x_n}.

Le difféomorphisme inverse est (cf 2.3.3) :

(4.21)
$$(x,y) \to \left(\frac{x-x_n}{t_n},\ v_{x_n}(x,y)\right)$$

Si, de plus, n est assez grand pour que V_{x_n} contienne le support de f_n, on définit une fonction $g_n \in C_0^\infty(B_a \times \mathbb{R})$ en posant :

(4.22) $\quad g_n(u,v) = f_n\ (\theta_n(u,v))\ t_n^{p/2}$

On verra plus loin((4.28))que: $|\det(\theta'_n)| \approx t_n^p$

Commençons par déduire de (4.18), une inégalité analogue pour g_n.

Soit $X_{j,(n)}$ le champ de vecteurs sur $B_a \times \mathbb{R}$, image de $t_n\ X_j$ par le difféomorphisme θ_n. On a le :

Lemme 4.3.

Si (4.16), (4.17) et (4.20) sont vérifiées, alors il existe une suite C'_n de réels tendant vers l'∞, et une constante $C > 0$ telle que, si n est assez grand, on ait :

(4.23)
$$\sum_{|\alpha|\leq m} \int (t_n\ \tilde{M}(\theta_n(u,v),\eta_n))^{2(m-|\alpha|)} |X^\alpha_{(n)} g_n|^2\, du.dv \geq$$
$$\geq \frac{3}{2} C_1 \|\mathcal{P}_{(n)} g_n\|^2 + C'_n \sum_{\substack{|\alpha|+|\beta|\leq m\\ |\alpha|\geq 1}} \| T_n^{\alpha_1} X_{(n)}^{\beta_1} \ldots X_{(n)}^{\beta_k} g_n\|_0^2$$

avec

(4.24)
$$T_n = \frac{\chi_n D_v - \eta_n}{\eta_n}$$

(4.25) $\quad \chi_n(u,v) = (D_y\ v_{x_n})\ (\theta_n(u,v))$

(4.26)
$$P_{i(n)} = \sum_{|\alpha|\leq m} a^i_\alpha \,.\, \theta_n(u,v).X^\alpha_{(n)}$$

Preuve du lemme 4.3.

D'après la définition de l'ensemble $E_{(x_n,y_n,\eta_n,a)}$ (cf déf 4.1), la fonction g_n définie en (4.22) a son support dans l'ensemble suivant S_n :

$$S_n = \Big\{ (u,v) \in \mathbb{R}^{p+1} \ ; \ |u| \leqslant \tilde{a} \ , \ |v-y_n| \leqslant \tilde{a}/_{t_n|\eta_n|}$$

(4.27)

$$\frac{1}{\tilde{a}} \tilde{M}(x_n,y_n,\eta_n) \leqslant \tilde{M}(\theta_n(u,v),\eta_n) \leqslant \tilde{a}\ \tilde{M}(x_n,y_n,\eta_n) \Big\}$$

où $\tilde{a} = C_0^2\ a$ (où C_0 est définie en (4.12)).

Pour obtenir (4.23), il suffit de transporter (4.18) par le difféomorphisme θ_n , de multiplier par t_n^{2m} et de remarquer :

(*) Si $J_n(u,v)$ est le jacobien de l'application θ_n au point (u,v) et si n est assez grand, on a (cf 2.1.8) :

(4.28) $$9/_{10}\ t_n^p \leqslant |J_n(u,v)| \leqslant 11/_{10}\ t_n^p \quad , \quad \forall (u,v) \in S_n$$

(**) L'image de l'opérateur $\dfrac{D_y - \eta_h}{\eta_h}$ par le difféomorphisme est l'opérateur $\dfrac{\chi_n\ D_v - \eta_h}{\eta_h}$ (cf 4.25) ▨

Notons dès maintenant quelques propriétés de l'application χ_n qui seront utiles pour la suite :

(4.29) Il existe (cf 2.1.8) $C > 0$ telle que :

$$|\chi_n(u,v) - 1| \leqslant C\ t_n \quad , \quad \forall (u,v) \in S_n$$

(4.30) (cf 2.3.4 et proposition 2.1.1)

$$|\partial_u^\alpha\ \partial_v^\beta\ \chi_n(u,v)| \leqslant C_{\alpha\beta}\ t_n^{|\alpha|} \quad , \quad \forall (u,v) \in S_n$$

On souhaite maintenant obtenir une contradiction entre (4.23) et (4.5).

On montre tout d'abord le lemme suivant :

Lemme 4.4.

Sous les hypothèses ci-dessus, on a :

(4.31) $$\sup_{(u,v)\in S_n} |t_n\ \tilde{M}(\theta_n(u,v),\eta_h) - \tilde{M}_l(u)| \to 0$$

où l est définie en (4.19)

Démonstration

Il suffit de vérifier que, si $2 \leqslant |I| \leqslant r$, on a :

(4.32) $$\sup_{(u,v)\in S_n} |t_n^{|I|}\ \varphi_I(\theta_n(u,v))\ \eta_h - l(\exp \mathrm{ad}\ \tilde{\gamma}(u)\ Y_I)| \to 0 \qquad n \to \infty$$

D'après (1.22), on a :

$$(4.33)\qquad \langle l, \exp \operatorname{ad} \tilde{\gamma}(u).Y_I\rangle = \sum_{k+|I|=r} \sum_{|J|=|I|+k} \frac{1}{k!} p^k_{I,J}(u)\, l(Y_J)$$

$$= \lim_{n\to\infty} \sum_{\substack{k+|I|\leqslant r\\ |J|=k+|I|}} \frac{1}{k!} p^k_{I,J}(u)\, t_n^{|I|} \varphi_J(x_n,y_n)\eta_n$$

La limite est uniforme sur tout compact.

D'après la définition de S_n (cf 4.27), on a :

$$\sup_{(u,v)\in S_n} t_n^{|I|} |\eta_n|\, |\varphi_I(\theta_n(u,v)) - \varphi_I(\theta_n(u,y_n))|$$

$$\leqslant C\, t_n^{|I|} |\eta_n| \sup_{(u,v)\in S_n} |v-y_n|$$

$$\leqslant C\, t_n^{|I|-1} \leqslant C\, t_n \to 0$$

(car $|I|\geqslant 2$)

$$(4.34)\qquad \sup_{(u,v)\in S_n} t_n^{|I|} |\eta_n|\, |\varphi_I(\theta_n(u,v)) - \varphi_I(\theta_n(u,y_n))| \underset{n\to\infty}{\to} 0$$

D'après la formule de taylor (par rapport à $u=0$) (cf 2.3.9), on a :

$$(4.35)\qquad t_n^{|I|}\varphi_I(\theta_n(u,y_n)) = \sum_{k+|I|\leqslant r} \frac{t_n^{k+|I|}}{k!} (u.X)^k \varphi_I(x_n,y_n) + 0(t_n^{r+1})$$

On voit facilement que :

$$(4.36)\qquad t_n^{r+1}|\eta_n| \to 0 \qquad\qquad \text{(car } t_n^r |\eta_n| \text{ est borné)}$$

D'après (2.3.10), il existe des fonctions $g^k_{I,J}(u,x,y)$ telles que :

$$(4.37)\qquad (u.X)^k \varphi_I = \sum_{|I|\leqslant|J|\leqslant|I|+k} g^k_{I,J}(u,x,y)\,\varphi_J(x,y)$$

et que si $|J|=|I|+k$, on a (cf 2.2.11)

$$(4.38)\qquad g^k_{I,J}(u,x,y) = p^k_{I,J}(u)$$

(4.32) résulte alors immédiatement de (4.33) à (4.38) et de (4.19).

Le dernier lemme dont nous aurons besoin est le :

Lemme 4.5.

Pour tout $\alpha\in\mathbb{N}^p$, $|\alpha|\geqslant 1$, tout $n\in\mathbb{N}$, on a :

$$(4.39)\qquad X^\alpha_{(n)} - \Pi_{1,\mathcal{G}^2}(Y^\alpha) = \sum_{\substack{|\alpha|+|\delta|\leqslant|\alpha|\\ |\gamma|\geqslant 1}} a^{\overrightarrow{(\gamma,\delta)}}_{\alpha,n}(u,v)\, T_n^{\gamma_1} X^{\delta_1}_{(n)} \cdots X^{\delta_l}_{(n)} + \sum_{|\beta|\leqslant|\alpha|} b^{(\beta)}_{\alpha,n}(u,v)\, X^\beta_{(n)}$$

où les $a^{\overrightarrow{(\gamma,\delta)}}_{\alpha,n}$, $b^\beta_{\alpha,n}$ vérifient :

$$(4.40)\qquad b^\beta_{\alpha,n} \in \mathcal{A}^\infty(S_n)$$

i.e pour tout polynôme Q non commutatif de $X_{(n)}$ et $(\chi_n \eta_n^{-1} \frac{\partial}{\partial v})$

$$\sup_{(u,v)\in S_n} |(Q\, b^{\beta}_{\alpha,n})(u,v)| \underset{n\to\infty}{\to} 0$$

$$a^{\overrightarrow{(\gamma,\delta)}}_{\alpha,n} \in \mathcal{B}^{\infty}(S_n)$$

i.e. pour tout polynôme Q non commutatif de $X_{(n)}$ et $(X_n \eta_n^{-1} \frac{\partial}{\partial v})$:

$$\sup_{\substack{(u,v)\in S_n \\ n\in \mathbb{N}}} |(Q\, a^{\overrightarrow{(\gamma,\delta)}}_{\alpha,n})(u,v)| < +\infty \tag{4.41}$$

et

(4.42) Pour tout polynôme Q non commutatif de $X_{(n)}$ et $(X_n \eta_n^{-1} \frac{\partial}{\partial v})$

$$(X_n \eta_n^{-1} \frac{\partial}{\partial v})(Q\, a^{\overrightarrow{(\gamma,\delta)}}_{\alpha,u}) \in \mathring{\mathcal{B}}^{\infty}(S_n)$$

Fin de la démonstration de la proposition 4.2.

Admettons un instant ce lemme et terminons la démonstration de la proposition (4.2) en explicitant la contradiction entre (4.23) et (4.5).

Introduisons, pour simplifier les notations, les expressions suivantes

$$A_n = \sum_{|\alpha|\leq m} \| X^{\alpha}_{(n)}\, g_n \|_0^2 \tag{4.43}$$

$$B_n = \sum_{\substack{|\alpha|+|\beta|\leq m \\ |\alpha|\geq 1}} \| T_n^{\alpha_1} X^{\beta_1}_{(n)} \cdots T_n^{\alpha_k} X^{\beta_k}_{(n)}\, g_n \|_0^2 \tag{4.44}$$

Avec ces notations, (4.23) se réécrit, en utilisant également (4.31) :

$$\sum_{|\alpha|\leq m} \int \tilde{M}_1(u)^{2(m-|\alpha|)} |X^{\alpha}_{(n)}\, g_n|^2 \, du\, dv + \alpha_n A_n \geq 3/2\, C_1 \| P_{(n)}\, g_n|^2 + C'_n B_n \tag{4.45}$$

où $\alpha_n \to 0 \quad (n \to \infty)$

Rappelons que (4.5) disait (après intégration par rapport à v) :

$$\sum_{|\alpha|\leq m} \int \tilde{M}_1(u)^{2-m-|\alpha|)} |\Pi_{1,\mathcal{G}^2}(Y^{\alpha})\, g_n|^2 \, du\, dv \leq C_1 \int |\Pi_{1,\mathcal{G}^2}(P)\, g_n|^2 \, du\, dv \tag{4.26}$$

et qu'on s'est ramené au cas où $P_{(n)}$ (resp P) est à coefficients constants par rapport aux monômes $X^{\alpha}_{(n)}$ (resp. Y^{α}).

Remarquons maintenant qu'il existe C tel que :

$$\sum_{|\alpha|\leq m} \int \tilde{M}_1^{2(m-|\alpha|)}(u)\, |X^{\alpha}_{(n)}\, g_n|^2 \, du\, dv \geq \frac{1}{C} A_n \tag{4.46}$$

(Ceci résulte de la démonstration du lemme (4.4) et de (4.27) :

$$\tilde{M}_1^{2(m-|\alpha|)}(u) \geq \frac{1}{C} \quad , \ \forall \alpha , \ \ \forall u \in S_n)$$

On réécrit donc (4.45) sous la forme :

$$(4.48)\qquad \sum_{|\alpha|\leqslant m} \int \tilde{M}_1(u)^{2(m-|\alpha|)} |X^{\alpha}_{(n)} g_n|^2 \, du\, dv \geqslant 5/4 \; C_1 \| P_{(n)} g_n \|^2 + \frac{5C'_n}{6} B_n + \frac{1}{7C} A_n$$

pour n assez grand.

On a, pour n assez grand, une contradiction entre (4.46), (4.48) en utilisant le lemme (4.5) et en normalisant g_n par : $\| g_n \|_0^2 = 1$ qui impose alors $A_n \geqslant 1$.

<u>Démonstration du lemme 4.5.</u>

Supposons que le lemme a été démontré au cran $|\alpha| = k$ et montrons le au cran (k+1). Soit donc $\alpha = (\alpha',i)$ avec $|\alpha'| = k$. On part de la formule :

$$(4.49)\quad X^{\alpha}_{(n)} - \Pi_{1,\mathcal{G}^2}(Y^{\alpha}) = X^{\alpha'}_{(n)} [X_{i,(n)} - \Pi_{1,\mathcal{G}^2}(Y_i)]$$

$$+ [X^{(\alpha')}_{(n)} - \Pi_{(1,\mathcal{G}^2)}(Y^{\alpha'})] [\Pi_{1,\mathcal{G}^2}(Y_i) - X_{i,(n)}]$$

$$+ [X^{\alpha'}_{(n)} - \Pi_{1,\mathcal{G}^2}(Y^{\alpha'})] X_{i,(n)}$$

$$= (I) + (II) + (III)$$

Il est aisé de montrer par récurrence que (I) et (III) sont bien de la forme indiquée.Concentrons donc notre attention sur le terme :

$$(4.50)\qquad [X^{\alpha'}_{(n)} - \Pi_{1,\mathcal{G}^2}(Y^{\alpha'})] [\Pi_{1,\mathcal{G}^2}(Y_i) - X_{i,(n)}]$$

qui nous semble le plus délicat.

(4.50) est de par l'hypothèse de récurrence une somme de termes de la forme :

$$(5.51)\qquad C_n^{\gamma,\delta}\, T_n^{\gamma_1}\, X_{(n)}^{\delta_1} \dots X_{(n)}^{\delta_l} \cdot d_n^{i,j}\, T_n^i\, X_{j,(n)}$$

avec

$$\begin{cases} |\gamma| + |\delta| \leqslant k\,, & |i| + |j| \leqslant 1 \\ C_n^{\gamma,\delta} \in \mathcal{A}^{\infty}(S_n) & (\in \mathring{\mathcal{A}}^{\infty}(S_n) \quad \text{si } |\gamma| = 0) \\ d_n^{i,j} \in \mathcal{A}^{\infty}(S_n) & (\in \mathring{\mathcal{A}}^{\infty}(S_n) \quad \text{si } i = 0) \end{cases}$$

Il s'agit alors juste de déplacer $d_n^{(i,j)}$ vers la gauche par commutations successives. Ceci ne pose pas de problème si l'on remarque que :

(4.52) $\quad h \to (X_{j,(n)} \cdot h)$ opère de $\mathcal{A}^{\infty}(S_n)$ dans $\mathcal{A}^{\infty}(S_n)$ et de $\mathring{\mathcal{A}}^{\infty}(S_n)$ dans $\mathring{\mathcal{A}}^{\infty}(S_n)$

(4.53) $\quad h \to X_n \eta_n^{-1} \frac{\partial}{\partial v} h$ opère de $\mathcal{A}^{\infty}(S_n)$ dans $\mathring{\mathcal{A}}^{\infty}(S_n)$

et

$$(4.54)\qquad [T_n \,, h] = (\chi_n \eta_h^{-1} \cdot \frac{\partial}{\partial v} h).$$

On est donc ramené à la :

Démonstration du lemme 4.5 pour $|\alpha| = 1$

Avec les notations du §2, on a :

(4.55) $$X_j^{(n)} = \frac{\partial}{\partial u_j} + a_j^{(t_n)}(x_n,u,v)\frac{\partial}{\partial v}$$

Rappelons aussi (cf 1.20) que :

(4.56) $$\Pi_{(1,\mathcal{G}^2)}(Y_j) = \frac{\partial}{\partial u_j} + i \sum_{2 \leqslant |I| \leqslant r} q_{j,I}(u)\, l(Y_I)$$

On réécrit donc $X_j^{(n)} - \Pi_{1,\mathcal{G}^2}(Y_j)$ sous la forme :

(4.57) $$X_j^{(n)} - \Pi_{(1,\mathcal{G}^2)}(Y_j) = i\, a_j^{(t_n)}(x_n,u,v)\, \chi_n^{-1}\, \eta_n\, T_n$$

$$+ i\, [a_j^{(t_n)}(x_n,u,v)\, \chi_n^{-1}\, \eta_n - \sum_{2 \leqslant |I| \leqslant r} q_{j,I}(u)\, l(Y_I)]$$

Il s'agit donc de montrer que :

(4.58) $$a_j^{(t_n)}(x_n,u,v)\, \eta_n \cdot \chi_n^{-1} \in \mathcal{A}^\infty(S_n)$$

et

(4.59) $$b_j^{(n)} = a_j^{(t_n)}(x_n,u,v)\, \chi_n^{-1}\, \eta_n - \sum_{2 \leqslant |I| \leqslant r} q_{j,I}(u)\, l(Y_I) \in \mathring{\mathcal{A}}^\infty(S_n)$$

D'après la proposition (2.2.1) (formule 2.2.4), on peut réécrire $b_j^{(n)}$ sous la forme :

(4.60) $$b_j^{(n)} = a_j^{(t_n)}(x_n,u,v)\, \eta_n\, [1 - \chi_n^{-1}]$$

$$+ \sum_{2 \leqslant |I| \leqslant r} q_{j,I}(u)\, [t_n^{|I|}\, \eta_n\, \varphi_I(x_n,v) - l(Y_I)]$$

$$+ t_{n+1}^{r+1}\, \eta_n \cdot r_j(t_n,x_n,u,v)$$

Si on introduit la :

Définition 4.6

On dira qu'une suite de fonctions f_n C^∞ définies sur S_n est dans $C_b^\infty(S_n)$ (resp. $\mathring{C}_b^\infty(S_n)$) si, $\forall \alpha$, $\forall \beta$, on a :

(4.61) $$\sup_{\substack{(u,v) \in S_n \\ n \in \mathbb{N}}} |D_u^\alpha D_v^\beta f_n| < +\infty$$

(resp.)

(4.62) $$\sup_{(u,v) \in S_n} |D_u^\alpha D_v^\beta f_n| \underset{n \to \infty}{\to} 0$$

On voit immédiatement que, puisque $t_n^r\, \eta_n$ est borné :

(4.63) $$(u,v) \to t_n^{r+1}\, \eta_n\, r_j(t_n,x_n,u,v) \in \mathring{C}_b^\infty(S_n)$$

Par ailleurs, on a :

(4.64) $$\sup_{(u,v) \in S_n} t_n^{|I|}\, |\varphi_I(x_n,v) - \varphi_I(x_n,y_n)|\, |\eta_n| = O(|t_n|)$$

pour $2 \leqslant |I| \leqslant r$ (cf la démonstration de (4.34))

On déduit de (2.2.4), (4.63) et (4.64) que :

(4.65) $$\sup_{(u,v)\in S_n} \left| a_j^{(t_n)}(x_n,u,v)\,\eta_n - \sum_{2\leq |I|\leq r} q_{j,I}(u)\, 1(Y_I)\right| \underset{n\to\infty}{\to} 0$$

et en particulier que :

(4.66) $$\sup_{(u,v)\in S_n} |a_j^{(t_n)}(x_n,u,v)| \leq C/|\eta_n|$$

Nous rappelant (cf 4.29) que :

(4.67) $$\sup_{(u,v)\in S_n} |\chi_n^{-1}(u,v) - 1| \underset{n\to\infty}{\to} 0$$

(4.60) à (4.67) permettent de montrer que :

(4.68) $$\sup_{(u,v)\in S_n} |b_j^{(n)}| \underset{n\to\infty}{\to} 0$$

et que :

(4.69) $$\sup_{\substack{(u,v)\in S_n\\ n\in \mathbb{N}}} |\eta_n \chi_n^{-1} a_j^{(t_n)}(x_n,u,v)| < +\infty$$

(4.68) et (4.69) démontrent les premières majorations imposées par les définitions de $\mathcal{A}^\infty(S_n)$ et $\mathring{\mathcal{A}}^\infty(S_n)$.

Considérons maintenant les dérivées de $a_j^{(t_n)}(x_n,u,v)\,\eta_n$ et $b_j^{(n)}$.

Partons de :

(4.70) $$a_j^{(t_n)}(x_n,u,v)\,\eta_n = \sum_{2\leq |I|\leq r} q_{j,I}(u)\,[t_n^{|I|}\varphi_{j,I}(x_n,v)\,\eta_n] + t_n^{r+1}\,\eta_n\, r_j(t_n,x_n,u,v)$$
$$= (I) + (II)$$

Compte-tenu de (4.63), on peut oublier le $2^{\text{ème}}$ terme.

Remarquons maintenant que pour un terme de (I), on a :

(4.71) $$X_{k,(n)}(q_{j,I}(u)\,[t_n^{|I|}\varphi_{j,I}(x_n,v)\,\eta_n]) = \frac{\partial q_{j,I}}{\partial u_k}(u)\,[t_n^{|I|}\varphi_I(x_n,v)]$$
$$+ q_{j,I}(u).a_k^{(t_n)}(x_n,u,v)\,\eta_n.\,(\eta_n^{-1}\frac{\partial}{\partial v})\,[t_n^{|I|}\varphi_{j,I}(x_n,v)\eta_n]$$

(4.72) $$(\eta_n^{-1}\frac{\partial}{\partial v})\,(q_{j,I}(u)\,[t_n^{|I|}\varphi_{j,I}(x_n,v)\eta_n]) = q_{j,I}(u)\,(\eta_n^{-1}\frac{\partial}{\partial v})\,[t_n^{|I|}\varphi_{j,I}(x_n,v)\eta_n]$$

Une récurrence facile montre alors que :

$$a_j^{(t_n)}(x_n,u,v)\,\eta_n\ ,\qquad a_j^{(t_n)}(x_n,u,v)\,\eta_n\,(\chi_n^{-1} - 1) \text{ et } b_j^{(n)}$$

appartiennent à $\mathcal{A}^\infty(S_n)$.

Si on remarque que :

(4.73) $$\sup_{\substack{n\in\mathbb{N}\\(u,v)\in S_n}} |t_n^{|I|}\varphi_{j,I}(x_n,v)\,\eta_n| < +\infty$$

et que

(4.74) $$\sup_{(u,v)\in S_n} |(\eta_n^{-1}\frac{\partial}{\partial v})^\alpha(t_n^{|I|}\varphi_{j,I}(x_n,v)\,\eta_n)| \underset{n\to\infty}{\to} 0$$

dès que $|\alpha| > 0$, (ce qui résulte de $|I| \geq 2$),

il reste à montrer que $b_j^{(n)}$ appartient à $\mathring{\mathcal{A}}^\infty(S_n)$, ce que nous avons commencé à démontrer en (4.68). Compte-tenu des résultats déjà démontrés sur $b_j^{(n)}$, il suffit de vérifier que, pour tout $\alpha \in \mathbb{N}^p$, on a :

$$\sup_{(u,v)\in S_n} |\partial_u^\alpha b_j^{(n)}(x_n,u,v)| \underset{n\to\infty}{\to} 0$$

(4.68) correspond au cas $|\alpha| = 0$.

Le $3^{\text{ème}}$ terme de (4.60) est traité en (4.63). Etudions les 2 autres termes. Pour le premier terme $a_j^{(t_n)}(x_n,u,v)\,\eta_n\,[1 - \chi_n^{-1}]$, le plus simple est de remarquer que c'est le produit d'une fonction de $\mathcal{A}^\infty(S_n)$: $a_j^{(t_n)}(x_n,u,v)\,\eta_n$ et d'une fonction de $\mathring{\mathcal{A}}^\infty(S_n)$.

Pour le terme médiant : $\sum_{2\leqslant|I|\leqslant r} q_{j,I}(u)\,[t_n^{|I|}\,\eta_n\,\varphi_I(x_n,v) - l(Y_I)]$, on remarque que dériver par rapport à u correspond à dériver $q_{j,I}(u)$ et il suffit d'utiliser la propriété que : $(t_n^{|I|}\,\eta_n\,\varphi_I(x_n,v) - l(Y_I))$ tend vers 0 quand n tend vers l'∞ (confer (4.64) et (4.19)).

▨

§5. Une suite d'opérateurs pseudodifférentiels.

§5.1. Enoncés.

Les seuls espaces de Sobolev que nous utiliserons dans $\mathbb{R}^{p+1}$ concernent la régularité par rapport à la variable y. Plus précisément, pour tout s réel et pour tout $f \in C_0^\infty(\mathbb{R}^{p+1})$, on posera :

(5.1.1) $\|f\|_{0,s}^2 = \int (1+\eta^2)^s |\hat{f}(\xi,\eta)|^2\, d\xi\, d\eta$

Le but de ce paragraphe est de construire une suite d'opérateurs pseudodifférentiels dépendant d'un paramètre $\delta \in]0,1]$ et dont nous allons commencer par énoncer les propriétés. Pour simplifier l'écriture, convenons que toutes les constantes C, C_0, C_1, ... (où δ ne figure pas) seront indépendantes de δ, tandis que toutes les constantes notées $C(\delta)$ en dépendront.

Proposition (5.1.1)

Pour tout $\delta \in]0,1]$, il existe une suite $(\Psi_{j\delta})_{j\in\mathbb{N}}$ d'opérateurs de $C_0^\infty(\mathbb{R}^{p+1})$ dans lui-même et une suite $Z_j(\delta) = (x_j,y_j,\eta_j)$ de points de $\mathbb{R}^p \times \mathbb{R} \times \mathbb{R}$ ayant les propriétés P_1 à P_5 ci-après.

(P_1) Pour tout $f \in C_0^\infty(\mathbb{R}^{p+1})$, on a :

(5.1.2) $\sum_j \|\Psi_{j,\delta} f\|_0^2 \leqslant C_0 \|f\|_0^2$

(P_2) Pour tout compact $K \subset \mathbb{R}^{p+1}$ et tout $\theta \in C_0^\infty(K)$, on a :

(5.1.3) $\|\theta f\|_0^2 \leqslant C_1(K) \sum_j \|\theta\,\Psi_{j\delta} f\|_0^2 + C(K,\delta,\theta)\,\|f\|_{0,-1/r}^2$

pour tout $f \in C_0^\infty(\mathbb{R}^{p+1})$.

Ici $C_1(K)$ est indépendante de δ, θ et f et $C(K,\delta,\theta)$ est indépendante de f.

(P_3) Il existe une fonction $\delta \to a(\delta) > 1$ définie sur $]0,1]$ telle que

(5.1.4) $\quad \Psi_{j\delta} \cdot f \in E_{x_j,y_j,\eta_j,a(\delta)} \quad , \quad \forall f \in C_0^\infty(\mathbb{R}^{p+1})$

(P_4) On a pour tout K, tout $\theta \in C_0^\infty(K)$, tout $\tilde\theta$ tel que Supp $\tilde\theta \cap$ Supp$(1-\theta) = \emptyset$ tout $f \in C_0^\infty(\mathbb{R}^{p+1})$, tout $\varepsilon > 0$:

(5.1.5)
$$\sum_j \sum_{\substack{|\alpha| \geq 1 \\ |\alpha|+|\beta| \leq m}} \int M(Z_j(\delta))^{2m-2|\beta|-2|\alpha|} \left| \left[\frac{M(Z_j(\delta))(D_y - \eta_j)}{\sqrt{1+\eta_j^2}} \right]^\alpha X^\beta \theta \Psi_{j\delta} \tilde\theta f \right|^2 dx\, dy$$

$(P_4)_1$
$$\leq C(\delta,K,\theta,\tilde\theta,\varepsilon) \sum_{|\beta| \leq m-1} \|X^\beta f\|_0^2 + \varepsilon \sum_j \sum_{|\beta| \leq m-1} \int (M(x,y,\eta_j))^{2m-2|\beta|} |X^\beta \theta \Psi_{j\delta} \tilde\theta f|^2 \, dx\, dy$$

$(P_4)_2$ Pour tout $l \in \mathbb{N}$, tout multi-indice α, de longueur k, on a :

(5.1.6)
$$\sum_j \|\theta\, M(x,y,\eta_j)^l [\ldots[\Psi_{j,\delta}, X_{\alpha_1}]\ldots X_{\alpha_k}]\, \tilde\theta f\|^2$$
$$\leq C_K\, \delta^2 \sum_j \|M(x,y,\eta_j)^{l+k}\, \theta\, \Psi_{j\delta}\, \tilde\theta f\|^2 + C(K,\delta,\theta,\tilde\theta)\|f\|^2$$

$(P_4)_3$
(5.1.7)
$$\sum_j \|(1+|\eta_j|^2)^{\tilde p/2}(1-\theta)\, \Psi_{j\delta}\, \tilde\theta f\|^2 \leq C_{\tilde p}(\delta,\theta,\tilde\theta)\, \|f\|^2 \quad , \quad \forall \tilde p \in \mathbb{N}$$

(P_5) Soit K un compact de $\mathbb{R}^{p+1}$, alors pour tout δ, pour tout C, le nombre d'indices j t.q. $|\eta_j| \leq C$ et supp $(\Psi_{j,\delta}\, u) \cap K \neq \emptyset$ est fini et majoré indépendamment de u (il peut dépendre par contre de δ !).

Toute la suite du §5 est consacrée à démontrer l'existence des $\Psi_{j,\delta}$.

§5.2. Rappels sur les classes d'opérateurs de R. Beals

On pose, pour tout $(x,y,\eta) \in \mathbb{R}^p \times \mathbb{R} \times \mathbb{R}$

(5.2.1)
$$\Phi(x,y,\eta) = \frac{(1+\eta^2)^{1/2}}{M(x,y,\eta)} \quad , \quad \varphi(x,y,\eta) = \frac{M(x,y,\eta)^2}{(1+\eta^2)^{1/2}}$$

Définition 5.2.1.

Soient H_1 et H_2 deux espaces de Hilbert séparables. Pour tous réels M et m, on désigne par $S^{M,m}_{\Phi,\varphi}(H_1,H_2)$ l'espace des fonctions $a \in C^\infty(\mathbb{R}^p \times \mathbb{R} \times \mathbb{R}, \mathcal{L}(H_1,H_2))$ telles que, pour tous entiers α et β, il existe $C_{\alpha\beta} > 0$ telle que :

(5.2.2)
$$\begin{cases} \|\partial_y^\alpha \partial_\eta^\beta a(x,y,\eta)\|_{\mathcal{L}(H_1,H_2)} \leq C_{\alpha\beta}\, \Phi^{M-\beta} \cdot \varphi^{m-\alpha} \\ \forall (x,y,\eta) \in \mathbb{R}^p \times \mathbb{R} \times \mathbb{R} \end{cases}$$

On dira qu'une famille $(a_\delta)_{0<\delta\leq 1}$ de symboles est bornée dans cette classe, si elle vérifie les inégalités (5.2.2) avec des constantes $C_{\alpha\beta}$ indépendantes de $\delta \in]0,1]$.

Les seuls espaces de Hilbert utilisés dans la suite seront $\mathbb{C}$ et l'espace l^2 des suites de carré sommable. On commence par vérifier la :

Proposition 5.2.2.

Les fonctions Φ et φ définies ci-dessus vérifient les hypothèses de Beals $[BE]_1$

Démonstration

x est considéré ici comme un paramètre et toutes les hypothèses seront vérifiées uniformément par rapport à ce paramètre.

Si on introduit :

(5.2.3) $R(x,y,\eta) = \dfrac{\Phi(x,y,\eta)}{\varphi(x,y,\eta)}$

il suffit de vérifier les hypothèses suivantes :

(5.2.4) $\exists\ C > 0$ telle que $\varphi \leqslant C$

(5.2.5) $\exists\ c > 0$ telle que $\Phi\varphi \geqslant c$

(5.2.6) $\exists\ c > 0$, $\exists C > 0$ telles que

$$\left.\begin{array}{l} |y - \tilde{y}| \leqslant c\ \varphi(x,y,\eta) \\ |\eta - \tilde{\eta}| \leqslant c\ \Phi(x,y,\eta) \end{array}\right\} \Longrightarrow \begin{array}{l} c \leqslant \dfrac{\Phi(x,y,\eta)}{\Phi(x,\tilde{y},\tilde{\eta})} \leqslant C \\ c \leqslant \dfrac{\varphi(x,y,\eta)}{\varphi(x,\tilde{y},\tilde{\eta})} \leqslant C \end{array}$$

(5.2.7) $\exists\ \delta > 0$, $c > 0$, $C > 0$ tels que :

$$\left.\begin{array}{l} |y - \tilde{y}| \leqslant c\ R(x,y,\eta)^{\delta}\ R(x,\tilde{y},\tilde{\eta})^{-1/2} \\ |\eta - \tilde{\eta}| \leqslant c\ R(x,y,\eta)^{\delta}\ R(x,y,\eta)^{\delta+1/2} \end{array}\right\} \Longrightarrow$$

$$\Longrightarrow \qquad c \leqslant \frac{R(x,y,\eta)}{R(x,\tilde{y},\tilde{\eta})} \leqslant C$$

Les vérifications de (5.2.4) et (5.2.5) sont immédiates, compte-tenu des définitions (5.2.1) et (3.1.1) et de (3.1.2).

Notons ici qu'on a même :

(5.2.8) $\Phi(x,y,\eta)\ .\ \varphi(x,y,\eta) = M(x,y,\eta) \geqslant C^{-1}(1+\eta^2)^{1/2r}$

Comme d'habitude, la propriété (5.2.6) résulte de la vérification de :

(5.2.9) $\forall\beta\in\mathbb{N}$, $\forall\gamma\in\mathbb{N}$, $\exists\ C_{\beta\gamma}$ telle que :

$(5.2.9)_1$ $|D_y^{\beta}\ D_{\eta}^{\gamma}\ \Phi| \leqslant C_{\beta\gamma}\ \Phi^{1-\gamma}\ \varphi^{-\beta}$

$(5.2.9)_2$ $|D_y^{\beta}\ D_{\eta}^{\gamma}\ \varphi| \leqslant C_{\beta\gamma}\ \Phi^{-\gamma}\ .\ \varphi^{1-\beta}$

Or on a l'inégalité :

(5.2.10) $|D_y^{\beta}\ D_{\eta}^{\gamma}\ M(x,y,\eta)| \leqslant C_{\beta\gamma}\ M(x,y,\eta)\ .\ \varphi^{-\beta}\ .\ (1+|\eta|)^{-\gamma}$

d'après (3.1.3), qui implique clairement :

(5.2.11) $|D_y^{\beta}\ D_{\eta}^{\gamma}\ M(x,y,\eta)| \leqslant \tilde{C}_{\beta\gamma}\ M(x,y,\eta)\ .\ \varphi^{-\beta}\ .\ \Phi^{-\gamma}$

grâce à (3.1.2).

La vérification de (5.2.7) est plus délicate.

Remarquons tout d'abord que :

(5.2.12) $R(x,y,\eta) = \dfrac{1+\eta^2}{M(x,y,\eta)^3} \leqslant (1+\eta^2)^{1-\frac{3}{2r}}$

Si :

(5.2.13) $|\eta - \tilde{\eta}| \leqslant C\ R(x,y,\eta)^{2\delta+1/2}$

et si on choisit $\delta > 0$ tel que :

(5.2.14) $2(2\delta + \frac{1}{2})\,[1 - 3/_{2r}] < 1$

On déduit de (5.2.12) à (5.2.14) que, dans la zône considérée, on a :

(5.2.15) $\quad (1+|\eta|^2)^{1/2} \approx (1+|\tilde{\eta}|^2)^{1/2}$

Pour la conclusion de (5.2.7), il n'y a pas de problème lorsque η et $\tilde{\eta}$ sont dans un borné ; on peut donc supposer dans la suite du raisonnement que :

(5.2.16) $\quad |\eta| \approx |\tilde{\eta}|$

Compte-tenu de (5.2.16), il suffit de montrer que, sous cette hypothèse, il existe $C>0$ tel que si :

(5.2.17) $\quad |y - \tilde{y}| \leqslant c \quad R(x,y,\eta)^{\delta}\, R(x,\tilde{y},\eta)^{-1/2}$

on a :

(5.2.18) $\quad c \leqslant \dfrac{R(x,y,\eta)}{R(x,\tilde{y},\eta)} \leqslant C.$

Or : $\quad \dfrac{R(x,y,\eta)}{R(x,\tilde{y},\eta)} = \left(\dfrac{M(x,\tilde{y},\eta)}{M(x,y,\eta)}\right)^3$

Compte-tenu de (5.2.6) et (5.2.10), il suffit de montrer que :

(5.2.19) $\quad R(x,y,\eta)^{\delta}\, R(x,\tilde{y},\eta)^{-1/2} \lesssim \varphi(x,\tilde{y},\eta)$

ou encore :

$$R(x,y,\eta)^{\delta} \lesssim (\Phi(x,\tilde{y},\eta).\varphi(x,\tilde{y},\eta))^{1/2}$$

Cette dernière inégalité est satisfaite si on choisit $\delta > 0$ vérifiant :

(5.2.20) $\quad \delta[1 - \frac{1}{r}] < \frac{1}{2r}$

Les conditions (5.2.14) et (5.2.20) étant compatibles, on déduit (5.2.18) de (5.2.19) et (5.2.6).

Remarque 5.2.3.

Comme signalé dans l'article de L. Hörmander $[H0]_6$, la paire (Φ,φ) vérifie (uniformément par rapport à x) les conditions pour définir une "bonne" métrique ; en effet, on peut vérifier que l'on a :

(5.2.21) $\quad \dfrac{R(x,\tilde{y},\tilde{\eta})}{R(x,y,\eta)} \leqslant C \qquad$ si :

$$R(x,y,\eta)\, |y - \tilde{y}|^2 + |\eta - \tilde{\eta}|^2 / R(x,\tilde{y},\tilde{\eta}) \leqslant C\left(\frac{R(x,\tilde{y},\tilde{\eta})}{R(x,y,\eta)}\right)^{\delta}$$

A tout symbole $a \in S^{M,m}_{\Phi,\varphi}(H_1,H_2)$, on fait donc correspondre un opérateur $A : C_0^\infty(\mathbb{R}^{p+1}, H_1) \to C^\infty(\mathbb{R}^{p+1}, H_2)$ (local par rapport à la variable x) défini par :

(5.2.22) $\quad (Af)(x,y) = \int e^{i\, y.\eta}\, a(x,y,\eta)\, .\, \hat{f}^2(x,\eta)\, d\eta \qquad \forall f \in C_0^\infty(\mathbb{R}^{p+1}, H_1)$

où $\hat{f}^2(x,\eta)$ est la transformée de Fourier partielle de f par rapport à la variable y :

(5.2.23) $\quad \hat{f}^2(x,\eta) = \int e^{-i\, y.\eta}\, f(x,y)\, dy$

On désignera par $OPS^{M,m}_{\Phi,\varphi}(H_1,H_2)$ l'ensemble des opérateurs ainsi définis.

Il résulte alors du formalisme général des opérateurs pseudodifférentiels et des estimations précédentes les propriétés suivantes qui nous seront utiles dans la suite :

(5.2.24)

La fonction M est dans $S^{1,1}_{\Phi,\varphi}(\mathbb{C},\mathbb{C})$

(5.2.25)

Le symbole $(x,y,\eta) \to \eta$ est dans $S^{2,1}_{\Phi,\varphi}$ (cf 5.2.1)

(5.2.26)

Si $m_1 \geqslant m_2$, on a l'inclusion : $S^{M,m_1}_{\Phi,\varphi}(H_1,H_2) \subset S^{M,m_2}_{\Phi,\varphi}(H_1,H_2)$

(5.2.27)

Si $A \in OPS^{0,0}_{\Phi,\varphi}(H_1,H_2)$, alors, il existe $C > 0$ telle que :

$$\|A\, f\|_{L^2(\mathbb{R}^{p+1},H_2)} \leqslant C\|f\|_{L^2(\mathbb{R}^{p+1},H_1)} \quad , \quad \forall f \in C_0^\infty(\mathbb{R}^{p+1},H_1)$$

De plus si $(A_\delta)_{0<\delta\leqslant 1}$ est une famille d'opérateurs correspondant à une famille de symboles a_δ bornée dans $S^0_{\Phi,\varphi}(H_1,H_2)$, alors la constante C dans (5.2.27) peut être choisie indépendante de δ (et ne dépend en fait que d'un nombre fini de constantes $C_{\alpha\beta}$ apparaissant dans (5.2.2)).

(5.2.28)

Si $A \in OPS^{-1,-1}_{\Phi,\varphi}(\mathbb{C},H_2)$, il existe $C > 0$ tel que :

$$\|A\, f\|_{L^2(\mathbb{R}^{p+1},H_2)} \leqslant C\|f\|_{0,-1/r} \quad , \quad \forall f \in C_0^\infty(\mathbb{R}^{p+1})$$

(On utilise ici (5.2.8))

(5.2.29)

Soient H_1, H_2 et H_3 des espaces de Hilbert séparables. Soit $a \in S^{M,m}_{\Phi,\varphi}(H_1,H_2)$ et $b \in S^{M',m'}_{\Phi,\varphi}(H_2,H_3)$. On suppose qu'il existe un compact $K \subset \mathbb{R}^{p+1}$ tel que : $a(x,y,\eta) = 0$ si $(x,y) \notin K$.

Alors l'opérateur : $C = B \circ A$

est dans $OPS^{M+M',m+m'}_{\Phi,\varphi}(H_1,H_3)$ et il existe un symbole c qui vérifie pour tout N :

$$c - \sum_{l=0}^{N-1} \frac{1}{l!}\, \partial^l_\eta b \,.\, D^l_y a \in S^{M+M'-N,m+m'-N}_{\Phi,\varphi}$$

(5.2.30)

Soit $a \in S^{k,k}_{\Phi,\varphi}(H_1,H_2)$. Soit $g \in C_0^\infty(\mathbb{R}^{p+1})$. La multiplication par g opère dans $C_0^\infty(\mathbb{R}^{p+1},H_j)$ $(j = 1,2)$ et $u \to g.u \in OPS^{0,0}_{\Phi,\varphi}(H_j,H_j)$. Si A est l'opérateur de symbole a, on définit alors :

$$B = [A,g]$$

Alors B est dans $OPS^{k-1,k}_{\Phi,\varphi}(H_1,H_2)$ et son symbole b vérifie, pour tout $N \in \mathbb{N}$ $(N \geqslant 1)$:

$$b - \sum_{l=1}^{N-1} \frac{1}{l!}\, \partial^l_\eta a \,.\, D^l_y g \in S^{k-N,k}_{\Phi,\varphi}(H_1,H_2)$$

De plus, si a parcourt un borné de $S^{k,k}_{\Phi,\varphi}$,

$$b - \sum_{l=1}^{N-1} \frac{1}{l!}\, \partial^l_\eta a \,.\, D^l_y g$$

parcourt un borné de $S^{k-N,k}_{\Phi,\varphi}(H_1,H_2)$

(5.2.31)

Soit $a \in S^{M,m}_{\Phi,\varphi}(H_1,H_2)$. Soit $g \in C_0^\infty(\mathbb{R}^{p+1})$, $h \in C_0^\infty(\mathbb{R}^{p+1})$ t.q supp g ∩ supp h = ∅. Alors $u \to h.A.g.u$ définie avec les mêmes conventions qu'en (5.2.30) est "régularisant", c.à.d. que $h.A.g \in OPS^{-\infty,-\infty}_{\Phi,\varphi}(H_1,H_2)$.

On traduit ici le caractère "pseudo-local" par rapport à y de la classe considérée.

§5.3. Construction d'une suite de symboles.

Commençons par introduire deux partitions de l'unité sur $\mathbb{R}$:

lemme 5.3.1.

Il existe une suite $(\varphi_m)_{m \in \mathbb{N}}$ de fonctions dans $C^\infty(\overline{\mathbb{R}^+})$ réelles telles que :

(5.3.1) $\quad \text{supp}\, \varphi_m \subset [m,m+2]\,, \quad \forall m \geqslant 0$

(5.3.2) $\quad \sum_m \varphi_m(t)^2 = 1$

(5.3.3) Pour tout entier α, il existe $C_\alpha > 0$ telle que :

$$\sum_m |D_t^\alpha \varphi_m(t)|^2 \leqslant C_\alpha\,, \quad \forall t \geqslant 0$$

La construction de cette première suite de fonctions est classique.

Lemme 5.3.2.

Soit $\varepsilon_0 > 0$

Pour tout $\lambda > 0$, il existe une suite $(\Psi_n(\lambda,.))_{n \in \mathbb{N}}$ de fonctions dans $C_0^\infty(\mathbb{R})$, réelles, ayant les propriétés suivantes (où les différentes constantes $C > 0$ sont toutes indépendantes de λ) :

(5.3.4) Pour tout $t \in \mathbb{R}$, l'ensemble des n tel que $\Psi_n(\lambda,t) \neq 0$ est fini.

(5.3.5) Si $\Psi_n(\lambda,t) \neq 0$ et $\Psi_n(\lambda,t') \neq 0$, on a :

$$|t - t'| \leqslant \varepsilon_0 \frac{|t|+1}{\lambda+2}$$

(5.3.6) Pour tout $t \in \mathbb{R}$ et pour tout $\lambda > 0$

$$\sum_n \Psi_n(\lambda,t)^2 = 1$$

(5.3.7) Pour tout entier l, il existe $C_l > 0$ tel que :

$$\sum_{n \in N} |D_t^l \Psi_n(\lambda,t)|^2 \leqslant C_l\left(\frac{\lambda+2}{|t|+1}\right)^l \qquad \forall t \in \mathbb{R}\,, \quad \forall \lambda > 0$$

Démonstration

Un argument simple montre qu'il suffit de démontrer le lemme avec $\mathbb{R}$ remplacé par $[2,+\infty[$.

Définissons alors : $\Psi_{(1,p)}(\lambda,t) = \varphi_p[C(\lambda+2)\,\text{Log}\, t] \quad ; \quad t \in [2,+\infty[$

$\Psi_{(1,p)}$ a les propriétés suivantes ; (5.3.4), (5.3.6), (5.3.7) sont vérifiées et si $\Psi_{1,p}(\lambda,t) \neq 0$, $\Psi_{1,p}(\lambda,t') \neq 0$, on a :

$$p \leqslant C(\lambda + 2)\,\text{Log}\, t \leqslant p + 2$$
$$p \leqslant C(\lambda + 2)\,\text{Log}\, t' \leqslant p + 2$$

D'où : $\frac{p}{C[\lambda + 2]} \leqslant \text{Log } t \leqslant \frac{p+2}{C[\lambda + 2]}$

$$e^{\frac{p}{C[\lambda + 2]}} \leqslant \left(\frac{t}{t'}\right) \leqslant e^{\frac{p+2}{C[\lambda + 2]}}$$

$$|t' - t| \leqslant e^{\frac{p}{C[\lambda + 2]}} \left[e^{\frac{2}{C[\lambda + 2]}} - 1\right]$$

$$|t' - t| \leqslant |t| \left[e^{\frac{2}{C[\lambda + 2]}} - 1\right]$$

et donc :

$$(5.3.8) \quad \left\{\begin{array}{l} \Psi_{1,p}(\lambda,t) \neq 0 \\ \text{et} \\ \Psi_{1,p}(\lambda,t') \neq 0 \end{array}\right. \Longrightarrow |t' - t| \leqslant \frac{|t|}{(\lambda + 2)} \cdot \frac{2}{C} \cdot e^{\frac{1}{C}}$$

Alors $\tilde{\Psi}_p^+(t) = \Psi_{1,p}(\lambda, t + 3)$ satisfait sur $[-1,+\infty[$ à (5.3.4), (5.3.6), (5.3.7) et (5.3.8) devient :

$$|t' - t| \leqslant \frac{|t + 3|}{(\lambda+2)} \cdot \frac{2}{C} \cdot e^{1/C}$$

$$\leqslant \frac{|t| + 3}{(\lambda+2)} \cdot \frac{2}{C} \cdot e^{1/C} \leqslant \frac{|t| + 1}{(\lambda+2)} \left(\frac{6}{C} e^{1/C}\right)$$

On choisit alors C tel que : $\frac{6}{C} e^{1/C} \leqslant \varepsilon_0$.

Posant $\tilde{\Psi}_p^-(t) = \tilde{\Psi}_p^+(-t)$ qui satisfait à (5.3.4) à (5.3.7) sur $]-\infty,+1]$, on construit facilement la suite $\Psi_n(\lambda,t)$ en réordonnant les suites $\chi_1(t)\, \tilde{\Psi}_p^+(t)$ $(p \in \mathbb{N})$ et $\chi_2(t)\, \tilde{\Psi}_p^-(t)$ $(p \in \mathbb{N})$ où :

$$\chi_1(t) \in C^\infty(\mathbb{R}) \quad , \quad \text{Supp } \chi_1 \subset [-1,+\infty[$$

$$\chi_2(t) \in C^\infty(\mathbb{R}) \quad , \quad \text{Supp } \chi_2 \subset [-\infty,+1[$$

et $\quad \chi_1^2(t) + \chi_2^2(t) = 1$ ▨

Pour tout $\delta \in]0,1]$, pour tous m et n dans $\mathbb{N}$, posons :

(5.3.9) $\quad a_{m,n,\delta}(x,y,\eta) = \varphi_m(\delta \text{ Log } M(x,y,\eta))\, \Psi_n(\delta\, e^{m/\delta},\eta)$

Pour simplifier l'écriture, cette suite de fonctions sera indexée par un seul indice $j \in \mathbb{N}$ et notée $a_{j\delta}$. Si j correspond au couple (m,n), on posera :

(5.3.10) $\quad M_j(\delta) = e^{m/\delta}$

et on désignera par η_j un point η (dépendant de δ) tel que :

(5.3.11) $\quad \Psi_n(\delta\, e^{m/\delta}, \eta) \neq 0$

D'après (5.3.2), (5.3.3), (5.3.6) et (5.3.7), on peut considérer cette suite $(a_{j,\delta})_{j \in \mathbb{N}}$ comme une fonction a_δ , C^∞ sur $\mathbb{R}^{p+1}$, à valeurs dans l'espace l^2 des suites de carré sommable. On démontre alors la proposition suivante :

<u>Proposition</u> <u>5.3.3.</u>

i) On a, pour tout $\delta \in]0,1]$ et pour tout $(x,y,\eta) \in \mathbb{R}^{p+2}$

(5.3.12) $\quad \sum_j a_{j\delta}(x,y,\eta)^2 = 1$

ii) Pour tout (x,y,η) dans le support de $a_{j\delta}$, on a :

(5.3.13) $\quad M_j(\delta) \leqslant M(x,y,\eta) \leqslant e^{2/\delta}\, M_j(\delta)$

(5.3.14) $|\eta - \eta_j| \leq \varepsilon_0 \left[\frac{1+|\eta_j|}{2+\delta \; M_j(\delta)} \right]$

iii) La fonction a_δ est dans $S^{0,0}_{\Phi,\varphi}(\mathbb{C},l^2)$ et bornée indépendamment de $\delta \in]0,1]$.

Démonstration

Le point i) est immédiat d'après (5.3.2), (5.3.6) et (5.3.9). (5.3.13) résulte de (5.3.9) et (5.3.1) et (5.3.14) de (5.3.9) et (5.3.5). Le point iii) est plus délicat.

Remarquons tout d'abord que :

(5.3.15) $\sum_{n \in \mathbb{N}} |D^l_\eta \Psi_n(\delta e^{m/\delta},\eta)|^2 \leq C_l \left[\frac{\delta . e^{m/\delta}+2}{|\eta|+1}\right]^{2l}$ (d'après 5.3.7)

et

(5.3.16) $\sum_{n \in \mathbb{N}} |D^l_\eta \Psi_n(\delta e^{m/\delta},\eta)|^2 \leq \tilde{C}_l \; \delta^{2l} \left[\frac{M(x,y,\eta)}{(1+\eta^2)^{1/2}}\right]^{2l}$

pour (x,y,η) tel que : $\delta \operatorname{Log} M(x,y,\eta) \in \operatorname{Supp} \varphi_m$

On a donc par conséquent :

(5.3.17) $\sum_{n \in \mathbb{N}} |D^\beta_y D^\alpha_\eta \Psi_n (\delta e^{m/\delta},\eta)|^2 \leq \tilde{C}_{\alpha\beta} \; \Phi^{-2|\alpha|}.\varphi^{-2|\beta|}$

pour (x,y,η) tel que : $\delta \operatorname{Log} M(x,y,\eta) \in \operatorname{Supp} \varphi_m$

Il nous suffit alors de montrer que le symbole g_δ dont les composantes sont :

(5.3.18) $g_{m,\delta}(x,y,\eta) = \varphi_m(\delta \operatorname{Log} M(x,y,\eta))$

est borné dans $S^{0,0}_{\Phi,\varphi}(\mathbb{C},l^2)$.

Pour cela, on voit par récurrence que, si α et β sont des entiers, la fonction $\partial^\alpha_y \partial^\beta_\eta g_{m,\delta}$ est une combinaison linéaire de fonctions de la forme suivante :

(5.3.19) $\delta^k . \prod_{j=1}^{k} \left(\frac{\partial_y^{\alpha_j} \partial_\eta^{\beta_j} M}{M} \right) \quad h_m \; [\delta \operatorname{Log} M(x,y,\eta)]$

où le produit porte sur k termes tels que :

$\sum_{j=1}^{k} \alpha_j = \alpha , \quad \sum_{j=1}^{k} \beta_j = \beta$

et où la suite de fonctions h_m vérifie des inégalités analogues à (5.3.3). En utilisant le fait que la fonction M est dans $S^{1,1}_{\Phi,\varphi}(\mathbb{C},\mathbb{C})$ (cf 5.2.24), on en déduit bien le point iii).

▨

La proposition ci-dessus nous permet d'associer au symbole a_δ un opérateur A_δ de $C^\infty_0(\mathbb{R}^{p+1})$ dans $C^\infty(\mathbb{R}^{p+1},l^2)$. On aura besoin d'étudier les commutateurs de A_δ avec la dérivation D_y et avec les champs X_j.

On va introduire une sous-classe de $S^{M,m}_{\Phi,\varphi}$ tenant compte du comportement par rapport aux dérivées selon les champs X_j.

Définition 5.3.4.

On désigne par $S^{M,m}_{X,\Phi,\varphi}$ le sous-espace de $S^{M,m}_{\Phi,\varphi}$ constitués des symboles tels que pour tout k, tout $\alpha \in [1,p]^k$, tout $\beta \in (\mathbb{N})^k$, tout $\gamma \in \mathbb{N}$, il existe $C^k_{\alpha,\beta,\gamma} > 0$ tel que :

$$(5.3.20)\qquad \| X_{\alpha_1} \cdot \partial_y^{\beta_1} \dots X_{\alpha_k} \partial_y^{\beta_k} \partial_\eta^\gamma a(x,y,\eta) \|_{\mathcal{L}(H_1,H_2)} \leqslant C^k_{\alpha,\beta,\gamma}\ \Phi^{M+|\alpha|-|\gamma|} \cdot \varphi^{m+|\alpha|-|\beta|}$$

On peut maintenant décrire les propriétés de commutation :

Lemme 5.3.5.

Pour tout $\delta \in]0,1]$, tout $\gamma \in \mathbb{N}$, il existe 2 symboles b'_δ et b''_δ tels que :

$$(5.3.21)\qquad \frac{\partial^\gamma a_\delta}{\partial \eta^\gamma}(x,y,\eta) = \delta^{\inf(\gamma,1)} \cdot b'_\delta + b''_\delta$$

De plus b''_δ est dans $S^{-\infty,0}_{X,\Phi,\varphi}(\mathbb{C},l^2)$ et la famille b'_δ ($\delta \in]0,1]$) est bornée dans $S^{-\gamma,0}_{X,\Phi,\varphi}(\mathbb{C},l^2)$

Démonstration

Pour $\gamma = 0$, il suffit de montrer que la famille a_δ est bornée dans $S^{0,0}_{X,\Phi,\varphi}$. Ceci résulte de la démonstration de la proposition 5.3.3. iii) et de la remarque 3.1.3.

Considérons maintenant le cas où $\gamma \neq 0$.

Pour tout $\delta \in]0,1]$, posons

$$(5.3.22)\qquad b'_{j,\delta}(x,y,\eta) = \delta^{-1} \frac{\partial^\gamma a_j\delta}{\partial^\gamma \eta} \quad \text{si } \delta M_j(\delta) \geqslant 1$$
$$= 0 \qquad \text{sinon}$$

et définissons b''_δ tel que (5.3.21) soit vérifiée.

On vérifie facilement que la famille b'_δ est bornée dans $S^{-\gamma,0}_{X,\Phi,\varphi}(\mathbb{C},l^2)$ en utilisant les propriétés des fonctions φ_m et Ψ_n énumérées dans les lemmes (5.3.1) et (5.3.2) (cf 5.3.15, 5.3.16 et 5.3.8).

Pour tout $\delta \in]0,1]$, le nombre d'indices m tels que : $\delta e^{m/\delta} \leqslant 1$ est fini. Pour tous $m \in \mathbb{N}$ et $\delta \in]0,1]$, on voit que le nombre d'indices n tels que $a_{m,n,\delta}$ définie par (5.3.9) soit non nulle est fini. Par conséquent, pour tout δ, le symbole b''_δ n'a qu'un nombre fini de composantes non nulles. Pour tous m, n, et δ fixés, la fonction $a_{m,n,\delta}$ définie en (5.3.9) est dans $S^{-\infty,0}_{X,\Phi,\varphi}(\mathbb{C},\mathbb{C})$ (d'après (5.3.13) et (5.3.14)). Le lemme est donc démontré.

Lemme 5.3.6.

Soit X l'un des champs $X_1,\dots,X_p$. Alors la famille de symboles $(\delta^{-1} X\, a_\delta(x,y,\eta))_{\delta \in]0,1]}$ est bornée dans $S^{1,1}_{X,\Phi,\varphi}$

Démonstration

On a, pour tous m et n :

$$X\, a_{m,n,\delta}(x,y,\eta) = \delta\, \frac{X\, M}{M} \cdot b_{m,n,\delta}(x,y,\eta)$$

où l'on a posé :

$$b_{m,n,\delta}(x,y,\eta) = \varphi'_m[\delta \operatorname{Log} M(x,y,\eta)] \cdot \Psi_n[\delta\, e^{m/\delta},\eta]$$

Comme dans la démonstration de la proposition (5.3.3), on montre que $b_{m,n,\delta}$ est borné dans $S^{0,0}_{\Phi,\varphi}(\mathbb{C},l^2)$. D'autre part, d'après la proposition(3.1.1), le symbole $\frac{X\, M}{M}$ est dans $S^{1,1}_{X,\Phi,\varphi}(\mathbb{C},\mathbb{C})$. Le lemme résulte de ces remarques. ▨

§5.4. Propriétés des opérateurs correspondant aux symboles $a_{j\delta}$

Selon le §5.2., on associe au symbole $a_\delta \in S^{0,0}_{\Phi,\varphi}(\mathbb{C},l^2)$ un opérateur A_δ. Si $f \in C_0^\infty(\mathbb{R}^{p+1})$, $A_\delta f$ est un opérateur de $C^\infty(\mathbb{R}^{p+1},l^2)$ dont les composantes sont notées $(A_{j\delta} f)_{j\in\mathbb{N}}$. On va montrer que cette suite d'opérateurs $A_{j\delta}$ de $C_0^\infty(\mathbb{R}^{p+1})$ dans $C^\infty(\mathbb{R}^{p+1})$ vérifie (P_1)((5.1.2)), (P_2)((5.1.3)) et (P_4)((5.1.6)).

Vérification de P_1

Puisque la famille de symboles $(a_\delta)_{\delta\in]0,1]}$ est bornée dans $S^{0,0}_{\Phi,\varphi}(\mathbb{C},l^2)$ d'après la proposition (5.3.3), il existe (cf 5.2.27) une constante $C>0$ indépendante de δ, telle que :

(5.4.1) $$\sum_j \|A_{j\delta} f\|_0^2 \leqslant C\|f\|_0^2, \quad \forall f\in C_0^\infty(\mathbb{R}^{p+1}), \quad \forall\delta\in]0,1]$$

Vérification de P_2

Soit K un compact fixé de $\mathbb{R}^{p+1}$ et soit $\Psi\in C_0^\infty(\mathbb{R}^{p+1})$ égale à 1 sur K. Pour tout $\theta\in C_0^\infty(K)$ et pour tout $\delta\in]0,1]$, on va définir deux symboles $u_\delta\in S^{0,0}_{\Phi,\varphi}(l^2,\mathbb{C})$ et $v_\delta\in S^{0,0}_{\Phi,\varphi}(\mathbb{C},l^2)$ dont les composantes sont :

(5.4.2) $$u_{j\delta}(x,y,\eta) = \Psi(x,y)\, a_{j\delta}(x,y,\eta)$$

(5.4.3) $$v_{j\delta}(x,y,\eta) = \theta(x,y)\, a_{j\delta}(x,y,\eta)$$

Ces symboles sont bornés indépendamment de δ dans leurs classes respectives. On leur fait correspondre des opérateurs

$$U_\delta : C_0^\infty(\mathbb{R}^{p+1},l^2) \to C_0^\infty(\mathbb{R}^{p+1})$$
$$V_\delta : C_0^\infty(\mathbb{R}^{p+1}) \to C_0^\infty(\mathbb{R}^{p+1},l^2)$$

et il existe une constante $C>0$, indépendante de δ (et bien sûr de θ) telle que, pour toute suite $(f_j)_{j\in\mathbb{N}}$ dans $C_0^\infty(\mathbb{R}^{p+1},l^2)$, on ait :

(5.4.4) $$\|\sum_j U_{j\delta} f_j\|_0^2 \leqslant C\sum_j \|f_j\|_0^2$$

Soit W_δ l'opérateur composé, défini, pour tout $f\in C_0^\infty(\mathbb{R}^{p+1})$, par :

(5.4.5) $$W_\delta f = \sum_j U_{j\delta} V_{j\delta} f$$

Cette composition a bien un sens et l'opérateur W_δ est dans $OPS^{0,0}_{\Phi,\varphi}(\mathbb{C},\mathbb{C})$.

Si θ est dans $C_0^\infty(K)$, on a : $\theta\Psi=\theta$ et, par conséquent :

(5.4.6) $$\sum_j u_{j\delta}(x,y,\eta)\,.\,v_{j\delta}(x,y,\eta) = \theta(x,y)$$

D'après (5.2.29), l'opérateur $W'_\delta = W_\delta - \theta$ est dans $OPS^{-1,-1}_{\Phi,\varphi}(\mathbb{C},\mathbb{C})$ et d'après (5.2.28) il existe une constante $C(\delta,\theta)$ telle que :

(5.4.7) $$\|W'_\delta f\|_0^2 \leqslant C(\delta,\theta)\,\|f\|^2_{0,-1/r}, \quad \forall f\in C_0^\infty(\mathbb{R}^{p+1})$$

On déduit maintenant de (5.4.4), (5.4.5) et (5.4.7) que, pour tout $f\in C_0^\infty(\mathbb{R}^{p+1})$, pour tout $\theta\in C_0^\infty(K)$ et pour tout $\delta\in]0,1]$, on a :

(5.4.8) $$\|\theta f\|_0^2 \leqslant C\sum_{j\in\mathbb{N}} \|\theta A_{j\delta} f\|_0^2 + C(\delta,\theta)\,\|f\|^2_{0,-1/r}$$

où la première constante C dans (5.4.8) peut dépendre de Ψ donc de K mais est indépendante de θ.

Vérification de $(P_4)_2$

Une première étape est de montrer le

Lemme 5.4.1.

Pour une suite α d'entiers dans $[1,\ldots,p]$ de longueur $|\alpha| = k$, on peut écrire :

(5.4.9) $\qquad [X_{\alpha_k}[\ldots[X_{\alpha_1}\ , A_\delta]\ldots] = \delta.T'_\delta + T''_\delta$

avec T'_δ dans $OPS^{k,k}_{X,\Phi,\varphi}$ $(\mathbb{C},l^2)$ (et correspondant à un symbole borné indépendamment de δ dans $S^{k,k}_{X,\Phi,\varphi}$ $(\mathbb{C},l^2)$) et où T''_δ est dans $OPS^{k-1,k-1}_{X,\Phi,\varphi}(\mathbb{C},l^2)$. De plus T'_δ et T''_δ vérifient que, pour tout l, $j \to M(x,y,\eta_j)^l\ T'_{\delta j}$ (respectivement $j \to M(x,y,\eta_j)^l\ T''_{\delta j}$) sont une famille bornée dans $OPS^{k+l,k+k}_{X,\Phi,\varphi}$ (respectivement dans $OPS^{k+l-1,k+k-1}_{X,\Phi,\varphi}(\mathbb{C},l^2)$).

Une deuxième étape sera de démontrer les

Lemme 5.4.2.

Soit $A \in OPS^{k,k}(\mathbb{C},l^2)$ $(k > 0)$ alors il existe C telle que, pour tout couple $\theta,\tilde{\theta} \in C_0^\infty(K)$ tel que $\mathrm{Supp}\tilde{\theta} \cap \mathrm{Supp}(1-\theta) = \emptyset$, et pour tout $\delta \in]0,1]$, il existe $C(\delta)$ telle que :

(5.4.10) $\qquad \sum_j \|A_j\tilde{\theta} f\|_0^2 \leqslant C \sum_j \|\theta\ M(x,y,\eta_j)^k\ A_{j\delta}\ \tilde{\theta} f\|_0^2 + C(\delta,\theta,\tilde{\theta})\ \|f\|_0^2$

(C dépend de la donnée de A et de K).

et

Lemme 5.4.3.

On garde les hypothèses du lemme 5.4.2.

Pour tout $\varepsilon > 0$, tout $k' > 0$, il existe $C(k',\delta,\varepsilon,\theta,\tilde{\theta})$ telle que :

(5.4.11) $\qquad \sum_j \|A_j\ \tilde{\theta} f\|_0^2 \leqslant \varepsilon \sum_j \|\theta\ \ M(x,y,\eta_j)^{k+k'}\ A_{j\delta}\ \tilde{\theta} f\|_0^2 + C(k',\delta,\varepsilon,\theta,\tilde{\theta})\ \|f\|_0^2$

Admettons un instant ces lemmes et poursuivons la démonstration.

Soit donc K un compact de $\mathbb{R}^{p+1}$. Soient $\theta \in C_0^\infty(K)$ et $\Psi \in C_0^\infty(\mathbb{R}^{p+1})$ égale à 1 sur K.

Pour tout $\delta \in]0,1]$, on définit deux symboles $u_\delta \in S^{0,0}_{X,\Phi,\varphi}$ (l^2,l^2) et $v_\delta \in S^{k+l,k+l}_{X,\Phi,\varphi}(\mathbb{C},l^2)$ par :

(5.4.12) $$u^\delta_{jn} = \Psi(x,y)\ .\frac{a_{n\delta}\ (x,y,\eta)M(x,y,\eta_j)^l}{M^{k+l}(x,y,\eta_n)}.\ t'_{j\delta}\ (x,y,\eta)$$

(confer (5.4.9) pour la définition de t'_δ)

et

(5.4.13) $\qquad v^\delta_n = \theta(x,y)\ M^{k+l}(x,y,\eta_n)\ \ a_{n\delta}(x,y,\eta)$

Vérifions la propriété :

(5.4.14) $\qquad$ Lorsque $\delta \in]0,1], u_\delta$ décrit un borné de $S^{0,0}_{X,\Phi,\varphi}$ (l^2,l^2)

u_δ est le composé de $\Psi(x,y)\ \dfrac{a_{n\delta}(x,y,\eta)}{M^{k+1}(x,y,\eta_n)}$ dont on doit démontrer qu'il est dans $S^{-k-1,-k-1}_{X,\Phi,\varphi}(l^2,\mathbb{C})$

et de $M(x,y,\eta_j)^l\ t'_{j\delta}$ qui est borné dans $S^{k+1,k+1}_{X,\Phi,\varphi}(\mathbb{C},l^2)$ d'après le lemme 5.4.1.
Examinons donc le terme :

$$(5.4.15) \qquad \Psi(x,y)\frac{a_{n\delta}(x,y,\eta)}{M^{k+1}(x,y,\eta_n)}$$

Remarquons que l'on a le :

Lemme 5.4.4.

Il existe $C > 1$ indépendante de δ et j telle que :

$$(5.4.16) \qquad C^{-1} \leqslant \frac{M(x,y,\eta)}{M(x,y,\eta_j)} \leqslant C \qquad \forall (x,y,\eta) \in \text{Supp } a_{j\delta}$$

De plus, on a des propriétés analogues pour Φ et φ.

Ce lemme résulte pour M de (5.3.14) et (3.1.3) en choisissant ε_0 assez petit. Pour Φ et φ, il suffit d'utiliser le résultat pour M et (5.2.1).

Il n'est alors pas trop difficile de montrer que $(5.4.15) \in S^{-k-1,-k-1}_{X,\Phi,\varphi}$ avec les techniques déjà utilisées et que les semi-normes de (5.4.15) dans $S^{-k-1,-k-1}_{\Phi,\varphi}$ peuvent être majorées indépendamment de δ.
On démontre de même que v^δ est dans $S^{k+1,k+1}_{X,\Phi,\varphi}(\mathbb{C},l^2)$.
Pour tout $f \in C_0^\infty(\mathbb{R}^{p+1})$, posons :

$$W_j^\delta f = \sum_n U_{jn}^\delta \,.\, V_n^\delta f \equiv (U \circ V)_j f$$

On a :

$$(5.4.17) \qquad \sum_j \| W_j^\delta f \|_0^2 \leqslant C \sum_k \| V_k^\delta f \|_0^2$$

où C est indépendant de θ et δ.
Puisque $\theta\ \Psi = \theta$, on a, pour tout $j \in \mathbb{N}$ et $\delta \in]0,1]$:

$$(5.4.18) \qquad \sum_n u_{jn}^\delta (x,y,\eta) \,.\, v_n^\delta (x,y,\eta) = \theta\ M(x,y,\eta_j)^l\ t'_{j\delta}$$

Par conséquent, on déduit de (5.4.17), (5.4.18) et de la formule de composition (5.2.29) qu'il existe : $B^\delta \in OPS^{k+l-1,k+l-1}_{X,\Phi,\varphi}[\mathbb{C},l^2]$ tel que :

$$(5.4.19) \qquad \sum_j \| \theta\ M(x,y,\eta_j)^l\ T'^\delta_j f\|^2 \leqslant C \sum_j \| M^{k+l}(x,y,\eta_j)\ \theta\ A_{j\delta} f\|^2 + \sum_j \| B_j^\delta f\|_0^2$$

On utilise maintenant (5.4.9) pour obtenir :

$$(5.4.20) \qquad \begin{aligned} \sum_j \| \theta\ M(x,y,\eta_j)^l\,[\ldots[A_j^\delta, X_{\alpha_1}]X_{\alpha_2}]\ldots X_{\alpha_k}]\, f\|_0^2 &\leqslant 2\,C\,\delta^2 \sum_j \| M(x,y,\eta_j)^{l+k}\ \theta\ A_{j\delta}\ f\|_0^2 \\ &+ 2\,\delta^2 \sum_j \| B_j^\delta\ f\|_0^2 + 2 \sum_j \| \theta\ M(x,y,\eta_j)^l \,.\, T''^\delta_j\ f\|_0^2 \end{aligned}$$

Compte-tenu du lemme (5.4.1), la propriété $(P_4)_2$ résulte de (5.4.20) et du lemme (5.4.3) (en prenant $\varepsilon \approx \delta^2$).

Démonstration du lemme 5.4.1.

Considérons d'abord le cas où k = 1

Un champ X_j est de la forme

$$X_s = \frac{\partial}{\partial x_s} + g_s\,(x,y)\frac{\partial}{\partial y} \qquad \text{(On omet s dans la suite)}$$

On a

(5.4.21) $\sigma([X,A_\delta])_j = (X\, a_{\delta,j}) + i^{-1}\,\sigma([g,A_\delta]).\eta.$

On a vu au lemme (5.3.6) que $\delta^{-1}(X\, a_{\delta,j})_{j\in\mathbb{N}}$ décrit un borné de $S^{1,1}_{X,\Phi,\varphi}$. On a vu également au lemme (5.3.5) (cf également 5.2.30) que :

$$\frac{\partial a_{\delta j}}{\partial \eta} = \delta\, b'_{\delta j} + b''_{\delta j}$$

où b'_δ reste borné dans $S^{-1,0}_{X,\Phi,\varphi}$ et b''_δ est dans $S^{-\infty,0}_{X,\Phi,\varphi}$.

On a alors puisque

(5.4.22) $\sigma([g,A_\delta]) = .i^{-1}\frac{\partial g}{\partial y}\cdot\frac{\partial a_\eta}{\partial \eta} + r_\delta$ avec r_δ dans $S^{-2,0}_{X,\Phi,\varphi}(\mathbb{C},l^2)$

(5.4.23) $\sigma([X,A_\delta])_j = (X\, a_{\delta,j}) - \delta\frac{\partial g}{\partial y}\, b'_{\delta,j}.\eta - \frac{\partial g}{\partial y}\cdot b''_{\delta j}.\eta + i^{-1}\, r_\delta.\,\eta$

Posons alors :

$$(5.4.24)\quad \begin{cases} t'_{\delta,j} = \delta^{-1}(X\, a_{\delta,j}) - \dfrac{\partial g}{\partial y}\cdot b'_{\delta,j}\cdot\eta\,. \\[2ex] t''_{\delta,j} = i^{-1}\dfrac{\partial g}{\partial y}\cdot b''_{\delta,j} + r_{\delta,j}\cdot\eta\,. \end{cases}$$

D'après (5.2.25), le symbole $(x,y,\eta)\to\eta$ est dans $S^{2,1}_{X,\Phi,\varphi}(\mathbb{C},\mathbb{C})$.

On déduit de toutes ces remarques que le symbole t'_δ reste borné dans $S^{1,1}_{X,\Phi,\varphi}$ quand $\delta\in]0,1]$, tandis que t''_δ est dans $S^{0,1}_{X,\Phi,\varphi}(\mathbb{C},l^2)\subset S^{0,0}_{X,\Phi,\varphi}$.

Le lemme (5.4.1) est presque démontré dans le cas k = 1, sous réserve de montrer les deux dernières remarques. On contrôle très bien le support de $t'_{\delta,j}$ et de $i^{-1}\frac{\partial g}{\partial y}\, b''_{\delta,j}$ et l'on peut donc utiliser (5.4.16) pour montrer que T'_δ vérifie la propriété. Le problème pour montrer la même propriété pour $T''_{\delta,j}$ est le contrôle de

$$M(x,y,\eta_j)^l\quad r_{\delta j}$$

car on n'a pas a priori d'information sur le support de $r_{\delta,j}$.

Revenons donc aux formules (5.4.21) à (5.4.23). On remarque que :

$$M(x,y,\eta_j)^l\,\sigma([g,A_{\delta,j}]) = \sigma([g,M(x,y,\eta_j)^l\, A_{\delta,j}])$$

et que $j\to M(x,y,\eta_j)^l\, A_{\delta,j} = B_{\delta,j}$ définit un opérateur dans $OPS^{l,1}_{X,\Phi,\varphi}$. D'après (5.2.30), on a :

$$\sigma([g,M^l(x,y,\eta_j)\, A_{\delta,j}]) = -\sum_{s=1}^{N-1}\frac{1}{s!}\partial^s_\eta\,[M^l(x,y,\eta_j).a_{\delta,j}]\, D^s_y\, g + r^{(N)}_{\delta,j}$$

avec $r^{(N)}_{\delta,j}\in S^{l-N,1}_{X,\Phi,\varphi}$

On en déduit que :

$$(5.4.25)\quad \begin{cases} M(x,y,\eta_j)^l\, r_{\delta,j} = -\displaystyle\sum_{s=2}^{N-1}\frac{1}{s!}M^l(x,y,\eta_j)\,\partial^s_\eta\, a_{\delta,j}\cdot D^s_y\, g + r^{(N)}_{\delta,l} \\ \qquad\text{avec } r^{(N)}_{\delta,j}\in S^{l-N,l}_{X,\Phi,\varphi} \end{cases}$$

Prenant par exemple N = 2 dans (5.4.25), on obtient que :

(5.4.26) $\quad M(x,y,\eta_j)^l \; r_{\delta,j}.\eta \in S^{l,l+1}_{X,\Phi,\varphi} \subset S^{l,l}_{X,\Phi,\varphi}$

c.q.f.d.

<u>Cas où k est général.</u>

Supposons le lemme démontré au cran (k-1) (k $\geqslant$2) sous la forme suivante :

$$B_\delta = [X_{\alpha_{k-1}} [\ldots[X_{\alpha_1}, A_\delta]\ldots] = \delta\, T'^{(k-1)}_\delta + T''^{(k-1)}_\delta$$

où

(5.4.27) $\left[\begin{array}{l} \forall l \in \mathbb{N},\ j \to M(x,y,\eta_j)^l \; t'^{(k-1)}_{\delta,j} \in S^{k-1+l,k-1+l}_{X,\Phi,\varphi} \quad \text{(famille bornée par rapport à } \delta) \\ \forall l \in \mathbb{N}^*,\ \forall s = 1,\ldots,p,\ j \to (X_s M)\, M(x,y,\eta_j)^{l-1} \; t'^{(k-1)}_{\delta,j} \in S^{k+l,k+l}_{X,\Phi,\varphi} \\ \text{(famille bornée par rapport à } \delta) \end{array}\right.$

(5.4.28) $\left[\begin{array}{l} \forall l \in \mathbb{N},\ j \to M(x,y,\eta_j)^l \; t''^{(k-1)}_{\delta,j} \in S^{k-2+l,k-2+l}_{X,\Phi,\varphi} (\mathbb{C},l^2) \\ \forall s=1,\ldots,p,\ \forall l \in \mathbb{N}^*,\ j \to (X_s M)\, M(x,y,\eta_j)^{l-1} \; t''^{(k-1)}_{\delta,j-} \in S^{k-1+l,k-1+l}_{X,\Phi,\varphi} (\mathbb{C},l^2) \end{array}\right.$

Suivant la démarche du cas k = 1, on a :

$$\sigma([X,B_\delta])_j = \delta(X\, t'^{(k-1)}_{\delta,j}) + \delta i^{-1}\, \sigma([g,T'^{(k-1)}_{\delta,j}]).\eta + (X\, t''^{(k-1)}_\delta) + i^{-1}\, \sigma([g,T''^{(k-1)}_\delta])\eta\,.$$

On pose :

(5.4.31) $\left\{\begin{array}{l} t'^{(k)}_{\delta,j} = (X\, t'^{(k-1)}_{\delta,j}) + i^{-1}\, \sigma([g,T'^{(k-1)}_{\delta,j}]).\eta \\ t''^{(k)}_{\delta,j} = (X\, t''^{(k-1)}_\delta) + i^{-1}\, \sigma([g,T''^{(k-1)}_{\delta,j}]).\eta \end{array}\right.$

Compte-tenu de (5.4.27), X $t'^{(k-1)}_{\delta,j}$ appartient à $S^{k,k}_{X,\Phi,\varphi}$ $(\mathbb{C},l^2)$, (famille bornée par rapport à δ), $\sigma([g,T'^{(k-1)}_{\delta,j}])$ est <u>borné</u> dans $S^{k-2,k-1}_{X,\Phi,\varphi}$ $(\mathbb{C},l^2)$ d'après 5.2.30, et $\sigma([g,T'^{(k-1)}_{\delta,j}]).\,\eta$ parcourt donc un borné de $S^{k,k}_{X,\Phi,\varphi}(\mathbb{C},l^2)$.

Montrons maintenant que $M(x,y,\eta_j)^l \; t'^k_{\delta,j}$ vérifie les mêmes propriétés.

On a :

(5.4.32) $\quad M(x,y,\eta_j)^l \; t'^k_{\delta,j} = M(x,y,\eta_j)^l \; X\, t'^{(k-1)}_{\delta,j} + i^{-1}\, \sigma([g,M(x,y,\eta_j)^l\; T'^{(k-1)}_{\delta,j}]).\eta$

Le deuxième terme ne pose pas de problème nouveau (compte-tenu de (5.2.30) et (5.4.28)).

Notons maintenant que :

$$M(x,y,\eta_j)^l \; X\, t'^{(k-1)}_{\delta,j} = X[M(x,y,\eta_j)^l \; t'^{(k-1)}_{\delta,j}] - l\, M(x,y,\eta_j)^{l-1}\, (X\, M_j)\; t'^{(k-1)}_{\delta,j}$$

Il résulte alors de (5.4.27) que :

$j \to M(x,y,\eta_j)^l \; X\, t'^{(k-1)}_{\delta,j}$ décrit une famille bornée de $S^{k+l,k+l}_{X,\Phi,\varphi}$.

Les propriétés relatives à $t''^{(k)}_{\delta,j}$ se démontrent de manière analogue et le lemme est démontré au cran k.

Les propriétés (5.4.27) et (5.4.28) relatives au cas k = 1 ont été démontrées (où se démontrent de manière analogue) dans la partie <u>k = 1.</u>

Le lemme (5.4.1) est donc démontré.

Démonstration des lemmes (5.4.2) et (5.4.3).

Elle est voisine de celle de (P_2) (cf (5.4.2) à (5.4.6)).

On pose :

$$u_{j,\delta}(x,y,\eta) = \Psi(x,y)\,\frac{a_{j,\delta}(x,y,\eta)}{M(x,y,\eta_j)^k}$$

$$v_{j,\delta}(x,y,\eta) = \theta\, M^k(x,y,\eta_j)\; a_{j,\delta}(x,y,\eta)$$

On obtient alors que, pour tout $A \in OPS^{k,k}_{X,\Phi,\varphi}(\mathbb{C},l^2)$, $\exists\, B \in OPS^{k-1,k-1}_{X,\Phi,\varphi}(\mathbb{C},l^2)$ tel que :

$$\|A\,\theta f\|^2_{0,0} \leqslant C_{A,K} \sum_j \|\theta\,.\,M^k(x,y,\eta_j)\,A_{j,\delta} f\|^2_0 + \|B f\|^2_{0,0}$$

Remplaçant f par $\tilde{\theta}_i$ f avec $\theta\,\tilde{\theta}_i = \tilde{\theta}_i$, on démontre le lemme par récurrence sur k. Pour le lemme (5.4.3), on part de (5.4.10) et on décompose $j \to \theta\, M(x,y,\eta_j)^k\, A_{j\delta}$ en introduisant :

$$C'^{L}_{j,\delta} = \theta\, M(x,y,\eta_j)^k\, A_{j\delta} \qquad \text{si } M(x,y,\eta_j) \geqslant L$$

$$= 0 \qquad \text{si } M(x,y,\eta_j) \leqslant L$$

On a alors : $\theta\, M(x,y,\eta_j)^k\, A_{j\delta} \overset{\text{déf}}{=} C'^{L}_{j\delta} + C''^{L}_{j\delta}$

avec $C''^{L}_{j\delta} \in OPS^{-\infty,0}_{X,\Phi,\varphi}$ (On utilise ici que le cardinal des j tels que : $M(x,y,\eta_j) \leqslant L$ est fini)

D'où, pour tout L :

$$\sum_j \|A_j\,\tilde{\theta} f\|^2_0 \leqslant C \sum_j \|C'^{(L)}_{j\delta}\,\tilde{\theta} f\|^2_0 + C(L,\delta,\theta,\tilde{\theta})\,\|f\|^2_0.$$

Maintenant, on remarque que $M(x,y,\eta_j)^k \leqslant \frac{1}{L^{k'}}\, M(x,y,\eta_j)^{k+k'}$ si $M(x,y,\eta_j) \geqslant L$

et un choix convenable de L montre le lemme 5.4.3.

▨

Il nous resterait à démontrer les propriétés (P_3) et $(P_4)_1$. Le point $(P_4)_3$ résulte en effet du caractère pseudo-local des o.p.d.

Le point (5.1.4) concernant le support de $A_{j\delta}$ f n'est pas vérifié. Nous devrons, pour y parvenir, introduire au paragraphe suivant une nouvelle partition de l'unité.

Les prochains lemmes vont nous fournir des inégalités voisines de (5.1.5), la propriété $(P_4)_1$ proprement dite ne sera vérifiée qu'aux paragraphes suivants.

Lemme 5.4.5.

Il existe une fonction $\delta \to \alpha(\delta)$ à valeurs positives, telle que, pour tout $f \in C_0^\infty(\mathbb{R}^{p+1})$

(5.4.33) $\quad (x,y) \in \text{Supp}\, A_{j\delta} f \Rightarrow \alpha(\delta) \leqslant \dfrac{M(x,y,\eta_j)}{M_j(\delta)} \leqslant \alpha(\delta)^{-1}$

(Rappelons que $M_j(\delta)$ est défini en (5.3.10))

En effet, si $(x,y) \in \text{Supp}\, A_{j\delta}$ f, il existe $\eta \in \mathbb{R}$ tel que $a_{j\delta}(x,y,\eta) \neq 0$. On utilise alors (5.3.13), (5.3.14) et (5.4.16).

Lemme 5.4.6.

Sous les hypothèses de (P_4) :

$$\sum_j \sum_{\substack{|\alpha| \geq 1 \\ |\alpha|+|\beta| \leq m}} \int M_j(\delta)^{2m-2|\beta|-2|\alpha|} \left| \left[\frac{M_j(\delta)(D_y-\eta_j)}{\sqrt{1+\eta_j^2}} \right]^\alpha X^\beta \theta A_{j\delta} \tilde{\theta} f \right|^2 dx\, dy$$

(5.4.34)

$$\leq C[\delta,K,\theta,\tilde{\theta}] \Big[\sum_{|\beta| \leq m-1} \|X^\beta f\|_0^2 + \sum_j \sum_{|\beta| \leq m-1} \int M_j(\delta)^{2m-2|\beta|-2} |X^\beta \theta A_j \tilde{\theta} f|^2 dx\, dy \Big]$$

Cette démonstration est assez analogue à celle des lemmes précédents.

Aussi omettons nous certains détails et donnerons une version abrégée de cette démonstration.

Si on compose l'opérateur

$$(j,j') \to M_j(\delta)^{m-|\beta|-|\alpha|} \left[M_j(\delta) \frac{(D_y-\eta_j)}{\sqrt{1+\eta_j^2}} \right]^\alpha \delta_{jj'}$$

considéré comme dans $OPS^{\mathfrak{s},\mathfrak{s}}_{X,\Phi,\varphi}(l^2,l^2)$ (opérant diagonalement) avec $(X^\beta \theta \Psi_{j\delta} \tilde{\theta})$ dont le micro-support est contrôlé, on observe que l'on peut prendre $\mathfrak{s} = m-|\beta|-|\alpha|$.

En effet, sur le support de $a_{j\delta}$, on a :

$$\frac{|\eta-\eta_j|}{\sqrt{1+\eta_j^2}} \cdot M_j(\delta) \leq C(\delta) \qquad \text{(d'après (5.3.13) et (5.3.14))}$$

et $$\partial_\eta \left(\frac{\eta-\eta_j}{\sqrt{1+\eta_j^2}} \right) \cdot M_j(\delta) = \frac{M_j(\delta)}{\sqrt{1+\eta_j^2}} \leq C(\delta)\, \Phi^{-1}(x,y,\eta)$$

sur le support de $a_{j,\delta}$.

(5.4.34) est alors essentiellement un théorème de continuité de $H^{2m-2|\beta|-2,2m-2|\beta|-2}_{\Phi,\varphi}$ dans L^2 (cf le lemme 5.4.2 pour un énoncé voisin).

Utilisant la même astuce que pour démontrer le lemme 5.4.3, on déduit du lemme 5.4.6 le :

Corollaire 5.4.7.

Pour tout $\varepsilon > 0$, il existe $C(\delta,K,\theta,\tilde{\theta},\varepsilon)$ tel que :

$$\sum_j \sum_{\substack{|\alpha| \geq 1 \\ |\alpha|+|\beta| \leq m}} \int M_j(\delta)^{2m-2|\beta|-2|\alpha|} \left| \left[\frac{M_j(\delta)(D_y-\eta_j)}{\sqrt{1+\eta_j^2}} \right]^\alpha X^\beta \theta \Psi_{j\delta} \tilde{\theta} f \right|^2 dx\, dy$$

(5.4.34)

$$\leq \varepsilon \sum_j \sum_{|\beta| \leq m-1} \int M(x,y,\eta_j)^{2m-2|\beta|} |X^\beta \theta \Psi_{j\delta} \tilde{\theta} f|^2 dx\, dy$$

$$+ C(\delta,K,\theta,\tilde{\theta},\varepsilon) \sum_{|\beta| \leq m-1} \|X^\beta f\|_0^2$$

§5.5. Une partition de l'unité.

La suite d'opérateurs $A_{j\delta}$ que nous venons de construire vérifie toutes les propriétés annoncées dans la proposition 5.1.1, sauf celles qui concernent le support. On va donc construire maintenant une partition de l'unité qui va remplir ces conditions.

Rappelons que, pour tout $x_1 \in \mathbb{R}^p$, on pose :

(5.5.1) $\quad V_{x_1} = \{(x,y) \in \mathbb{R}^{p+1} / |x-x_1| \leqslant \varepsilon_0\}$ (cf 2.3.1)

La constante ε_0 est choisie de telle sorte que : $(x,y) \to v_{x_1}(x,y)$ soit bien définie dans V_{x_1}.

On sait qu'il existe une suite de fonctions $(\varphi_k)_{k \in \mathbb{N}}$ dans $C_0^\infty(\mathbb{R}^p)$ réelles, telles que :

(5.5.2) $\quad$ le support de φ_k est de diamètre $\leqslant 1$, pour tout $k \in \mathbb{N}$.

(5.5.3) $\quad \sum_k \varphi_k(t)^2 = 1 \quad , \quad \forall t \in \mathbb{R}^p$

(5.5.4) $\quad$ Pour tout multiindice α, il existe $C_\alpha > 0$ tel que :

$$\sum_k |D_t^\alpha \varphi_k(t)|^2 \leqslant C_\alpha \quad , \quad \forall t \in \mathbb{R}^p$$

Une suite de fonctions analogues mais définies dans $\mathbb{R}$ sera notée $(\Psi_l)_{l \in \mathbb{N}}$.

Pour tout $\delta \in]0,1]$, tout $M \geqslant 1$ et pour tout $\eta \in \mathbb{R}$, on va maintenant définir notre partition de l'unité dans $\mathbb{R}^{p+1}$.

Pour cela, pour tout $k \in N$, désignons par x_k un point de $\mathbb{R}^p$ tel que

(5.5.5) $\quad \varphi_k((\alpha(\delta)\ \delta M + \varepsilon_0^{-1})\ x_k) \neq 0$ $\quad$ où $\alpha(\delta)$ est la fonction de δ introduite en (5.4.33).

De même, pour tout $l \in \mathbb{N}$, désignons par y_l un point de $\mathbb{R}$ tel que :

(5.5.6) $\quad \Psi_l\left(\frac{(1+\eta^2)^{1/2}}{M}.\ y_l\right) \neq 0$

Bien sûr, ces points dépendent des paramètres δ, M et η, mais, pour simplifier l'écriture, on sous-entendra cette dépendance.

Pour tous $k \in \mathbb{N}$ et $l \in \mathbb{N}$, posons :

$$(5.5.7) \quad \begin{cases} \Phi_{k,l}(x,y) = \varphi_k((\delta\ \alpha(\delta)\ M + \varepsilon_0^{-1})x)\ \Psi_l\left(\frac{(1+\eta^2)^{1/2}}{M}\ v_{x_k}(x,y)\right) & \text{si } (x,y) \in V_{x_k} \\ \qquad = 0 & \text{si } (x,y) \notin V_{x_k} \end{cases}$$

Cette fonction est bien définie dans $C_0^\infty(\mathbb{R}^{p+1})$ compte tenu de (5.5.1) et (5.5.2).

Dans les propriétés qu'on va énumérer, convenons que les constantes seront notées :

$C(\eta,M,\delta)$ $\quad$ si elles dépendent de η, M, δ.

$C(\delta)$ $\quad$ si elles dépendent de δ mais non de η et M

C $\quad$ si elles sont indépendantes de η, M et δ

De plus, toutes les constantes dans le lemme suivant seront indépendantes de k et l. Enfin, la suite $\Phi_{k,l}$ sera indexée par un seul indice j et notée alors Φ^j. Si l'indice j corres- à (k,l), le point (x_k,y_l) sera noté $z^j = (x^j,y^j)$.

Lemme 5.5.1.

Avec les notations ci-dessus, on a :

(5.5.8) $\sum_j \Phi^j (x,y)^2 = 1 \quad , \quad \forall (x,y) \in \mathbb{R}^{p+1}$

(5.5.9) Pour tout (x,y) dans le support de Φ^j (qui est inclus dans V_{x^j})

$|x-x^j| \leqslant \frac{1}{\alpha(\delta)\ \delta M} \quad , \quad |v_{x^j}(x,y)-y^j| \leqslant \frac{M}{(1+\eta^2)^{1/2}}$

Démonstration

Le lemme est évident par construction.

Lemme 5.5.2.

Pour tous $\alpha_i \in \mathbb{N}$, $\beta_k \in [1,\dots,p]^{t_k}$ $(k=1,\dots,t)$, il existe $C_{\alpha\beta}$, $N_{\alpha\beta} \in \mathbb{N}$ et $C(\delta)$ tels que :

(5.5.10)
$$\sum_j |D_y^{\alpha_1} X^{\beta_1} \dots D_y^{\alpha_2} \dots X^{\beta_t} \Phi^j(x,y)|^2 \leqslant C[1+\frac{(1+\eta^2)^{1/2}}{M} \theta_{\alpha\beta}(M,M(x,y,\eta))]^{2|\alpha|}$$
$$\cdot \left[\alpha(\delta)^{2|\beta|}\ \delta^{2|\beta|}\ M^{2|\beta|} + C(\delta) M^{(2|\beta|-2)+}[\theta_{\alpha\beta}(M,M(x,y,\eta))]\right]$$

où : $\theta_{\alpha\beta}(M,M(x,y,\eta)) = \sum_{s=-N_{\alpha\beta}}^{N_{\alpha\beta}} (M.M^{-1}(x,y,\eta))^s$

Démonstration

Observons tout d'abord qu'il résulte de (3.1.12) que l'on a

(5.5.11)
$$|\partial_y^{\alpha_1} X^{\beta_1} \partial_y^{\alpha_2} X^{\beta_2} \dots X^{\beta_t} v_{x_1}| \leqslant C_{\alpha\beta} [\frac{1+|\eta|}{M(x,y,\eta)^2}]^{|\alpha|}$$
$$\times \frac{M(x,y,\eta)}{1+|\eta|}^{|\beta|} \quad [1 + \frac{M(x,y,\eta)}{\delta\ \alpha(\delta)\ M}]^r$$

$$\begin{cases} \forall x_1 \in \mathbb{R}^p \\ \forall (x,y) \in V_{x_1} \end{cases}$$

On utilisera également pour $|\beta| = 0$, l'inégalité plus fine (cf 2.3.4) :

(5.5.12) $|\partial_y^{\alpha} v_{x_1}(x,y)| \leqslant C_\alpha \qquad \forall x_1 \in \mathbb{R}^p, \ \forall (x,y) \in V_{x_1}$

Considérons donc :

$D_y^{\alpha_1} X^{\beta_1} D_y^{\alpha_2} \dots X^{\beta_t} \Phi_{k,l}$

C'est une somme finie (indépendante de δ) de termes de la forme :

(5.2.13) $C.X^{\beta'} [\varphi_k((\delta\alpha(\delta)\ M + \varepsilon_0^{-1})x)\ .\ P^{\alpha,\beta''}(D_y\ ;\ X)\ [\Psi_l(\ )]$

où $P^{\alpha,\beta''}$ est un monôme non commutatif de D_y et X (de coefficient 1) de longueur $|\alpha|$ par rapport à D_y et (β'') par rapport à X ($|\beta'|+|\beta''|=|\beta|$).

Le premier terme du produit de (5.2.13) est égal à :

(5.2.14) $(\alpha(\delta)\ \delta M + \varepsilon_0^{-1})^{|\beta'|} \varphi_k^{(\beta')}((\delta\ \alpha(\delta) + M + \varepsilon_0^{-1})x)$

Le deuxième terme du produit de (5.2.13) est une somme de termes de la forme :

(5.2.15) $\prod_{i=1}^{n} [\frac{(1+\eta^2)^{1/2}}{M} P_i^{m_i} (D_y,X)\, v_{x_k}(x,y)] \,.\, \Psi_l^{(n)} [\frac{(1+\eta^2)^{1/2}}{M} v_{x_k}(x,y)]$

où

(5.2.16) $P_i^{m_i}(D_y,X)$ est un monôme de (D_y) et (X) de degré $m_i \geqslant 1$, de degré α_i par rapport à D_y et β''_i par rapport à X.

et

(5.2.17) $\sum_{i=1}^{n} m_i = |\alpha| + |\beta''|$

Pour majorer $[\frac{(1+\eta^2)^{1/2}}{M} \,.\, P_i^{m_i} (D_y,X)\, v_{x_k} (x,y)]$, on distingue deux cas :

<u>cas 1</u> La variable X n'apparait pas dans $P_i^{m_i}(D_y,X)$. On utilise alors (5.5.12) pour obtenir la majoration suivante sur le support de $\Phi_{k,l}$:

$$\left| \frac{(1+\eta^2)^{1/2}}{M} D_y^{m_i} v_{x_k}(x,y)\right| \leqslant C_{m_i} \frac{(1+\eta^2)^{1/2}}{M}$$

et donc

(5.2.18) $$\left| \frac{(1+\eta^2)^{1/2}}{M} P_i^{m_i}(D_y,X)\, v_{x_k}(x,y)\right| \leqslant C_{m_i} [1 + \frac{(1+\eta^2)^{1/2}}{M}]^{|\alpha_i|}$$

<u>cas 2</u> La variable X apparait effectivement. On utilise alors l'inégalité (5.5.11) qui donne :

$$\left[\frac{(1+\eta^2)^{1/2}}{M} P_m^{m_i} (D_y,X)\, v_{x_k}(x,y)\right] < C\left[\frac{1+|\eta|}{M(x,y,\eta)^2}\right]^{|\alpha_i|} \frac{M(x,y,\eta)^{|\beta_i|}}{M} [1+C(\delta)\frac{M(x,y,\eta)}{M}]^r$$

Utilisant $|\beta_i| \geqslant 1$, on obtient finalement sur le support de $\Phi_{k,l}$:

(5.2.19) $$\left| \frac{(1+\eta^2)^{1/2}}{M} P_i^{m_i} (D_y,X)\, v_{x_n}(x,y)\right| \leqslant C\, [1 + \frac{1+|\eta|}{M(x,y,\eta)}]^{|\alpha_i|} \times$$
$$\times\ M^{|\beta_i|-1} \left(\frac{M(x,y,\eta)}{M}\right)^{|\beta_i|} [1 + C(\delta)\frac{M(x,y,\eta)}{M}]^r$$

Le lemme (5.5.2) se déduit aisément des majorations (5.2.14), (5.2.18), (5.2.19) en utilisant quand on resomme par rapport à j = (k,l) la propriété (5.5.4) pour φ_k et pour Ψ_l.

▨

§5.6. Fin de la démonstration de la proposition 5.5.1.

Pour tous $j \in \mathbb{N}$ et $\delta \in]0,1]$, considérons la suite $(\Phi^k)_{k \in \mathbb{N}}$ construite au § précédent et correspondant aux 3 paramètres δ, $M = M_j(\delta)$ et $\eta = \eta_j$ définis en (5.3.10) et (5.3.11). La suite $(\Phi^k)_{k \in \mathbb{N}}$ correspondant à ces 3 paramètres sera notée $(\Phi^{j,k})_{k \in \mathbb{N}}$. De même, la suite de points $(x^k,y^k)_{k \in \mathbb{N}}$ associée à cette suite de fonctions sera notée $(x^{jk},y^{jk})_{k \in \mathbb{N}}$.

Pour tous j,k et δ, on peut maintenant définir un opérateur Ψ_{jk} en posant :

(5.6.1) $\Psi_{jk\delta}\, f(x,y) = \Phi^{j,k}(x,y)\,(A_{j\delta}\, f)\,(x,y)$ $\qquad \forall f \in C_0^\infty(\mathbb{R}^{p+1})$

Montrons que la suite $(\Psi_{jk\delta})_{j,k \in \mathbb{N}^2}$ vérifie les propriétés (P_1) à (P_5)

<u>Pour le point</u> (P_1), c'est immédiat à partir de l'inégalité (5.4.1) compte tenu du fait que, pour tout $g \in L^2(\mathbb{R}^{p+1})$, on a :

(5.6.2) $\|g\|_0^2 = \sum_k \|\Phi^{j,k} g\|^2 \qquad \forall j \in \mathbb{N}$

Pour le point (P_2), c'est immédiat à partir de (5.4.8) et (5.6.2).

Pour le point (P_3), on remarque que d'après la construction des $\Phi^{j,k}$, on a, pour tout $(x,y) \in \mathrm{Supp}\ \Phi^{j,k}$:

(5.6.3) $$|x - x^{jk}| \leq \frac{1}{\alpha(\delta)\ \delta M_j(\delta)}$$

(5.6.4) $$|v_{x^{jk}}(x,y) - y^{jk}| \leq \frac{M_j(\delta)}{1+|\eta_j|}$$

Par ailleurs, tout point (x,y) dans le support de $A_{j\delta} f$ doit vérifier, d'après le lemme (5.4.5) :

(5.6.5) $$\alpha(\delta)\ M_j(\delta) \leq M(x,y,\eta_j) \leq \alpha(\delta)^{-1}\ M_j(\delta)$$

On déduit de (5.6.3) à (5.6.5) que, pour tout $(x,y) \in \mathrm{Supp}\ \Psi_{jk\delta} f$, on a :

(5.6.6) $$|x-x^{jk}| \leq \frac{C(\delta)}{\delta M(x,y,\eta_j)}$$

(5.6.7) $$|v_{x^{jk}}(x,y) - y^{jk}| \leq \frac{C(\delta)\ M(x,y,\eta_j)}{1+|\eta_j|}$$

D'après la proposition (3.2.1), il existe $C_1(\delta) > 0$ tel que (5.6.6) et (5.6.7) entrainent :

(5.6.8) $$C_1(\delta)^{-1} \leq \frac{M(x,y,\eta_j)}{M(x^{jk},y^{jk},\eta_j)} \leq C_1(\delta)$$

Les inégalités (5.6.6) à (5.6.8) entrainent l'existence de $C_2(\delta)$ tel que :

(5.6.9) $$|x-x^{jk}| \leq \frac{C_2(\delta)}{M(x^{jk},y^{jk},\eta_j)} \quad \text{et} \quad |v_{x^{jk}}(x,y) - y^{jk}| \leq C_2(\delta)\frac{M(x^{jk},y^{jk},\eta_j)}{1+\eta_j}$$

Par conséquent, la fonction $\Psi_{jk\delta} f$ est bien dans l'ensemble $E_{x^{jk},y^{jk},\eta_j,C_2(\delta)}$ (on convient bien sûr que si $\Psi_{jk\delta} f \equiv 0$, la condition est automatiquement vérifiée).

Vérification de $(P_4)_1$

Le raisonnement précédent montre que, pour tous j et k, on est dans l'un des deux cas suivants :

a) ou bien l'opérateur $\Psi_{jk\delta}$ est nul

b) ou bien il existe un point (x,y) vérifiant : (5.6.5), (5.6.3), (5.6.4) et (5.6.8). En particulier, on a :

(5.6.10) $$C(\delta)^{-1}\ M_j(\delta) \leq M(x^{jk},y^{jk},\eta_j) \leq C(\delta)\ M_j(\delta)$$

Considérons un terme du membre de droite de (5.1.5) :

$$\begin{aligned}
A_{(\alpha,\beta)} &\overset{\text{déf}}{\equiv} \sum_{j,k} \int M(Z_j(\delta))^{2m-2|\beta|-2|\alpha|}\left|\left[\frac{M(Z_j(\delta))(D_y-\eta_j)}{\sqrt{1+\eta_j^2}}\right]^{\alpha} X^{\beta}\,\theta\,\Psi_{jk\delta}\,\tilde\theta f\right|^2 dx\,dy \\
&\leq C(\delta) \sum_{j,k} \int M_j(\delta)^{2m-2|\beta|}\left|\left[\frac{D_y-\eta_j}{\sqrt{1+\eta_j^2}}\right]^{\alpha} X^{\beta}\,\Phi^{j,k}_{\delta}\,\theta\,A_{j\delta}\,\tilde\theta f\right|^2 dx\,dy \\
&\leq 2C(\delta)\left[\sum_{j} \int M_j(\delta)^{2m-2|\beta|}\left|\left[\frac{D_y-\eta_j}{\sqrt{1+\eta_j^2}}\right]^{\alpha} X^{\beta}\,\theta\,A_{j\delta}\,\tilde\theta f\right|^2 dx\,dy\right. \\
&\qquad \left. + \sum_{j,k} \int M_j(\delta)^{2m-2|\beta|}\left|\left[\left[\frac{D_y-\eta_j}{\sqrt{1+\eta_j^2}}\right]^{\alpha} X^{\beta}, \Phi^{j,k}_{\delta}\right]\theta\,A_{j\delta}\,\tilde\theta f\right|^2 dx\,dy\right]
\end{aligned}$$

On a utilisé ici (5.6.2).

Remarquons maintenant que :

$$\left[\left(\frac{D_y-\eta_j}{1+\eta_j^2}\right)^{\alpha} X^{\beta}, \Phi_{\delta}^{j,k}\right] = \sum_{\substack{|\alpha'|+|\beta'|<|\alpha|+|\beta| \\ |\alpha'|+|\alpha''|=|\alpha| \\ |\beta'|+|\beta''|=|\beta|}} C_{\alpha\beta}^{\alpha',\beta',\alpha'',\beta''}\left(\frac{D_y^{\alpha''}}{\sqrt{1+\eta_j^2}^{\ \alpha''}} \cdot X^{\beta''} \Phi_{\delta}^{j,k}\right) \cdot \left(\frac{D_y-\eta_j}{\sqrt{1+\eta_j^2}}\right)^{\alpha'} X^{\beta'}$$

D'où, compte-tenu de (5.5.10) et de (5.6.5)

(5.6.11)
$$A_{(\alpha,\beta)} \leqslant \tilde{C}(\delta)\left[\sum_j \int M_j(\delta)^{2m-2|\beta|}\left|\left(\frac{D_y-\eta_j}{\sqrt{1+\eta_j^2}}\right)^{\alpha} X^{\beta}\,\theta\, A_{j\delta}\,\tilde{\theta}\, f\right|^2 dx\,dy\right.$$
$$\left. + \sum_{\substack{|\alpha'|+|\beta'|<|\alpha|+|\beta| \\ |\alpha'|+|\alpha''|=|\alpha| \\ |\beta'|+|\beta''|=|\beta|}} \sum_j \int M_j(\delta)^{2m-2|\beta'|-2|\alpha''|}\left|\left(\frac{D_y-\eta_j}{\sqrt{1+\eta_j^2}}\right)^{\alpha'} X^{\beta'}\,\theta\, A_{j\delta}\,\tilde{\theta}\, f\right|^2 dx\,dy\right]$$

On déduit de (5.6.11) que le membre de gauche de $(P_4)_1$ est majoré par :

(5.6.12)
$$\tilde{C}(\delta)\sum_j \sum_{\substack{|\alpha|\geqslant 1 \\ |\alpha|+|\beta|\leqslant m}} \int M_j(\delta)^{2m-2|\beta|-2|\alpha|}\left|\left[\frac{M_j(\delta)(D_y-\eta_j)}{\sqrt{1+\eta_j^2}}\right]^{\alpha} X^{\beta}\,\theta\,\Psi_{jk\delta}\,\tilde{\theta} f\right|^2 dx\,dy$$
$$+ C(\delta)\sum_j \sum_{|\beta|\leqslant m-1} \int M_j(\delta)^{2m-2|\beta|-2}\ |X^{\beta}\,\theta\, A_{j\delta}\,\tilde{\theta} f|^2\, dx\,dy$$

Le deuxième terme de (5.6.12) correspond à une majoration du terme qui apparait dans le 2ème terme de (5.6.11) pour $\alpha' = 0$ et donc $\alpha'' > 0$.

Nous sommes maintenant en mesure d'utiliser le corollaire 5.4.7 (inégalité (5.4.35)). On obtient ainsi que le membre de gauche de $(P_{4,1})$ est majoré par :

(5.6.13)
$$\tilde{C}(\delta)\,\varepsilon \sum_j \sum_{|\beta|\leqslant m-1} \int M(x,y,\eta_j)^{2m-2|\beta|}\ |X^{\beta}\,\theta\, A_{j\delta}\,\tilde{\theta}\, f|^2\, dx\,dy$$
$$+ C(\delta,K,\theta,\tilde{\theta},\varepsilon) \sum_{|\beta|\leqslant m-1} \|X^{\beta} f\|_0^2$$
$$+ \tilde{\tilde{C}}(\delta)\sum_j \sum_{|\beta|\leqslant m-1} \int M(x,y,\eta_j)^{2m-2|\beta|-2}\ |X^{\beta}\,\theta\, A_{j\delta}\,\tilde{\theta}\, f|^2\, dx\,dy$$

La même astuce que dans la démonstration du lemme (5.4.3), utilisée également pour le corollaire 5.4.7, montre que le dernier terme de (5.6.13) est majorée par la somme des deux autres et qu'on a donc une majoration par :

(5.6.14)
$$\tilde{C}(\delta)\,\varepsilon \sum_j \sum_{|\beta|\leqslant m-1} \int M(x,y,\eta_j)^{2m-2|\beta|}\ |X^{\beta}\,\theta\, A_{j\delta}\,\tilde{\theta}\, f|^2\, dx\,dy$$
$$+ C(\delta,K,\theta,\tilde{\theta},\varepsilon) \sum_{|\beta|\leqslant m-1} \|X^{\beta} f\|_0^2$$

(5.6.14) est presque la majoration souhaitée, sauf qu'il faut remplacer $A_{j\delta}$ par $\Psi_{jk\delta}$ et la sommation en j par une sommation en (j,k). Le contrôle des commutateurs se fait comme précédemment à l'aide de (5.5.10) et (5.6.5). On obtient donc ainsi la propriété $(P_4)_1$.

Vérification de $(P_4)_2$

On doit contrôler :

$$\sum_{j,k} \| \theta\, M(x,y,\eta_j)^l\ ((\text{ad } X)^\alpha\, \Psi_{j,k,\delta})\ .\ \tilde{\theta}\, f \|_0^2$$

qui se majore par une somme finie (indépendante de δ) de termes de la forme :

$$\sum_{j,k} \| \theta\, M(x,y,\eta_j)^l\ (X^{\alpha'}\, \phi_\delta^{j,k})\ (\text{ad } X)^{\alpha''}\ A_{j\delta}\ .\ \tilde{\theta}\, f \|_0^2$$

avec $|\alpha'| + |\alpha''| = |\alpha| = k$

Compte-tenu de (5.5.10), (5.6.10) et (5.6.8), ce dernier terme est majoré par :

$$C_{\alpha',\alpha''}\ .\ \sum_j \| \theta\ .\ M(x,y,\eta_j)^l\ [(\delta\ \alpha(\delta))\ M_j(\delta)]^{\alpha'}\ (\text{ad } X)^{\alpha''}\ A_{j,\delta}\tilde{\theta}\ f \|_0^2$$

$$+\ C(\delta) \sum_j \| \theta\ M(x,y,\eta_j)^{l+|\alpha'|-1}\ (\text{ad } X)^{\alpha''}\ A_{j\delta}\ \tilde{\theta} f \|_0^2$$

On applique maintenant (5.4.20) et on remarque que le choix de $\alpha(\delta)$ (cf 5.5.5 et 5.4.33) a été fait pour que :

$\alpha(\delta)\ M_j\ (\delta) \leqslant M(x,y,\eta_j)$ pour $(x,y) \in \text{Supp } A_{j\delta}\ \tilde{\theta}\, f$. On obtient donc la majoration par :

$$C_K\ \delta^2 \sum_j \|M(x,y,\eta_j)^{l+k}\ \theta\ A_{j\delta}\ \tilde{\theta}\ f\|^2 + C(\delta) \sum_j \|M(x,y,\eta_j)^{l+k-1}\ \theta\ A_{j\delta}\ \tilde{\theta}\ f\|^2 + C(K,\delta,\theta,\tilde{\theta})\ \|f\|^2$$

Le terme du milieu est bien majoré par les 2 autres ; utilisant alors (5.6.2), on obtient bien $(P_4)_2$.

Vérification de $(P_4)_3$

Compte-tenu de (5.6.2), il suffit de vérifier cette propriété pour $A_{j\,\delta}$ (cf la remarque suivant la démonstration des lemmes (5.4.2) et (5.4.3)).

Vérification de (P_5)

Pour tout j, la partition de l'unité $\Phi_{j,k}$ est localement finie. On a vu et utilisé au §5.4 que le nombre de j tels que $|\eta_j| \leqslant C$ était fini.

§6. Fin de la démonstration du théorème 1.3.

Soit (x_0,y_0) un point de $\mathbb{R}^{p+1}$ où les champs X_j vérifient la condition de Hörmander $(C.H)_r$ et où les opérateurs P_j vérifient (1.14). Comme déjà remarqué, on peut supposer que les P_j sont des polynômes des X_j à coefficients constants.

On veut déduire de la proposition (4.2), la propriété suivante :

Il existe un voisinage V de (x_0,y_0) et une constante $C_1 > 0$ tels que :

(6.1) $$\sum_{|\alpha|=m} \|X^\alpha u\|_0^2 \leqslant C(\sum_j \|P_j\ u\|_0^2 + \sum_{|\alpha|\leqslant m-1} \|X^\alpha u\|_0^2\ )\ \ ;\ \ \forall u \in C_0^\infty(V)$$

Nous utilisons la suite d'opérateurs $\Psi_{j,\delta}$ construite au §5.

D'après (P_2), on a vu qu'il existe des points (x_j,y_j,η_j) (dépendant de δ) et une fonction $\delta \to a(\delta) > 1$ tels que :

(6.2) $$\Psi_{j\delta}\ f \in E_{(x_j,y_j,\eta_j,a(\delta))}\ \ ,\ \ \forall f \in C_0^\infty\ (\mathbb{R}^{p+1})$$

Pour tout $\delta \in]0,1]$, on notera V_δ, $\eta_0(\delta)$ et $C(\delta)$ le voisinage $V_{a(\delta)}$ et les constantes $\eta_0(a(\delta))$ et $C(a(\delta))$ apparaissant dans la proposition (4.2). On peut supposer bien entendu que tous les voisinages V_δ sont inclus dans un même voisinage compact fixe V_K où $(C.H)_r$ est vérifiée.

Pour tout $\delta \in]0,1]$, choisissons une fonction $\varphi_\delta \in C_0^\infty(V_\delta)$ égale à 1 sur un voisinage W_δ de (x_0,y_0) et telle que : $0 \leqslant \varphi_\delta \leqslant 1$. Pour tous $j \in \mathbb{N}$, $\delta \in]0,1]$ et $u \in C_0^\infty(\mathbb{R}^{p+1})$, posons :

(6.3) $$g_{j\delta} = \varphi_\delta \cdot \Psi_{j\delta}\, u$$

Pour obtenir les majorations, on distingue deux cas :

<u>1er cas</u> $|\eta_j| \geqslant \eta_0(\delta)$

Dans ce cas, on applique simplement la proposition (4.2) à $f = g_{j\delta}$ et pour $(x_1,y_1,\eta) = (x_j,y_j,\eta_j)$; ceci donne :

(6.4) $$\sum_{|\alpha|\leqslant m} \int M(x,y,\eta_j)^{2(m-|\alpha|)}\, |X^\alpha g_{j,\delta}|^2\, dx\, dy \leqslant C_0 \|P g_{j,\delta}\|^2 + C(\delta)\, M(x_j,y_j,\eta_j)^{2m} \times \sum_{\substack{|\alpha|\geqslant 1\\ |\alpha|+|\beta|\leqslant m}} \left\| \left(\frac{D_y-\eta_j}{\sqrt{1+\eta_j^2}}\right)^\alpha (M_j^{-1} X)^\beta g_{j\delta} \right\|_0^2$$

(où on a posé pour ce paragraphe : $M_j = M(x_j,y_j,\eta_j)$)

<u>2ème cas</u> $|\eta_j| \leqslant \eta_0(\delta)$

Dans ce cas, on utilise l'ellipticité transversale du système (P_j) (qui résulte de l'hypothèse (1.14) pour les représentations dégénérées). Il existe $C_0 > 0$ tel que, pour tout $g \in C_0^\infty(\mathbb{R}^{p+1})$ (ou même $\mathcal{S}(\mathbb{R}^{p+1})$), on ait :

(6.5) $$\sum_{|\beta|\leqslant m} \|X^\beta g\|_{0,0}^2 \leqslant C_0 [\|P g\|_{0,0}^2 + \sum_{\substack{|\gamma|+j\leqslant m\\ j\geqslant 1}} \|X^\gamma g\|_{0,j}^2]$$

(Ceci est licite car on a supposé que les P_i sont des polynômes à coefficients constants et qu'on a d'après (1.1) : $f_j \in C_0^\infty$).

Remarquant que :

(6.6) $$\|\partial_y g\|_0^2 \leqslant 2[\|(1/i\ \partial_y - \eta_j)g\|^2 + \|\eta_j g\|^2],$$

on déduit de (6.5) et (6.6) que, si $|\eta_j| \leqslant \eta_0(\delta)$, on a :

(6.7) $$\sum_{|\alpha|\leqslant m} \sum_j \int M(x,y,\eta_j)^{2(m-|\alpha|)} |X^\alpha g_{j\delta}|^2\, dx\, dy \leqslant C_0 [\|P g_{j\delta}\|_0^2 + C(\delta) M_j^{2m} \sum_{\substack{|\alpha|\geqslant 1\\ |\alpha|+|\beta|\leqslant m}} \left\| \left(\frac{D_y-\eta_j}{\sqrt{1+\eta_j^2}}\right)^\alpha (M_j^{-1} X)^\beta g_{j\delta} \right\|_0^2 + C'(\delta) \sum_{|\beta|\leqslant m-1} \|X^\beta g_{j\delta}\|^2]$$

(On utilise ici que : $1 \leqslant \sqrt{1+|\eta_j|^2} \leqslant \sqrt{1+\eta_0^2(\delta)}$ et $1 \leqslant M_j \leqslant C\ \sqrt{1+\eta_0^2(\delta)}$).

Additionnons les différentes inégalités; on aura besoin du lemme suivant :

Lemme 6.1.

Pour tout $\delta \in]0,1]$, tout $u \in C_0^\infty(W_\delta)$, tout α tel que $|\alpha| = k$, on a :

(6.8) $$\|X^\alpha u\|_0^2 \leqslant C \sum_j \|X^\alpha g_{j\delta}\|_0^2 + R_k(\delta,u)$$

et

(6.9) $$\sum_j \|X^\alpha g_{j\delta}\|^2 \leqslant C\|X^\alpha u\|_0^2 + R_k(\delta,u)$$

où $R_k(\delta,u)$ est une expression de la forme :

$$\varepsilon_k(\delta) \sum_j \sum_{|\beta|\leqslant k} \int M(x,y,\eta_j)^{2(k-|\beta|)} |X^\beta g_{j\delta}|^2 \, dx\, dy$$

$$+ C_k(\delta) \sum_{|\beta|\leqslant k-1} \|X^\beta u\|_0^2$$

$$+ C_k(\delta) \sum_{|\alpha|=k} \|X^\alpha u\|_{0,-1/r}^2$$

Démonstration de 6. 8.

Le cas où $k = 0$ résulte de (5.1.3). De par le choix de φ_δ et W_δ, on a, pour $u \in C_0^\infty(W_\delta)$:

$$\|X^\alpha u\|^2 = \|\varphi_\delta X^\alpha u\|^2$$

$$\leqslant C \sum_j \|\varphi_\delta \Psi_{j\delta} X^\alpha u\|_0^2 + C(\delta)\|X^\alpha u\|_{0,-1/r}^2 \qquad \text{(d'après 5.1.3)}$$

$$\leqslant C \sum_j \|X^\alpha g_{j\delta} u\|^2 + C(\delta)\|X^\alpha u\|_{0,-1/r}^2$$

$$+ C(\delta) \sum_j \|(X^\alpha \varphi_\delta) \Psi_{j\delta} u\|_0^2$$

$$+ C \sum_j \|\varphi_\delta [\Psi_{j,\delta}, X^\alpha] u\|_0^2$$

$$\leqslant C \sum_j \|X^\alpha g_{j\delta} u\|^2 + R_{|\alpha|}(\delta,u) + C \sum_j \|\varphi_\delta [\Psi_{j,\delta}, X^\alpha] u\|_0^2 \qquad \text{(d'après 5.1.2)}$$

(6. 8) résultera du contrôle de :

$$\sum_j \|\varphi_\delta [\Psi_{j,\delta}, X^\alpha] u\|_0^2$$

Remarquons maintenant que :

(6.10) $$[\Psi_{j,\delta}, X^\alpha] = \sum_{\substack{|\gamma|+|\beta|=|\alpha| \\ |\beta|>0}} C_\alpha^{\beta,\gamma} \cdot ((\mathrm{ad}\ X)^\beta \cdot \Psi_{j,\delta}) X^\gamma$$

Par conséquent, compte-tenu de (5.1.6), avec $\theta = \varphi_\delta$, $\tilde{\varphi}_\delta = \tilde{\theta}$ (qui est une fonction du même type), $l = 0$, $k = |\beta|$, on obtient :

(6.11) $$\sum_j \|\varphi_\delta [\Psi_{j,\delta}, X^\alpha] u\|^2 \leqslant C\,\delta^2 \sum_j \sum_{\substack{|\gamma|+|\beta|=|\alpha| \\ |\beta|>0}} \|M(x,y,\eta_j)^{|\beta|} \cdot \varphi_\delta \Psi_{j\delta} X^\gamma u\|_0^2 + C(\delta) \sum_{|\gamma|\leqslant|\alpha|-1} \|X^\gamma u\|_0^2$$

pour tout $u \in C_0^\infty(W_\delta)$.

Il nous faut maintenant contrôler :

(6.12) $$\sum_j \sum_{|\gamma|\leqslant|\alpha|-1} \|M(x,y,\eta_j)^{|\alpha|-|\gamma|} \varphi_\delta \Psi_{j,\delta} X^\gamma u\|_0^2$$

qu'on majore par :

$$(6.12) \quad \leqslant 2 \sum_j \sum_{|\gamma| \leqslant |\alpha|-1} \| M(x,y,\eta_j)^{|\alpha|-|\gamma|} X^\gamma g_{j\delta} \|^2$$

$$(6.13) \quad + 2 \sum_j \sum_{0<|\gamma| \leqslant |\alpha|-1} \| M(x,y,\eta_j)^{|\alpha|-|\gamma|} (X^\gamma \varphi_\delta) \Psi_{j\delta} u \|_0^2$$

$$+ 2 \sum_j \sum_{|\gamma| \leqslant |\alpha|-1} \| M(x,y,\eta_j)^{|\alpha|-|\gamma|} \varphi_\delta [X^\gamma, \Psi_{j\delta}] u \|_0^2$$

Le premier terme du second membre est de la forme souhaitée. La majoration du deuxième terme se déduit de (5.1.7) si on remarque que les supports de $(X^\gamma \varphi_\delta)$ et de u sont disjoints (on majore $M(x,y,\eta_j)$ par $(1+|\eta_j|)$). Le 3ème terme est du type du membre de gauche de (6.11) avec $|\alpha|$ remplacé par $|\gamma| \leqslant |\alpha| - 1$ mais avec une puissance de $M(x,y,\eta_j)$ correspondante. Utilisant de nouveau (5.1.6) avec cette fois-ci $l = |\alpha| - |\gamma|$, $k = |\gamma|$, on obtient une majoration du même type avec le 3ème terme dans (6.12) devenu :

$$\sum_j \sum_{|\gamma| \leqslant |\alpha| - 2} \| M(x,y,\eta_j)^{|\alpha|-|\gamma|} \varphi_\delta [X^\gamma, \Psi_{j\delta}] u \|_0^2 .$$

Par récurrence, on finit par éliminer ce terme.

c.q.f.d.

Démonstration de 1.13.

On a :

$$\sum_j \sum_{|\alpha| \leqslant m} \int M(x,y,\eta_j)^{2(m-|\alpha|)} |X^\alpha g_{j\delta}|^2 \, dx \, dy + \sum_{|\alpha| \leqslant m} \| X^\alpha u \|_0^2 \leqslant$$

$$(6.14) \quad \leqslant C \| P u \|^2 + \sum_{k \leqslant m} R_k(\delta,u)$$

$$+ C(\delta) \sum_j M_j^{2m} \sum_{\substack{|\alpha| \geqslant 1 \\ |\alpha|+|\beta| \leqslant m}} \left\| \left(\frac{D_y - \eta_j}{\sqrt{1+\eta_j^2}} \right)^\alpha (M_j^{-1} X)^\beta g_{j\delta} \right\|_0^2$$

$$+ C'(\delta) \sum_{\substack{j \\ \eta_j \leqslant \eta_0(\delta)}} \sum_{|\beta| \leqslant m-1} \| X^\beta g_{j\delta} \|_0^2$$

Considérons le dernier terme du second membre de (6.14); compte-tenu du fait que $|\eta_j| \leqslant \eta_0(\delta)$, il ne contient qu'un nombre fini de termes (dépendant de δ) (cf P_5) et, par conséquent, on a :

$$\sum_{\substack{j \\ |\eta_j| \leqslant \eta_0(\delta)}} \sum_{|\beta| \leqslant m-1} \| X^\beta g_{j\delta} \|_0^2 \leqslant C(\delta) \sum_{|\beta| \leqslant m-1} \| X^\beta u \|_0^2 .$$

Exprimons ce que signifie $R_k(\delta,u)$; (6.14) devient :

$$
(6.15)\quad
\left\{
\begin{aligned}
&\sum_j \sum_{|\alpha|\leq m} \int M(x,y,\eta_j)^{2(m-|\alpha|)}\, |X^\alpha g_{j\delta}|^2\, dx\, dy + \sum_{|\alpha|\leq m} \|X^\alpha u\|_0^2 \leq \\
&\leq C\|P u\|_0^2 + C(\delta) \sum_j M_j^{2m} \sum_{\substack{|\alpha|\geq 1\\ |\alpha|+|\beta|\leq m}} \left\| \left(\frac{D_y - \eta_j}{\sqrt{1+\eta_j^2}}\right)^\alpha \cdot (M_j^{-1} X)^\beta g_{j\delta} \right\|_0^2 \\
&+ C(\delta) \sum_{|\beta|\leq m-1} \|X^\beta u\|_0^2 \\
&+ C(\delta) \sum_{|\beta|=m} \|X^\beta u\|_{0,-1/r}^2 \\
&+ \varepsilon(\delta) \sum_j \sum_{|\beta|\leq m} \int M(x,y,\eta_j)^{2(m-|\beta|)}\, |X^\beta g_{j,\delta}|^2\, dx\, dy
\end{aligned}
\right.
$$

Utilisant (5.1.5), on déduit de (6.15) que :

$$
\begin{aligned}
&\sum_j \sum_{|\alpha|\leq m} \int M(x,y,\eta_j)^{2(m-|\alpha|)}\, |X^\alpha g_{j\delta}|^2\, dx\, dy + \sum_{|\alpha|\leq m} \|X^\alpha u\|_0^2 \leq \\
&\leq C\|P u\|^2 + C(\delta) \sum_{|\beta|\leq m-1} \|X^\beta u\|_0^2 + C(\delta) \sum_{|\beta|=m} \|X^\beta u\|_{0,-1/r}^2 \\
&+ \varepsilon(\delta) \sum_j \sum_{|\beta|\leq m} \int M(x,y,\eta_j)^{2(m-|\alpha|)}\, |X^\alpha g_{j,\delta}|^2\, dx\, dy
\end{aligned}
$$

Choisissant alors δ assez petit pour que $\varepsilon(\delta) \leq 1/2$, on en déduit :

$$
\sum_{|\alpha|\leq m} \|X^\alpha u\|_0^2 \leq C\|P u\|_0^2 + \tilde{C} \sum_{|\beta|=m} \|X^\beta u\|_{0,-1/r}^2 + \tilde{C} \sum_{|\beta|\leq m-1} \|X^\beta u\|_0^2
$$

Il ne nous reste plus qu'à utiliser que : $\forall N, \forall \varepsilon, \exists C_\varepsilon^N$ tel que :

$$
\|u\|_{0,-1/r}^2 \leq \varepsilon \|u\|_{0,0}^2 + C_\varepsilon^N \|u\|_{0,-N}^2
$$

et une inégalité de dérivées intermédiaires.

On obtient donc :

$$
(6.16)\quad \sum_{|\alpha|\leq m} \|X^\alpha u\|_0^2 \leq 2C\, \|P u\|_0^2 + \tilde{\tilde{C}} \|u\|_0^2 + \tilde{\tilde{C}} \sum_{|\beta|=m} \|X^\beta u\|_{0,-N}^2
$$

On utilise de nouveau l'ellipticité transverse (appliquer (6.5) à $(I - \Delta_y)^{-m/2} u$) mais cette fois-ci avec des normes de Sobolev négatives.

$$
(6.17)\quad \sum_{|\beta|\leq m} \|X^\beta u\|_{0,-m}^2 \leq C[\|P u\|_{0,0}^2 + \sum_{|\beta|\leq m-1} \|X^\beta u\|_{0,0}^2]
$$

(1.13) se déduit alors aisément de (6.16) et (6.17).

CHAPITRE X

UNE CLASSE D'OPERATEURS A CARACTERISTIQUES MULTIPLES

(DEMONSTRATION DE LA CONJECTURE DANS LE CAS $r = 2$)

I. ENONCE.

Le but de ce chapitre est de démontrer la conjecture 2.3 du chapitre I dans le cas où la longueur r des crochets de Poisson sur lesquels porte la condition d'ellipticité est égale à 2. On désignera maintenant par $X_1,\ldots,X_p$ un système d'opérateurs pseudo-différentiels d'ordre 1 dans un ouvert Ω de $\mathbb{R}^n$, dont les symboles principaux, désignés par $X_j(x,\xi)$, sont supposés réels. On pose

(1.1) $$\Sigma = \{(x,\xi) \in \Omega \times R^n - \{0\} \; ; \; X_j \; (x,\xi) = 0 \; , \; j = 1,\ldots p\} \; .$$

On considère un point (x_o,ξ_o) de Σ et l'on fait l'hypothèse suivante :

(H) Il existe un crochet de Poisson (de longueur 2) des fonctions X_j qui est non nul en (x_o,ξ_o) .

On considère un opérateur pseudo-différentiel P de la forme suivante (avec des notations analogues à celles que nous avons adopté pour les champs de vecteurs)

(1.2) $$P = \sum_{|\alpha| \leqslant m} A_\alpha X^\alpha$$

où m est un entier $\geqslant 1$, et les A_α sont des opérateurs pseudo-différentiels d'ordre 0.

Rappelons qu'une distribution $u\in\mathcal{D}'(\Omega)$ est dite dans $H^s_{(x_o,\xi_o)}$ s'il existe un opérateur pseudo-différentiel $\psi(x,D)$ d'ordre 0 , elliptique en (x_o,ξ_o) tel que $\psi(x,D)u$ soit dans $L^2(\Omega)$. On se demande à quelle condition on a l'implication suivante, pour tout s réel :

(1.3) $$\left.\begin{array}{l} u\in\mathcal{D}'(\Omega) \\ P\,u\in H^s_{(x_o,\xi_o)} \end{array}\right\} \Rightarrow X^\alpha u\in H^s_{(x_o,\xi_o)} \quad |\alpha|\leq m .$$

On dira alors que l'opérateur P est hypoelliptique maximal en (x_o,ξ_o) .

D'après la proposition 1.4, rappelée au chapitre I, sous l'hypothèse (H), les propriétés de (1.3) entraine que $X^\alpha u$ est dans $H^{s+\frac{m-|\alpha|}{2}}(x_o,\xi_o)$ si $|\alpha|\leq m$, de sorte que l'implication (1.3) entraine en particulier l'hypoellipticité de P au point (x_o,ξ_o) avec perte de $\frac{m}{2}$ dérivée. Pour que l'implication (1.3) soit vérifiée, il faut et il suffit qu'il existe un opérateur $\psi(x,D)$ d'ordre 0, elliptique en (x_o,ξ_o) , un voisinage V de x_o et une constante $C>0$ tels que :

(1.4) $$\sum_{|\alpha|\leq m} \|\psi(x,D)X^\alpha u\|_{\frac{m-|\alpha|}{2}} \leq c(\|Pu\|_o + \sum_{|\beta|\leq m} \|X^\beta u\|_{\frac{m-|\beta|-1}{2}})$$

pour tout $u\in C_o^\infty(V)$. Puisque la condition est locale, nous pourrons supposer désormais que les symboles complets des opérateurs A_α et X_j sont nuls lorsque x est hors d'un compact de Ω .

La caractérisation de l'inégalité (1.4) fait intervenir des notions très voisines de celles des chapitres antérieurs, ce qui suggère que les résultats et conjectures énoncés au chapitre I sont peut-être vrais dans un cadre pseudo-différenciel plus général.

On désigne par $\mathcal{G}$ l'algèbre de Lie nilpotente libre à p générateurs

$Y_1, \dots, Y_p$, de rang de nilpotence 2 . On pose $Y_{jk} = [Y_j , Y_k]$ $(1 \leqslant j \leqslant k \leqslant p)$.

Définition 1.1. Soit (x_o, ξ_o) un point de Σ . On designe par $\Gamma_{(x_o, \xi_o)}$ l'ensemble des formes linéaires $\ell \in \mathfrak{g}^*$ telles qu'il existe une suite $(x_\nu \; \xi_\nu)$ dans $\Omega \times R^n$ et une suite $(t\ )(\nu \in N)$ de réels positifs telles que, quand ν tend vers $+\infty$:

(1.5) $$x_\nu \to x_o \qquad |\xi_\nu| \to \infty \qquad \frac{\xi_\nu}{|\xi_\nu|} \to \frac{\xi_o}{|\xi_o|}$$

(1.6) $$t_\nu X_j(x_\nu, \xi_\nu) \to \ell(Y_j) \quad (1 \leqslant j \leqslant p) \qquad t_\nu^2 \{X_j, X_k\}(x_\nu, \xi_\nu) \to \ell(Y_{jk}) \quad (1 \leqslant j < k \leqslant p)$$

Pour tout $\ell \in \Gamma_{(x_o, \xi_o)}$, on note Π_ℓ la représentation correspondante de l'algèbre de Lie $\mathfrak{g}$, réalisée dans $\mathcal{S}(R^{k(\ell)})$ comme on l'a vu au chapitre II. On désigne par a_α le symbole principal (d'ordre 0) de l'opérateur A_α et l'on pose :

(1.7) $$P_{(x_o, \xi_o, \ell)} = \sum_{|\alpha|=m} a_\alpha(x_o, \xi_o) \Pi_\ell(Y)^\alpha$$

Théorème 1.2. Sous les hypothèses ci-dessus, les deux propriétés suivantes sont équivalentes :

1) L'opérateur P est hypoelliptique maximal en (x_o, ξ_o) .

2) Pour tout $\ell \in \Gamma_{(x_o, \xi_o)} \setminus \{0\}$, l'opérateur $P_{(x_o, \xi_o, \ell)}$ est injectif dans $\mathcal{S}(R^{k(\ell)})$.

La preuve de l'implication $1 \Rightarrow 2$ est très proche de [HO_3] et sera seulement esquissée au §3. La réciproque $2 \Rightarrow 1$ sera démontrée aux §4 et 5. On trouvera des démonstrations plus détaillées dans [NO_5] et [AS].

2. LIEN AVEC LES RESULTATS DE BOUTET DE MONVEL - GRIGIS - HELFFER.

Nous allons montrer comment le théorème 1.2, convenablement modifié, permet de contenir les résultats de [BGH], (voir aussi [AS]).

Dans [BGH], on considère une sous-variété régulière Σ de $\Omega \times R^n \setminus \{0\}$ qui est conique, (c'est à dire telle que $(x,\xi) \in \Sigma$ et $t > 0$ entrainent $(x,t\xi) \in \Sigma$). On considère un réel m et un entier $k \geq 0$. On désigne par $\mathcal{N}^{m,k}(\Omega,\Sigma)$ l'ensemble des opérateurs pseudo-différentiels P d'ordre m dans Ω, dont le symbole $p(x,\xi)$ (dans un système de coordonnées quelconques) admet un développement asymptotique

$$(2.1) \qquad p(x,\xi) \sim \sum_{j=0}^{\infty} p_{m-\frac{j}{2}}(x,\xi)$$

où $p_{m-\frac{j}{2}}$ est homogène en ξ de degré $m-\frac{j}{2}$, et où les termes du développement asymptotique possèdent les propriétés suivantes :

1) Le symbole principal p_m s'annule exactement à l'ordre k sur Σ. Autrement dit, si $d(x,\xi)$ est une fonction homogène de degré 1 en ξ, équivalente lorsque $|\xi| = 1$ à la distance à Σ, on suppose que :

$$(2.2) \qquad p_m(x,\xi) \approx |\xi|^{m-k}\, d(x,\xi)^k$$

2) Le terme $p_{m-\frac{j}{2}}$ s'annule sur Σ à un ordre au moins égal à $k-j$, si $k-j \geq 0$.

Sous ces hypothèses, on montre dans [BGH] que l'hypoellipticité de P avec perte de $\frac{k}{2}$ dérivées équivaut à l'injectivité de certains opérateurs définis globalement sur $R^q (1 \leq q < n)$. Nous allons montrer que l'interprétation de ces opérateurs conduit à une définition très voisine de celle de l'ensemble $\Gamma_{(x_o,\xi_o)}$ du §1.

Pour cela, désignons par p la codimension de Σ, et considérons un système $X_1, \ldots, X_p$ de fonctions C^∞, réelles, homogènes en ξ de degré 1, dont les différentielles sont linéairement indépendantes sur Σ , et telles que Σ soit définie localement par (1.1). De telles fonctions existent localement. Désignons aussi par X_j un opérateur pseudo-différentiel d'ordre 1, dont le symbole principal est $x_j(x,\xi)$. On voit qu'un opérateur P d'ordre m est dans $\mathcal{N}^{m,k}(\Omega,\Sigma)$ si et seulement si on peut l'écrire sous la forme :

$$P = \sum_{|\alpha| \leq k} A_\alpha X^\alpha \tag{2.3}$$

où A_α est un opérateur pseudo-différentiel d'ordre $\leq m - \frac{k+|\alpha|}{2}$ (et si (2.2) est vérifié).

Nous ne supposons pas que le système des opérateurs X_j vérifie la condition des crochets. Pour caractériser l'hypoellipticité de P avec perte de $\frac{k}{2}$ dérivée, il nous faudra donc modifier nos définitions concernant les algèbres de Lie. On considère une algèbre de Lie $\widetilde{\mathcal{G}}$, de dimension $p + \frac{p(p-1)}{2} + 1$, avec une base formée d'éléments notés $Y_j (1 \leq j \leq p)$, $Y_{jk} (1 \leq j < k \leq p)$ et T . La loi de crochet est définie par

$$[Y_j, Y_k] = Y_{jk} \quad \text{si} \quad j < k \qquad [Y_{jk}, \widetilde{\mathcal{G}}] = 0 \quad , \quad [T, \widetilde{\mathcal{G}}] = 0$$

<u>Définition 2.1.</u> Soit $(x_0, \xi_0) \in \Sigma$. On désigne par $\widetilde{\Gamma}_{(x_0,\xi_0)}$ l'ensemble des formes linéaires $\ell \in \widetilde{\mathcal{G}}^*$ telles qu'il existe une suite (x_ν, ξ_ν) dans $\Omega \times R^n$ et une suite (t_ν) dans R^+ vérifiant (1.5) et (1.6), et, de plus :

$$t_\nu^2 |\xi_\nu| \to \ell(T) \qquad \text{quand} \quad \nu \to \infty \tag{2.4}$$

Pour tout $\ell \in \widetilde{\Gamma}_{(x_0,\xi_0)}$, on note $\widetilde{\Pi}_\ell$ la représentation correspondante de l'algèbre de Lie $\widetilde{\mathcal{G}}$. On désigne cette fois par $a_\alpha(x,\xi)$ le symbole principal (d'ordre $m - \frac{k+|\alpha|}{2}$) de l'opérateur A_α , et l'on pose :

(2.5) $$P_{(x_o,\xi_o,\ell)} = \sum_{|\alpha|\leq k} i^{-|\alpha|} a_\alpha(x_o,\frac{\xi_o}{|\xi_o|})\, \ell(T)^{\frac{k-|\alpha|}{2}}\, \widetilde{\Pi}_\ell(Y)^\alpha$$

On dira que P est hypoelliptique maximal en $(x_o,\xi_o)\in\Sigma$ si on a l'implication suivante, pour tout s réel :

$$\left.\begin{array}{l} u\in\mathcal{D}'(\Omega) \\ P\,u\in H^s_{(x_o,\xi_o)} \end{array}\right\} \Rightarrow X^\alpha u\in H^{s+m-\frac{k+|\alpha|}{2}}_{(x_o,\xi_o)}\ ,\quad \text{si}\quad |\alpha|\leq k\ .$$

Théorème 2.2. Soit $X_1,\ldots,X_p$ un système d'opérateurs pseudo-différentiels d'ordre 1 dans Ω , à symboles principaux réels. Soient m un réel, k un entier, et P un opérateur de la forme (2.3), où les A_α sont d'ordre $\leq m-\frac{k+|\alpha|}{2}$. Soit (x_o,ξ_o) un point de l'ensemble Σ défini par (1.1). Alors les deux propriétés suivantes sont équivalentes :

1) L'opérateur P est hypoelliptique maximal en (x_o,ξ_o) .

2) Pour tout $\ell\in\widetilde{\Gamma}_{(x_o,\xi_o)}\backslash\{0\}$, l'opérateur $P_{(x_o,\xi_o,\ell)}$ est injectif dans $\mathcal{S}(R^{k(\ell)})$.

Ce théorème annoncé en [HENO$_8$] généralise celui de [B.G.H] puisqu'on ne suppose pas que l'ensemble Σ défini par (1.1) soit une variété régulière. Sa démonstration repose sur les mêmes idées que celles du théorème 1.2, avec cependant de nombreuses modifications de détails, notamment à cause de l'exposant fractionnaire $\frac{k-|\alpha|}{2}$ dans (2.5). C'est pourquoi nous nous bornerons à résumer la démonstration du théorème 1.2.

3. CONDITIONS NECESSAIRES.

La démonstration du théorème 1.2 est une combinaison des résultats du chapitre VIII et des techniques de Hörmander [HO$_3$]. Nous nous contenterons d'indiquer les principales étapes, et de renvoyer à [AS] ou [NO$_5$] pour les détails.

Désignons par $\Gamma^o_{(x_o,\xi_o)}$ (resp. $\Gamma^1_{(x_o,\xi_o)}$ l'ensemble des formes linéaires $\ell \in \Gamma_{(x_o,\xi_o)}$ qui sont associées à des suites (x_ν,ξ_ν) et (t_ν) vérifiant (1.5) et (1.6) et telles que $t_\nu^2|\xi_\nu|$ tend vers 0 (resp. vers 1) quand $\nu \to \infty$. La proposition suivante est facile à vérifier :

<u>Proposition 3.1.</u> Les deux propriétés suivantes sont équivalentes.

1) Pour tout $\ell \in \Gamma^o_{(x_o,\xi_o)}\backslash\{0\}$, le nombre complexe $P_{(x_o,\xi_o,\ell)}$ est non nul.

2) Il existe un voisinage V de (x_o,ξ_o) et une constante $C>0$ tels que :

(3.1) $$\sum_{|\alpha|=m} |X^\alpha(x,\xi)|^2 \leq C\Big|\sum_{|\alpha|=m} a_\alpha(x,\xi)X^\alpha(x,\xi)\Big|^2 \qquad \forall(x,\xi)\in V$$

Il est bien connu que l'inégalité (1.4) entraine (3.1). La condition d'injectivité du théorème 1.2 est donc nécessaire pour tout $\ell \in \Gamma^o_{(x,\ \xi_o)}$.

Pour tout $\ell \in \Gamma^1_{(x_o,\xi_o)}$, posons :

(3.2) $$\sigma_{(x_o,\xi_o,\ell)}(X_j) = \ell(X_j) + \sum_{k=1}^{n} \Big(\frac{\partial X_j}{\partial\xi_k}(x_o,\xi_o)D_{y_k} + \frac{\partial X_j}{\partial x_k}\Big(x_o,\frac{\xi_o}{|\xi_o|}\Big)y_k\Big)$$

et :

(3.3) $$\sigma_{(x_o,\xi_o,\ell)}(P) = \sum_{|\alpha|=m} a_\alpha(x_o,\xi_o)\ \sigma_{(x_o,\xi_o,\ell)}(X)^\alpha$$

D'après Hörmander [HO$_3$], l'inégalité (1.4) entraine que l'on a, (avec la même constante $C>0$ que dans (1.4) :

(3.4) $$\sum_{|\alpha|=m} \|\sigma_{(x_o,\xi_o,\ell)}(X^\alpha)\psi\|^2 \leq C\ \|\sigma_{(x_o,\xi_o,\ell)}(P)\psi\|^2$$

pour tout $\ell \in \Gamma^1_{(x_o,\xi_o)}$ et pour tout $\psi \in \mathcal{S}(R^n)$. Nous allons maintenant rappeler l'interprétation d'une inégalité du type (3.4) en termes de représentations.

Plus généralement, considérons un système $L_1,\dots,L_p$ de fonctions affines dans R^{2n} . Soient P et Q deux opérateurs différentiels dans R^n , de la forme suivante (où N est un entier et les p_α et q_α sont des nombres complexes) :

$$(3.5) \qquad P = \sum_{|\alpha|\leqslant N} p_\alpha L(y,D)^\alpha \qquad\qquad Q = \sum_{|\alpha|\leqslant N} q_\alpha L(y,D)^\alpha$$

Désignons par S l'ensemble des formes linéaires $\tilde{\ell} \in \mathcal{G}^*$ telles qu'il existe $(y,\eta) \in R^{2n}$ tel que :

$$(3.6) \qquad \tilde{\ell}(Y_j) = L_j(y,\eta) \ (1\leqslant j\leqslant p) \quad \text{et} \quad \tilde{\ell}(Y_{jk}) = \{L_j,L_k\}(x,\eta) \quad (1\leqslant j<k\leqslant p)$$

Nous pouvons réécrire le théorème 4.1 du chapitre II.

Proposition 3.2. Avec les notations ci-dessous, les deux propriétés suivantes sont équivalentes (C est une constante positive).

1) On a ; $\| Qf \|^2 \leqslant C\| Pf \|^2$, pour tout f dans $\mathcal{S}(R^n)$.

2) On a, pour tout $\tilde{\ell} \in S$ et pour tout $\psi \in \mathcal{S}(R^{k(\tilde{\ell})})$;

$$(3.7) \qquad \| \sum_{|\alpha|\leqslant N} p_\alpha \pi_{\tilde{\ell}}(Y)^\alpha \psi \|^2 \leqslant C \| \sum_{|\alpha|\leqslant N} q_\alpha \pi_{\tilde{\ell}}(Y)^\alpha \psi \|^2$$

Cette proposition est aussi démontrée dans $[HO_3]$ avec des techniques classiques d'algèbre linéaire symplectique. On peut appliquer cette proposition aux applications affines $(y,\eta) \to \sigma_{(x_o,\xi_o,\ell)}(X_j)(y,\eta)$. Comme la forme linéaire ℓ est dans l'ensemble S (il suffit de prendre $y=\eta=0$) , l'inégalité (3.4) entraine que l'on a :

$$(3.8) \qquad \sum_{|\alpha|=m} \| \pi_\ell(Y^\alpha)\psi \|^2 \leq C \| P_{(x_o,\xi_o,\ell)} \psi \|^2$$

pour tout $\ell \in \Gamma^1_{(x_o,\xi_o)}$ et pour tout $\psi \in \mathcal{S}(R^{k(\ell)})$. Si $\ell \neq 0$, cette inégalité entraine l'injectivité de $P_{(x_o,\xi_o,\ell)}$. L'implication $1 \Rightarrow 2$ du théorème 1.2 s'en déduit facilement par dilatation.

4. LEMME SUR DES INEGALITES L^2 DEPENDANT D'UN PARAMETRE.

Pour tout m réel, désignons par S^m l'ensemble des familles de fonctions $p(x,\xi,\lambda)$ C^∞ sur R^{2n}, dépendant du paramètre $\lambda \geq 1$, et possédant la propriété suivante : pour tout multi-indice (α,β), il existe $C_{\alpha\beta} > 0$ tel que :

$$(4.1) \qquad |\partial_x^\alpha \partial_\xi^\beta p(x,\xi,\lambda)| \leq C_{\alpha\beta} \lambda^{m-|\beta|} \qquad \forall (x,\xi) \in R^{2n} \qquad \forall \lambda \geq 1$$

On notera OPS^m l'ensemble des familles d'opérateurs correspondantes. On conviendra de noter par $P(\lambda)$ l'opérateur dont le symbole est $p(x,\xi,\lambda)$.

On considère, dans tout ce paragraphe, un système $X_1(\lambda),\ldots,X_p(\lambda)$ d'éléments de OPS^1, à symboles réels. Soit $\mathfrak{g}$ l'algèbre de Lie nilpotente définie au §1.

Définition 4.1. On désigne par Γ l'ensemble des formes linéaires $\ell \in \mathfrak{g}^*$ telles qu'il existe des suites (x_ν,ξ_ν) dans R^{2n}, (λ_ν) et (t_ν) dans R^+ telles que, quand $\nu \to \infty$, $\lambda_\nu \to +\infty$ et :

$$(4.2) \qquad t_\nu X_j(x_\nu,\xi_\nu,\lambda_\nu) \to \ell(Y_j)\ (j \leq p)$$

$$(4.3) \qquad t_\nu^2 \{X_j,X_k\}(x_\nu,\xi_\nu,\lambda_\nu) \to \ell(Y_{jk}) \qquad (1 \leq j < k \leq p)$$

(4.4) La suite $t_\nu^2 \lambda_\nu$ est bornée.

Si m est un entier $\geqslant 0$, on désigne par $\mathcal{U}_m$ l'ensemble des familles d'opérateurs $P(\lambda)$ de la forme suivante, (avec les notations habituelles sur les multi-indices) :

$$P(\lambda) = \sum_{|\alpha|=m} a_\alpha X(\lambda)^\alpha \tag{4.5}$$

où les a_α sont des constantes complexes. Pour tout $\ell \in \mathcal{G}^*$, on conviendra de poser si $P(\lambda)$ est la famille d'opérateurs définie par (4.5) :

$$\pi_\ell(P) = \sum_{|\alpha|=m} a_\alpha \, \pi_\ell(Y)^\alpha \tag{4.6}$$

<u>Théorème 4.2.</u> Soient $P(\lambda)$ et $Q(\lambda)$ deux familles d'opérateurs dans $\mathcal{U}_m$ et C_o une constante positive. On suppose que, pour tout $\ell \in \Gamma$, on a

$$\| \pi_\ell(Q) f \|^2 \leqslant C_o \| \pi_\ell(P) f \|^2 \qquad \forall f \in \mathcal{S}(R^{k(\ell)}) \tag{4.7}$$

Alors, pour tout $\varepsilon > 0$, il existe $\lambda_o(\varepsilon) > 0$ tel qu'on ait :

$$\| Q(\lambda) f \|^2 \leqslant (C_o+\varepsilon) \| P(\lambda) f \|^2 + \varepsilon \sum_{|\alpha| \leqslant m} \| \lambda^{\frac{m-|\alpha|}{2}} X(\lambda)^\alpha f \|^2 \tag{4.8}$$

pour tous $\lambda \geqslant \lambda_o(\varepsilon)$ et $f \in \mathcal{S}(R^n)$.

On notera $\tilde{S}^m$ l'ensemble des familles de fonctions $\tilde{p}(x,\xi,\lambda)$ telles que, pour tout multi-indice (α,β), il existe $C_{\alpha\beta} > 0$ tel que :

$$| \partial_x^\alpha \partial_\xi^\beta \, \tilde{p}(x,\xi,\lambda) | \leqslant C_{\alpha\beta} \, \lambda^{m-\frac{1}{2}|\alpha+\beta|} \qquad \forall (x,\xi) \in R^{2n} \qquad \forall \lambda \geqslant 1$$

On posera :

$$\tilde{X}_j(x,\xi,\lambda) = X_j\left(\frac{x}{\lambda 1/2}, \lambda^{1/2}\xi, \lambda\right) \tag{4.9}$$

et, si P est un élément de $\mathcal{U}_m$ défini par (3.5) :

$$(4.10) \qquad \widetilde{P}(x,\xi,\lambda) = \sum_{|\alpha|=m} a_\alpha \, X(x,\xi,\lambda)^\alpha$$

On désignera par $\widetilde{X}_j(\lambda)$ et $\widetilde{P}(\lambda)$ les opérateurs correspondant à ces symboles.

<u>1ère étape</u> : <u>approximation des X_j par des scalaires.</u>

On posera :

$$(4.11) \qquad d(x,\xi,\lambda) = \sum_{j=1}^{p} |\widetilde{X}_j(x,\xi,\lambda)|$$

Pour tout $R>0$, on désignera par A_R l'ensemble des points (x,ξ,λ) tels que $\lambda \geqslant 1$ et $\lambda^{-1/2} d(x,\xi,\lambda) \geqslant R$. On désignera par B_R le complémentaire de A_R dans $R^{2n} \times [1,\infty[$.

<u>Lemme 3.3.</u> Soit P dans $\mathcal{U}_m$. Pour tout $\varepsilon>0$, il existe $R(\varepsilon)>0$ tel qu'on ait :

$$(4.12) \qquad \|[\widetilde{P}(\lambda) - \widetilde{P}(x,\xi,\lambda)]f\| \leqslant \varepsilon\lambda^{\frac{m}{2}} \sum_{|\alpha+\beta|\leqslant m+1} \|(y-x)^\alpha (D_y-\xi)^\beta f\| + \varepsilon\, d(x,\xi,\lambda)^m \|f\|$$

pour tous $(x,\xi,\lambda) \in A(R(\varepsilon))$ et $f \in \mathcal{S}(R^n)$.

<u>Démonstration.</u> D'après la formule de Taylor avec reste et le théorème de continuité L^2 de Calderon-Vaillancourt, il existe $C>0$ tel que :

$$(4.13) \qquad \|[\widetilde{P}(\lambda)-\widetilde{P}(x,\xi,\lambda)]\, f\| \leqslant C \sum_{\substack{|\alpha+\beta+k|\leqslant m \\ k\leqslant m-1}} d(x,\xi,\lambda)^k \lambda^{\frac{m-k}{2}} \|(y-x)^\alpha (D_y-\xi)^\beta f\|$$

pour tous $\lambda \geqslant 1, (x,\xi) \in R^{2n}$ et $f \in \mathcal{S}(R^n)$. Pour tout $k \geqslant 0$, posons :

$$N_k(f) = \sum_{|\alpha+\beta|\leqslant k} \|y^\alpha D_y^\beta f\| \quad , \quad \forall f \in \mathcal{S}(\mathbb{R}^n)$$

D'après les inégalités de convexité vérifiées par les normes N_k, pour tout $\varepsilon > 0$, il existe $C(\varepsilon) > 0$ tel que

$$\sum_{j=1}^{m} \mu^j N_j(f) \leqslant \varepsilon \mu^m N_{m+1}(f) + C(\varepsilon) \mu^{\frac{1}{m}} N_o(f)$$

pour tous $\mu \in]0,1]$ et $f \in \mathcal{S}(R^n)$. Par conséquent, il existe $R_1(\varepsilon) > 0$ tel que

$$\sum_{k=0}^{m-1} d(x,\xi,\lambda)^k \lambda^{\frac{m-k}{2}} N_{m-k}(f) \leqslant \varepsilon \lambda^{\frac{m}{2}} N_{m+1}(f) + \varepsilon d(x,\xi,\lambda)^m N_o(f)$$

pour tous $(x,\xi,\lambda) \in A_{R_1(\varepsilon)}$ et $f \in \mathcal{S}(R^n)$. A l'aide d'une transformation unitaire dans $L^2(R^n)$, on en déduit que le membre de droite de (4.13) peut-être majoré par celui de (4.12).

Lemme 4.4. Sous l'hypothèse du théorème 4.2, pour tout $\varepsilon \in]0,1]$, il existe $R_2(\varepsilon) > 0$ tel qu'on ait :

(4.14) $$|\widetilde{Q}(x,\xi,\lambda)|^2 \leqslant C_o |\widetilde{P}(x,\xi,\lambda)|^2 + \varepsilon d(x,\xi,\lambda)^{2m}$$

pour tout $(x,\xi,\lambda) \in A(R_2(\varepsilon))$.

Démonstration. Raisonnons par l'absurde, et supposons qu'il existe $\varepsilon > 0$ et une suite $(x_\nu,\xi_\nu,\lambda_\nu)$ telle que

(4.15) $$|\widetilde{Q}(x_\nu,\xi_\nu,\lambda_\nu)|^2 > C_o |\widetilde{P}(x_\nu,\xi_\nu,\lambda_\nu)|^2 + \varepsilon d(x_\nu,\xi_\nu,\lambda_\nu)^{2m}$$

et tels que $\lambda_\nu^{-1/2} d(x_\nu,\xi_\nu,\lambda_\nu)$ tendent vers $+\infty$ ce qui entraine que la suite λ_ν tend vers $+\infty$. Posons $t_\nu = d(x_\nu,\xi_\nu,\lambda_\nu)^{-1}$. Puisque les suites $t_\nu \widetilde{X}_j(x_\nu,\xi_\nu,\lambda_\nu)$ sont bornées, on peut supposer, quitte à extraire une sous-suite, qu'elles admettent des limites μ_j. D'autre part, la suite $t_\nu \lambda_\nu^{1/2}$ tend vers 0. Par conséquent la forme linéaire $\ell \in \mathcal{G}^*$ définie par :

$$\ell(X_j) = \mu_j \ (j \leqslant p) \qquad \text{et} \qquad \ell(X_{jk}) = 0 \quad (1 \leqslant j < k \leqslant p)$$

est dans l'ensemble Γ . Sous l'hypothèse du théorème, on a donc :

$$(4.16) \qquad \Big| \sum_{|\alpha|=m} b_\alpha \mu^\alpha \Big|^2 \leqslant C_o \Big| \sum_{|\alpha|=m} a_\alpha \mu^\alpha \Big|^2$$

(On a supposé que $Q(\lambda)$ est défini de manière analogue à (4.5) en remplaçant les a_α par b_α) . Lorsque ν est assez grand, il y a contradiction entre (4.15) et (4.16).

Lemme 4.5. Il existe $C>0$ et, pour tout $\varepsilon>0$, il existe $R_3(\varepsilon)>0$ tels que :

$$(4.17) \qquad d(x,\xi,\lambda)^{2m} \|f\|^2 \leqslant C \sum_{|\alpha|=m} \|\widetilde{X}(\lambda)^\alpha f\|^2 + \varepsilon\lambda^m \sum_{|\alpha+\beta|\leqslant m+1} \|(y-x)^\alpha (D_y-\xi)^\beta f\|^2$$

pour tous $(x,\xi,\lambda) \in A(R_3(\varepsilon))$ et $f \in \mathcal{S}(R^n)$.

Démonstration. Il existe $C>0$ tel que :

$$d(x,\xi,\lambda)^{2m} \leqslant C \sum_{|\alpha|=m} |\widetilde{X}(x,\xi,\lambda)^\alpha|^2$$

Si l'on applique le lemme 4.3 en remplaçant P par chacun des opérateurs $\widetilde{X}(\lambda)^\alpha$ ($|\alpha|=m$) , on voit que, pour tout $\varepsilon_1 \in]0,1]$, on a :

$$\sum_{|\alpha|=m} |\widetilde{X}(x,\xi,\lambda)^\alpha|^2 \|f\|^2 \leqslant C \sum_{|\alpha|=m} \|\widetilde{X}(\lambda)^\alpha f\|^2 + \varepsilon_1 \, d(x,\xi,\lambda)^{2m} \|f\|^2$$

$$+ \varepsilon_1 \sum_{|\alpha+\beta|\leqslant m+1} \lambda^m \|(y-x)^\alpha (D_y-\xi)^\beta f\|^2$$

si $f \in \mathcal{S}(R^n)$ et $(x,\xi,\lambda) \in A(R_{\varepsilon_1})$. Si l'on choisit ε_1 assez petit, l'inégalité (4.17) se déduit des deux inégalités ci-dessus.

2ème étape : approximation des X_j par des opérateurs différentiels.

On définit des opérateurs différentiels $\sigma_{(x,\xi,\lambda)}(X_j)$ dans R^n_y en posant

$$\sigma_{(x,\xi,\lambda)}(X_j) = \tilde{X}_j(x,\xi,\lambda) + \sum_{k=1}^{n} \left(\frac{\partial \tilde{X}_j}{\partial \xi_k}(x,\xi,\lambda)\ (D_{y_k} - \xi_k) + \frac{\partial \tilde{X}_j}{\partial x_k}(x,\xi,\lambda)(y_k - x_k)\right)$$

Si $P(\lambda)$ est la famille d'opérateurs définie par (4.5), on pose :

$$\sigma_{(x,\xi,\lambda)}(P) = \sum_{|\alpha|=m} a_\alpha\, \sigma_{(x,\xi,\lambda)}(X)^\alpha$$

Lemme 4.6. Pour tout $P \in \mathcal{U}_m$, et pour tout $R > 0$, il existe $C(R) > 0$ tel que :

$$(4.18) \qquad \| [\tilde{P}(\lambda) - \sigma_{(x,\xi,\lambda)}(P)] f \| \leq C(R)\, \lambda^{\frac{m-1}{2}} \sum_{|\alpha+\beta| \leq m+1} \| (y-x)^\alpha (D_y - \xi)^\beta f \|$$

pour tous $(x,\xi,\lambda) \in B(R)$ et $f \in \mathcal{S}(R^n)$.

Démonstration. D'après la formule de Taylor, on peut écrire :

$$\tilde{X}_j(\lambda) - \sigma_{(x,\xi,\lambda)}(X_j) = \sum_{|\alpha+\beta| \leq 2} A^{(\alpha,\beta)}_{(x,\xi,\lambda)}(y,D)\,(y-x)^\alpha (D_y - \xi)$$

où les $A^{\alpha,\beta}_{(x,\xi,\lambda)}$ sont des familles dans $\tilde{S}^0$, bornées indépendemment des paramètres.

De même, on peut écrire :

$$(4.19) \qquad \tilde{X}_j(\lambda) = \lambda^{1/2} \sum_{|\alpha+\beta| \leq 1} B^{(\alpha,\beta)}_{(x,\xi,\lambda)}(y,D)\,(y-x)^\alpha (D_y - \xi)^\beta$$

où les familles $B^{\alpha,\beta}_{(x,\xi,\lambda)}$ sont bornées dans $\tilde{S}^0$ lorsque (x,ξ,λ) varie dans $B(R)$. On peut aussi écrire $\sigma_{(x,\xi,\lambda)}(X_j)$ sous une forme analogue à (4.19). On en déduit facilement, par récurrence, que si $P \in \mathcal{U}_m$, on peut écrire :

$$\sigma_{(x,\xi,\lambda)}(P) = \lambda^{\frac{m}{2}} \sum_{|\alpha+\beta| \leq m} B^{\alpha,\beta}_{(x,\xi,\lambda)}(y,D)\,(y-x)^\alpha (D_y - \xi)^\beta$$

avec d'autres familles $B^{\alpha,\beta}_{(x,\xi,\lambda)}$ bornées dans $\tilde{S}^{o}$ lorsque $(x,\xi,\lambda) \in B(R)$.
L'inégalité (4.18) s'en déduit facilement.

Lemme 4.7. Sous les hypothèses du théorème 4.2, pour tous $\varepsilon > 0$ et $R > 0$, il existe $\lambda_1(\varepsilon,R)$ tel qu'on ait :

$$(4.20) \qquad \| \sigma_{(x,\xi,\lambda)}(Q) f \|^2 \leqslant (C_o + \varepsilon) \| \sigma_{(x,\xi,\lambda)}(P) f \|^2 + \varepsilon \lambda^m \sum_{|\alpha+\beta| \leqslant m} \| (y-x)^{\alpha} (D_y - \xi)^{\beta} f \|^2$$

pour tous $f \in \mathcal{S}(R^n)$ et $(x,\xi,\lambda) \in B(R)$, tels que $\lambda \geqslant \lambda_1(\varepsilon,R)$.

Démonstration. Posons :

$$\tau_{(x,\xi,\lambda)}(X_j) = \tilde{X}_j(x,\xi,\lambda) + \sum_{k=1}^{n} \left(\frac{\partial \tilde{X}_j}{\partial \xi_k}(x,\xi,\lambda) D_{y_k} + \frac{\partial \tilde{X}_j}{\partial x_k}(x,\xi,\lambda) y_k \right)$$

et définissons de même $\tau_{(x,\xi,\lambda)}(P)$ et $\tau_{(x,\xi,\lambda)}(Q)$. Pour démontrer (4.20), il suffit de prouver qu'on a :

$$(4.21) \qquad \| \tau_{(x,\xi,\lambda)}(Q) f \|^2 \leqslant (C_o + \varepsilon) \| \tau_{(x,\xi,\lambda)}(P) f \|^2 + \varepsilon \lambda^m N_m(f)^2$$

pour tous $f \in \mathcal{S}(R^n)$ et $(x,\xi,\lambda) \in B(R)$, tels que $\lambda \geqslant \lambda_2(\varepsilon,R)$. Pour cela, raisonnons par l'absurde, et supposons qu'il existe une suite (λ_ν) tendant vers $+\infty$, et des suites (x_ν,ξ_ν) dans R^{2n} et f_ν dans $\mathcal{S}(R^n)$, telles que $(x_\nu,\xi_\nu,\lambda_\nu) \in B(R)$ et

$$(4.22) \qquad \| \tau_{(x_\nu,\xi_\nu,\lambda_\nu)}(Q) f_\nu \|^2 > (C_o + \varepsilon) \| \tau_{(x_\nu,\xi_\nu,\lambda_\nu)}(P) f_\nu \|^2 + \varepsilon \lambda_\nu^m N_m(f_\nu)^2$$

Posons $t_\nu = \lambda_\nu^{-1/2}$. Puisque la suite $(x_\nu,\xi_\nu,\lambda_\nu)$ est dans $B(R)$, on peut supposer, quitte à extraire une sous-suite, que les suites $t_\nu X_j(x_\nu,\xi_\nu,\lambda_\nu)$ ont des limites u_j , que les suites $t_\nu \frac{\partial \tilde{X}_j}{\partial \xi_k}(x_\nu,\xi_\nu,\lambda_\nu)$ ont des limites v_{jk} , et que les suites $t_\nu \frac{\partial \tilde{X}_j}{\partial x_k}(x_\nu,\xi_\nu,\lambda_\nu)$ ont des limites w_{jk} . Posons :

$$\sigma(X_j) = u_j + \sum_{k=1}^{n} v_{jk} D_{y_k} + w_{jk} y_k)$$

On voit facilement que l'ensemble S associé comme au §3 au système d'applications affines $(y,\eta) \to \sigma(X_j)(y,\eta)$ $(1 \leqslant j \leqslant p)$, est inclus dans Γ. En définissant de manière naturelle les opérateurs $\sigma(P)$ et $\sigma(Q)$, on déduit de l'hypothèse du théorème 4.2, et de la proposition 3.2, l'inégalité suivante :

$$(4.23) \qquad \|\sigma(Q) f_\nu\|^2 \leqslant C_o \|\sigma(P) f_\nu\|^2$$

Posons maintenant :

$$\delta_\nu = \sum_j |t_\nu \widetilde{X}_j(x_\nu,\xi_\nu,\lambda_\nu) - u_j| + \sum_{j,k} |t_\nu \frac{\partial \widetilde{X}_j}{\partial \xi_k}(x_\nu,\xi_\nu,\lambda_\nu) - v_{jk}|$$
$$+ \sum_{j,k} |t_\nu \frac{\partial X_j}{\partial x_k}(x_\nu,\xi_\nu,\lambda_\nu) - w_{jk}|$$

Cette suite tend vers 0 . Il existe $C > 0$ tel que

$$(4.24) \qquad \|[t_\nu^m \tau_{(x_\nu,\xi_\nu,\lambda_\nu)}(P) - \sigma(P)] f_\nu]\| \leqslant C \delta_\nu N_m(f_\nu) \qquad \forall \nu \geqslant 1$$

Il y a contradiction entre les inégalités (4.22), (4.23) et (4.24) lorsque ν est assez grand. Le lemme est donc démontré.

Nous allons maintenant récapituler les inégalités fournies par les lemmes précédents.

Corollaire 4.8. Sous les hypothèses du théorème 4.2, pour tout $\varepsilon_1 > 0$, il existe $\lambda_o(\varepsilon_1) > 0$ tel que l'on ait :

$$(4.25) \qquad \|\widetilde{Q}(\lambda) g\|^2 \leqslant (C_o + \varepsilon_1) \|\widetilde{P}(\lambda) g\|^2 + \varepsilon_1 \sum_{|\alpha| = m} \|\widetilde{X}(\lambda)^\alpha g\|^2$$
$$+ \varepsilon_1 \lambda^m \sum_{|\alpha+\beta| \leqslant m+1} \|(y-x)^\alpha (D_y - \xi)^\beta g\|^2$$

pour tous $\lambda \geq \lambda_o(\varepsilon_1), (x,\xi) \in R^{2n}$ et $g \in \mathcal{S}(R^n)$

Démonstration. Soient $\varepsilon > 0$, et $R(\varepsilon)$ la constante du lemme 4.3. Si le point (x,ξ,λ) est dans $A(R_\varepsilon)$, l'inégalité ci-dessus se déduit de (4.12), (4.14) et (4.17) (que l'on applique peut-être avec un autre ε). Soient $C(R_\varepsilon)$ la constante du lemme 4.6 et $\lambda_1(\varepsilon,R_\varepsilon)$ celle du lemme 4.7. Si l'on choisit $\lambda_1 = \lambda_1(\varepsilon) \geq \lambda_1(\varepsilon,R_\varepsilon)$ tel que $C(R_\varepsilon)\lambda_1^{-1/2} \leq \varepsilon$, l'inégalité (4.25) se déduit de (4.18) et (4.20) lorsque le point (x,ξ,λ) est dans $B(R_\varepsilon)$.

3ème étape : partition de l'unité.

Soit φ une fonction dans $C_o^\infty(R^n)$ (à valeurs réelles) telle que :

$$\sum_{j\in\mathbb{Z}^n} \varphi(x-j)^2 = 1$$

Pour tout $\mu = (j,k) \in \mathbb{Z}^n \times \mathbb{Z}^n$ et $\delta > 0$, posons $(x_\mu,\xi_\mu) = (\frac{j}{\delta}, \frac{k}{\delta})$ et

$$\varphi_\mu^\delta(y,\eta) = \varphi(\delta y-j)\,\varphi(\delta\eta-k)$$

Désignons par T_μ^δ l'opérateur pseudo-différentiel dont le symbole est φ_μ^δ. On vérifie facilement le lemme suivant :

Lemme 4.9.

1) On a, pour tous $f \in \mathcal{S}(R^n)$ et $\delta > 0$:

(4.26) $$\sum_\mu \|T_\mu^\delta f\|^2 = \|f\|^2$$

2) Pour tout multi-indice (α,β) et pour tout $\delta > 0$, il existe $C(\delta) > 0$ tel que :

(4.27) $$\sum_\mu \|(y-x_\mu)^\alpha (D_y-\xi_\mu)^\beta T_\mu^\delta f\|^2 \leq C(\delta)\|f\|^2 \qquad \forall f \in \mathcal{S}(R^n).$$

3) Soient $\widetilde{Y}_1(\lambda),\ldots,\widetilde{Y}_q(\lambda)$ des familles d'opérateurs dans $O\widetilde{PS}^1 (q \geqslant 1)$.

Alors, il existe $C>$ tel qu'on ait :

(4.28) $$\sum_\mu \| (\mathrm{ad}\, \widetilde{Y}_1(\lambda))_\circ \ldots (\mathrm{ad}\, \widetilde{Y}_q(\lambda))_\circ T_\mu^\delta f \|^2 \leqslant C\delta\lambda^q \| f \|^2$$

pour tous $\lambda \geqslant 1$, $\delta \in]0,1]$ et $f \in \mathcal{S}(R^n)$.

Pour tous $\varepsilon_1 \in]0,1]$, $\lambda \geqslant \lambda_1(\varepsilon_1)$, $\mu \in \mathbb{Z}^n \times \mathbb{Z}^n$,$\delta > 0$ et $f \in \mathcal{S}(R^n)$, on peut appliquer (4.25) avec $(x,\xi) = (x_\mu,\xi_\mu)$ et $g = T_\mu^\delta f$. Si on ajoute toutes les inégalités obtenues, en tenant compte de (4.26), on voit qu'on peut écrire, pour tout $\varepsilon_2 \in]0,1]$:

$$\| \widetilde{Q}(\lambda) f \|^2 \leqslant (C_o + \varepsilon_1)(1+\varepsilon_2)^2 \| \widetilde{P}(\lambda) f \|^2 + 4\varepsilon_1 \sum_{|\alpha|=m} \| \widetilde{X}(\lambda)^\alpha f \|^2 +$$

$$+ 4\varepsilon_1 \lambda^m \sum_{|\alpha+\beta| \leqslant m+1} \| (y-x_\mu)^\alpha (D_y - \xi_\mu) T_\mu^\delta f \|^2 + C(\varepsilon_2) \sum_\mu \sum_{|\alpha|=m} \| [\widetilde{X}(\lambda)^\alpha, T_\mu^\delta] f \|^2$$

Il existe des constantes $C_{\alpha\beta\gamma}$ telles que ;

$$[\widetilde{X}(\lambda)^\alpha, T_\mu] = \sum_{|\beta|+|\gamma|=m} C_{\alpha\beta\gamma} [(\mathrm{ad}\, \widetilde{X}(\lambda))^\beta . T_\mu^\delta] \widetilde{X}(\lambda)^\gamma$$

D'après (4.28), on en déduit que :

(4.30) $$\sum_\mu \| [\widetilde{X}(\lambda)^\alpha , T_\mu] f \|^2 \leqslant C\delta \sum_{|\gamma| \leqslant m-1} \lambda^{m-|\gamma|} \| \widetilde{X}(\lambda)^\gamma f \|^2$$

Il résulte des inégalités (4.27), (4.29) et (4.30) que, pour tout $\varepsilon > 0$, on peut choisir $\lambda_o(\varepsilon)$ tel que, si $\lambda \geqslant \lambda_o(\varepsilon)$ et $f \in \mathcal{S}(R^n)$, on ait :

(4.31) $$\| \widetilde{Q}(\lambda) f \|^2 \leqslant (C_o + \varepsilon) \| \widetilde{P}(\lambda) f \|^2 + \varepsilon \sum_{|\alpha| \leqslant m} \| \lambda^{\frac{m-|\alpha|}{2}} \widetilde{X}(\lambda)^\alpha f \|^2$$

En effet, on peut choisir les paramètres $\varepsilon_1, \varepsilon_2$ et δ (d'abord ε_2 , puis δ , puis ε_1) tels que (4.27), (4.29) et (4.30) entraînent bien (4.31), qui entraîne elle-même (4.8) par une transformation unitaire.

5. CONDITION SUFFISANTE.

On pourra supposer que les symboles couplets des opérateurs A et X_j sont nuls lorsque x est hors d'un compact de Ω . Soit (x_o,ξ_o) un point de Σ . On suppose que la condition 2 du théorème 1.2 est vérifiée, et que $m \geqslant 1$.

1ère étape. Sous cette hypothèse, il existe $C_o > 0$ tel que :

$$(5.1) \qquad \sum_{|\alpha|=m} \| \pi_\ell(\widetilde{X})^\alpha f \|^2 \leqslant C_o \| P_{(x_o,\xi_o,\ell)} f \|^2$$

pour tout $\ell \in \Gamma_{(x_o,\xi_o)}$ et pour tout $f \in \mathcal{S}(R^{k(\ell)})$. En effet, on montre dans [NO_6], que, comme dans le cas des champs de vecteurs, traité au chapitre IV, l'ensemble $\Gamma_{(x_o,\xi_o)}$ est fermé dans $\mathcal{G}^*$, stable par les dilatations et par l'action du groupe $\exp \mathcal{G}$. Comme l'hypothèse (1.5) du chapitre VIII est évidemment vérifiée quand le rang de nilpotence r est égal à 2, l'inégalité (5.1) résulte du théorème 1.4 du chapitre VIII.

2ème étape. Pour tout $\varepsilon_1 > 0$, il existe un voisinage V_{ε_1} de (x_o,ξ_o) tel qu'on ait :

$$(5.2) \qquad \sum_{|\alpha|=m} \| \pi_\ell(\widetilde{X})^\alpha f \|^2 \leqslant (C_o + \varepsilon_1) \| P_{(x_o,\xi_o,\ell)} f \|^2$$

pour tout $\ell \in \Gamma_{(x,\xi)}$, avec $(x,\xi) \in V_{\varepsilon_1}$, et pour tout $f \in \mathcal{S}(R^{k(\ell)})$. Sinon, il existerait $\varepsilon_1 > 0$, une suite (x_ν,ξ_ν) tendant vers (x_o,ξ_o) et, pour tout ν , un élément ℓ_ν de $\Gamma_{(x_\nu,\xi_\nu)}$ qui contredirait l'inégalité (5.2). On voit facilement que l'ensemble $\widetilde{\mathcal{L}}$ associé à la suite (ℓ_ν) par la définition 5.1 du chapitre VIII est inclus dans l'ensemble $\Gamma_{(x_o,\xi_o)}$. Quitte à extraire une sous-suite, on peut supposer que $k(\ell_\nu)$ est un entier constant k . D'après le corollaire 5.2 et le théorème 2.12 du chapitre VIII, l'inégalité (5.2) est nécessairement vérifiée (avec

ℓ remplacé par ℓ_ν) lorsque ν est assez grand.

On peut supposer que V_{ε_1} est conique en ξ puisqu'on a $\Gamma_{(x,t\xi)}=\Gamma_{(x,\xi)}$ pour tous $(x,\xi)\in\Omega\times R^n\backslash\{0\}$ et $t>0$.

On choisit maintenant une fonction $\psi(x,\xi)$, C^∞ dans $\Omega\times R^n$, à valeurs réelles $\geqslant 0$, à support compact en x , telle que, lorsque $|\xi|\geqslant 1$, $\psi(x,\xi)$ soit égale à une fonction $\psi_0(x,\xi)$ homogène en ξ de degré 0, à support dans V_{ε_1} , et telle que $\psi_0(x_0,\xi_0)=1$. On choisit une autre fonction $\tilde{\psi}$, ayant ces mêmes propriétés, et égale à 1 sur le support de ψ .

On peut choisir ces fonctions de telle sorte qu'on ait :

$$(5.3)\qquad \|\psi(x,D)[A_\alpha-a_\alpha(x_0,\xi_0)]f\|^2\leqslant\varepsilon_1\|\psi(x,D)f\|^2+C\|f\|^2_{-1/2}$$

pour tout $f\in\mathcal{S}(R^n)$, si $|\alpha|=m$. D'après [BCN], on peut aussi choisir ψ de telle sorte que, pour tout s réel, on ait :

$$\|\psi(x,D)f\|^2_{s+1/2}\leqslant C(s)\left(\sum_{j=1}^{p}\|\psi(x,D)X_jf\|^2_s+\|f\|^2_s\right)$$

pour tout $f\in\mathcal{S}(R^n)$. On en déduit facilement que :

$$(5.4)\qquad \sum_{|\alpha|\leqslant m-1}\|\psi(x,D)X^\alpha f\|^2_{\frac{m-|\alpha|}{2}}\leqslant C\sum_{|\alpha|=m}\|\psi(x,D)X^\alpha f\|^2+$$

$$+\sum_{|\alpha|\leqslant m-1}\|X^\alpha f\|^2_{\frac{m-|\alpha|-1}{2}}$$

pour tout $f\in\mathcal{S}(R^n)$.

3ème étape : les couronnes dyadiques.

On sait qu'il existe une fonction $\varphi \in C_o^\infty(R^n)$, à valeurs réelles, telle que :

$$(5.5)\qquad \operatorname{supp} \varphi \subset \{\xi \in R^n \,,\ \tfrac{3}{4} \leqslant |\xi| \leqslant 3\}$$

et telle que :

$$(5.6)\qquad 1 = \chi(\xi)^2 + \sum_{j \geqslant 0} \varphi(\frac{\xi}{2^j})^2$$

où χ est une autre fonction dans $C_o^\infty(R^n)$. On choisit une autre fonction $\tilde{\varphi} \in C_o^\infty(R^n)$, à valeurs réelles $\geqslant 0$, vérifiant aussi (5.5), et égale à 1 sur le support de φ.

Pour tout $\lambda \geqslant 1$, on posera :

$$(5.7)\qquad X_j(x,\xi,\lambda) = \tilde{\varphi}(\frac{\xi}{\lambda})\,\Psi(x,\xi)\,X_j(x,\xi)$$

où l'on désigne toujours par $X_j(x,\xi)$ le symbole principal de X_j.

On vérifie facilement que la famille de fonctions $X_j(x,\xi,\lambda)$ est dans l'ensemble S^1 du §4. Désignons par $\Gamma(V_{\varepsilon_1})$ la réunion des ensembles $\Gamma_{(x,\xi)}$, où $(x,\xi) \in V_{\varepsilon_1}$.

Lemme 5.1. L'ensemble Γ, associé aux familles de fonctions $X_j(x,\xi,\lambda)\,(j \leqslant p)$ selon la définition 4.1, est inclus dans $\Gamma(V_{\varepsilon_1})$.

Démonstration. Pour toute suite d'entiers $I = (i_1,\dots,i_m)$, désignons par $X_I(x,\xi,\lambda)$ le crochet de Poisson itéré correspondant des fonctions $X_j(x,\xi,\lambda)$ et par $X_I(x,\xi)$ celui des fonctions $X_j(x,\xi)$. On voit facilement que l'on peut écrire :

(5.8) $$X_I(x,\xi,\lambda) = \chi(x,\xi,\lambda)^{|I|} X_I(x,\xi) + \sum_{1\leqslant |J|\leqslant |I|-1} a_{I,J}(x,\xi,\lambda) X_J(x,\xi,\lambda)$$

où l'on a posé $\chi(x,\xi,\lambda) = \widetilde{\varphi}(\frac{\xi}{\lambda})\ \widetilde{\psi}(x,\xi)$, et où les familles de fonctions $a_{I,J}(x,\xi,\lambda)$ sont dans l'ensemble S^o du §4. Soit $\ell \in \Gamma$. Soient $(\lambda_\nu),(x_\nu,\xi_\nu)$ et (t_ν) des suites telles que $\lambda_\nu \to +\infty$ et :

$$t_\nu^{|I|}\ X_I(x_\nu,\xi_\nu,\lambda_\nu) \to \ell(\widetilde{X}_I) \qquad \text{si } |I| \leqslant 2$$

D'après (5.8), on en déduit que :

$$(t_\nu \chi(x_\nu,\xi_\nu,\lambda_\nu))^{|I|}\ X_I(x_\nu,\xi_\nu) \to \ell(\widetilde{X}_I) \qquad \text{si } |I| \leqslant 2$$

Si la forme linéaire ℓ est nulle, elle est bien dans $\Gamma(V_{\varepsilon_1})$. Sinon, le point (x_ν,ξ_ν) est dans le support de $\widetilde{\psi}$ lorsque ν est assez grand, et l'on a $\widetilde{\varphi}(\frac{\xi_\nu}{\lambda_\nu}) \neq 0$. Cela implique que $(x_\nu,\xi_\nu) \in V_{\varepsilon_1}$ et que $|\xi_\nu| \to +\infty$. Quitte à extraire une sous-suite, on peut supposer qu'il existe $(x,\xi) \in V_{\varepsilon_1}$ tel que :

$$x_\nu \to x \qquad \frac{\xi_\nu}{|\xi_\nu|} \to \xi$$

La forme linéaire ℓ est bien dans $\Gamma_{(x,\xi)}$. □

On définit une famille d'opérateurs $P(\lambda)$ comme en (4.5) en posant $a_\alpha = a_\alpha(x_o,\xi_o)$. D'après le théorème 4.2, pour tout $\varepsilon_2 > 0$, il existe $\lambda_o(\varepsilon_2) > 0$ tel qu'on ait :

(5.9) $$\sum_{|\alpha|=m} \| X(\lambda)^\alpha g \|^2 \leqslant (C_o + \varepsilon_1 + \varepsilon_2)\ \| P(\lambda) g \|^2 + \varepsilon_2 \sum_{|\alpha|\leqslant m} \| \lambda^{\frac{m-|\alpha|}{2}} X(\lambda)^\alpha g \|^2$$

pour tous $\lambda \geqslant \lambda_o(\varepsilon_2)$ et $g \in \mathcal{S}(R^n)$.

Posons $\varphi_\nu(D) = \varphi(\frac{D_x}{2^\nu})$ et $\lambda_\nu = 2^\nu$. Pour tout $f \in \mathcal{S}(R^n)$, et pour tout entier ν tel que $\lambda_\nu \geq \lambda_0(\xi_2)$, on peut appliquer l'inégalité (5.9) avec $g = \psi(x,D)\varphi_\nu(D) f = f_\nu$ et $\lambda = \lambda_\nu$. Pour sommer les inégalités obtenues, on utilisera le lemme suivant, dont la démonstration est élémentaire :

<u>Lemme 5.2</u>. Si $|\alpha| \leq m$, il existe $C>0$ tel qu'on ait :

$$\text{(5.10)} \quad \sum_{\nu \geq 0} \lambda_\nu^{m-|\alpha|} \| [\varphi_\nu(D)\psi(x,D)\; X^\alpha - X(\lambda_\nu)^\alpha \psi(x,D)\varphi_\nu(D)] f \|^2 \leq$$

$$\leq C \sum_{|\beta| \leq m-1} \| X^\beta f \|^2_{\frac{m-1-|\beta|}{2}}$$

pour tout $f \in \mathcal{S}(R^n)$.

On déduit de (5.10) et (5.5), que, si $|\alpha| \leq m$, on a :

$$\text{(5.11)} \quad \sum_{\nu \geq 0} \lambda_\nu^{m-|\alpha|} \| X(\lambda_\nu)^\alpha f_\nu \|^2 \leq C(\varepsilon_1) \| \psi(x,D) X^\alpha f \|^2_{\frac{m-|\alpha|}{2}}$$

$$+ C(\varepsilon_1) \sum_{|\beta| \leq m-1} \| X^\beta f \|^2_{\frac{m-1-|\alpha|}{2}}$$

Dans ces inégalités, les constantes dépendent de ε_1 puisque ψ et $\tilde{\psi}$ en dépendent. Posons :

$$P_o = \sum_{|\alpha|=m} a_\alpha(x_o,\xi_o) X^\alpha$$

D'après les inégalités (5.9) à (5.11), et d'après (5.6), pour tout $\varepsilon_3 \in]0,1]$, il existe $C(\varepsilon_1,\varepsilon_2,\varepsilon_3) > 0$ tel qu'on ait :

$$(5.12) \qquad \sum_{|\alpha|=m} \| \psi(x,D) X^{\alpha} f \|^2 \leqslant (C_o+\varepsilon_1+\varepsilon_2)(1+\varepsilon_3) \| \psi(x,D) P_o f \|^2$$

$$+ C(\varepsilon_1)\varepsilon_2 \sum_{|\alpha|\leqslant m} \| \psi(x,D) X^{\alpha} f \|^2_{\frac{m-|\alpha|}{2}}$$

$$+ C(\varepsilon_1,\varepsilon_2,\varepsilon_3) \sum_{|\beta|\leqslant m-1} \| X^{\beta} f \|^2_{\frac{m-|\beta|-1}{2}}$$

D'après (5.3), on a :

$$(5.13) \qquad \| \psi(x,D)(P-P_o) f \|^2 \leqslant \varepsilon_1 \sum_{|\alpha|=m} \| \psi(x,D) X^{\alpha} f \|^2 + C(\varepsilon_1) \sum_{|\beta|\leqslant m} \| X^{\beta} f \|_{\frac{m-|\beta|-1}{2}}$$

Par conséquent, pour tout $\varepsilon > 0$, on peut choisir $\psi(x,\xi)$ tel qu'on ait :

$$(5.14) \qquad \sum_{|\alpha|=m} \| \psi(x,D) X^{\alpha} f \|^2 \leqslant (C_o+\varepsilon) \| \psi(x,D) P f \|^2 + C(\varepsilon) \sum_{|\beta|\leqslant m} \| X^{\beta} f \|^2_{\frac{m-|\beta|-1}{2}}$$

pour tout $f \in \mathcal{S}(R^n)$, ce qui, joint à (5.4), finit de prouver (1.4) .

CHAPITRE XI

HYPOELLIPTICITE MAXIMALE POUR DES OPERATEURS POLYNOMES DE CHAMPS DE VECTEURS : LE CAS "TUBULAIRE"

§ 1. INTRODUCTION

Dans ce chapitre, on va démontrer la conjecture (2.3) du chapitre I, dans le cas particulier où les champs de vecteurs sont de la forme :

$$(1.1)\quad \begin{cases} X_j = \dfrac{\partial}{\partial x_j} + \displaystyle\sum_{q=1}^{k-k_1} f_j^q(x) \frac{\partial}{\partial y_q} & j = 1,\dots,k_1 \\[2ex] X_j = \displaystyle\sum_{q=1}^{k-k_1} f_j^q(x) \frac{\partial}{\partial y_q} & j = k_1 + 1,\dots p_1 \end{cases}$$

où on a noté :

$$x = (x_1,\dots, x_{k_1}) \in V \quad \text{(voisinage de } 0 \text{ dans } \mathbb{R}^{k_1})$$

$$y = (y_1,\dots,y_{k-k_1}) \in \mathbb{R}^{k-k_1}$$

où les f_j^q sont des fonctions C^∞ réelles définies dans V et telles que la condition de Hörmander $(C.H)_r$ soit satisfaite au cran r dans $V \times \mathbb{R}^{k-k_1}$. Le cas où $k = k_1 + 1 = p_1$ est couvert par le chapitre IX ; dans le cas considéré ici, on montre en utilisant le théorème de transport (Lifting theorem) qu'il existe une algèbre de Lie $\mathcal{G}$ nilpotente, stratifiée de rang r et un homomorphisme partiel de rang r (cf. § 2, chapitre I) λ de $\mathcal{G}$ dans l'algèbre de Lie des champs de vecteurs sur $V \times \mathbb{R}^{k-k_1}$ tel que :

$$(1.2)\qquad \mathcal{G} = \mathcal{G}_1 \oplus \dots \oplus \mathcal{G}_r$$

$$(1.3)\qquad \mathcal{G}_1 = \mathcal{G}_1' \oplus \mathcal{G}_1''$$

(1.4) $[\mathcal{G}^2 \oplus \mathcal{G}_1''' , \mathcal{G}^2 \oplus \mathcal{G}_1''] = 0$; on posera $\mathcal{H} = \mathcal{G}^2 \oplus \mathcal{G}_1''$

(1.5) Si $V_j (j = 1,\dots,k_1)$ (resp. $j = k_1 + 1,\dots, p_1$) est une base de $\mathcal{G}_1'$ (resp. $\mathcal{G}_1''$) alors $\lambda(Y_j) = X_j$

Considérons donc, sur $V \times W$ (où W est ouvert de $\mathbb{R}^{k-k_1}$), un opérateur P de la forme :

(1.6) $$P = \sum_{|\alpha| \leq m} a_\alpha(x,y)\, X^\alpha$$

et soit

(1.7) $$P_{(x_o,y_o),m} = \sum_{|\alpha| = m} a_\alpha(x_o,y_o)\, Y^\alpha$$

On se propose donc de démontrer :

Théorème 1.1. P est hypoelliptique maximal en (x_o,y_o) si et seulement si,

(1.8) $\begin{cases} \text{pour toute représentation } \Pi \text{ associé à un élément de } \Gamma_{(x_o,y_o)} \setminus 0 , \\ \Pi(P_{(x_o,y_o),m}) \text{ est injectif dans } \mathcal{S}_\Pi \end{cases}$

(1.9) On notera dans la suite $P_{(x_o,y_o),m}$ plus simplement P_o

Remarque 1.2. Dans un cas particulier (problème du type $\overline{\partial}_M$) on trouvera une explication de la condition au chapitre VI, § 6 .

Remarquons tout d'abord que, d'après (1.4), on peut appliquer le théorème 1.4 du chapitre VIII. On a donc, sous les hypothèses (1.8), l'existence d'une constante C telle que :

(1.10) $$\begin{cases} \forall \ell \in \Gamma_{(x_o,y_o)} \quad , \quad \forall u \in \mathcal{S}_{\Pi_\ell} \\ \sum_{|\alpha|=m} \| \Pi_\ell(Y^\alpha)\, u \|_o^2 \leq C \| \Pi_\ell(P_o)\, u \|_o^2 \end{cases}$$

Toujours d'après (1.4), on peut définir $\Pi_{(\ell,\mathcal{H})}$ pour tout ℓ dans $\mathcal{G}^*$, et $\Pi_{(\ell,\mathcal{H})}(a)$ est donné par la formule (1.3.23) du chapitre II.

$$\Pi_{(\ell,\mathcal{H})}(a) = i < \ell,\tilde{h}'(x,a) > + \tilde{\sigma}'(x,a) \frac{\partial}{\partial x_j} \tag{1.11}$$

Remarque 1.3. Nous sommes dans le cadre d'application de la théorie développée au chapitre VIII, § 2, ceci sera utilisé dans les § suivants.

Pour terminer cette introduction, rappelons quelques propriétés du cône $\Gamma_{(x_o,y_o)}$ et des cônes microlocalisés $\Gamma_{(x_o,y_o;\xi_o,\eta_o)}$ introduits au chapitre IV.
Remarquons tout d'abord que le cône $\Gamma_{(x_o,y_o)}$ (resp. $\Gamma_{(x_o,y_o;\xi_o,\eta_o)}$) ne dépend pas de y_o, ce qui justifiera la notation Γ_{x_o} (resp. $\Gamma_{(x_o;\xi_o,\eta_o)}$).
On a vu aux chapitres IV et V § 1, les liens existant entre Γ_x et $(C.H)_{r,x}$.
On sera amené à travailler plus microlocalement. On utilisera alors la propriété (cf lemme 2.7 chapitre IV et lemme 1.2.1 chapitre V) :

Lemme 1.4. Si les champs (X_j) vérifient $(C.H)_{r_o,(z_o,\zeta_o)}$ pour un $r_o \leq r$, alors :

$$\Gamma_{z_o,\zeta_o} \subset (\mathcal{G}^{r_o+1})^{\perp} \tag{1.12}$$

Nous aurons également besoin du lemme suivant qui montre que Γ_{z_o} est complètement déterminé par $i^*\Gamma_{z_o}$ si i est l'injection de $\mathcal{H}$ dans $\mathcal{G}$:

Lemme 1.5.

$$i^{*-1}[i^*\Gamma_{z_o}] = \Gamma_{z_o} \tag{1.13}$$

En un point non elliptique (i.e si $(C.H)_{1,z_o,\zeta_o}$ est non vérifiée)

$$i^{*-1}(i^*\Gamma_{z_o,\zeta_o}) = \Gamma_{z_o,\zeta_o} \tag{1.14}$$

Démonstration : soit $\ell \in \Gamma_{x_o,\zeta_o}$ et ℓ' telle que $(\ell-\ell')|_{\mathcal{H}}=0$. Si $\ell \in \Gamma_{x_o,\zeta_o}$, il existe une suite (t_n, x_n, ζ_n) telle que :

(1.15) $$\ell = \lim_{n\to\infty} \delta^*_{t_n} \lambda^*_{(x_n,y_o)} \zeta_n$$

Clairement la restriction de ℓ à $\mathcal{H}$ ne dépend que de la suite (x_n,η_n).

On choisit $\tilde{\xi}_n$ tel que :

(1.16) $$t_n(\tilde{\xi}_n - \xi_n) = (\ell' - \ell)\Big|_{\mathfrak{G}'_1}$$

Posant $\tilde{\zeta}_n = (\tilde{\xi}_n,\eta_n)$, on vérifie bien que :

(1.17) $$\lim_{n\to\infty} \delta^*_{t_n} \lambda^*_{x_n} \tilde{\zeta}_n = \ell'$$

Ceci démontre (1.13). Pour montrer (1.14), observons qu'en un point non-elliptique, il existe $r_o > 0$ tel que :

(1.18) $$t_n \sim |\zeta_n|^{-1/r_o}$$

et on en déduit que :

(1.19) $$\lim_{n\to\infty} \frac{\tilde{\zeta}_n}{|\tilde{\zeta}_n|} = \zeta_o .$$

§ 2. DEMONSTRATION DU THEOREME 1.1 (1ère étape).

Pour des raisons techniques, nous allons donner une démonstration "microlocale" du théorème 1.1.

Rappelons qu'un point (z_o,ζ_o) est dit elliptique si $(C.H)_{1,(z_o,\zeta_o)}$ est vérifiée.

On vérifie facilement qu'alors Γ_{z_o,ζ_o} contient les points ℓ_t de $(\mathcal{G}^2)^{\perp}$ définis par :

$$\ell_t(Y_i) = i\, t\, X_i\,(z_o,\zeta_o) \qquad (t \in \mathbb{R}^+)$$

et la condition sur P correspondant aux ℓ dans $\Gamma_{(z_o,\zeta_o)}$ implique donc l'ellipticité "microlocale" de P en (z_o,ζ_o) .

En particulier, on a :

Lemme 2.1. En un point (z_o,ζ_o) elliptique du système des X_j , on a, sous les hypothèses du théorème 1.1, l'existence d'un opérateur pseudo-différentiel classique d'ordre 0 , $\psi_{(z_o,\zeta_o)}$, elliptique et d'un voisinage V_{z_o,ζ_o} de z_o tel que, $\forall u \in C_o^\infty(V_{z_o,\zeta_o})$, on ait :

(2.1)
$$\sum_{|\alpha| \leq m} \| \psi_{z_o,\zeta_o}(z,D_z)\, X^\alpha\, u \|^2_{m-|\alpha|} \leq (\|P u\|_o^2 + \|u\|_o^2)$$

Autrement dit, P est δ - hypoelliptique maximal en (z_o,ζ_o) (cf définition 1.3 du chapitre I) pour tout $\delta \in]0,1]$.

Il nous reste à montrer une inégalité analogue à (2.1) aux points où $(C.H)_{1,z_o;\zeta_o}$ n'est pas vérifiée. On fait donc désormais l'hypothèse que :

(2.2) $\qquad X_i(z_o,\zeta_o) = 0 \qquad$ pour $i = 1,\dots,p_1$

Compte-tenu de la forme des X_i, on a alors nécessairement $\eta_o \neq 0$ (car $\zeta_o \neq 0$).
Soit maintenant r_o le plus petit r tel que l'on ait $(C.H)_{r_o, z_o; \zeta_o}$.
On sait qu'alors on a la propriété :

(2.3) $\exists\, Y \in \mathcal{G}_{r_o}$ tel que $< \lambda_{x_o,y_o}(Y), \eta_o > \neq 0$

Soit $V(x_o)$ un voisinage de x_o, $\hat{\Gamma}(\eta_o)$ un voisinage conique de η_o tel que si $(x,\eta) \in (V(x_o) \times \hat{\Gamma}(\eta_o) \backslash 0)$, l'inégalité (2.3) soit encore vérifiée en remplaçant (x_o, η_o) par (x,η).
On définit maintenant une forme linéaire $\ell_{(x,\eta)}$ sur $\mathcal{G}$ en posant :

(2.4) $\ell_{(x,\eta)}(Y) = \frac{1}{i}(\lambda(\delta_t Y))(x,\eta)$ avec $t = |\eta|^{-1/r_o}$

pour $Y \in \mathcal{H} \cap \{\mathcal{G}_1 \oplus, \ldots, \oplus\, \mathcal{G}_{r_o}\}$

$= \{0\}$

sinon.

On définit alors naturellement la représentation :

(2.5) $\Pi_{(x,\eta)} = \Pi_{(\ell(x,\eta),\mathcal{H})}$

qu'on réalise dans $L^2(\mathbb{R}^{k_1})$.
La proposition suivante est en quelque sorte l'analogue de la proposition 4.2 du chapitre IX .

Proposition 2.2. Soit (x_o, η_o) dans $V \times \mathbb{R}^{k-k_1} \backslash \{0\}$ vérifiant (2.3). Alors si,

(2.6) $\Pi_\ell(P_o)$ est injectif dans $\mathcal{S}_{\Pi_\ell}$ pour tout ℓ dans $\Gamma_{z_o,\zeta_o} \backslash 0$

(où ζ_o est défini grâce à (2.2)),

il existe C, tel que, pour tout K dans $\mathbb{R}^{k_1}$, il existe un voisinage V_K de x_0, un voisinage conique Γ_K de η_0 et une constante $A_K > 0$ tels que l'on ait :

$$(2.7) \qquad \sum_{|\alpha|=m} \| \pi_{(x,\eta)}(Y^\alpha) f \|^2_{L^2(\mathbb{R}^{k_1})} \leq C \| \pi_{(x,\eta)}(P_o) f \|^2_{L^2},$$

pour tout $x \in V_K$, tout $\eta \in \Gamma_K | 0$ tel que : $|\eta| \geq A_K$, tout $f \in C_o^\infty(K)$.

Démonstration : on va démontrer la proposition avec $C = C_o + \varepsilon$ ($\varepsilon > 0$ arbitrairement petit) où C_o est la meilleure constante, dont l'existence (cf 1.10) est assurée par (2.6), telle que :

$$(2.8) \qquad \sum_{|\alpha|=m} \| \pi_\ell (Y^\alpha) f \|^2 \leq C_o \| \pi_\ell (P_o) f \|^2$$

$$\forall f \in \mathcal{S}_{\pi_\ell}, \quad \forall \ell \in \Gamma_{z_o,\zeta_o} | \{0\} .$$

On raisonne par l'absurde. Fixons $\varepsilon > 0$. Si (2.7) n'est pas satisfaite avec $C = C_o + \varepsilon$; il existe un compact K de $\mathbb{R}^{k_1}$, une suite (x_j, η_j) dans $V \times \mathbb{R}^{k-k_1} \setminus (0)$ et une suite (f_j) dans $C_o^\infty(K)$ tels que :

$$(2.9) \qquad x_j \to x_o \quad ; \quad |\eta_j| \to \infty \quad ; \quad \frac{\eta_j}{|\eta_j|} \to \eta_o$$

et

$$(2.10) \qquad \sum_{|\alpha|=m} \| \pi_{(x_j,\eta_j)} (Y^\alpha) f_j \|_o^2 > (C_o + \varepsilon_o) \| \pi_{(x_j,\eta_j)} (P_o) f_j \|_o^2 .$$

On applique le théorème (2.12) du chapitre VIII, avec la suite $(\ell_j = \ell_{(x_j,\eta_j)}, K_j = K)$. Il suffit donc de montrer que, pour l'ensemble limite $\mathcal{L}$, associé à la suite (ℓ_j, K_j), on a le :

Lemme 2.3. $\mathcal{L} \subset \Gamma_{(z_o,\zeta_o)}$.

On obtient en effet, pour j assez grand, l'inégalité :

(2.11) $$\sum_{|\alpha|=m} \| \Pi_{(x_j,\eta_j)}(Y^\alpha) f_j \|_o^2 \leq (C_o + \varepsilon/2) \| \Pi_{(x_j,\eta_j)}(P_o) f_j \|_o^2$$

et la contradiction avec (2.10).

<u>Démonstration du lemme</u> 2.3. Soit donc $\ell \in \mathcal{L}$, compte tenu des lemmes (1.4) et (1.5), il suffit en fait de regarder $\ell|_{\mathcal{H}}$ et même $\ell|_{\mathcal{H} \cap \{\mathfrak{G}_1 \oplus, \ldots, \oplus \mathfrak{G}_{r_o}\}}$.

Compte-tenu de la formule (1.3.30) du chapitre II et de la définition (2.1.1) du chapitre VIII, il existe une suite extraite de la suite ℓ_j que nous noterons encore (ℓ_j), une suite (u_j) de points de K et une suite (t_j) telles que : que :

(2.12) $$\delta^*_{t_j}[e^{-\tilde{\gamma}(u_j)} \cdot \ell_j] \to \ell \qquad \text{dans } \mathcal{H}^*.$$

Si l'on pose $s_j = |\eta_j|^{-1/r_o}$, on a, d'après (2.4) :

(2.13) $$\ell_j|_{\mathcal{H} \cap \{\mathfrak{G}_1 \oplus, \ldots, \oplus \mathfrak{G}_{r_o}\}} = \delta^*_s \lambda^*_{x_j} \zeta_j|_{\mathcal{H} \cap \{\mathfrak{G}_1 \oplus, \ldots, \oplus \mathfrak{G}_{r_o}\}}.$$

Si l'on se restreint à $\mathfrak{G}_{r_o}$, (2.12) et (2.13) impliquent, compte-tenu de (2.3) et (2.4) que, pour Y défini en (2.4) :

$$t_j^{r_o} \ell_j (Y) \to \ell(Y) \quad , \quad \text{et donc}$$

(2.14) $$|t_j| \leq C$$

On déduit de (2.12) et (2.13) que :

(2.15) $$\ell = \lim_{j \to \infty} \delta^*_{(t_j s_j)} [e^{-\tilde{\gamma}[\delta_s u_j]} \lambda^*_{x_j} \zeta_j] \quad \text{dans } \mathcal{H}^* \cap \left(\mathfrak{G}^{r_o+1}\right)^{\perp}$$

Autrement dit, pour tout Y dans $\mathcal{G}_k \cap W\ (1 \leq k \leq r_o)$, on a :

$$(2.16) \qquad \ell(Y) = \lim_{j \to 0} (t_j s_j)^k < \lambda_{x_j}(e^{+\tilde{\gamma}(\delta_{s_j} u_j)}.Y), \zeta_j >$$

On est maintenant dans une situation proche de celle du chapitre IV.
Comme la suite (u_j) est bornée et que la suite s_j tend vers 0, il existe un entier j_o et un voisinage V_{x_o} de x_o tels que l'application :

$$(2.17) \qquad (x,y) \to \psi_j(x,y) = e^{\lambda(\tilde{\gamma}(\delta_s u_j))}.\ (x,y)$$

soit bien définie dans $V_{x_o} \times \mathbb{R}^{k-k_1}$ pour $j \geq j_o$ à valeurs dans $\mathbb{R}^k$, sa différentielle étant injective.
Soit alors Φ_j l'application de $T^*(V_{x_o} \times \mathbb{R}^{k-k_1})$ dans $T^*\mathbb{R}^k$ définie par :

$$(2.18) \qquad \Phi_j(x,y,\xi,\eta) = (\psi_j(x,y), {}^t\psi'_j(x,y)^{-1}(\xi,\eta)).$$

Se rappelant le lemme 2.5 du chapitre IV, on obtient :

<u>Lemme</u> 2.4. Avec les notations ci-dessus, il existe $C_2 > 0$ et $j_1 \geq 0$ tels que, pour tout Y dans $\mathcal{G}_k (k \leq r)$, pour tout $j \geq j_1$ et tout (x,ξ) dans $T^*V_{x_o}$, tout (y,η) dans $\mathbb{R}^{2k}\backslash(0)$, on ait :

$$(2.19) \qquad |\lambda(e^{\tilde{\gamma}(\delta_{s_j} u_j)}.Y)(x,y,\xi,\eta) - \lambda(Y)(\Phi_j(x,y,\xi,\eta))| \leq C_2 |(\xi,\eta)| s_j^{r+1-k}$$

Posons $(x'_j, y'_j, \zeta'_j) = \Phi_j(x_j, y_o, \zeta_j)$

On déduit de (2.16) et (2.19), que pour Y dans $\mathcal{G}_k \cap W\ (1 \leq k \leq r_o)$, on a :

$$|\ell(Y) - (t_j s_j)^k \lambda(Y)(z_j', \zeta_j')|$$

$$\leqslant \varepsilon_j + C \, | t_j^k s_j^{r+1} | \, |\eta_j|$$

$$\text{où} \quad \varepsilon_j \to 0$$

On constate également que, compte-tenu de (2.14), de la définition s_j et de (2.9), le 2ème terme du membre de droite tend également vers 0 .

On a donc finalement démontré que :

$$\ell(Y) = \lim_{j\to\infty} \langle \delta^*_{(t_j s_j)} \lambda^*_{(z_j')}(\zeta_j'), Y \rangle \quad \text{pour} \quad Y \in \mathcal{G}_k \cap \mathcal{H} \ .$$

et on vérifie par ailleurs :

$$z_j' \to (x_o, y_o) \ , \ \frac{\zeta_j'}{|\zeta_j'|} \to \frac{\zeta_o}{|\zeta_o|} \ , (t_j s_j) \to 0 \ .$$

Pour $Y \in \mathcal{G}^{r_o+1}$, on voit finalement que :

$$\lim_{j\to\infty} \langle \delta^*_{(t_j s_j)} \lambda^*_{(z_j')}(\zeta_j') , Y \rangle = 0 \ .$$

Enfin, quitte à modifier ζ_j' (cf 1.16) en ζ_j'' , on obtient que pour tout Y :

$$\ell(Y) = \lim_{j\to\infty} \langle \delta^*_{(t_j s_j)} \lambda^*_{z_j'} (\zeta_j'') , Y \rangle = 0 \ , \quad \forall Y \in \mathcal{G} \ .$$

c.q.f.d.

§ 3. DEMONSTRATION DU THEOREME 1.1 (2ème étape).

On trouvera beaucoup d'analogies avec le chapitre IX ; ici les calculs peuvent être plus explicités.

3.1. Une nouvelle famille de représentations.

Pour (x,η) dans $V_{x_o} \times \hat{\Gamma}_{(\eta_o)} \setminus 0$ (cf la définition suivant (2.3)), on définit une représentation $\tilde{\Pi}_{(x,\eta)}$ de $\mathcal{G}$ dans $\mathcal{S}(\mathbb{R}^{k_1})$ en posant :

$$(3.1.1)\quad \begin{cases} \tilde{\Pi}_{(x,\eta)}(Y_j) = \dfrac{\partial}{\partial u_j} + i \sum\limits_q \eta_q . \sum\limits_{|\alpha| \leq r_o - 1} f_j^{q(\alpha)}(x) . \dfrac{u^\alpha}{\alpha!} |\eta|^{-\frac{1}{r_o}(|\alpha|+1)} \\ \qquad\qquad \text{pour } j = 1,\dots,k_1 \\ \tilde{\Pi}_{(x,\eta)}(Y_j) = i \sum\limits_q \eta_q \sum\limits_{|\alpha| \leq r_o - 1} f_j^{q(\alpha)}(x) . \dfrac{u^\alpha}{\alpha!} |\eta|^{-\frac{1}{r_o}(|\alpha|+1)} \\ \qquad\qquad \text{pour } j = k_1+1,\dots,p_1 \end{cases}$$

A priori, cela ne définit qu'une représentation de l'algèbre de Lie libre de cran r à p_1 générateurs, mais on voit aisément qu'elle définit par passage au quotient une représentation de $\mathcal{G}$ et que de plus : $\tilde{\Pi}_{(x,\eta)}\Big|_{\mathcal{G}^{r_o+1}}$ est nul.

On démontre tout d'abord le :

Lemme 3.1.1. Les représentations $\Pi_{(x,\eta)}$ et $\tilde{\Pi}_{(x,\eta)}$ sont unitairement équivalentes. De plus, la transformation unitaire qui réalise l'équivalence conserve le support des fonctions.

Démonstration : il résulte de la formule 1.3.30 (chapitre II) et de (2.4) que l'on a :

(3.1.2)
$$\begin{cases} \Pi_{(x,\eta)}(Y_j) = \dfrac{\partial}{\partial u_j} + i \sum_q \eta_q \sum_{\ell=1}^{k_1} \sum_{|\alpha| \leq r_o - 2} \dfrac{|\eta|^{-\frac{1}{r_o}(|\alpha|+2)}}{(2+|\alpha|)\alpha!} \\ \qquad \times \left(\partial_x^\alpha \left[\dfrac{\partial f_j^q}{\partial x_\ell} - \dfrac{\partial f_\ell^q}{\partial x_j} \right]\right)(x) u^\alpha u_\ell \\ \qquad \text{pour } j=1,\dots,k_1 \\ \Pi_{(x,\eta)}(Y_j) = \tilde{\Pi}_{(x,\eta)}(Y_j) \qquad \text{pour } j=k_1+1,\dots,p_1 \end{cases}$$

Posons alors :

(3.1.3)
$$\Phi_{x,\eta}(u) = \sum_q \eta_q \sum_{|\alpha| \leq r_o - 1} \sum_{\ell=1}^{k_1} f_\ell^{q(\alpha)}(x) \frac{u^\alpha u_\ell}{\alpha!(|\alpha|+1)} |\eta|^{-\frac{1}{r_o}(|\alpha|+1)}$$

et

(3.1.4)
$$\forall f \in \mathcal{S}(\mathbb{R}^{k_1}) , \quad (T_{x,\eta} f)(u) = e^{-i\Phi_{(x,\eta)}(u)} f(u)$$

Il est clair que $T_{x,\eta}$ est une transformation unitaire qui conserve le support et que le lemme résulte de la vérification de :

(3.1.5)
$$\tilde{\Pi}_{(x,\eta)}(Y_j)\, T_{x,\eta} = T_{x,\eta}\, \Pi_{(x,\eta)}(Y_j) \qquad , \quad j=1,\dots,p_1$$

qui est laissée au lecteur.

Remarque 3.1.2. La fonction $\Phi_{(x,\eta)}(u)$ peut sembler parachutée. L'interprétation dans un cadre plus général en est donné au § 2 du chapitre IX. □

On déduit alors de la proposition (2.2) et du lemme (3.1.1) la proposition suivante :

Proposition 3.1.3. Soit (x_o,η_o) dans $V \times \mathbb{R}^{k-k_1}\setminus\{0\}$ vérifiant (2.3). Alors, si (2.6) est vérifiée, il existe $C > 0$, et pour tout $\delta \in]0,1]$, il existe des constantes $A(\delta) > 0$ et $\varepsilon(\delta) > 0$ telles que l'on ait l'inégalité :

$$\sum_{|\alpha|=m} \| \tilde{\pi}_{(x,\eta)}(Y^\alpha)\, g \|^2 \leqslant C \| \tilde{\pi}_{(x,\eta)}(P_o)\, g \|^2 \tag{3.1.6}$$

pour tout $x \in \mathbb{R}^{k_1}$, $\eta \in \mathbb{R}^{k-k_1}\setminus\{0\}$, $g \in C_o^\infty(\mathbb{R}^{k_1})$ vérifiant :

$$|x-x_o| + \left|\frac{\eta}{|\eta|} - \frac{\eta_o}{|\eta_o|}\right| \leqslant \varepsilon(\delta) \quad , \quad |\eta| \geqslant A(\delta) \tag{3.1.7}$$

$$\operatorname{supp} g \subset B(0,1/\delta) . \tag{3.1.8}$$

3.2. Encore une autre famille de représentations.

Pour (x,η) dans $V_{x_o} \times \hat{\Gamma}(\eta_o)|0$, on introduit une nouvelle famille en posant :

$$\hat{\pi}_{x,\eta}(Y_j) = \frac{\partial}{\partial u_j} + i \sum_q \eta_q \sum_{|\alpha|\leqslant r_o-1} (f_j^q)^{(\alpha)}(x) \frac{(u-x)^\alpha}{\alpha!}$$

(3.2.1) pour $j=1,\ldots,k_1$

$$\hat{\pi}_{x,\eta}(Y_j) = i \sum_q \eta_q \sum_{|\alpha|\leqslant r_o-1} (f_j^q)^{(\alpha)}(x) \frac{(u-x)^\alpha}{\alpha!}$$

pour $j=k_1+1,\ldots,p_1$

Soit $U_{x,\eta}$ la transformation unitaire (qui translate et dilate cette fois-ci les supports) :

$$(U_{x,\eta} f)(u) = f\left(x + \frac{u}{|\eta|^{1/r_o}}\right) |\eta|^{-k_1/2r_o} \tag{3.2.2}$$

On voit aisément que :

(3.2.3) $$|\eta|^{1/r_o}\, \tilde{\Pi}_{(x,\eta)}(Y_j)\, U_{x,\eta} = U_{x,\eta}\, \hat{\Pi}_{(x,\eta)}(Y_j)$$

et la proposition 3.1.3 devient la

Proposition 3.2.1 : Sous les hypothèses de la proposition 3.1.3, il existe $C > 0$, et, pour tout $\delta \in]0,1]$, il existe des constantes $A(\delta)$ et $\varepsilon(\delta) > 0$ telles que l'on ait l'inégalité

(3.2.4) $$\sum_{|\alpha|=m} \| \hat{\Pi}_{(x,\eta)}(Y^\alpha) f \|^2 \leq C \| \hat{\Pi}_{(x,\eta)}(P_o) f \|^2$$

pour tout $x \in \mathbb{R}^{k_1}$, $\eta \in \mathbb{R}^{k-k_1} \setminus \{0\}$, $f \in C_o^\infty(\mathbb{R}^{k_1})$ vérifiant (3.1.7) et

(3.2.5) $$\text{supp } f \subset B(x\, , \delta^{-1} |\eta|^{-1/r_o})$$

3.3. Inégalité avec contrainte forte sur le support.

Introduisons pour tout $\eta \in \mathbb{R}^{k-k_1}$, la représentation la plus naturelle obtenue par transformation de Fourier partielle par rapport à y :

(3.3.1) $$\begin{cases} \hat{X}_j(\eta) = \dfrac{\partial}{\partial u_j} + i \sum_q \eta_q \cdot f_j^q(u) & j=1,\dots,k_1 \\ \hat{X}_j(\eta) = \quad i \sum_q \eta_q \cdot f_j^q(u) & j=k_1+1,\dots,p_1 \end{cases}$$

et posons :

(3.3.2) $$\hat{P}_o(\eta) = \sum_{|\alpha|=m} a_\alpha(x_o,y_o)\, \hat{X}(\eta)^\alpha$$

On se propose de déduire de la proposition (3.2.1), par un argument de perturbation, la

Proposition 3.3.1. Sous les hypothèses de la proposition (3.1.3), il existe $\tilde{C} > 0$ et, pour tout $\delta \in]0,1]$, des constantes $A(\delta) > 0$, un voisinage conique $\hat{\Gamma}_{\eta_o}(\delta)$ de η_o tels que l'on ait :

(3.3.3) $$\sum_{|\alpha|=m} \| \hat{X}(\eta)^\alpha g \|^2 \leq \tilde{C} \| \hat{P}(\eta) g \|^2 + C(\delta) \| g \|^2$$

pour tous $g \in C_o^\infty (\mathbb{R}^{k_1})$, $\eta \in \hat{\Gamma}_{\eta_o}(\delta)$, $\delta \in]0,1]$ tels que :

(3.3.4) $\operatorname{Supp} g \subset V(\delta)$, $|\eta| \geq A(\delta)$

et

(3.3.5) le support de g est de diamètre inférieur à $\delta^{-1} |\eta|^{-1/r_o}$

Démonstration : on a d'après la formule de Taylor avec reste :

(3.3.6) $$\hat{\Pi}_{(x,\eta)}(Y_j) - \hat{X}_j(\eta) = i \sum_q \eta_q \sum_{|\alpha|=r_o} \psi_{q,\alpha}(x,u) \frac{(u-x)^\alpha}{\alpha!}$$

et par conséquent, il existe $C_o(\delta)$ tel que l'on ait, pour x dans $V(\delta)$, et pour tout y ayant son support dans $B(x, \delta^{-1} |\eta|^{-1/r_o})$:

(3.3.7) $$\| (\hat{\Pi}_{(x,\eta)}(Y_j) - \hat{X}_j(\eta)) g \|_o^2 \leq C(\delta) \| g \|_o^2$$

Par récurrence, on démontre alors l'existence de $C_\alpha(\delta)$ telle que :

(3.3.8) $$\| \hat{\Pi}_{(x,\eta)}(Y^\alpha) g - \hat{X}(\eta)^\alpha g \|_o^2 \leq C_\alpha(\delta) \sum_{|\beta| \leq m-1} \| \hat{X}(\eta)^\beta g \|_o^2$$

pour $|\alpha|=m$

On déduit alors de (3.3.8) et de (3.2.4), l'existence de $C(\delta)$ telle que :

$$(3.3.9) \qquad \sum_{|\alpha|=m} \| \hat{X}(\eta)^\alpha g \|^2 \leq C \| \hat{P}(\eta) g \|^2 + C(\delta) \sum_{|\alpha|\leq m-1} \| \hat{X}(\eta)^\alpha g \|^2$$

pour g vérifiant (3.3.4) et (3.3.5).

En effet, si g vérifie (3.3.4) et (3.3.5) et $g \neq 0$, il existe x dans supp g tel que supp $g \subset B(x, \delta^{-1} |\eta|^{-1/r_o})$ et on peut appliquer la proposition (3.2.1).

Une inégalité du type dérivée intermédiaire permet alors d'obtenir (3.3.3) où $\tilde{C} > C$ peut être choisi arbitrairement proche de C.

3.4. L'inégalité (3.3.3) sans la restriction (3.3.5).

On veut maintenant supprimer l'hypothèse (3.3.5) sur le support g.

Comme d'habitude, on utilise une partition de l'unité (φ_j) dans $C_o^\infty(\mathbb{R}^{k_1})$ telle que :

$$(3.4.1) \qquad \sum_{j\in\mathbb{N}} \varphi_j(x)^2 = 1 \quad , \quad \sum_j |D_x^\alpha \varphi_j(x)|^2 \leq C_\alpha \quad \text{et} \quad \operatorname{diam}(\operatorname{supp}\varphi_j) \leq 1$$

On démontre maintenant la :

<u>Proposition</u> 3.4.1. Sous les hypothèses de la proposition (3.1.3), il existe C_o et $C_1 > 0$ et pour tout $\delta \in]0,1]$, deux constantes $A(\delta) > 0$ et $C(\delta) > 0$, un voisinage $V(\delta)$ de x_o, un voisinage conique $\hat{\Gamma}_{\eta_o}(\delta)$ de η_o tel que l'on ait :

$$(3.4.2) \qquad \sum_{|\alpha|=m} \| \hat{X}(\eta)^\alpha f \|_o^2 \leq C_o \| \hat{P}(\eta) f \|_o^2 + C_1 \delta \sum_{|\alpha|\leq m-1} |\eta|^{2\left(\frac{m-|\alpha|}{r_o}\right)} \| \hat{X}(\eta)^\alpha f \|_o^2 + C(\delta) \| f \|_o^2$$

pour tous $\delta \in]0,1]$, $f \in C_o^\infty(\mathbb{R}^{k_1})$, $\eta \in \hat{\Gamma}_{\eta_o}(\delta)$ tels que :

(3.4.3) $\qquad \text{Supp } f \subset V(\delta) \quad \text{et} \quad |\eta| \geqslant A(\delta)$

<u>Démonstration</u> : posons

$$\varphi_{j,\delta,\eta}(u) = \varphi_j(\delta\, u\, |\eta|^{1/r_o})$$

pour tous $f \in C_o^\infty(\mathbb{R}^{k_1})$, $\delta \in]0,1], \eta \in \hat{\Gamma}_{\eta_o}(\delta)$, tels que $|\eta| \geqslant A(\delta)$, supp $f \subset V(\delta)$, on peut appliquer (3.3.3) à la fonction : $g_j = \varphi_{j,\delta,\eta} \cdot f$. Sommant les différentes inégalités obtenues pour chaque g_j , on obtient (3.4.2), en utilisant les 2 propriétés suivantes :

(3.4.4) $$\sum_{j \in \mathbb{N}} \| \varphi_{j,\delta,\eta} f \|^2 = \| f \|^2 \qquad \forall f \in C_o^\infty(\mathbb{R}^{k_1})$$

(3.4.5) Il existe $C_1 > 0$ tel que, pour tout multi-indice α de longueur m , tout $\delta \in]0,1]$, tout $f \in C_o^\infty(\mathbb{R}^{k_1})$, tout η , on ait :

$$\sum_j \| [\hat{X}(\eta)^\alpha , \varphi_{j,\delta,\eta}] f \|^2 \leqslant C_1\, \delta \sum_{|\beta| \leqslant m-1} |\eta|^{2(\frac{m-|\beta|}{r_o})} \| \hat{X}(\eta)^\beta f \|_o^2 .$$

§ 4. DEMONSTRATION DU THEOREME 1.1. (Suite et fin)

On a vu au § 2 (lemme 2.1) qu'en tout point $(z_o,\zeta_o) = (x_o,y_o,\xi_o,\eta_o)$ où le système était elliptique, il existait un o.p.d $\psi_{(z_o,\zeta_o)}$ elliptique de degré 0 tel que l'on ait :

$$(4.1)_{z_o,\zeta_o} \qquad \sum_{|\alpha|=m} \| \psi_{z_o,\zeta_o} X^\alpha u \|_o^2 \leq C (\| P u \|_o^2) + C' \sum_{|\alpha| \leq m-1} \| X^\alpha u \|_o^2$$

pour tout $u \in C_o^\infty (V_{z_o,\zeta_o})$ où $V_{(z_o,\zeta_o)}$ est un voisinage de z_o .

L'objet de ce § est donc de démontrer la même inégalité en un point (z_o,ζ_o) non elliptique.

Remarquons que, sans perdre en généralité, on peut par des arguments de perturbation standard, se ramener au cas où :

$$(4.2) \qquad P = \sum_{|\alpha|=m} a_\alpha X^\alpha \quad , \quad a_\alpha \in \mathbb{C}$$

(4.3) Les fonctions $f_j^q(x)$ sont à support compact en x .

On part de l'inégalité (3.4.2). Pour tout $\delta \in]0,1]$, soit ψ_δ^1 un symbole homogène de degré 0 en η en dehors de $|\eta| \geq 2A(\delta)$, à support dans $\hat{\Gamma}_{\eta_o}(\delta) \cap \{|\eta| \geq A(\delta)\}$, égal à 1 dans un voisinage conique de η_o (pour $|\eta| \geq 2A(\delta)$) et tel que $0 \leq \psi_\delta^1 (\eta) \leq 1$.

Soit ψ_δ^2 un symbole de degré 0 en (ξ,η) égal à 1 dans un voisinage conique de (ξ_o,η_o), $(|\xi| + |\eta| \geq 1)$, et tel que $0 \leq \psi_\delta^2(\xi,\eta) \leq 1$.

Soit enfin φ_δ une fonction dans $C_o^\infty (V_\delta)$ telle que φ_δ est égale à 1 dans un voisinage de x_o , et telle que $0 \leq \varphi_\delta(x) \leq 1$.

Remarquons maintenant que $\psi_\delta^1(D_y)$ n'est pas un o.p.d en (x,y) mais que :

$$\psi_\delta^1(D_y) \; \psi_\delta^2(D_x,D_y)$$

en est un si le support conique de ψ_δ^2 est choisi assez petit, pour que l'on puisse l'inclure dans un cône de la forme : $|\xi| \leqslant C\,|\eta|$.

On applique maintenant l'inégalité (3.4.2) avec :

$$f_{\delta,\eta}(x) = \psi_\delta^1(\eta)\ \varphi_\delta(x)\ \psi_\delta^2(D_x,\eta)\ \hat{u}^2(x,\eta)$$

où $\hat{u}^2(x,\eta)$ est la transformée de Fourier partielle par rapport à y de la fonction C^∞ à support compact : $(x,y) \to u(x,y)$

On obtient (après changement de notation u est maintenant x) :

$$(4.4) \qquad \sum_{|\alpha|=m} \| (\hat{X}(\eta)^\alpha f_{\delta,\eta})(x)\|^2 \leqslant C_o \| (\hat{P}(\eta)\, f_{\delta,\eta})(x)\|^2 + C_1\,\delta \sum_{|\alpha| \leqslant m-1} |\eta|^{2(\frac{m-|\alpha|}{r_o})} \| \hat{X}(\eta)^\alpha f_{\delta,\eta}\|_o^2 + C(\delta)\,\| f_{\delta,\eta}(x)\|^2$$

On intègre maintenant (4.4) par rapport à η puis on fait la transformée de Fourier inverse $\eta \to y$. On obtient :

$$(4.5) \qquad \sum_{|\alpha|=m} \| X^\alpha(\varphi_\delta.\psi_\delta^1(D_y)\ \psi_\delta^2(D_x,D_y)u)\|^2 \leqslant C\,\| P(\varphi_\delta\,\psi_\delta^1\,\psi_\delta^2\ u)\|^2 + C_1\,\delta \sum_{|\alpha| \leqslant m-1} \| X^\alpha(\varphi_\delta\,\psi_\delta^1\,\psi_\delta^2\ u)\|^2_{\frac{m-|\alpha|}{r_o}} + (C(\delta))\,\|u\|_o^2$$

(où $\|\ \|_s^2$ désigne la norme de Sobolev usuelle).

Posons $\widetilde{\psi}_\delta = \varphi_\delta . \psi^1_\delta(D_y)\psi^2_\delta(D_x,D_y)$; après commutation, on obtient :

$$(4.6)\qquad \sum_{|\alpha|=m} \| \widetilde{\psi}_\delta X^\alpha u \|^2 \leq C \| Pu \|^2$$

$$+ C_1 \delta \sum_{|\alpha|\leq m-1} \| \widetilde{\psi}_\delta X^\alpha u \|^2_{H^{\frac{m-|\alpha|}{r_o}}}$$

$$+ C(\delta) \sum_{|\alpha|\leq m-1} \| X^\alpha u \|^2$$

$$+ C_2(\delta) \sum_{|\alpha|\leq m-2} \| \widetilde{\psi}^\alpha_\delta X^\alpha u \|^2_{H^{\frac{m-1-|\alpha|}{r_o}}}$$

où $\widetilde{\psi}^\alpha_\delta$ est un o.p.d d'ordre 0 dont le support essentiel est contenu dans un voisinage conique dependant de δ de (x_o,y_o,η_o,ξ_o) .

On va maintenant expliciter quelques conséquences faciles de la proposition (1.4) du chapitre I .

On déduit facilement de (1.4) (chapitre I) que pour tout $s \geq 1/r_o$, pour tout o.p.d χ à support essentiel contenu dans un voisinage conique de (z_o,ζ_o) , on a :

$$(4.7)_s\qquad \| \chi u \|^2_s \leq C_s \sum_{j=1}^{p_1} \| X_j \chi u \|^2_{s-\frac{1}{r_o}} + C^s_{-N,\chi} \| u \|^2_{-N}$$

On déduit de $(4.7)_s$, que si le support de $\widetilde{\psi}_\delta$ est choisi assez petit, on a :

$$(4.8)\qquad \sum_{|\alpha|\leq m-1} \| \widetilde{\psi}_\delta X^\alpha u \|^2_{\frac{m-|\alpha|}{r_o}} \leq \sum_{|\alpha|=m} \| \widetilde{\psi}_\delta X^\alpha u \|^2$$

$$+ C_3(\delta) \sum_{|\alpha|\leq m-1} \| \widetilde{\widetilde{\psi}}^\alpha_j X^\alpha u \|^2_{\frac{m-1-|\alpha|}{r_o}}$$

$$+ C_4(\delta) \| u \|^2_o$$

où $\widetilde{\widetilde{\psi}}^\alpha_\delta$ a les mêmes propriétés que ψ^α_δ .

et

$$(4.9) \qquad \| \tilde{\tilde{\psi}}_\delta^\alpha X^\alpha u \|^2_{\frac{m-1-|\alpha|}{r_o}} \leqslant C_\alpha(\delta) \sum_{|\alpha| \leqslant m-1} \| X^\alpha u \|_o^2$$

On déduit de (4.8), (4.9) et (4.6), l'inégalité :

$$(4.10) \qquad (1-C_1 \delta) \sum_{|\alpha|=m} \| \tilde{\psi}_\delta . X^\alpha u \|^2 \leqslant C \| P u \|^2$$

$$+ C(\delta) \sum_{|\alpha| \leqslant m-1} \| X^\alpha u \|_o^2$$

Choisissant δ_o de telle sorte que $(1-C_1\delta_o) \geqslant 1/2$, on a finalement construit un opérateur pseudo-différentiel elliptique en (z_o, ζ_o) tel que :

$$(4.11) \qquad \sum_{|\alpha|=m} \| \tilde{\psi}_{\delta_o} X^\alpha u \|^2 \leqslant 2C \| P u \|_o^2 + \tilde{C}(\delta_o) \sum_{|\alpha| \leqslant m-1} \| X^\alpha u \|_o^2$$

On a ainsi obtenu $(5.1)_{z_o, \zeta_o}$ pour tout ζ_o tel que $|\zeta_o| = 1$. En recollant les différentes inégalités microlocales grâce à une partition de l'unité, on obtient un voisinage V_{z_o} de z_o dans lequel on a :

$$(4.12) \qquad \sum_{|\alpha|=m} \| X^\alpha u \|^2 \leqslant C' \| P u \|_o^2 + C''(\sum_{|\alpha| \leqslant m-1} \| X^\alpha u \|_o^2)$$

(4.12) implique bien l'hypoellipticité maximale. Le théorème est donc démontré.

R E F E R E N C E S

[AM] S. AMRAOUI.
Régularité Höldérienne pour une classe d'opérateurs elliptiques dégénérés.
Thèse de 3ème cycle, Rennes, Octobre 1981.

[AS] M. ASSOUYAT.
Hypoellipticité maximale pour une classe d'o.p.d. à caractéristiques multiples non régulières.
Thèse de 3ème cycle, Rennes Juin 1982.

[B.T] M.S. BAOUENDI, F. TREVES.
A property of the functions and distributions annihilated by a locally integrable system of complex vector fields.
Ann. Math. 113 (1981), p. 341-421.

[BE] R. BEALS.

[1] A general calculus of p.d;o.
Duke Math Journal Vol. 42, n° 1, (1975).

[2] Opérateurs invariants hypoelliptiques sur un groupe de Lie nilpotent.
Séminaire Goulaouic-Schwartz (1976-77) Exposé n° 19.

[B.F] R. BEALS, C. FEFFERMANN.
Spatially inhomogeneous pseudo-differential operators.
Comm. Pure Appl. Math. 27(1974), p. 1-24.

[B.C.H] P. BOLLEY, J. CAMUS, B. HELFFER.
Sur une classe d'opérateurs partiellement hypoelliptiques.
Journ. Math. Pures et Appl., 55 (1976).

[B.C.N] P. BOLLEY, J. CAMUS, J. NOURRIGAT.
La condition de Hörmander-Kohn pour les opérateurs pseudo-différentiels.
Comm. in P.D.E. Vol. 7, n°2 (1982) p. 197-221.

[BO] L. BOUTET de MONVEL.
Hypoelliptic operators with double characteristics and related pseudo-differential operators.
Comm. Pure Appl. Math. 27 (1974) p. 585-639.

[BO.TR] L. BOUTET de MONVEL, F. TREVES.
On a class of pseudo-differential operators with double characteristics.
Inventiones Math. 24, (1974) p. 1-34.

[B.G.H] L. BOUTET de MONVEL, A. GRIGIS, B. HELFFER.
Parametrixes d'opérateurs pseudo-différentiels à caractéristiques multiples.
Astérisque 34-35, p. 585-639.

[BR] I.D. BROWN.
Dual Topology of a nilpotent Lie group.
Ann. Scient. Ec. Normale Sup. 4ème série t. 6, (1976), p. 40.

[BL.GR] BLOOM, GRAHAM.
A geometric characterization of points of type m on real hypersurfaces.
J. Diff. Geometry 12(2), (1977), p. 171-182.

[CA] D. CATLIN.
Necessary conditions for subellipticity of the $\bar{\partial}$-neumann problem.
Annals of Mathematics, 117 (1983), p. 147-171.

[CO] N. CONZE-BERLINE.
Espaces des idéaux primitifs de l'algèbre enveloppante d'une algèbre nilpotente.
J. of Algebra 34, (1975), p. 444-450.

[DE] M. DERRIDJ.

[1] Sur la régularité des solutions du problème de Neumann pour $\bar{\partial}$ dans quelques domaines faiblement pseudo-convexes.
J. of Diff. Geometry 13(4), (1978), p. 559-588.

[2] Estimations pour $\bar{\partial}$ dans des domaines non pseudo-convexes.
Ann. Inst. Fourier, t. 28, fasc. 4 (1978).

[DI] J. DIXMIER.

[1] Représentations irréductibles des algèbres de Lie nilpotentes.
Anais. Acad. Brasil. Ci, 35, (1963), p. 491-519.

[2] Les C^*- algèbres et leurs représentations,
Paris (Gauthier Villars)

[3] Algèbres enveloppantes,
Paris (Gauthier Villars)

[DU] M. DUFLO
Sur les extensions des représentations irréductibles des groupes de Lie nilpotents.
Ann. Scient. Ec. Norm. Sup., 4ème série, t. 5, (1972), p. 71-120.

[E] Y.V. EGOROV.
Subelliptic operators.
Russian Math. Survery 30 (2) (1975), p. 59-118, 30 (3) (1975), p. 55-105.

[FED] FEDII.
On a criterion of hypoellipticity.
Math. Sbornik, Vol. 14, (1971) n°1.

[FEL] J.M.G. FELL
The dual spaces of C^* - Algebras.
Trans. of the A.M.S.

[F.P] C. FEFFERMANN, D. PHONG.
Pseudo-differential operators with positive symbols.
Séminaire Goulaouic-Meyer-Schwartz, (1980-81).

[FO] G.B. FOLLAND.

[1] A fundamental solution for a subelliptic operator.
Bull. Amer. Math. Soc. 79 (1973, p. 373-376.

[2] Subelliptic estimates and function spaces on nilpotent Lie groups.
Ark. för Mat. 13 (1975).

[3] On the Rothschild-Stein lifting theorem.
Comm. in P.D.E. 212) (1977), p. 165-191.

[FO.KO] G.B. FOLLAND, J.J. KOHN.
The neumann problem for the Cauchy-Riemann complex.
Ann. of Math. Studies n° 75, Princeton 1972.

[F.S] G.B. FOLLAND, E.M. STEIN.

[1] Estimates for the $\bar{\partial}_b$ complex and analysis on the Heisenberg group.
c.p.a.m. 27 (1974), p. 429-522.

[2] Hardy Spaces on Homogeneous groups.
Mathematical Notes, 28
Princeton University Press, 1982.

[GE] D. GELLER

[1] Local Solvability and Homogeneous distributions on the Heisenberg Group.
Comm. in Partial Differential Equations, 5(5), (1980), p.475-560.

[2] Liouville's Theorem for Homogeneous Groups.
(To appear in Comm. in P.D.E.).

[GO] R. GOODMAN

[1] Nilpotent Lie Groups.
Lecture Notes in Math. n° 562.

[2] Singular Integral operators on nilpotent Lie groups.
Arkiv för Mathematik, Vol. 18, n° 1, (1980), p. 1-11.

[GOU] M. GOULEAU.
Séminaire d'analyse de Nantes 1982-83.

[GRE] GREINER.
A fundamental solution for a non-elliptic partial differential operator.
Can. J. Math. Vol. XXXI, n° 5, (1979), p. 1107-1120.

[G.S] GREINER, STEIN.
Estimates for the $\bar{\partial}$ - neumann problem.
Princeton Univ. Press, Princeton, N.J., (1977).

[GRI] A. GRIGIS.
Hypoellipticité et paramétrixes pour des opérateurs pseudo-différentiels à caractéristiques doubles.
Astérisque 34-35 (1976), p. 183-205.

[G.R] A. GRIGIS, L.P. ROTHSCHILD.
(manuscrit, Décembre 1982).

[GRU] V.V. GRUŠIN.
On a class of hypoelliptic operators.
Mat. Sb. 83 (1970), p. 456-473.
(Math. USSR Sb, 12 (1970), p. 458-476.

[GU] Y. GUIVARC'H.
Croissance polynômiale et périodes des fonctions harmoniques.
Bull. Soc. Mat. France, 101 (1973), p. 333-379.

[HE] B. HELFFER.

[1] Hypoellipticité microlocale : présentation historique.
Bulletin de la S.M.F., Mémoire 51-52 (1977), p. 5-12.

[2] Hypoellipticité pour des opérateurs différentiels sur des groupes nilpotents.
Pseudo-differential operators with applications.
Cours du C.I.M.E. (1977) Liguori Editor.

[3] Hypoellipticité pour des opérateurs quasi-homogènes à coefficients polynomiaux II.
Preprint de l'Ecole Polytechnique, Mai 1979.

[4] (D'après B. Helffer, G. Métivier et J. Nourrigat).
On the hypoellipticity of the operators of the type $\sum_{j=1}^{n} Y_j^2 + \frac{1}{2}\Sigma C_{j,k}[Y_j,Y_k]$
Séminaire de l'Université de Nantes 1981-82.

[5] Partial differential equations on nilpotent groups.
Lecture Notes in Mathematics n° 1077 p. 210-254 : Lie group representations III.

[HE.NO] B. HELFFER, J. NOURRIGAT.

[1] Hypoellipticité pour des groupes de rang 3.
Comm. in P.D.E. 3(8) (1978), p. 693-743.

[2] Caractérisation des opérateurs hypoelliptiques homogènes invariants à gauche sur un groupe nilpotent gradué.
Comm. in P.D.E. 4(9) (1979), p. 899-958.

[3] Hypoellipticité pour des opérateurs quasi-homogènes à coefficients polynomiaux.
Preprint de l'Ecole Polytechnique (Mars 1979).

[4] Approximation d'un système de champs de vecteurs et applications à l'hypoellipticité.
Arkiv För Matematik (1979) n°2, p. 237-254.

[5] Hypoellipticité maximale pour des opérateurs polynômes de champs de vecteurs.
(Une nouvelle démonstration d'un th. de L.P. Rothschild).
Preprint 1980.

[6] Hypoellipticité par des opérateurs quasi-homogènes à coefficients polynomiaux.
(Actes du Colloque de St. Cast, Juin 1979).

[7] Hypoellipticité maximale pour des opérateurs polynômes de champs de vecteurs.
Note aux CRAS (Oct. 1979).
Manuscrit et actes du Colloque de St. Jean de Monts (Juin 1980).

[8] Hypoellipticité maximale pour des opérateurs polynômes de champs de vecteurs.
Rendiconti del. Sem. Mat. Univ. Polit. Torino, (1984), p. 115-134.

[9] Théorèmes d'indice pour des opérateurs différentiels à coefficients polynomiaux.
Preprint (Février 1979) et Partial differential equations Banach Center publications, Vol 10 (1983).

[HO] L. HÖRMANDER.

[1] L^2 - estimates and existence theorems for the $\bar{\partial}$ - operator.
Acta Math. 113 (1965), p. 89-152.

[2] Hypoelliptic second order differential equations.
Acta Math. 119 (1967) p. 147-171.

[3] Pseudo-differential operators and non-elliptic Boundary problems.
Ann. of Math. 83 (1966), p. 129-209.

[4] A class of hypoelliptic pseudo-differential operators with double characteristics.
Math. Annalen 217, n° 2 (1975).

[5] Subelliptic operators.
Seminar on singularities of solutions of linear partial differential equations.
Ann. of Math. Studies 91.

[6] The Weyl Calculus.
c.p.a.m. Vol. 32, (1979), p. 359-443.

[7] On the subelliptic test estimates.
c.p.a.m. Vol. 33, (1980), p. 339-363.

[HO.ME] L. HÖRMANDER, A. MELIN.
Free systems of vector fields.
Arkiv för Matematik 16(1), (1978).

[KI] KIRILLOV.
Unitary representations of nilpotent groups.
Russian Math. Survery 17, (1952), p. 53-104.

[KO] J.J. KOHN.

[1] Pseudo-differential operators and hypoellipticity.
Proc. Symp. Pure Math. 23, A.M.S., (1973), p. 61-69.

[2] Subellipticity of the $\bar{\partial}$ - Neumann problem on pseudo-convex domains.
Acta Math. 142, (1979), p. 79-122.

[K.N] J.J. KOHN, L. NIRENBERG.
Non coercive boundary value problems.
c.p.a.m. 18, (1965), p. 443-492.

[LI] G. LION.
Hypoellipticité et résolubilité d'opérateurs différentiels sur des groupes nilpotents de rang 2.
Note aux CRAS t. 290, (11 Février 1980), n° 6.

[LIE] S. LIE.
Continuierliche Gruppen.
Leipzig (1983), Hauptsatz der Gruppen theorie.

[LI-MA] J.L. LIONS, E. MAGENES.
Problèmes aux limites non homogènes
Dunod.

[MA] H.M. MAIRE.

[1] Hypoelliptic overdetermined systems of partial differential equations. Comm. in P.D.E., 5(4), (1980), p. 331-380.

[2] Régularité optimale des solutions de systèmes différentiels et du Laplacien associé ; application au $\square_b$.
Math. Ann. 258, (1981), p. 53-63.

[MEL] A. MELIN.

[1] Parametrix constructions for some classes of right invariant differential operators on the Heisenberg Group.
Comm. in Part. Differential Equations 6(12), (1981), p. 1363-1405.

[2] Parametrix constructions for some classes of right invariant differential operators on nilpotent groups.
Preprint 1981.
(To appear in Annals of global analysis and Geometry).

[3] Lie Filtrations and pseudo-differential operators.
Preprint 1982.

[M.S] A. MELIN, J. SJÖSTRAND.
F.I.O. with complex valued phase function.
Lecture Notes in Mathematics n° 459 (1975), p. 120-223.

[MET] G. METIVIER.

[1] Fonction spectrale et valeurs propres d'une classe d'opérateurs non-elliptiques.
Comm. in P.D.E. 1 (1976), p. 467-519.

[2] Equations aux dérivées partielles sur les groupes de Lie nilpotents.
Exposé du Séminaire Bourbaki 1981-82.

[MO] N. MOUKADEM.
Interpolation pour des espaces de Sobolev avec poids associés à des représentations de groupe de Lie.
Thèse de 3ème cycle, Rennes, Juin 1981.

[NO-GA] Y. NOUAZE, P. GABRIEL.
Idéaux premiers de l'algèbre enveloppante d'une algèbre de Lie nilpotente.
J. of Algebra 6, (1967), p. 77-99.

[NO] J. NOURRIGAT.

[1] Hypoellipticité maximale pour des opérateurs polynômes de champs de vecteurs (condition nécessaire).
Manuscrit, Novembre 1980.

[2] Hypoellipticité maximale pour le système de Cauchy-Riemann induit.
Novembre 1981, Séminaire de Rennes.

[3] Hypoellipticité maximale pour le système de Cauchy-Riemann induit.
Séminaire Goulaouic-Meyer-Schwartz, 1981-82, exposé n° 10.

[4] Opérateurs sous-elliptiques et suites de transformations canoniques.
Manuscrit, Juin 1982.

[5] Cours au Brésil, (Août 1982),
Publications de l'Université de Récife.

[6] Réduction microlocale des systèmes d'opérateurs pseudo-différentiels.
Actes du Colloque de Boulder (Juillet 1983),
Séminaire Goulaouic-Meyer-Schwartz (1983-84), et
article à paraître.

[PU] L. PUKANSKY.
Leçon sur les représentations des groupes.
Dunod.

[RE] R. RENTSCHLER.

[1] L'injectivité de l'application de Dixmier pour les algèbres résolubles.
Inventiones Math. 23, (1974), p. 49-71.

[2] Propriétés fonctorielles de l'application de Dixmier pour des algèbres de Lie résolubles.
(Preprint 1979).

[ROC] C. ROCKLAND.
Hypoellipticity on the Heisenberg group, Representation theoretic criteria.
Trans. of the A.M.S., Vol. 240, n° 517, (1978), p. 1-52.

[ROT] L.P. ROTHSCHILD.

[1] A criterion for hypoellipticity of operators constructed of vector fields.
Comm. in P.D.E. Vol. 4, n° 6 (1979), p. 645-699.

[2] Non existence of optimal estimates for the boundary Laplacian operator on certain weakly pseudo-convex domains.
Comm. in P.D.E. 5 (1980), p. 897-912.

[R.S] L.P. ROTHSCHILD, E.M. STEIN.
Hypoelliptic differential operators and nilpotent groups.
Acta Math. 137, (1977), p. 248-315.

[SJ] J. SJÖSTRAND.
Parametrices for pseudo-differential operators with multiple characteristics.
Ark. Mat., 12 (1974), p. 85-130.

[SW] W.J. SWEENEY.
A caracterization of local subellipticity for pseudo-differential complexes.
J. of Diff. Equations 13, (1973), p. 495.

[TAY] M. TAYLOR.
Non commutative microlocal analysis (I)
Preprint, 1983.

[TREP] J.M. TREPREAU.
Systèmes différentiels à caractéristiques simples.
Séminaire Bourbaki, Juin 1982, n° 595.

[TREV] F. TREVES.

[1] An invariant criterion of hypoellipticity.
Amer. J. Math., Vol. 83, (1961), p. 645-668).

[2] A new proof of the subelliptic estimates.
Comm. Pure Appl. Math. 24, (1971), p. 71-75.

[3] Study of a model in the theory of complexes of pseudo-differential operators.
Ann. Math. 104, (1976), p. 269-324.

[4] Approximation and representation of functions and distributions.
Publications de l'Ecole Polytechnique (1981).

[U] A. UNTERBERGER.
Commuting with mollifiers without terms.
Ann. Inst. Fourier (Grenoble) 26 (1976), n° 2, p. 35-54.